Les

Oiseaux du Bas - Escaut

leur

Chasse en Bateaux

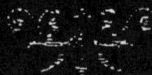

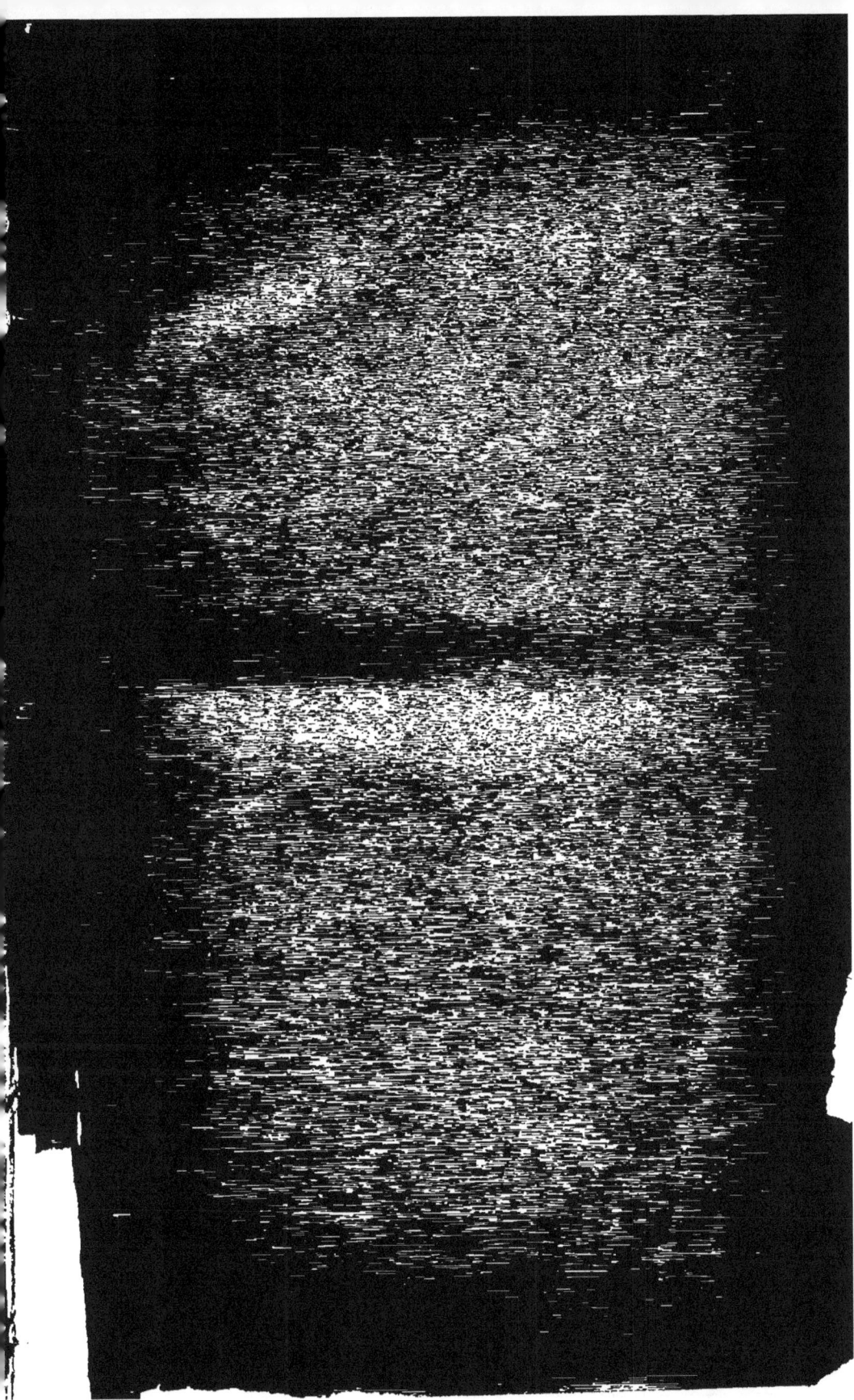

LES

OISEAUX DU BAS-ESCAUT

Leur chasse en bateaux

HISTOIRE NATURELLE

Imprimerie Scientifique Ch. Bulens

22, Rue de l'Escalier, 22

BRUXELLES

LES
OISEAUX DU BAS-ESCAUT

Leur chasse en bateaux

HISTOIRE NATURELLE

PAR LE

Dr A. QUINET

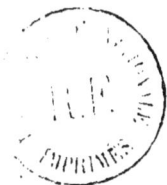

Ouvrage illustré de 150 gravures

Photographies de M. Félix Senaud. — Similigravures de M. J. Malvaux

BRUXELLES

SOCIÉTÉ BELGE DE LIBRAIRIE

(Société Anonyme)

Oscar SCHEPENS, Directeur

10, Rue Treurenberg, 10

1897

ANVERS. — QUAIS.

PRÉFACE

La Chasse en bateaux aux Oiseaux d'eau et de rivage, avec tous les perfectionnements et accessoires de l'armurerie moderne et du yachting, n'a jamais fait l'objet d'une étude spéciale complète, en Belgique.

Ce livre vient combler cette lacune importante chez nous.

Il s'adresse à tous les curieux de choses cynégétiques, d'histoire naturelle et de sport nautique.

Cette longue et intéressante étude s'accompagne de 150 illustrations originales, dessins délicats et photo-similigravures.

A part quelques figures extraites d'ouvrages Anglais, tous les sujets de chasse et autres ont été pris sur nature, et tous les oiseaux (sauf six) représentés en similigravures ont été tirés par nous en chasse en bateaux sur le Bas-Escaut.

J'adresse des remerciements tout spéciaux à mon compagnon d'armes et ami, M. Félix Senaud, qui a mis tout son joli talent de photographe - amateur à reproduire

NAVIS, NAVITER AD AVEM FAC ITER

LA SARCELLE

nos oiseaux dans leur milieu particulier et habituel.

Je remercie ensuite M. Roels, préparateur-naturaliste au Musée Royal d'Histoire Naturelle de Bruxelles, des soins apportés dans le montage des oiseaux pour arriver à leur donner des attitudes naturelles, variées, leur conservant toutes les apparences de la vie.

Mes remerciements encore à la Maison Jean Malvaux, de la fidélité et du toucher artistique qu'elle a su conserver à la reproduction des dessins, et des photographies qui illustrent ce volume.

Je remercie enfin M. Ch. Bulens, mon Imprimeur, dont le bon goût autant que l'habileté professionnelle ont su traduire les efforts de mes collaborateurs par un ouvrage esthétiquement luxueux.

———

La taille de chaque oiseau est prise du bout du bec à l'extrémité de la queue, le volatile étant dans la position du repos, les ailes reployées le long du corps.

Le plan de l'ouvrage est exposé au chapitre I, Aspect général.

Dr QUINET.

Bruxelles, le 25 août 1897.

VUE GÉNÉRALE DE LA CHASSE EN PUNT.

LES OISEAUX DU BAS-ESCAUT

Leur chasse en bateaux; Histoire naturelle.

ASPECT GÉNÉRAL

CHAPITRE I.

Le travail que je publie aujourd'hui est le résultat d'excursions cynégétiques et de recherches poursuivies depuis plusieurs années. Mon but n'est pas d'écrire un traité didactique sur la faune ornithologique des Escaut, en suivant un ordre déterminé de classification d'espèces qu'on y rencontre habituellement ou accidentellement, à l'instar de la plupart des livres sur les oiseaux de Belgique, de France ou d'Europe. Non, pas le moins du monde. J'esquisserai peut-être à grands traits leur physionomie, leurs mœurs, leurs habitudes à un point de vue quelque peu spécial, mais je m'étendrai surtout sur les moyens de capture ou de chasse.

Je désire faire connaître aux amateurs de chasse ou de collections d'oiseaux d'eau et de rivage, un genre de sport éminemment intéressant, très en honneur chez nos voisins d'outre-Manche depuis près d'un siècle déjà, et à peine connu et pratiqué chez nous : je veux dire *la chasse à la sauvagine en bateaux armés de canardières*. C'est sur le Bas-Escaut que le naturaliste vraiment digne de ce nom pourra se procurer des spécimens de presque toutes les espèces d'oiseaux de ce continent, appartenant aux ordres des Rémipèdes et des Échassiers; c'est là que le chasseur aura l'occasion de canarder tous les *oiseaux-gibier* fournis par ces deux ordres primordiaux de la création, dont quelques types représentent le plus royal gibier à fusiller, et les plus fins morceaux du tourbillon solaire à mettre en rôti ou en salmis.

Je décrirai d'abord les embarcations et leurs armements, puis, après avoir jeté un coup d'œil d'ensemble sur le *modus operandi*, je tâcherai de préciser les époques de l'année auxquelles on rencontrera tel ou tel exemplaire de volatile, et les parages du grand fleuve le plus souvent visités et fréquentés par ces hôtes essentiellement mobiles. J'essaierai parfois même d'indiquer l'heure de la journée, le moment des marées dont il faudra savoir profiter pour avoir le plus de chance de les rencontrer et de les surprendre.

On conçoit aisément que nul ne saurait avoir la prétention de poser des règles fixes dans une chasse aussi difficile, alors que l'influence des vents et marées, des conditions de navigation et de température peuvent venir tout bouleverser d'un jour à l'autre.

Néanmoins, ces observations, basées sur l'expérience acquise, sur les mœurs et habitudes des espèces qui séjournent ordinairement aux rives des Escaut , serviront de guide et de point de repère à ceux que la complexité des manœuvres à mettre en jeu pour réussir ne rebute point, mais, au contraire, stimule et encourage. Car, il importe qu'on le sache tout de suite, la chasse à la sauvagine, depuis Anvers jusque Flessingue (Escaut occidental) et depuis Wemeldingen jusque Veere ou Zierikzée (Escaut oriental) n'est point une chasse banale, surtout en plein hiver.

J'entends la grande chasse aux oies, aux canards sauvages, à l'immense armée des chevaliers, bécasseaux et autres volatiles maritimes, qui, délogés du cercle polaire, leur patrie d'élection, par la rigueur des saisons, viennent tour à tour chercher un refuge sur les plages hospitalières du royal fleuve, où le flot apporte et dépose à chaque marée de quoi satisfaire leurs insatiables appétits.

J'entends, dis-je, la chasse en bateaux, surtout en Punt (1) avec canardière de gros calibre, dont le diamètre à la bouche peut mesurer depuis 32 millimètres jusque 40 et 44 millimètres, dont le chargement nécessite depuis 30 grammes jusque 100 grammes de poudre et depuis 125 grammes de plomb jusqu'à 1 kilogramme de mitraille n° 0. Car, notez-le bien, il faut pour réussir que tout ici soit proportionné au milieu où l'on se meut.

Le champ d'opération est immense, les distances auxquelles on est obligé de tirer sur l'eau sont presque toujours considérables, les canards, outre qu'ils sont très rusés, sont garnis en hiver de duvet, de plumes très denses et d'une forte couche de graisse, quasi impénétrables aux coups du fusil ordinaire.

S'ils nagent au moment du tir, il n'offrent que la tête et le cou aux plombs meurtriers, les ailes, le dos sont en rotonde, en coupole glissante, si le coup de feu est envoyé au vol, il est rare qu'ils soient atteints à longue portée dans les parties essentielles de leur vitalité, ils tombent blessés dans l'eau, et c'est alors une nouvelle lutte contre les *Éclopés*, qui se sauvent à la nage, voletent, plongent et replongent en tous sens, et déjouent longtemps ainsi l'adresse du chasseur. Ah ! ces fiers gibiers d'eau vendent chèrement leur vie, je vous assure !

Cette chasse là, voyez-vous, c'est la chasse primitive de l'homme aux prises avec toutes sortes d'éléments étrangers et de difficultés qu'il faut savoir s'assimiler et vaincre, pour s'emparer d'un gibier sans cesse en éveil qui, presque toujours, vous voit venir, ou est averti de votre approche par des sentinelles de son espèce, ou d'une espèce voisine, immangeable, qu'on

(1) Punt. - sorte de canoë ou de nageret à fond plat, dans lequel le chasseur se couche à plat ventre, pour approcher la sauvagine. Terme anglais. Voir plus loin les détails.

dirait avoir pour rôle ou pour instinct, d'avertir ceux
que le danger menace.

C'est une des chasses les plus émouvantes qui soient,
en raison des difficultés à vaincre, du nombre presque
toujours considérable de pièces visé au moment du tir
longtemps attendu, et de la véritable lutte corps à corps
qui s'établit ensuite entre les blessés et le chasseur.

Ils ont pour eux trois éléments familiers de salut,
l'air, la terre et l'eau, alors que l'homme n'a que les
vases limoneuses et perfides où il s'enfonce jusqu'aux
genoux; ou bien, accroupi dans son frêle esquif, il leur
lance des bordées de petits plombs, au risque de chavirer si son enthousiasme, en ce moment capiteux, lui fait
oublier qu'il oscille dans une embarcation d'un mètre de
large.

La chasse à la sauvagine en Punt, pratiquée dans
toutes les règles de l'art, constitue le sport le plus
attrayant qui soit.

Elle demande beaucoup d'habileté, de ruse, de connaissances cynégétiques et maintes autres qualités que j'aurai
soin de signaler en cours de route. D'où la nécessité de
bien connaître les cris, le vol et les allures de chaque
espèce d'oiseaux, afin de pouvoir aller les relancer dans
leurs retraites favorites, et savoir ensuite choisir le
moment le plus propice pour les surprendre.

Car le gibier d'eau est de beaucoup le plus rusé de
tous les gibiers. Et c'est très naturel, habitué qu'il est,
pendant une partie de l'année, à vivre dans des régions
sauvages et inhabitées, et pendant l'autre partie, à être
en but aux poursuites incessantes des chasseurs.

L'oiseau d'eau n'aime pas l'homme comme l'oiseau de
plaine ou de bois, qui vient poser son nid et élever sa
famille quasi sous sa protection. Il sait que c'est son
plus mortel ennemi et ne se rallie pas volontiers à lui;
aussi les espèces d'oiseaux aquatiques qui consentent à
vivre en captivité et se laissent domestiquer ensuite
sont-elles fort peu nombreuses.

En Belgique, jusqu'ici, le nombre de ceux qui pratiquent cette chasse en bateaux sur l'Escaut, avec tous les accessoires qu'elle comporte est fort restreint. Il y a beaucoup d'appelés, mais peu d'élus. Que de chasseurs, cependant, s'en sont allés un beau dimanche, toutes voiles dehors, jusque Bath ou même jusque Hansweert et, après quelques essais infructueux, se sont rebutés et ont discrédité ce sport comme étant un genre de distraction ou de métier à la portée des pêcheurs ou des marins professionnels.

Ceux-là n'avaient pas le feu sacré, ou n'étaient pas outillés, ou n'avaient aucune des qualités requises pour réussir, ou ils n'ont pu approcher un seul canard à portée pendant des journées entières. D'autres sont revenus paralysés par la peur des grandes eaux et des grands espaces sauvages de la grande nature, aucune fibre artistique en eux n'a vibré en présence de ces tableaux changeants et enchanteurs qu'offre le jeu des marées sur les bancs de sable, et les superbes horizons de la Zélande; d'autres grelottent encore à l'idée de devoir rester une nuit à l'ancre et passer une journée à bord sur un fleuve houleux, ou une heure ou deux en punt, exposés aux baisers glacials du vent du nord.

Car c'est le tableau ordinaire de ce genre de sport, il faut savoir le contempler et le savourer à loisir.

Au surplus, voici généralement comment les choses se passent chez nous avec ceux qui désirent faire une excursion de chasse sur le Bas-Escaut :

On s'embarque à Anvers avec un *honnête* marin-pêcheur, ou boatman, qui a soin, avant de partir, de vous faire des récits fantastiques sur les immenses quantités d'oiseaux de toutes espèces que vous allez voir, et les hécatombes d'icelles qu'il a rapportées dans une précédente excursion de chasse avec M. Machin-chose. Il vous montre ses grandes bottes, ça c'est pour aller les ramasser, monsieur, dans les vases, après le coup de feu, et ses prix varient d'après votre empressement ou votre enthousiasme à partir avec lui.

Nous sommes en janvier, on arrive en face de Bath et il vous fait voir, en effet, des milliers de canards ou de bécasseaux que vous n'approchez jamais.

Alors commencent les bonnes raisons et les explications entortillées et pourquoi l'on n'arrive jamais à faire un coup. Tantôt c'est à contre-vent et contre-marée, impossible de faire voile aux volatiles, tantôt les oiseaux sont au repos sur le banc de sable, mais il y a le haut fond et l'on est précisément à marée descendante, trop tard avec le canot, une autre fois on prendra un punt...

Puis viennent les hauts faits du punt, par un tel ou un tel et par eux-mêmes. Ils vous promettent de vous conduire avec çà partout où vous voudrez, puisqu'ils ont des bottes, et des grandes grandes bottes. Ils se vantent tous de savoir godiller dans le plus grand silence, de pouvoir mener un punt à la pagaie comme un professionnel anglais et de connaitre la rivière dans ses moindres replis. Et le pauvre amateur, s'il est gobeur, et il l'est, termine son excursion sur l'Escaut par un joli bilan de cinq louis, en échange de quelques mouettes et de quelques courlis.

Et c'est ainsi que l'on exploite chez nous la bonne volonté ou la naïveté de nos chasseurs-amateurs de gibier d'eau sur le Bas-Escaut.

Nous avons un peu passé par là avec nos amis, et notre apprentissage sur l'Escaut a été long et laborieux.

Je voudrais épargner à ceux qui nous suivront dans la carrière les déboires du débutant, à cette classe si difficile et cependant si émouvante, si virile, si fascinatrice. Je leur dois, à ce sujet, quelques vérités bien senties et quelques conseils parfaitement désintéressés.

D'abord, les oiseaux du Bas-Escaut sont fort poursuivis, depuis quelques années surtout, par les pêcheurs et les professionnels. Les premiers leur lâchent des coups de feu à toute distance pour s'emparer d'une proie dont ils se nourrissent — à un pêcheur tout est bon — et les seconds ont rabaissé l'art de cette noble chasse au niveau d'un métier. Dans ces conditions, le gibier est devenu fort défiant et très difficile à approcher par les moyens ordinaires des vulgaires chasseurs.

Ensuite, il faut, pour réussir pleinement à cette chasse, être doué des qualités d'un sportsman accompli, parce qu'elle s'accompagne d'un certain degré de danger qui en rehausse toute la saveur. Il faut de l'œil, du sang-froid sur l'eau, l'énergie nécessaire pour mener à bien l'excursion, et surtout le travail et la poursuite du gibier en punt, sur un fleuve à courants et contre-courants de toutes sortes.

Évidemment, il serait à désirer qu'on sache ramer, manier la voile, godiller et pagayer, et que le chasseur soit quelque peu naturaliste, bon tireur, météréologiste, plein de santé et d'expédients.

Voilà bien des qualités pour un seul homme et pour un sport, direz-vous, et ceci explique sans doute pourquoi il y a si peu de bons chasseurs à la sauvagine en bateaux.

A vrai dire, il n'y a guère chez nous, à part une demi-douzaine d'amateurs, que deux professionnels, le père et le fils S..., d'Anvers, qui soient réellement des chasseurs extraordinaires à la sauvagine sur l'Escaut, et soient doués de toutes les qualités énumérées ci-dessus *et qui-busdam aliis*. C'est avec ces hommes intrépides que nous avons fait, — mes compagnons MM. Delalou, Senaud, Van Doorslaer et moi, — nos premières armes sérieuses à la chasse au gibier d'eau.

Ces professionnels sont encore aujourd'hui, au bon sens du mot, les pirates de l'Escaut, parcourant le grand fleuve, nuit et jour pour ainsi dire, avec leur sloop et leur punt à une personne, armés d'un canon terrible, calibre 40 et 44 millimètres à la gueule, qui vomit la mitraille et la mort à travers les rangs serrés des beaux *col-verts* frileux, ou des siffleurs repus dans la brume des profondeurs de l'Hondegat.

Il y a bien a Doel, à Bath, a Pael, à Philippine et le long des côtes zélandaises du Zandcreek, quelques professionnels indigènes, mais leur outillage et leur art sont rudimentaires, et ce ne sont pas ceux-là qui décimeront jamais les tribus sans cesse renouvelées de la sauvagine sur les rives schaldiniennes.

A noter encore l'apparition annuelle, sur l'Escaut oriental, de quelque Lord anglais, grand amateur de chasse au gibier d'eau. Saluons, ces grands sportsmen, que le travail du punt ne rebute point, habiles à tous les exercices du corps, et qui ont su élever la chasse à la sauvagine à la hauteur d'une institution dans leur pays. Les uns vont seuls en punt, d'autres forment des marins chargés de conduire leur *two-handed punt*, tandis qu'eux-mêmes, couchés à l'avant, aident à sa propulsion dans les hauts-fonds, visent et canardent le gibier à portée. Presque tous les Anglais, chasseurs au gibier d'eau, savent godiller et pagayer, s'exerçant aux manœuvres du punt en été, et mettant en pratique, l'hiver, leurs performances et leur entraînement.

Nous n'avons aucune idée du nombre de gentlemen puntsmen qui sillonnent les côtes d'Angleterre depuis octobre jusqu'en mars, époque de la fermeture de la chasse.

Il est vrai que la situation exceptionnelle de leur pays se prête admirablement à la naissance et au développement de cette chasse toute spéciale, abstraction faite des dispositions naturelles et quasi-héréditaires des Anglais, à exceller dans tous les genres connus de sport.

De même que la Belgique et la France occupent une position géographique admirable, au point de vue des passages des oiseaux de plaines et de bois, ainsi l'Angleterre et la Hollande se trouvent être placées les premières sur les lignes de migrations, suivies par les innombrables oiseaux d'eau et de rivage qui quittent les contrées du nord à l'approche des froids et y retournent au printemps. Après avoir traversé les mers, ils s'abattent d'abord sur les côtes est de la Grande-Ile, où ils trouvent ample nourriture dans les marais, les criques, les landes incultes, les lacs, les rivières, les côtes abruptes ou les plages de la mer; ils visitent ensuite les parties situées au sud et à l'ouest et y demeurent jusqu'à ce que l'inclémence des saisons ou les rigueurs exceptionnelles de l'hiver les poussent définitivement vers les contrées les plus méridionales de l'Europe.

Aussi, ce n'est pas sans regret que les véritables chasseurs à la sauvagine, en Angleterre, voient tous les jours les progrès de la civilisation et de l'industrie envahir ces lieux d'élection, ces stations de repos, fréquentés de tout temps par les armées d'oiseaux aquatiques. Aujourd'hui, une grande partie de ces marais sont drainés, les lacs sont asséchés, les rivières détournées de leur ancien cours, des ponts ont été jetés sur les estuaires, et les lieux solitaires propices aux installations de canardières fameuses sont convertis en terrains d'usine. Ici, où la sauvagine élevait sa couvée à la bonne saison et trouvait un abri tranquille aux migrations automnales, s'élèvent les hautes cheminées des fabriques et des usines, et les mille bruits d'une industrie d'enfer ont remplacé le silence et la solitude chers aux tribus emplumées.

Et les pauvres insulaires se lamentent sur la pénurie et la disparition graduelle des espèces aquatiques depuis cinquante ans. Erreur et exagération de chasseurs pessimistes que tout cela; il y a déplacement momentané et localisé, voilà tout, car, pour celui qui connaît l'impérieuse nécessité, la puissance parfois mystérieuse de migration de ces Juifs errants de la volatilie à travers l'Europe vers l'Équateur, pour celui qui réfléchit à la fécondité extraordinaire de ces myriades d'oiseaux d'eau et de rivage que les froids de l'extrême nord forcent à passer par chez nous, il est clair que longtemps encore, et aussi longtemps qu'il y aura des saisons différentes, les côtes anglaises et les nôtres seront des lieux de rendez-vous choisis par eux, et cela en plus ou moins grand nombre, selon les rigueurs des hivers ou leurs alternatives de gel et de dégel.

Et ce que je viens de dire des côtes anglaises se réalise bien mieux encore aux passages périodiques semestriels sur les côtes zélandaises, notre territoire de chasse.

La situation géographique, la configuration géologique de la Hollande toute entière en font le premier pays du monde pour la chasse au gibier d'eau. La migration des oiseaux en général s'accomplit du nord-est vers le sud-ouest en automne et inversement au printemps, c'est-à-dire qu'ils nous repassent dans une direction du sud-ouest au nord-est. Mais les palmipèdes et les échassiers inclinent davantage encore vers l'ouest, vers les rivages de la mer.

Il y a là, non un caprice ou une fantaisie de voyageur désireux de s'esbaudir dans les grands espaces de l'air salin, mais une question de subsistance à trouver et d'existence à conserver. Les Pays-Bas sont donc on ne peut mieux situés sur la route suivie par nos intrépides voyageurs. Et quel grenier d'abondance pour ces affamés que ce pays de cocagne !

Des marais, des *schorres*, des *polders*, des lacs, des rivières, des fleuves, des canaux, des estuaires, des golfes, des bras de mer et des côtes maritimes d'une immense étendue, en un mot, de l'eau et des goulets vaseux, des goémons et des criques inextricables partout, où végète toute la flore des plantes aquatiques, et grouille toute la faune des mollusques, des crustacés, coquillages, poissons, vermisseaux et autres bestioles paludéennes, visqueuses et marines, qui en font une contrée exceptionnelle, un vrai paradis pour ces noceurs infatigables.

Et la Zélande est bien le Pays-Bas entre tous, car c'est à peine si elle émerge de l'eau, c'est la contrée la plus originale, la plus marécageuse, peut-être, et la plus giboyeuse qui soit sous la calotte des cieux, au point de vue spécial qui nous occupe ici.

C'est une terre conquise, arrachée par la main de l'homme à la fureur des flots, toujours menaçants, et qui n'a pu être rendue habitable que par les efforts de générations successives, après plusieurs siècles.

Il suffit de jeter un coup d'œil sur une carte de l'Escaut pour voir le fouillis encore inextricable de bancs de sable et de vase, de criques, de schorres, d'îlots, de chenals, goulets et marécages qui s'étendent depuis la mer du Nord jusqu'a Doel et jusqu'à Bergen-op-Zoon :

HAVRE DE DOEL SUR ESCAUT.

« Le mouvement perpétuel des eaux de trois grands fleuves, l'Escaut, la Meuse, le Rhin, chargés de limon, le flux en sens contraire de l'eau de mer saturée de sable, charrient vers les rives des envasements nommés *schorres* en néerlandais.

» Quand le *schorre* n'est plus couvert par le flux aux marées ordinaires, l'homme entreprend de s'approprier

le sol nouveau qui s'offre à son industrie. Il construit, en
avant du schorre et le plus près possible de la laisse où
la marée vient mourir, une digue destinée à empêcher
l'eau de reconquérir la terre mise à nu.

» Le schorre, ainsi endigué et protégé, devient un
polder.

» C'est aux *schorres* et dans ces parties ainsi conquises sur les nombreuses ramifications de l'Escaut que
la sauvagine établit ses lieux de réfection favoris et se
réfugie, nuit et jour, loin des passes navigables et de la
présence de l'homme qu'elle déteste.

» L'histoire du moyen âge est pleine de récits des
marées violentes et des tempêtes pendant lesquelles la
mer du Nord rompait ses digues et reprenait d'immenses
territoires en submergeant les ruines des villes et des
villages.

» Il y a des polders anciens qui sont encore aujour-
d'hui sous eau, tel le polder de Saeftingen.

» D'autres fois, les nécessités stratégiques ont forcé
les généraux d'armées à rompre les digues pour inonder
le pays et le soustraire aux invasions ennemies. Mais
chaque fois, dès que la tempête ou la guerre était passée,
dès que le calme et la paix étaient revenus, les habitants
voisins, mus par leur intérêt, rétablissaient la digue et
reprenaient le polder. » (Heins) (1).

Si j'ai insisté sur ces deux mots : *schorre* et *polder*,
c'est qu'il est utile que le chasseur sache dès le début
exactement ce qu'ils représentent parce qu'ils revien-
dront souvent au cours de ces chasses, sur les cartes et
dans le langage courant.

Une grande partie de la Hollande doit du reste son
existence à ce mécanisme, et tandis que les côtes
anglaises voient chaque année de nouveaux établisse-
ments envahir ses retraites solitaires, les côtes zélandaises sont restées vierges de toute transformation
industrielle bruyante.

(1) *De ci de là en Hollande*, notes et croquis. (A. Heins.)

D'immenses étendues d'eau de toute profondeur, véritables bras de mer de plusieurs lieues de large, à marée haute, subsistent nombreux, malgré les polders conquis sur ces vastes solitudes, et un silence majestueux et empoignant plane sur ces espaces toujours humides et

COSTUMES ZÉLANDAIS (1).

sans cesse fécondés par le limon du royal fleuve. Et c'est là que des milliers d'oiseaux de toutes espèces y tiennent leurs assises et festoient toute l'année. Jamais l'Escaut n'est veuf de ses hôtes, et ils s'y renouvellent à tour de rôle aux diverses époques de l'année, chaque saison y ramène des anciens et des nouveaux convives.

(1) Naturels de Wemeldingen (Escaut-Oriental), un seul costume masculin, un seul costume féminin depuis l'âge de 3 ans jusqu'à l'extrème vieillesse. Leur village est très curieux à visiter, leurs arbres ont tous le même nombre de branches et de feuilles (Cousis Voy. en Zélande.

Les rives belges ne sont pas aussi giboyeuses, mais ne nous plaignons pas, nous sommes bien partagés, car nous sommes aux portes de la Hollande, à quelques encablures de la Zélande, notre centre d'opération, et une demi-marée nous transporte d'Anvers à la dérive en pleine chasse.

Mais, me direz-vous, comment se fait-il qu'il y ait si peu d'amateurs en Belgique de cette chasse, cependant d'un intérêt si puissant, alors que nous comptons un si grand nombre de disciples en saint Hubert, qui se bousculent en plaine et au bois?

Les motifs de cette abstention ou de cette pénurie sont, d'après moi, de plusieurs ordres, dont l'importance peut varier avec chaque individualité.

D'abord, cette chasse, il faut l'avouer, est fort peu connue chez nous, du moins d'une façon pratique. A peine signalée rapidement par quelques articles de journaux, quelques nouvelles, aucune monographie, aucun livre cynégétique, que nous sachions, ne l'a jamais décrite entièrement et complètement chez nous. A part le livre de mon ancien compagnon de chasse, *Sur l'Escaut* (1), je ne vois rien à citer sur ce sujet en Belgique. Il sera consulté avec plaisir et fruit par les yachtmen qui s'intéressent à la navigation et cherchent à connaître les dédales du fleuve, et par les chasseurs qui y trouveront maints récits et épisodes de nos premières excursions.

Mais notre travail cherche à combler cette lacune, et pareille tentative est la première qui, à notre connaissance, ait paru en Belgique.

Ensuite, les chasseurs professionnels, qui en vivent, font tout ce qu'ils peuvent pour en détourner les amateurs et, au lieu de leur en faciliter l'apprentissage, ils accumulent et exagèrent les difficultés à plaisir, et, comme Moïse aux Hébreux, ils leur montrent sans cesse la terre promise, — les remises d'élection du gibier, —

---

(1) Hector Van Doorslaer : *Sur l'Escaut.*

mais arrivent toujours trop tard pour les y conduire et
faire le grand coup qu'ils ont soin de faire lorsqu'ils sont
seuls. Ces gens-là considèrent la chasse sur l'Escaut
comme leur propre chasse à eux, et ils n'ont garde de
vous faire canarder ce qu'ils envisagent comme leur
gibier, leur gagne-pain. Ils acceptent parfaitement les
louis et la bonne chère, font faire aux novices une jolie
partie de navigation, mais limitent le nombre des pièces
à tuer, et l'amateur rebuté et refait ne reparaît bientôt
plus sur l'Escaut. Puis, comme pour faire un civet il faut
un lièvre, il importe avant tout d'être spécialement
outillé pour cette chasse, qui exige un bon bateau à voile
ou à vapeur, pour vous conduire sur le terrain des opérations avec armes, vivres et bagages, un canot solide,
un punt, une canardière, un fusil ordinaire et les accessoires nombreux qu'entraînent ces divers objets indispensables, tout cela demande beaucoup de temps et
d'argent avant d'être acquis et convenablement aménagé
pour une excursion de plusieurs jours. Car chaque
excursion de chasse sur l'Escaut comporte plusieurs
jours, si l'on veut faire les choses sérieusement. Il y a
donc encore là un motif d'abstention pour beaucoup
d'amateurs, le temps nécessaire à consacrer à l'excursion aux bons jours des marées et au moment favorable.
J'ajouterai, pour terminer, qu'un bon marin connaissant
parfaitement son métier d'abord, puis et surtout les
passes hors voies navigables, est absolument indispensable pour toutes sortes de motifs, ne fut-ce que pour ne
pas échouer à marée descendante, et devoir attendre le
flot pour se voir renflouer six heures après : bénéfice
net, une journée perdue.

Mais toutes ces conditions peuvent parfaitement être
réalisées par beaucoup d'amateurs chez nous, et rien
qu'à Anvers, Gand, Bruxelles et ailleurs encore, il n'y
a pas mal de gentlemen qui possèdent des yachts à voile
ou à vapeur, des fusils et des marins connaissant suffisamment l'Escaut. Comment se fait-il, par exemple,

qu'Anvers, si bien situé, possédant des Sociétés nautiques et un nombre considérable de yachtmen, renferme
si peu de vrais chasseurs à la sauvagine montés convenablement pour opérer sur le Bas-Escaut?

Pour moi, cela tient uniquement à l'extrême rareté de
trouver un bon punt'sman en Belgique.

Sur les quais, à Anvers, les pilotes, les boatmans, les
marins, ou passeurs d'eau quelconques, jurent tous qu'ils
connaissent la manœuvre d'un punt et qu'ils jonglent
avec cette embarcation comme ils veulent.

Sur le terrain de la chasse, à Bath, éclatent leur inexpérience, leur ignorance et leur impuissance, ils en
savent moins que vous ; vous revenez bredouille
et c'est à recommencer, si vous n'êtes dégoûté pour
toujours.

En dehors du punt à voile, procédé moderne de chasse
sur l'eau, cette embarcation pour l'approche de la sauvagine se propulse à la *godille*, à *la pagaie*, à *la pique*
selon les profondeurs et les courants, l'homme étant
couché à plat ventre dans la chambre du tireur et travaillant des deux mains, ou de la main droite seulement, tandis qu'il gouverne de la main gauche, ou du
pied, ou avec les dents.

L'art consiste à naviguer ainsi sans clapotis, sans
bruit, dans le plus grand silence, et sans laisser apperce-
voir au gibier le mouvement des bras. Il s'agit tout simplement de simuler une épave qui dérive. Cet art, en
apparence si simple pour un marin, est excessivement
difficile au contraire, surtout à contre-courant et à contre vent.

Or, comme il est quasi indispensable, si l'on veut
réussir à approcher la plupart des oiseaux d'eau, de se
diriger sur eux à *contre vent*, quelque soit la marée ou le
contre-courant, il arrive que neuf fois sur dix, votre
puntsman improvisé s'épuise bientôt en mains efforts,
patauge, farfouille dans l'eau avec sa pagaie, élève le
bras, fait du bruit, le gibier qui a tout vu, tout entendu,

décampe à deux cents mètres. Le coup est manqué, et il ne se représentera peut-être plus de la journée.

Non, l'art de bien savoir pagaier ou godiller un punt, est un grand art, une sorte de métier à part qui demande une dépense de beaucoup de force, d'habileté et d'énergie, et un entraînement continuel.

Or comme j'ai dit plus haut que le nombre de professionnels et d'amateurs chez nous étant fort restreint, il s'en suit naturellement qu'il n'y a presque pas de puntsmen vraiment dignes de ce nom.

Frappé de cet inconvénient, que je considérais comme le plus grand obstacle à toute chasse sérieuse à la sauvagine sur l'Escaut, je me suis imposé la tâche de rechercher si les progrès de l'industrie moderne, ne me fourniraient pas les moyens de trouver et d'appliquer au punt, un système de propulsion, moins primitif et plus à portée des amateurs.

Mon but était de parvenir à me passer de tous ces faux puntsmen, et même des deux seuls vrais que j'eusse connus jusqu'ici, et avec lesquels j'avais cependant chassé pendant cinq ans.

Après bien des essais et des tâtonnements, je suis arrivé à faire construire un punt à deux, dont l'hélice mobile peut se relever dans les hauts-fonds, s'abaisser dans les bas, virer à droite et à gauche, et servir ainsi à la fois de propulseur et de gouvernail à l'embarcation.

Cette fin de siècle étant caractérisée par le triomphe de la pédale, il était tout naturel de penser à remplacer la pagaie et la rame par la machine à pédaler, avec tous les perfectionnements caractéristiques des vélocipèdes. Le mécanisme propulseur est donc un système d'engrenage sur pignon d'angle, mis en mouvement par des pédales actionnées par un homme couché sur le dos, le tout absolument silencieux.

Je donnerai plus loin le dessin et la description détaillée de ce petit mécanisme.

Désormais, nous pourrons chasser en gentlemen,

puntsmen, et le plaisir en sera d'autant plus vif et plus intense, que nous pourrons nous passer de gens souvent plus encombrants qu'utiles.

Aù cours de mes recherches, j'avais fait demander aux Anglais, pourquoi ils n'employaient pas l'électricité, la vapeur, le pétrole, l'air comprimé, enfin une force motrice quelconque à la propulsion de leurs punts. Il me fut repondu *we d'ont find de need of it*, qu'ils n'en éprouvaient pas le besoin, parce que les courants sur les côtes anglaises sont presque nuls, que la chasse se pratique beaucoup dans les criques à l'abri des vents et courants, et qu'enfin la chasse en punt à voile prend de plus en plus d'extension en mer chez eux. Ils ont du reste une grande variété de modèles de ces embarcations, s'adaptant aux milieux où ils opèrent, et aux conditions spéciales de chaque territoire de chasse.

Tout cela me poussa à persévérer dans la nouvelle voie que j'avais suivie, c'est-à-dire l'adaptation du punt aux conditions du milieu de chasse ; utiliser la force humaine au moyen d'un mécanisme simple et léger, capable de la doubler, de la tripler, afin de pouvoir diriger un punt, contre marée et contre vent dans un fleuve à courant violent, voilà ce que je cherchais.

Ce résultat m'est acquis, j'en fournirai les preuves plus loin. Pour moi, l'avenir de la grande chasse à la sauvagine en bateaux, appartient aux amateurs par le perfectionnement des moyens encore primitifs mis en œuvre jusqu'aujourd'hui pour ce genre de sport.

L'industrie moderne a su perfectionner les fusils et les canardières, pourquoi les punts ne glisseraient-ils pas tout seuls, mus par une force surhumaine, scientifique, qui permettra d'aller surprendre les volatiles jusque dans leurs derniers retranchements, et de jeter la stupeur et la consternation au milieu de leurs rangs épais alors qu'ils se croient en parfaite sécurité.

Mais il me tarde de passer en revue les bateaux et les moyens employés aujourd'hui à cette chasse.

Que le chasseur-naturaliste ou le collectionneur se rassure ; après les détails techniques et parfaitement ennuyeux que contiendront ces pages, il trouvera quelques renseignements, si non amusants, au moins instructifs et fidèles, sur les oiseaux observés au cours de nos pérégrinations sur l'Escaut.

Pas de plan uniforme et monotone, tantôt je décrirai telle ou telle espèce avec beaucoup de soins, force détails quand il s'agira, par exemple, de fixer les caractères distinctifs d'une espèce ou d'une variété voisine ; tantôt, et le plus souvent, quelques mots suffiront pour rappeler tel ou tel gibier bien connu de tout le monde sans description anatomique aucune.

Beaucoup d'oiseaux d'eau ou de rivage subissent la double mue annuelle au printemps et à l'automne, et les variations de plumage qu'entraînent ces mutations périodiques les rendent parfois méconnaissables à ceux qui les ignorent ou qui n'ont pas encore eu l'occasion d'observer ces transformations curieuses. J'aurai soin de les signaler et d'en dire tout ce que j'en pense.

La faune ornithologique du Bas-Escaut sera nécessairement incomplète, puisque le hasard des conditions météréologiques, variant d'année en année, peut amener sur ses rives des variétés accidentelles d'oiseaux des extrémités polaires ou d'ailleurs, qui n'ont plus été signalés depuis plusieurs lustres

Quoiqu'il en soit, ma modestie me permet d'affirmer que ce livre, si c'est un livre, à défaut d'autres qualités, aura celle d'être une chose vécue, car je n'ai rien écrit que je n'aie vu, bien vu, un grand nombre de fois vu.

Depuis mon enfance, j'ai toujours eu la passion immodérée des plaines, des forêts et des eaux, étudiant les oiseaux dans le grand livre de la nature. Le nombre de ceux que ma main a nourris, dressés ou capturés par tous les moyens connus jusqu'ici est incalculable. J'ai pratiqué toutes les chasses et toutes les tenderies à presque tous les oiseaux d'Europe. Comme

Toussenel, je puis dire que la vie de bohème et l'étude des choses de la nature indiquaient que j'étais né voyageur, cosmopolite, naturaliste, chasseur et tendeur, mais mes diplômes m'ont bêtement condamné à croupir dans une capitale à l'attache d'un cabinet de consultations. Ah ! malheur, si j'avais eu les moyens et les loisirs ! !

Si mes observations parfois ne correspondent pas avec celles de certains maîtres officiels, dans la science ornithologique, tant pis pour eux, la vérité avant tout, je consigne des faits dont l'exactitude leur sera plus tard dévoilée.

Mais avant de parler des oiseaux des deux Escaut je dois traiter des moyens de les capturer. Je commencerai donc par les embarcations de chasse et leurs armements, pour continuer par les manœuvres proprement dites de la chasse en général. Je dirai un mot de la migration, du langage, du vol des principaux volatiles qu'on y rencontrera, pour terminer par la question gastrosophique qui découle naturellement de toute chasse, en manière de conclusion triomphante et obligatoire.

Je ferai de mon mieux pour ne pas rendre la lecture de ce travail trop monotone; je ne suis ni jaloux ni envieux, contrairement à certains chasseurs, amateurs ou professionnels, et je me croirais bien payé de mes peines si un seul brave, après m'avoir lu, se sentait débordé par cet instinct primitif et atavique d'une vie nomade et à ciel découvert, s'il avait au cœur l'amour désordonné des oiseaux, s'il était frappé, enfin, d'une commotion de plaisir indicible qui lui indiquât sa vocation : *chasseur de sauvagine ! ! !*

Et maintenant en punt et aux armes, mes frères en Saint-Hubert !

Des Punts

Constructions. — Dimensions

CHAPITRE II

Le punt est une espèce de canoë ou nageret à fond plat, ponté à l'avant et à l'arrière, spécialement inventé et construit pour la chasse à la sauvagine. Originaire d'Angleterre, il doit la plupart de ses perfectionnements au colonel Hawker, fameux chasseur devant l'éternel qui, vers 1827 déjà, en avait fait ce qu'il est encore aujourd'hui.

Les modifications apportées depuis à cette embarcation par d'autres illustres amateurs tels que sir Folkard, sir Ralp Payne Gallway, captain Morgan, major Russel; MM. Harmer de Yarmouth, Cumberland, Everitt, Booth, dont la réputation comme tireur puntsman est universelle, Wildfowler du Field, etc., ont peu d'importance et portent surtout sur les accessoires. Dire que les accessoires d'un punt sont de peu d'importance est peut-être bien osé, car le plus petit détail ici a sa valeur et peut à un moment donné acquérir la plus haute importance. Rien ne doit être négligé, *toute chose doit avoir une place et chaque chose doit être à sa place*.

Le type de ce petit bateau s'est répandu dans tout le Royaume-Uni, en Amérique, aux possessions anglaises, en Hollande, en Belgique et jusqu'en France, où l'on chasse surtout le canard à la hutte.

Chose curieuse, aucun punt ne ressemble tout à fait à un autre, car chaque amateur le fait construire d'après

TYPES DE PUNT A DEUX PERSONNES AVEC CANARDIÈRE, BRAGUE DE RECUL, ET LEVIER DE POINTAGE.

ses goûts et les besoins du milieu ou il opère, et néanmoins ils diffèrent peu entre eux, par leurs dimensions et leur maniement, hormis le nôtre, dont le mécanisme de propulsion principal diffère essentiellement de tous ceux employés jusqu'aujourd'hui, à notre connaissance, en Angleterre ou ailleurs.

Nous nous permettrons donc, avant de le décrire, de condenser les renseignements nécessaires à la construction des punts, d'après Sir Ralp Payne Gallway et nos connaissances personnelles: Ceux que la chose intéresse pourront hardiment faire leur choix, sachant que toutes les données ci-dessous sont prises aux vraies sources et ont été passées au crible de l'expérience des meilleurs chasseurs de nos jours.

Punt à une personne — (1). Manœuvré à l'aide de pagaies, pouvant porter une canardière de

(1) *Wildfowler in Ireland*, par Sir Ralp Payne Gallway. (Trad. française, par M. Faure.

36 à 50 kilos, et un homme pesant environ 76 kilos, peut avoir les dimensions suivantes :

Longueur totale	5ᵐ,52
— du fond	5 25
Largeur maximum du fond	0 80
— — à la partie supérieure .	0 91
Hauteur de l'étrave	0 125
— de l'étambot	0 20
Largeur du pontage d'avant	2 27
— — d'arrière	1 21
Largeur maxima de la chambre du tireur .	0 61
Saillie maxima de chaque bordage . . .	0 05
Courbure du fond, à l'avant et à l'arrière .	0 050
— en travers, c'est-à-dire en largeur	0 018

Les membrures (varangues) doivent être espacées de 0ᵐ,304, et il faut renforcer une membrure sur deux par une paire de contreforts en chêne de 0ᵐ,015.

Les membrures doivent être en *orme* et avoir 0ᵐ,025 de largeur et 0ᵐ,018 d'épaisseur.

Le pont est supporté par six chevrons à l'avant et quatre à l'arrière ; leur largeur est de 0ᵐ,025 et leur épaisseur de 0ᵐ,031.

Les planches du fond seront en *sapin du Nord*, d'une épaisseur de 0ᵐ,015.

Les planches de côté seront en orme, d'une épaisseur de 0ᵐ,125.

Celles du pont seront en sapin d'une épaisseur de 0ᵐ,009.

Pour un fusil dont le poids ne dépasse pas 36 kilos, on peut donner à l'embarcation les proportions suivantes : longueur totale 5ᵐ,17 ; longueur du fond 4ᵐ,93 ; toutes les autres dimensions comme ci-dessus.

Punt à deux personnes. — Se manœuvrant soit au moyen de pagaies, soit au moyen d'une godille, soit au moyen d'une pique, et pouvant porter une arme de 58 à 76 kilos.

Longueur totale	6ᵐ,763
— du fond	6 688
Largeur maxima du plancher	0 96
— de la partie supérieure	1 185
Hauteur de l'étrave	0 175
— de l'étambot	0 20
Longueur du pontage d'avant	2 50
— d'arrière	1 26
Largeur du milieu de la chambre du tireur	0 74
Saillie maxima de chaque bordage	0 112
Convexité du chevron d'affût	0 093
Courbure du fond à l'avant et à l'arrière	0 0625
Convexité du fond en travers, largeur	0 021

Les varangues espacées de 0ᵐ,35 et renforcées de deux en deux par des contreforts en *chêne* d'une épaisseur de 0ᵐ,020.

Les membrures en orme, leur largeur devra être de 0ᵐ,028 et leur épaisseur de 0ᵐ,025.

Le pont est supporté par trois chevrons à l'arrière et cinq à l'avant; largeur, 0ᵐ,025; épaisseur, 0ᵐ,0375.

Planches du fond des côtés du pontage, comme toujours, en *sapin du Nord*.

Dimensions du punt (*construction anglaise*) de M. Ward, de Bruxelles :

Longueur totale	7ᵐ,05
— du fond	6 85
Largeur maximum du fond	1 00
— à la partie supérieure	1 15
Hauteur de l'étrave	0 18
— de l'étambot	0 22
Longueur du pont d'avant	2 45
— d'arrière	1 26
Largeur maxima de la chambre du tireur	0 72
Largeur idem	3 28
Convexité du fond en travers	0 20

Dimensions de notre punt à hélice-gouvernail (1).

Longueur totale.	6ᵐ,70
Largeur du plancher	0 84
Largeur à la partie supérieure, . . .	0 98
Hauteur de l'étrave.	0 20
— de l'étambot	0 22
Longueur du pont d'avant	1 75
— d'arrière.	0 98
Largeur maxima de la chambre du tireur .	0 74
Courbure du fond à l'avant	0 10
— à l'arrière	0 04

Après avoir pris connaissance de ces renseignements, ne croyez pas qu'il vous suffise de passer chez un bon charpentier de village, ou même de ville, voir même chez un constructeur d'embarcations ordinaires ou de plaisance, pour avoir l'objet de vos rêves. Erreur profonde, même avec les plans, neuf fois sur dix, l'affaire sera ratée et l'artiste en planches aura fait l'apprentissage d'un nouveau genre de bateau à votre détriment, bien entendu si c'est le premier punt qu'il construit.

Le colonel Hawker disait autrefois qu'il n'y avait pas un constructeur de bateaux sur mille sachant quoi que ce soit en matière de punt. Et chose étrange, il en est encore de même en Angleterre, où l'on en a cependant tant construit déjà.

A première vue, et d'après vos plans ils vous déclareront tous de bonne foi que ce bac (car c'est un grand bac) est la chose du monde la plus facile à établir, mais quand il sera achevé essayez-le, et cette boite, qui devait être un bateau étanche, flottable et dirigeable, n'est qu'un vulgaire nageret, rempli de défauts, avec lequel il serait dangereux de s'aventurer par la plus petite brise. Le meilleur parti à prendre est d'en surveiller

---

(1) Constructeurs, MM. Van Hove père et fils, Allée-Verte, Bruxelles.

Leurs pareils en deux fois ne se font pas connaître,
Et leur tout premier punt fut un vrai coup de maitre (cousis).

vous-même la confection d'un bout à l'autre. Faites donc d'abord choix d'un bon constructeur de bateaux et non d'un charpentier quelconque en bâtiment, dont le métier est tout autre, portez-lui la canardière qui doit servir à l'avant du Punt, car c'est d'après son poids, sa longueur, le genre de recul adopté pour l'arme, que devra être établi le pont d'avant et bien d'autres détails. (Voyez article canardière et leur recul.)

ÉTRAVE.

Recommandez-lui bien de suivre absolument, mais absolument à un millimètre près toutes les mesures et dimensions choisies par vous, ou qu'un chasseur Puntsman le dirige et lui explique les nombreux petits détails dont il n'a certainement pas la moindre idée, mais dont la pratique seule a démontré l'excellence et la nécessité. C'est dans ces conditions seulement, que vous pourrez réussir à posséder un Punt ayant les qualités requises pour chasser la Sauvagine sur le Bas-Escaut avec quelque sécurité.

ÉTAMBOT.

N'oubliez pas que de tous les instruments qui doivent entrer en jeu pour pratiquer ce sport, le Punt doit être le plus choyé. Il en est, sinon le plus important, au moins le plus indispensable, et précisément pour cette raison, qu'on ne saurait guère s'en passer à cette chasse; l'on dirait que tous les éléments se sont conjurés contre

lui, et prennent un malin plaisir à le démantibuler. Il
n'y a pas dans tous les attirails de ce sport, d'outil ou
d'objet qui soit soumis à de plus rudes épreuves et
exposé à plus d'avaries de toutes sortes.

Tantôt remorqué par le yacht, en cas de mauvais
temps, il danse des sarabandes effrénées sur les lames
déchiquetées et cassantes, tantôt hissé à bord à force
d'amarres et de poulies, il attrape des « cognes » et des
chocs capables de disloquer sa faible carcasse. A terre,
au repos, c'est le soleil qui dessèche et torture ses
planches, et lui fait prendre l'eau de tous côtés, comme
à une vieille bassinoire, car un punt perpétuellement
étanche est encore un problème à résoudre, sauf par
les métaux.

Qu'il soit donc l'objet de toute votre sollicitude, de
toute votre tendresse. N'est-ce pas à ce frêle esquif que
le chasseur confie sa vie sur un fleuve immense, sans
cesse sillonné par les plus grands steamers, qui labourent
ses eaux limoneuses et produisent des vagues submer-
geantes et traîtres qui vont se déferlant jusque sur ses
rives.

Puis ce sont les bancs de sable ou de vase, que le
punt devra souvent heurter de la quille, ou aborder de
la proue ; parfois encore, ses flancs seront enserrés et
rabotés par les glaçons, les banquises, prêtes à l'écraser comme une coquille de noix, qu'il est en somme,
comparativement à ces immensités. Il n'y a pas jusqu'à
son amie intime, sa compagne inséparable, qu'il porte
fièrement et glorieusement sur son dos, la douce et paisible canardière, qui, semblant sommeiller en se dodelinant légèrement se réveille tout-à-coup en un terrible
sursaut, et fait trembler les varangues et les membrures
du pauvre punt.

Il importe donc qu'il unisse la solidité à la stabilité.
La question d'étroitesse et de légèreté, si controversée
par les Anglais ne saurait venir ici en ligne de compte,
j'entends pour les amateurs. Ceux-ci, chez nous,

préféreront toujours un punt à deux, c'est-à-dire le type
le plus large, et le plus solide. Et cela en raison de leur
éducation de puntsman, qui est à peu près nulle, en raison des eaux ouvertes et durs de l'Escaut, sur lesquelles
il faut souvent manœuvrer, si l'on ne veut pas rester
à l'ancre la moitié de la journée, en attendant l'occasion
de faire un coup à l'abri d'un schaar, ou d'un banc de
sable.

Le professionnel qui possède son art à fond, accordera
toujours sa préférence à un punt étroit, léger, à une
personne, qui lui permette de se porter rapidement dans
les criques, et de se tirer seul d'affaire dans les hauts-
fonds vaseux. En effet sa manière de chasser diffère
beaucoup de celle de l'amateur, et lui permet de se servir d'une embarcation plus petite, plus basse sur l'eau,
plus invisible si vous voulez, mais moins stable et
tenant moins bien à la lame, à la mer.

Tandis que généralement l'amateur, dont le temps est
limité, parcourt en yacht et en hâte les coins et les
recoins du grand fleuve pour rencontrer le gibier, et
renouveler le plus souvent possible les occasions de
tirer, aussi bien dans les passes navigables et les larges
espaces que sur les côtes abritées; l'autre a toute la
semaine et même le mois devant lui. Il dédaigne de
dépenser sa poudre sur les petites bandes éparpillées
dans les eaux profondes, il jette l'ancre à l'entrée d'un
goulet, à l'abri du vent, dans une crique encaissée, il sait
que les grandes bandes viendront successivement se
réunir dans les places solitaires à hauts fonds, il choisit
son moment, développe alors tous ses talents et met en
œuvre toutes ses facultés pour faire un grand coup. Ce
n'est plus un sport véritable qu'il pratique journelle-
ment, c'est une affaire qu'il guette, une proie qu'il
attend et convoite pour vivre, avec la patience de l'Indien dans les joncs. Parfois même, il se rencontre au
même poste avec un confrère, alors la concurrence entre
en jeu, il va falloir lutter de ruse, de vitesse pour

arriver le premier et faire le coup au nez et à la barbe de son rival. Dans ces conditions, on comprend aisément toute l'importance qu'acquièrent les avantages d'une embarcation étroite, légère et rapide, qui lui permet d'agir là, avec autant de sécurité que de promptitude. Jamais, croyons-nous les amateurs ne se résondront à procéder systématiquement de cette façon, à l'instar des professionnels. Outre qu'ils recherchent le plaisir de la chasse pour lui-même, avec toutes les émotions qu'elle entraîne, et le désir de les faire naître le plus souvent possible pendant toute la durée forcément limitée de l'excursion, ils sont généralement accompagnés d'amis ou d'invités que la navigation intéresse presqu'autant que la chasse, et qui ne trouveraient pas drôle du tout, une partie de plaisir passée à l'ancre les trois quarts de la journée dans une crique ou un schaar.

Les purs, diront peut-être : « Qui veut la fin, veut les moyens » soit, qu'ils essaient, ils seront bientôt délaissés par leurs amis. Je prétends donc que le punt à une personne, du type étroit ne convient pas sur l'Escaut pour les amateurs de chez nous. Ils feront bien de choisir le punt à deux, plus large, plus solide, plus stable dans les lieux ouverts et les grandes eaux, et laisseront l'usage du punt étroit et léger, moins stable et moins solide aux professionnels qui fréquentent surtout les lieux couverts, les criques et les hauts-fonds.

N'allez pas croire qu'une embarcation plus large soit d'un tirant d'eau plus fort et puisse vous empêcher d'aller sur les bords et les boues, au contraire, elle cube moins d'eau que l'autre tout en offrant plus de sécurité.

Il n'y a que la question de légèreté, de vitesse, de concurrence qui milite en faveur du punt étroit, mais tout cela ne vaut pas le confort, le plaisir d'être à deux dans la lutte, de ne pas s'éreinter, de pouvoir se communiquer ses impressions et discuter les péripéties de la chasse après les coups faits dans un punt à deux.

Après cela, il semblera peut-être étrange, à ceux qui

ne sont pas encore initiés à ce sport, d'apprendre qu'en
Angleterre on soit si peu d'accord sur le meilleur genre de
punt à adopter. Cependant, il n'y a pas de question de
chasse plus discutée et plus controversée chez nos voisins que celle de la construction et des dimensions des
punts.

Toutefois les considérations invoquées plus haut pour
les amateurs de l'Escaut, sont les mêmes que pour les
gentlemen puntsmen des côtes d'Albion, à l'éducation
près, qui est plus perfectionnée chez eux que chez nous
dans ce genre de sport. Mais cette grande divergence
d'opinions à propos de ces minuscules embarcations,
provient bien un peu, croyons-nous de ce fait, qu'il y a
des amateurs peu fortunés, et d'autres, dont les livres
sterling peuvent leur permettre de se faire construire
tout ce qu'ils veulent, et les faire manœuvrer comme
ils veulent par des hommes dressés et qui ne font que
cela. Les premiers, riverains presque toujours, obligés
de tout faire eux-mêmes, c'est-à-dire, mettre leur punt
à l'eau, le manœuvrer seul, toute la nuit ou toute la
journée, puis le rentrer, choisissent le type étroit, léger,
à une personne, les autres pouvant se payer des bras,
préfèrent le type large à deux personnes. C'est peut-
être là tout le secret de ces divergences tant discutées
chez les puntsmen anglais. Puis chacun est entiché de
son modèle et se gausse de celui d'un autre, il en est qui
sont tellement jaloux qu'ils ne le laisseraient copier
pour rien au monde.

Mais il est peut-être un reproche qu'on pourrait faire
aux amateurs du punt à deux : c'est de les considérer
simplement comme des tireurs de gibiers d'eau en punt,
alors que l'homme d'arrière fait tout le travail. Soyez
tranquille, le tireur a assez de travail à s'occuper de la
recherche du gibier, guider son homme, maintenir la
canardière dans la meilleure position du point de mire,
aider de la pique ou de la pagaie, à la propulsion du
bateau dans les hauts-fonds, puis enfin viser, tirer,

ramasser les morts dans les vases, et soutenir des luttes parfois très acharnées contre les *éclopés* qui cherchent à fuir de tous les côtés. Puis en revenant au bateau, il devra parfois ramer à des distances considérables contre vent et marée, recharger son arme et s'occuper de mille autres détails à bord, comme par exemple, ceux de l'art culinaire qui sont de la plus haute importance. Rôle multiple et varié, rôle glorieux, et bien plus difficile que celui du puntsman toujours le même, et qui fait de cette chasse, la quintescence du plaisir et du bonheur sur terre. D'ailleurs, cet argument, qui pourrait être invoqué par l'amateur qui chasse seul, contre celui qui chasse à deux et se fait conduire, ne pourrait plus désormais nous être adressé. Le mécanisme à pédale de notre punt, va pouvoir permettre à tout amateur quelconque de faire marcher et diriger l'embarcation d'emblée, sans apprentissage aucun, et avec la plus grande facilité.

Désormais les gentlemen puntsmen ne devront plus avoir recours à un salarié dressé à la pagaie ou à la godille, ils opèreront eux-mêmes, conduiront leurs amis ou leurs invités où ils voudront et le plaisir en sera doublé et triplé. Mais avant d'exposer ce mécanisme, je ferai connaître d'abord l'armement complet d'un punt, puis son maniement et les différents modes de propulsion que cette embarcation est susceptible de recevoir suivant les diverses circonstances qui peuvent se présenter en chasse.

Équipement et accessoires d'un Punt

—

Le punt ne pourrait servir à la chasse à la Sauvagine s'il ne se complètait par les objets suivants, qui sont tous, ou à peu près, d'une absolue nécessité.

Un plancher mobile. — Il consiste simplement en quelques planches légères ajustées entre-elles et d'après les membrures du bateau. On les place sur le fond, entre les deux parties pontées, dans la chambre du tireur et du rameur, de manière à pouvoir se coucher à plat ventre dessus. Ces planches peuvent aussi être clouées entre-elles, au moyen de traverses, et ne former qu'un plancher volant, mais je préfère les planches séparées.

Le but de ce plancher mobile, étant de protéger les chasseurs contre l'eau qui s'infiltre toujours un peu dans le fond du bateau, il est plus facile de soulever une seule planche tout en restant dans l'esquif pour l'assêcher, que de devoir retirer tout le plancher d'un seul bloc. Quoique vous fassiez, quelques précautions que vous preniez, un punt à un moment donné prend toujours un peu d'eau, et quand cet ennui ne se produit pas par le fond, c'est par les côtés ou par dessus-bord, soit à cause du remous d'un remorquage trop rapide, soit par le sillage des bateaux qu'on rencontre en route. On a cherché à rendre les punts étanches par divers procédés. Les uns ont tapissé tout le fond et les côtés de l'embarcation, de toile imperméable ; fort bien, mais l'eau de mer à vite fait de manger toile et couleur, ou bien les abordages, les chocs, les frottements sur les fonds de sable, déchirent le revêtement qui vit ce que vivent les roses, c'est toujours à recommencer. D'autres, ont fait faire le fond du bateau d'une seule belle grande planche et l'on rattachée aux parois latérales par des coulisses, des cuivrages, et calfatages savants. C'est mieux, mais toujours imparfait.

Non, la vérité c'est qu'un punt vraiment étanche est encore un problème à résoudre. On y arriverait certainement avec la tôle d'acier ou d'aluminium, mais alors il devient beaucoup plus submersible, et perd une qualité de premier ordre pour éviter un léger inconvénient.

Notre punt prend donc l'eau, comme tous les autres, mais en-dessous seulement, parce que le fond bâti en sapin de peu d'épaisseur laisse à la longue toujours filtrer un peu d'eau sous le poids de deux hommes, de la canardière et de son mécanisme. Mais les deux parties pontées et les flancs sont recouverts d'une toile imperméable bien tendue et fixée hermétiquement, et quand la bache est bouclée sur la chambre des chasseurs, les lames et les vagues peuvent l'assaillir, elles roulent sur son dos sans l'envahir.

Une pelle en bois de la grandeur d'un sabot, avec manche pour jeter l'eau hors du bateau, puis une grosse éponge achèvera l'assèchement complet, et pourra servir à nettoyer les bottes du chasseur chaque fois qu'il aura été ramasser les victimes sur les vases.

Des torchons de gros coton tricoté dans lesquels on aurait cousu des morceaux d'éponges, rendront les mêmes services et seront trois fois plus solides. S'il y avait beaucoup d'eau, une petite pompe ferait mieux l'affaire. Nous usons des trois outils selon les circonstances : abondance de biens ne nuit pas.

Un support pour reposer le fusil de chasse. — Il sera fixé à tribord sous le pontage d'avant, la crosse à portée de la main du tireur et dirigée vers le plancher du punt, les canons au contraire inclinés vers le haut, afin qu'en cas d'accident, la charge soit projetée en l'air, à côté du pont d'avant, et non dans le sens horizontal, ce qui produirait une voie d'eau à l'extrémité antérieure du bateau et le ferait couler rapidement.

Il serait tout aussi sage, et plus prudent, de ne pas

3

charger le petit fusil au départ, le tireur un peu prompt, aura tout le temps d'y glisser deux cartouches pour achever les blessés après le coup de canardière.

Depuis qu'un accident de ce genre m'est arrivé, j'adopte toujours cette dernière méthode, je suis plus tranquille, les faux mouvements qu'on peut faire involontairement par le roulis, le tangage, les heurts sur hauts-fonds ou la nécessité de donner un coup de pique, de pagaie, etc., occasionnent le déplacement brusque de l'arme et la détente d'un fusil n'attend pas toujours qu'elle soit pressée par la main de l'homme pour faire partir le coup.

Une boîte à objets divers. — Elle contiendra d'abord et avant tout, les matériaux nécessaires pour recharger la canardière, poudre, plomb, capsules, étoupes ou bourres si l'arme se charge par la bouche ; si c'est par la culasse, une cartouche de petits plombs n° 6, et une autre de n° 0, afin de pouvoir opérer le changement en route, si un coup se présentait sur des chevaliers ou bécasseaux.

Elle sera en métal de préférence, et contiendra encore une bonne jumelle. Souvent quand les volatiles sont au repos et comme livrés au sommeil, la tête dans l'aile, il est difficile de distinguer au loin à l'œil nu, à quelle espèce de gibier on a affaire, la jumelle dissipera de suite le doute. D'autre fois encore, elle servira à les découvrir de très loin, ou à suivre leur vol pour les voir se remiser après le coup de feu.

La lunette de campagne et la longue vue sont trop encombrantes en punt, on peut les réserver pour le yacht, et encore, leur maniement est plus compliqué, et elles ne sont pas indispensables sur les rives de l'Escaut.

Il est bon d'avoir une petite boussole, car les brouillards surgissent en un clin d'œil en hiver sur le grand fleuve, et elle peut venir à point, soit pour retrouver le yacht, soit pour atteindre telle ou telle rive, qu'on sait devoir se trouver dans telle orientation. On peut aussi convenir de signaux à faire en cas de détresse ou de brouillard, avec ceux qui sont restés à bord. N'oubliez pas un tire-cartouche ; enfin, s'il reste de la place dans la boîte, emportez la gourde et de quoi fumer. Le petit cognac de l'amitié ragaillardit toujours votre compagnon et vous même, après un coup manqué, et jamais bouffarde ne fut plus délicieuse que savourée en revenant à bord, en plein punt jonché des dépouilles des victimes !

Un gouvernail. — Inutile selon les uns, indispensable selon les autres. Cela dépend du milieu dans lequel on opère. Il est nécessaire dans une eau à fort courant, pour maintenir le punt dans la direction voulue au moment du tir, et l'on peut s'en passer en eau calme. J'estime qu'il est indispensable dans l'Escaut. Les uns gouvernent avec les pieds, d'autres avec la main gauche pendant qu'ils travaillent de la droite, d'autres avec la bouche s'ils ont les deux mains occupées.

Un grappin et quelques mètres de câble. — Ils serviront à amarrer, ou à touer le punt, quand il faudra courir achever les blessés sur les plages, si vous êtes seul. N'oubliez jamais d'amarrer solidement le bateau dans tous les cas, mais surtout à marée montante, car pendant que vous vous laissez entraîner à la poursuite des fuyards, parfois à de longue distance, la marée insidieuse monte, enlève l'esquif et l'entraîne au large. Vous voyez-vous seul, au milieu de l'Escaut sur un banc de sable à marée montante ?

Malheur à celui qui commettrait pareille imprudence ! C'est le cas de s'écrier qu'on frémit d'horreur à la pensée de le voir happé et submergé par le flot qui monte, qui monte toujours impitoyablement. Je me suis laissé conter que plus d'un chasseur aux oiseaux d'eau, s'était laissé surprendre ainsi, et avait payé de sa vie cette imprudence suprême. Dans un punt à deux, pareil oubli, ou accident ne pourrait arriver, le simple bon sens indique, que l'un des deux chasseurs doit demeurer près de l'esquif, pendant que l'autre ramasse les morts, et achève les blessés.

Deux avirons. — Ils seront légers et courts. On s'en sert pour ramer ou déramer, soit en partant du yacht ou de la rive vers le gibier, soit en revenant, soit encore pour courir sus aux éclopés. Ils pourront encore remplacer la pique dans les hauts fonds, et un bon coup d'aviron bien appliqué sur la tête d'un plongeur blessé, lui donnera plus vite et plus sûrement le coup de grâce, qu'une série de mauvais coups de feu. On s'assied sur le plancher pour nager et l'on s'y met à genoux pour dénager. Cette dernière manœuvre, quand elle est bien faite, est très élégante, et permet au puntsman de voir et de poursuivre le gibier devant lui. Mais l'aviron léger, permet surtout d'aller à la godille comme nous le verrons plus loin.

Deux pagaies à main. — Nécessaires dans les deux types de punt — étroit et large. Elles seront en bois léger, sapin ou bois blanc. Longueur totale de 60 à 65 centimètres, longeur des pelles 50 à 55 centimètres. Largeur de 8 à 12 centimètres, épaisseur de 6 à 8 millimètres. La poignée ne sera ni trop grosse, ni trop petite, afin qu'elle soit bien prise dans la paume d'une main ordinaire. Un petit trou percé dans le manche, permettra d'y passer une ficelle pour l'attacher au rebord du punt. De cette façon le pagaïeur arrivé à portée pourra lâcher sa pagaie tout doucement le long du bord, sans plus s'en occuper, puis viser et tirer sans perdre une seconde à la rentrer, ou risquer de faire du bruit. Il est bon de renforcer la pelle d'un ou deux cercles de cuivre, vers l'extrémité, ils donnent plus de poids à la partie qui plonge dans l'eau et facilitent la manœuvre par la tendance qu'a le poids plus lourd de cette extrémité à rester verticalement dans l'eau. Un novice ne peut tenir immergée une pagaie tout en bois, précisément à cause de sa légèreté et de la force ascensionnelle de l'eau. L'armature favorisera beaucoup cette petite manœuvre au débutant, et même au chasseur aguerri à cet exercice. Nous verrons comment il faut s'en servir en chasse plus loin.

Bâtons-piques. — Ces bâtons sont cerclés de fer et armés à leur extrémité d'une, deux ou trois piques, en fer également,

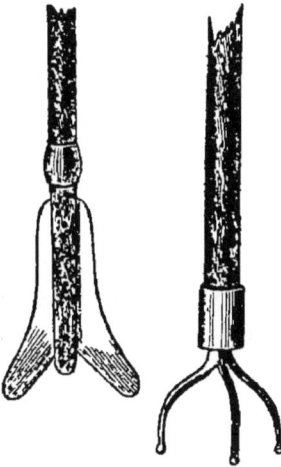

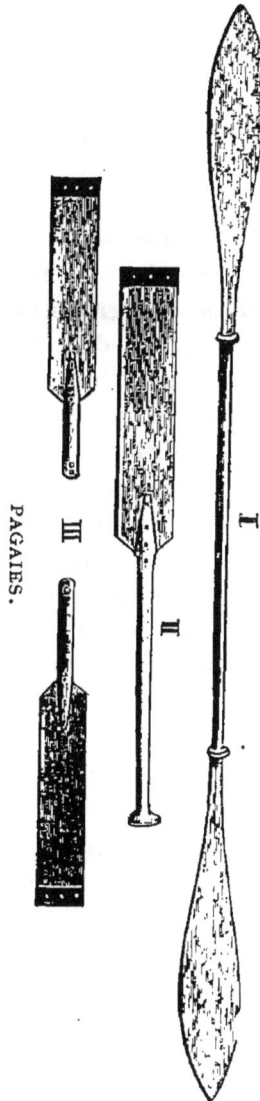

PAGAIES.

I   II   III

pour pouvoir s'enfoncer dans les sables et les vases sans glisser, en même temps que pour augmenter leur pesanteur dans l'eau, comme aux pagaies, afin de faciliter leur maniement. Ils seront de trois dimensions, afin de pouvoir les échanger, d'après les profondeurs. Leur longueur respective variera d'un à deux mètres. Le bâton-ferré a trois piques ou trident est le meilleur. Il s'enfonce moins dans les vases, offrant une surface plus large. On s'en sert souvent, soit pour longer les rives à la recherche du gibier, soit pour s'en éloigner après le coup, soit pour poursuivre rapidement les blessés en eau peu profonde.

Row-locks ou tolets. — Ce sont des fourchettes en fer ou en cuivre en forme de lyre, et dont la largeur varie suivant la grosseur de l'aviron qui doit y jouer.

Un punt doit pouvoir en porter trois, un à tribord sur le plat bord de l'arrière pour godiller, et deux vers le centre pour pouvoir ramer ou déramer, placés également sur le plat bord. Quelques professionnels emploient deux broques en bois parallèlement fixés dans un trou pratiqué dans le plat bord même, elles cassent souvent, mais ils en ont de rechange. Les tolets mobiles sont plus faciles et se dégagent plus rapidement. Celui qui doit servir à la godille, sera garni de cuir, ou de caoutchouc, ainsi que son aviron, afin d'étouffer tout bruit pendant la manœuvre.

Des patins pour aller sur la vase. — Ce sont deux planchettes de 25 à 45 centimètres carrés, et d'une épaisseur relative que l'on attache aux pieds au moyen de boucles ou courroies. A vrai dire, nous ne nous en sommes jamais servis. Nous avons des bottes imperméables en cuir souple, montant jusqu'au dessus du genou, nous nous guidons dans les boues et les vases avec le grand bâton-pique de 2 mètres, et quand il enfonce trop, nous n'insistons pas. Nos professionnels n'en usent pas non plus. Les Anglais en ont toujours pour la chasse de nuit. Cela dépend de certaines côtes ou criques anglaises à vases très molles, et surtout parce qu'ils doivent ramasser leur gibier la nuit, souvent au petit bonheur, dans les trous les plus insidieux.

« Wildfowler » du Field, (1) a même inventé un soulier spécial à patins, qui tient la botte prise par le bout et le talon, en même temps que des courroies la fixe au milieu et à la cheville. Ainsi armé, il se risque presque partout et en sort sain et sauf, s'il ne perd pas l'équilibre, mais aussi prend-t-il toujours la pique pour sonder devant lui, et reculer à temps si la vase lui semble devenir trop molle. Il y en a même qui ont des patins pour le punt en temps de glace, il roule ainsi plus facilement, et ça préserve ses planches des chocs, pierres, glaces, sable, etc. On pousse le punt à pied à l'arrière, mais il faut avoir soin de mettre une ficelle allant jusqu'à l'étambot du bateau pour tirer la détente, sinon on est vu par le gibier en voulant remonter dans l'embarcation. Les anciens chasseurs avaient des punts-traîneaux pour aller sur la glace, ils cachaient le tout par des joncs, des pailles, branches, etc. Il faut croire que les hivers d'aujourd'hui sont moins rigoureux qu'à cette époque, car l'eau n'est jamais assez gelée de nos jours, pour s'y aventurer; sauf dans les criques, l'Escaut est toujours en mouvement. Ce procédé doit être bon sur les lacs, les rivières tout au plus, mais impraticable sur l'Escaut.

Une bâche. — Pour abriter le punt à la remorque, au départ et au retour de l'expédition, ainsi que la nuit et en cas de gros temps, nous avons fait façonner une bâche légère en toile imperméable, aux dimensions de l'aire du bateau entre les deux ponts. Elle est munie de boucles qui correspondent à autant de languettes de cuir, clouées sur le plat-bord et permettant de la boucler hermétiquement.

Un système plus rapide consisterait peut-être en deux couvercles en bois, allant se rejoindre et s'agrafer vers le milieu, mais l'on aurait alors l'ennui de deux

(1) Modern Wildfouling.

planchers à remiser sur le yacht, tandis que la toile se roule facilement et n'est pas encombrante. Rien ne s'oppose cependant à cette combinaison si le yacht est assez grand, sauf que le punt prend les allures d'un cercueil.

SARCELLE ET PUNT AVEC SA BACHE.

Une béquille pour la canardière. — C'est un tolet en métal, cuivre ou fer, revêtu d'étoupe, de ficelle ou de flanelle, entre les branches duquel repose l'arme sur le pontage d'avant.

Il sera mobile et devra pouvoir pivoter à droite et à gauche. Sa hauteur sera calculée de façon à ce que le point de mire de la bouche de la canardière qui repose sur un léger support en gouttière à l'extrémité du pontage, corresponde à un tir horizontal d'une distance de 40 à 50 mètres sur l'eau. La canardière sera placée en équilibre de façon à ce que le poids de la bouche l'emporte sur celui de la culasse, et qu'un léger appui de la main gauche sur la crosse, la fasse aisément basculer vers la position horizontale et plus haut s'il le faut. Comme l'inclinaison du pontage varie d'un bateau à l'autre, de même que la longueur des canardières, il nous a paru préférable de ne pas donner de chiffres sur la hauteur du tolet et les distances relatives de l'arme pour son équilibre sur le support. L'expérience ou des essais préalables seront ici le meilleur guide. Mais maintenir la hauteur invariable du support d'affût est peut-être un inconvénient qui empêche le tireur d'élever ou d'abaisser son arme, dans certaines circonstances exceptionnelles, et on y pare facilement en relevant la bouche du canon au moyen du rateau ou levier dont nous allons parler.

Rateau pour relever la canardière (1). — C'est un levier à main. Il ressemble assez bien à un rateau de billard, seulement il porte deux petites roulettes à sa partie inférieure et une très légère échancrure à sa partie supérieure pour reposer le canon de l'arme. Il se remise sous le pontage d'avant quand on ne s'en sert pas, et se place à droite de la canardière, le manche bien à portée de la main quand on travaille sur les oiseaux. On pèse sur l'arme en équilibre de la main gauche, le canon s'élève et l'on glisse le rateau de la main droite, en dessous du canon à la longueur voulue pour le tir. Il suffit de faire rouler doucement l'instrument au point de repère tracé sur le pontage lors de l'essai de l'arme à 5o mètres ou à plus, selon les goûts, pour être certain du tir à ces distances repérées d'avance.

Il faut avoir soin, lors de ces essais de portée de canardière, de les faire en punt avec chargement complet, c'est-à-dire le plus possible dans les mêmes conditions de poids qu'en chasse réelle, parce que l'immersion plus ou moins profonde du bateau dans l'eau fera varier également la portée répérée.

Le tireur peut donc, — outre son point de repère fixe, indiqué par lui d'un signe quelconque sur le pontage, — en tirant à lui le levier, élever encore l'extrémité de son arme, ou l'abaisser en le poussant. On graissera les roulettes pour faciliter les mouvements ; on attachera une

(1) Voir fig. page **22**.

ficelle au manche qui se rattache à celle de la détente, on aura ainsi en main et la hausse et la détente de l'arme pour tirer. La canardière, malgré la légère échancrure de la partie supérieure du rateau, en est absolument indépendante, et l'on peut la manœuvrer de droite à gauche et *vice-versa* sans la faire tomber; les petites roues permettent au besoin au rateau de suivre le mouvement. Le rateau peut être échancré à sa partie inférieure pour laisser passer la brague de recul. Il existe encore d'autres genres de leviers plus compliqués, qui permettent d'abaisser ou d'élever l'arme entièrement sur le punt.

Une brague de recul. — Généralement, c'est une corde en très bon chanvre de manille, qui sert à supporter le recul de la canardière. Elle est surtout employée par les professionnels, et beaucoup d'amateurs la préfèrent aux freins de recul inventés pour les armes de très gros calibre. Nous en parlerons au chapitre des canardières. Le câble de manille donc, passe dans un trou foré dans l'étrave, pièce de bois en chêne tout à l'avant du punt, et les deux bouts reposent sur le pontage et viennent s'attacher à la canardière, par différents procédés, d'après la construction de l'arme, et dont le plus simple consiste en deux œillets, pouvant s'engager sur les tourillons de l'arme (1). Afin d'éviter l'usure de la brague, elle sera entourée d'une gaine épaisse de caoutchouc, au niveau du trou de l'étrave. Un morceau de fort tuyau de caoutchouc de 30 à 40 centimètres de longueur suffira pour protéger la brague contre les frottements.

Une bouée de sauvetage. — De même que « le petit bossu qui s'en va-t-à l'eau », ne s'en va jamais sans ses deux séaux, de même le puntsman anglais ne s'aventure jamais sans sa bouée de sauvetage. Elle pourra servir en même temps de point d'appui pour la poitrine,

(1) Voir fig. page **22**.

ou le bras gauche du pagaïeur, ou de siège pour le rameur. Dure et encombrante en liège, on lui préférera le coussin en caoutchouc, percé d'un trou central pour y passer la tête et servir ainsi de collier de sauvetage suffisant pour surnager en cas d'accident.

Cette bouée tient peu de place et l'on peut la gonfler et la dégonfler à volonté. Le problème d'un punt complètement insubmersible lorsqu'il porte son complet chargement a été souvent posé et discuté. D'abord il ne faut pas songer à le réaliser au moyen de chambres à air, à cause de la légèreté des planches et des voies d'eau de ce genre de bateau, et du moment qu'il est prouvé que l'eau peut y pénétrer, mieux vaut qu'un punt soit ouvert pour pouvoir l'éponger. Mais on pourrait pailler à cet inconvénient grave et remédier en partie à ce grand défaut, en rembourrant les côtés de l'embarcation de coussins de liège pulvérisé, et en construisant le plancher mobile en planches de liège, à condition de pouvoir l'y fixer provisoirement. Car, au cas où le punt viendrait à chavirer, il ne faudrait pas que ce plancher puisse se séparer du fond du bateau et flotter seul par le fait de sa culbute. Ce but serait manqué, il sera facile du reste d'imaginer un mode très simple de fixation provisoire du plancher aux varangues.

Un autre système de punt insubmersible, supérieur peut-être à celui-ci serait le suivant : Deux sacs en caoutchouc ayant la forme des chambres d'arrière et d'avant lorsqu'ils sont remplis d'air, et pouvant se placer chacun sous son pontage respectif. Ils ne gêneraient en rien la manœuvre du bateau, occuperaient une place laissée vide par les autres accessoires, ou du moins ne sauraient empêcher leur présence, et seraient beaucoup plus légers que le liège pour l'embarcation. On les gonflerait une fois en place, au moyen d'une petite pompe à air s'ajustant à un bout de tuyau portant un système de fermeture à vis ou à soupape, comme pour les pneumatiques de bicyclettes. Un punt ainsi lesté, aurait l'avantage de pouvoir être épongé en cas de besoin, d'avoir toujours le même poids, de ne pas avoir un plancher humide comme le liège, et de ne pas se pourrir.

Le problème vous paraît ainsi presque résolu... peut-être... mais le poids considérable de la canardière fixée au punt par n'importe quel système de recul, brague ou ressorts à boudin, pourra submerger la totalité du bateau ou du moins toute la partie d'avant et ne laisser flotter que l'arrière. Tant que la canardière ne sera pas séparable du punt, d'une façon automatique au moment précis de l'accident, il y aura beaucoup d'aléas dans la question de l'insubmersibilité des punts. Dire qu'on aura toujours le temps de faire sauter les œillets de la brague hors de leurs tourillons et de se débarrasser ainsi de l'arme au moment du danger, serait avancer une chose que les accidents de chavirage, qui arrivent toujours à l'improviste, démentent absolument.

En punt à voile, par exemple, un coup ou une saute de vent, peut faire culbuter subitement l'esquif, d'autres cas imprévus peuvent encore se présenter et avoir le même résultat : tels que les glaçons, les ras de marée, les remous d'un grand steamer qu'il est trop tard de pouvoir éviter.

Enfin, des circonstances inattendues que nul ne saurait prévoir en navigation, surtout sur l'Escaut.

Il n'y a que ceux qui ne se servent d'aucun système d'attache ou de recul pour fixer leur canon sur l'avant-pont, qui pourraient se vanter grâce aux sacs de caoutchouc cités plus haut, d'avoir un punt insubmersible dans tous les cas et toutes les situations possibles. Il paraît en effet, qu'il y a des puntsmen en Angleterre, qui tirent avec de grosses canardières, reposant libres sur l'avant-pont sans système d'attache ou de recul d'aucune sorte. Nous verrons cela au chapitre : recul des canardières.

Frappé de ces désiderata, de la plus haute importance évidemment, puisqu'on y joue sa vie, j'ai cherché un système de sauvetage dans une autre direction et un autre ordre d'idées. Je ne me suis plus attaché à trouver les moyens les plus efficaces de faire surnager le punt et son arme, *d'abord et avant tout*, quitte à tâcher de s'accrocher à son épave ensuite — chance de succès toujours aléatoire quand on est renversé brusquement dans un fleuve à courant rapide, tout habillé, botté, les poches parfois pleine de cartouches, ou ne sachant pas nager — mais je me suis ingénié à trouver un système de sauvetage personnel, sans devoir se préoccuper de savoir si le punt flottera ou ne flottera pas après la culbute.

En d'autres termes, il m'a paru plus intéressant et certainement plus pratique, plus certain, et d'une application plus générale, de chercher à rendre l'homme, le chasseur, insubmersible avant tout, avant son bateau ou son punt, en cas de chute quelconque dans l'eau.

Nous avions autrefois acheté un gilet de sauvetage assez pratique, mais ne répondant que de loin au but cherché. C'était un veston sans manches, contenant du liége pulvérisé, réuni et cousu par une rude étoffe en pelottes plus ou moins carrées de sept à dix centimètres. Une courroie bouclée à la ceinture l'empêchait de remonter sous la poussée de l'eau. Ces pelottes lui donnaient assez bien l'aspect d'un plastron d'escrime. Une petite poche à la hauteur du sein permet d'y loger un petit flacon de liqueur. On peut se coucher sur le ventre en punt, les pelottes servent même de coussin, enfin, c'est un vêtement chaud qu'on peut mettre à bord.

Il est bien certain qu'on surnagerait longtemps à mi-corps avec cet engin, qui est bien l'appareil de liége le moins encombrant que nous connaissions jusqu'ici.

Le seul reproche qu'on puisse lui faire, c'est qu'il grossit trop le chasseur et que tout son dos s'élève alors bien au-dessus du bordage du punt. Il est vrai que les

inventeurs, les frères V. D. B. de Goës, petite ville de
la Zélande, ne l'ont pas fait exclusivement pour puntsmen, mais plutôt pour appareil de sauvetage pour marins et pilotes.

Il est toujours à bord de notre yacht *La Sarcelle*, mais
ne sert plus en punt. Son prix est de 40 francs.

Je signalerai encore dans le même ordre d'idées mais
d'une application plus générale, les costumes tissés en
fibres de liége de Jackson de Londres

Ces fibres de liège qui ont la grosseur, la forme, et la
longueur d'une de nos allumettes en bois, sont juxtaposées parallèlement, et revêtues d'un tissu en laine,
bleu ou blanc, tissé, *intus et extra*, de façon à ce que la
jaquette, le gilet ou la robe de ce tissu original, puissent
vous permettre de mener la vie de bord, en voyage, en
chasse ou en punt avec toute la sécurité désirable.

Ces costumes affectent bien un peu, la raideur britannique, due au bouchon évidemment, et décelant ainsi
tout de suite leur origine, mais ils nous paraissent très
pratiques. Ce sont les *Jackson 's floating cloths*, 117,
Victoria street, Westminster S. W. London. Le prix,
du veston et du gilet revient à 150 francs. Ce prix
assez élevé fera sans doute hésiter quelques confrères,
mais il faut toujours estimer la vie bien au-dessus du
prix d'un objet reconnu pour soi indispensable à la réalisation complète de la grande passion qui vous donne
tant d'émotions. Pour ma part, je préfèrerais me passer
de dix costumes de ville, plutôt que d'un outil nécessaire à la chasse à la sauvagine. Je ne suis pas peureux,
au contraire, les vieux marins et les habitués de l'Escaut
nous ont parfois reproché notre témérité, mais il n'y a
pas de fausse honte à prendre ses précautions quand on
ne sait nager que quelques brassées, comme c'est notre
cas, et je dis avec le rat des champs au rat de ville :
« Fi du plaisir que la crainte peut corrompre ». J'en
connais qui tremblent au moindre danger sur l'eau, et
n'osent malgré leur vif désir, affronter la chasse en

punt, parce qu'ils ne se sentent pas en complète sécurité.

Ils n'ignorent pas que l'embarcation avec sa canardière n'est pas insubmersible, et la peur paralyse leurs bonnes intentions, et leur plaisir est gâté. Que d'amateurs seraient devenus passionnés chasseurs à la sauvagine, si l'onde perfide, plus encore que tout le reste, froid, temps, argent, ne les retenaient attachés au rivage. Qu'ils fassent comme les Anglais qui ne vont jamais sans leur bouée, ou comme moi, sans mon gilet de sauvetage. Car j'ai *mon gilet de sauvetage* à moi, et à nul autre pareil, et je vais avoir l'honneur de vous le présenter pour la première fois, ayant négligé jusqu'ici de le lancer dans le domaine public, sachant que les inventions qu'on veut faire connaître, sont souvent funestes à leurs auteurs; puis, les grands inventeurs meurent toujours de misère!!

Je m'étais dit que les appareils de sauvetage en liège sont encombrants, volumineux, gênants, ils attirent violemment l'attention des gens, sur celui qui les porte, et en font dans une traversée à bord, l'objet d'une curiosité importune de tout son entourage. Ce n'était pas encore ça. Le problème à résoudre était toujours celui-ci : trouver un système d'appareil de sauvetage très simple, très portatif, très pratique, et tout à fait invisible, qui empêche les personnes qui en sont munies, de se noyer en cas de chute dans l'eau.

Je crois l'avoir résolu, par la réalisation de l'appareil suivant qui fonctionne *automatiquement* au contact de l'eau, peut se porter sous un gilet ordinaire, et se dissimuler aux regards de tous, dans tous les actes de la vie de bord, sur le pont, à table, en chasse, enfin partout, en rue, à l'hôtel, sans nuire en quoi que ce soit à la liberté des mouvements, et à l'esthétique du costume.

Il repose sur le principe du dégagement d'acide carbonique, au moment de l'immersion dans l'eau, d'un récipient contenant du bicarbonate de soude et de l'acide tartrique ou citrique.

Mon gilet de sauvetage avec sa devise *Salus in aquâ* le salut dans l'eau ou par l'eau, se compose donc de deux parties essentielles.

Un récipient pour la poudre qui produira le gaz au contact de l'eau, et un récipient en caoutchouc souple pouvant se gonfler facilement et contenir le gaz ainsi produit.

A. — Le premier récipient est une boîte en cuivre, ronde, aplatie de 10 centimètres de hauteur, sur 2 1/2 c. de largeur, de façon à pouvoir contenir 80 grammes du mélange des deux poudres, et n'être remplie qu'à moitié afin que l'eau s'y précipite en quantité suffisante. Cette boîte est munie de deux ouvertures, dont la plus petite porte un tube soudé et taraudé qui se visse hermétiquement à un tube semblable inséré dans l'ouverture du récipient en caoutchouc, auquel la boîte est fixée et assujettie.

La seconde ouverture de la boîte, large de 2 centimètres, porte un pas de vis sur le pourtour du bord interne, et sert ainsi d'insertion au système qui porte la soupape. Cette soupape est un disque, convexe d'un côté, aplati de l'autre, mince, léger, large de 2 centimètres et qu'un souffle fait jouer.

Ce disque, percé à son centre d'un trou, occupé par une tige d'ivoire terminée à chacun de ses bouts par un boulon ou un écrou, est suspendu et enchâssé dans un tube métallique qui se visse d'un côté sur le pourtour fileté de la boîte et se prolonge au dehors de 2 1/2 centimètres, comme une cheminée au-dessus de la boîte. C'est par là que l'eau s'introduit dans le récipient en cuivre, qu'on pourrait parfaitement établir en aluminium, pour plus de légèreté.

Les mouvements de la respiration ordinaire font jouer la soupape, l'inspiration la ferme, l'expiration l'ouvre,

comme à un inhalateur de gaz, tant est grande sa sensi-
bilité ; il n'y a donc pas à craindre que l'effervescence
explosive du gaz au moment de l'introduction de l'eau,
ne soit pas assez puissante pour provoquer le jeu de la
soupape.

Qu'on se rappelle la force d'expulsion d'un bouchon de
vin de champagne par l'acide carbonique emprisonné, et
l'on aura à peine une idée de l'explosion tumultueuse de
gaz qui doit résulter d'un mélange de 40 grammes d'acide
tartrique et de 40 grammes de bicarbonate de soude.

B. — Le second récipient est un sac en caoutchouc,
pour lequel j'ai adopté la forme en ceinture, un peu plus
large au milieu du dos. Elle porte une échancrure, à
gauche ,dans laquelle la gourde en cuivre vient se loger
et se visser au tube taraudé inséré dans l'ouverture du
sac. L'une des extrémités de la ceinture porte encore un
tuyau de caoutchouc, long de 40 centimètres de la grosseur du petit doigt et terminé par une embouchure articulée qui permet d'insuffler de l'air au moyen de la
bouche dans la ceinture, et de la refermer ensuite.

Cette addition d'un bout de tuyau n'est pas indispensable à l'appareil, c'est un moyen de sécurité de plus, au
cas ou, pour une cause quelconque, l'appareil laisserait
à désirer.

Deux précautions valent mieux qu'une.

La ceinture mesure 90 centimètres de long, étalée à
plat, sur 22 centimètres de hauteur à la poitrine, 20 centimètres sous les bras et 25 centimètres de dos. Sa capacité est de 12 litres de gaz, beaucoup plus qu'il n'en faut
pour faire surnager un ou plusieurs hommes tout habilllés.

Chacun du reste pourra faire faire cette ceinture à sa
taille, et d'après son gilet comme on va le voir.

Maintenant, voici le chargement et le fonctionnement
de l'appareil, qu'il est presque inutile d'exposer tant il
est simple.

Il suffit d'introduire dans la boite 40 grammes de
bicarbonate de soude, mélangé à autant d'acide tartrique,

4

et de la visser à la ceinture en caoutchouc pour que l'appareil soit prêt à fonctionner. Pour vous en servir et le porter, prenez un de vos gilets, faites coudre au dos et sous les ouvertures des deux manches un cordon ou une

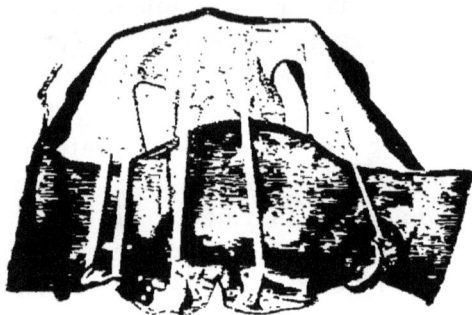

MON GILET DE SAUVETAGE AUTOMATIQUE.

bandelette d'un bon centimètre de largeur, fixé en haut et en bas d'un point solide à la manière d'une gibecière, et de façon à pouvoir retenir la ceinture glissée dedans d'un bout à l'autre du gilet jusque près des boutons et des boutonnières. Endossez votre gilet qui renferme ainsi, parfaitement aplatie et dissimulée, la ceinture de sauvetage, la boîte reposant sur le flanc, comme une gourde, un peu en arrière. Vous voilà prêt à tenter l'expérience.

Attendez, quelques petites recommandations encore, et ce sera parfait. Défaites la boucle du gilet, pour que la ceinture ne soit pas gênée dans son expansion lors de l'irruption du gaz, et faites tenir le gilet au pantalon au moyen d'une bonne patte, devant et derrière, sinon l'appareil, sous la double poussée de l'eau d'un côté et du gaz de l'autre, tendra à remonter fortement sous les aisselles et dans la nuque, et les mouvements des bras dans la natation seront gênés. Sautez tout habillé dans un bassin ou dans une rivière, l'eau se précipite dans la boîte et le dégagement du gaz acide carbonique produit par la réaction de l'eau sur le mélange de la poudre vous fera surnager en moins de vingt secondes.

Que s'est-il passé? La soupape, qui est toujours ouverte avant et laisse pénétrer le liquide dès l'immersion, se ferme, au contraire, dès que le grand dégagement du gaz se produit, celui-ci ne trouvant plus d'issue par où l'eau est entrée, s'en va gonfler la ceinture dissimulée sous le gilet. Alors seulement l'homme sent et voit sa poitrine et son dos se développer, et bientôt il peut se mettre à la nage sur le ventre ou sur le dos avec la plus grande aisance. Rien ne saurait gêner en quoi que ce soit ses mouvements, et si l'appareil est bien établi, sans fuite, il peut surnager et flotter ainsi pendant des heures. La quantité de gaz développée est de 8 à 10 litres, c'est-à-dire cinq à six fois plus qu'il n'en faut pour soutenir un homme debout dans l'eau jusqu'au cou. Si, pour un motif quelconque, on désire avoir plus de gaz, on peut augmenter les proportions ci-dessus indiquées, tant pour la capacité de la ceinture que pour la quantité de poudre à mettre dans la boîte, ou bien encore, on peut en insuffler par le tuyau en caoutchouc qui termine le côté gauche supérieur de la ceinture et qu'on a laissé à la hauteur du cœur sous le gilet.

La soupape, une fois fermée, ne saurait plus s'ouvrir, la pression du gaz à l'intérieur du gilet, pressé lui-même de tous côtés par l'eau extérieure, se communique à la soupape par l'intérieur de la boîte. Plus il y a de gaz dans le gilet, plus la soupape est comprimée et plus on est en sûreté. Quelques essais préalables avec la ceinture seule et une cuvelle d'eau, vous indiqueront le point précis où la soupape fonctionne le mieux, ni trop vite, ni trop tard, afin d'avoir assez d'eau dans la boîte, et de ne pas laisser échapper trop de gaz par le pourtour de la soupape, trop éloignée de son point de fermeture.

Avantages de cet appareil : Il est simple, pas encombrant du tout, invisible et *automatique.* Le premier

venu, sans savoir nager reviendra à la surface malgré
lui. Il est facile à charger, on trouve les deux produits
chimiques pour quelques sous dans tous les villages, et
il est du reste plus commode encore, d'en avoir toujours
quelques paquets de rechange. Ils peuvent même servir
à stimuler l'appétit, à faciliter la digestion, puisque l'on
peut en faire de l'eau gazeuse, avant, pendant et après le
repas !

Je m'en sers sur l'Escaut depuis cinq ans, et je m'en
trouve très bien ; souvent les amis après trois jours de
chasse ne se sont pas aperçus que j'avais endossé mon
gilet de sauvetage.

Je ne lui connais qu'un inconvénient, le voici :

Les poudres mélangées dans la boîte perdent insensiblement une partie de leur gaz ; il se produit une réaction
lente sans doute par l'humidité de l'air, et après un mois
le dégagement de l'acide carbonique est insuffisant.

A part ce petit défaut qui m'oblige à ne pas laisser la
poudre plus de quinze jours dans la boîte, je ne saurais
assez me louer des services qu'il me rend. Il suffit de ne
mêler le bicarbonate à l'acide tartrique qu'au moment de
leur introduction dans la boîte métallique, et de tenir les
paquets de 40 grammes de chaque produit séparés et
bien à sec jusqu'au jour du départ en chasse ou en
voyage.

Si le voyage en mer, devait durer plus de quinze jours,
il serait sage de renouveler le mélange et de rejeter le
premier, ou le faire servir à des usages hygiéniques ou
thérapeutiques.

Mon appareil n'est donc pas absolument parfait, et j'ai
cherché, mais en vain, à lui enlever cet inconvénient.

J'avais pensé à deux solutions saturées de ces deux
sels, et mises dans deux compartiments séparés et voisins d'une même boîte, mais le difficile est de provoquer
le mélange de ces deux solutions au moment précis de
la chute dans l'eau. C'était encore l'eau qui en rentrant
dans la boîte devait provoquer le mélange, et l'explosion

du gaz eut été plus instantanée et plus rapide encore, mais les résultats n'ont pas répondu à mes espérances et j'ai abandonné ici la question. Mais la voie reste ouverte, là ou j'ai échoué un autre peut réussir, et mon appareil est certainement perfectible encore.

Le dessin ci-joint fera mieux comprendre et saisir l'appareil, que la longue description que j'en ai donnée.

Je termine ici l'énumération des accessoires d'un punt.

Un mat et une voile. — La hauteur du mat variera de 1m70 à 2m30, et aura la grosseur d'une queue de balai. Il se placera dans un anneau en fer inséré dans le pontage d'avant, le plus près possible de la ligne médiane, à babord et de façon à ne pas gêner le mouvement de bascule de la canardière. Le bout inférieur ira s'engager sur le fond du bateau dans une gaine métallique, ou dans un espace quadrangulaire formé là par quatre morceaux de bois solidement fixés pour le recevoir, et l'empêcher de balancer. Quant à la voilure elle affectera la forme d'un quadrilatère irrégulier. La nôtre mesure 1m20 de hauteur sur 1m50 de large. (Voir pour détails sur ce sujet au chapitre : Chasse en Punt à voile).

Des Canardières

CHAPITRE III

Il y a deux façons de chasser la sauvagine en punt,
soit au moyen de fusils de fort calibre, soit au moyen de
canadières proprement dites, C'est en ce sens qu'on peut
dire que le punt a son arme spéciale, *la Canardière,*

Mais, de même qu'il n'est pas toujours facile en matière
de négoce, de dire exactement où finit le commerce et où
commence le vol, de même il n'est pas aisé de définir en
matière de chasse en Hollande, où commence la Canardière et où finit le fusil. Nous verrons de suite pourquoi
la chasse à la sauvagine exige des armes d'un calibre
d'une portée exceptionnelle.

Le calibre 10 à deux coups est l'arme favorite des chasseurs ordinaires aux canards pour le tir du gros plomb.
Il y en a cependant qui donnent la préférence aux fusils à
un coup, calibre 8 et calibre 4 pour le tir à très longue
portée; on peut même aller jusqu'au calibre 2.

Mais l'engin de guerre acquiert alors un poids considérable, n'est plus portatif et cesse d'être un fusil pour
s'appeler une Canardière.

Déjà le calibre 8, double Chokebore, est le fusil le plus
lourd qui puisse être manié par la plupart des chasseurs,
mais le calibre 4 a sur lui l'avantage de pouvoir vomir
une plus forte charge, et de fournir un cercle tuant plus
large, et ainsi de suite pour le calibre 2 comparé au 4,
et le calibre o comparé au 2, tant et si bien, que nous
arrivons aux armes de gros calibres, qui ne sont plus du
tout portatives et doivent être posées sur un affut ou
sur un pivot pour pouvoir être maniées, Ce sont là les
vraies Canardières, dont les calibres varient depuis

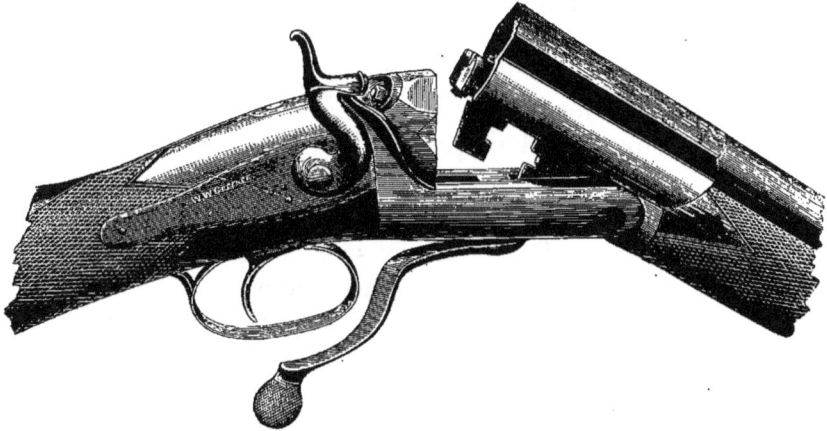

FUSIL A CANARDS, « FULL CHOKE-BORÉ » FORT CALIBRE.

28 millimètres jusque 44 et 50 millimètres pour les yachts.

Les calibres moyens de ces données sont les armes spéciales du punt pour la chasse aux canards.

Ces considérations et distinctions, qui n'ont absolument aucune importance en armurerie, en acquièrent au contraire beaucoup en matière de port d'arme et de permis de chasse en Hollande, voilà pourquoi nous tenions à en dire un mot.

La Loi Hollandaise en effet, évite de définir la Canardière (mot français caractéristique du but à atteindre) et elle a établi plusieurs espèces de permis de chasse, précisément d'après la manière dont on se sert de l'arme à feu, et non d'après son calibre. En somme elle fait une distinction importante entre l'arme portative, et l'arme non portative qui ne peut être tirée à l'épaule.

Pour chasser légalement sur l'Escaut hollandais, on doit se procurer : 1° Une patente de chasse (yacht-ackte) à 21.75 florins, et 2° une permission de chasse délivrée par l'administration des domaines de l'Etat (propriétaire). La permission pour chasser au fusil ordinaire coûte 2.54 florins, celle pour la chasse avec le *fusil-canon* 50 florins pour les nationaux, et 150 florins pour les étrangers (Arrêté du Ministère des Finances du 2 Août 1890 n° 29 domaines). Voilà certes une permission de chasse assez salée pour les étrangers, et qui élève le coût global du port d'arme complet avec droit de chasse et frais à 370 francs. C'est une espèce de droit d'aubaine!

Le prix qui était de 50 florins pour tout le monde, a été graduellement élevé, parce que les effets de cette arme de chasse (fusil-canon) sont très meurtriers.

Ainsi nous écrivait un commis de bureau de l'Enregistrement de Middelbourg en juillet 1892 et il ajoutait les détails suivants d'une saveur toute zélandaise : « On cite des cas qu'il y avait 80 à 100 canards tués d'un seul coup. »

Voilà une blague de puntsman anglais, sans doute en

tournée de cabaret avec les pontonniers zélandais à Middelbourg. Ceux-ci auront été rapporter ce fait aux autorités constituées à cet égard, ignorantes de la vérité vraie, et du caractère naturellement un peu hableur de tout chasseur. Ces coups arrivent une fois tous les trente ans; Saeys d'Anvers a un coup de 67 canards à son actif après plus de 25 années de chasse sur le Bas-Escaut!!

Mais nous avons peine à croire que ce soit sur les effets meurtriers des canardières que cette taxe exorbitante ait été établie. On aurait dû faire au moins une distinction entre les professionnels et les amateurs. Et en somme, les Hollandais qui emploient les mêmes armes que nous, ne paient leur permis de chasse que le tiers de la somme exigée pour les étrangers. Il est donc clair qu'on a voulu favoriser les indigènes et écarter les quelques Anglais ou Belges qui chassent dans les eaux hollandaises. A moins que les autorités de ce bon pays, à la fois naïf et roublard, ne partagent sur les canardières, les notions scientifiquement diaboliques du commis de bureau de Middelbourg, qui continuait ainsi sa gracieuse et quasi officielle missive : « Le fusil-canon est « un fusil de grand calibre, d'environ 2 1/2 mètres de « longueur, le diamètre vertical de la bouche est envi- « ron 5 centimètres et d'une construction particulière « pour favoriser la dispersion des grains de plomb dans « un sens horizontal. »

Une idée que j'ai lue dans Payne-Galway (Fowling in Ireland) qui aura sans doute été chassé à Veere.

Comme les arrêtés ministériels sur la chasse et la pêche se brassent généralement par les ronds de cuir des ministères de la force de l'employé de la capitale de la Zélande, il n'est pas étonnant que l'on soit arrivé à faire payer aux nobles étrangers, des prix fantastiques correspondant à leurs connaissances sur des armes plus fantastiques encore. Ces canardières là, à dispersion de plombs dans le sens horizontal se rapprochent un

peu du fusil de mon frère Tantet, qui tuait d'un coup,
25 moineaux picorantsur la circonférence de la margelle
d'un puits où il avait placé du petit grain. La manière
de s'en servir, consistait à savoir imprimer un rapide
mouvement de rotation à l'arme au moment de presser
la détente pour semer les plombs sur toute la circonférence et rafler les pierrots !

Quoi qu'il en soit, en l'an 1891, quatre de ces permis
furent délivrés à des Anglais, alors qu'aucun Belge n'en
était encore pourvu à cette époque. En Angleterre le
permis de chasse à la sauvagine coûte dix schillings,
prix uniforme pour tout le monde. En Belgique il
n'existe pas de permis de chasse spécial pour canardières. En 1894 l'équipe de la Sarcelle se paya le grand
port-d'arme hollandais, et n'en tua pas plus de canards
pour cela. En 1897 M. Ward, Bruxelles, en fit autant
sans plus de succès !

Comme conclusion à tout cela, si l'*Argus*, steam-
yacht qui surveille les pêcheries et la chasse dans les
eaux zélandaises, accoste votre punt ou votre bord, il
faut lui démontrer que l'arme dont vous vous servez
peut être épaulée et tirée sans pivot, sans affut, quelque
soit son poids, son calibre, sa portée, sa charge et ses
dimensions. C'est la loi, *dura lex, sed lex*, qu'on se le
dise !!

Nos armuriers belges ont rarement l'occasion d'établir une canardière d'un nouveau modèle, et les tentatives faites par quelques-uns d'entre eux jusqu'ici, sont
restées isolées et sans succès. Nous sommes donc tribu-
taires des fabricants français et anglais pour les armes
de gros calibre se chargeant par la culasse, à part deux
ou trois canardières calibre 32 milimètres, système
Albini ou similaire, en réserve chez quelques rares
fabricants belges.

Jusqu'ici on en a établi quatre types différents.

Les canardières simples se chargent par la bouche.

   »   doubles » » »

Les canardières simples se chargent par la culasse.
     »   doubles   »   »   »

Disons tout de suite, sans hésitation, que notre préférence va droit aux armes se chargeant par la culasse, et qu'elles sauront conquérir dans l'avenir, encore éloigné si vous voulez, les suffrages, non seulement de tous les amateurs, mais encore des professionnels. De même que le fusil de chasse à baguette, est définitivement vaincu par les fusils à bascule, et a été mis au rancart, même par le braconnier et les irréguliers, ainsi la canardière se chargeant par la bouche cédera de plus en plus la place à la canardière à douille qui deviendra l'arme de prédilection de tous les chasseurs à la sauvagine en bateaux. La première transformation, celle des armes de petit calibre s'est faite rapidement, victorieusement, irrésistiblement, ce fut une véritable *Révolution,* la seconde transformation, celle des armes de gros calibre, se fera lentement, progressivement, mais sûrement *par évolution.*

La seule objection sérieuse qu'on puisse faire, et nous reconnaissons qu'elle l'est, aux canardières se chargeant par la culasse, c'est son prix relativement élevé, comparativement à celui de la canardière à baguette, qui sous tous les rapports ne lui est supérieure en rien, mais présente de multiples inconvénients que l'autre n'a pas.

Nous jugeons inutile et oiseux, de discuter ici par le menu les avantages et les désavantages de chacun de ces deux systèmes, actuellement en égale faveur encore auprès des chasseurs de sauvagine. Les puntsmen anglais les discutent dans leurs livres et journaux depuis dix ans, et ils ne sont pas plus avancés. C'est l'histoire de tout progrès humain, ou à peu près.

Il est en outre à remarquer, que tous les chasseurs sont toujours entichés de leurs armes, et du système auquel ils ont d'abord accordé leur préférence. Ils y sont habitués, et pour rien au monde, il ne voudraient échanger leur fusil à broche, malgré ses inconvénients reconnus, admis par tout le monde, et la supériorité

« HAMMERLESS » CANARDIER, CALIBRE 4 A UN COUP « FUL CLOKE-BORE. W. GREENER.

incontestablement établie d'une arme à percussion centrale à chiens, ou d'un Hammerless à triple verrou.

Le temps aura raison de tous ces entêtements, que ni le bon sens, ni les résultats éloquents de l'expérience n'ont pu ébranler jusqu'ici. Les nouvelles générations iront aux nouvelles armes, aux armes perfectionnées, que l'usage et les résultats auront définitivement consacrées.

Il y eut du reste, les mêmes controverses qu'aujourd'hui, quand les canardières à capsules de cuivre succédèrent insensiblement aux canardières à silex. Les ratés avec cette arme primitive étaient beaucoup plus fréquents, mais ses partisans n'en démordaient pas, et allaient jusqu'à invoquer l'espèce de *Long-feu* qu'elles faisaient avant la détonation, et qui faisait s'enlever les oiseaux et leur offrait ainsi une plus large surface de mire et de tir. En supposant que cet argument ait quelque valeur, il est facile d'obtenir le même résultat avec nos armes modernes.

Il suffit de lancer un coup de sifflet, ou un cri pour mettre la bande à l'essor et l'atteindre dans les mêmes conditions, sans craindre le raté du fusil à pierre. Aujourd'hui encore le reproche principal que nous ferons aux armes se chargeant par la bouche, en chasse sur l'eau, exposées à la pluie, à la neige, aux embruns, et à mille causes imprévues d'humidité sur l'amorce, réside dans les chances de ratés beaucoup plus fréquents qu'avec l'arme à bascule à percussion centrale. L'ingéniosité des puntsmen pour mettre leur canardière à l'abri de ce fâcheux accident, qui peut mettre à néant des heures d'un travail obstiné et digne d'une meilleure récompense, est réellement curieuse et étonnante. Mais nous ne saurions nous arrêter à ces mille procédés personnels à chaque chasseur; qu'il nous suffise de dire que d'aucuns ont poussé l'originalité jusqu'à se servir d'un parapluie pour garantir leur capsule, ou le bouchon qui couvrait la cheminée.

Voyez-vous d'ici l'effet d'un « riflard » en punt ? Le fait de devoir recourir à ce moyen ridicule, suffirait à faire tomber cette **arme** dans l'éternel oubli !

Voyez-vous aussi la tête de l'insulaire britannique qui avait imaginé ce truc là, et celle des canards donc qui le voyaient s'avancer ainsi sur eux ?

J'ai vu un jour un canard, comme paralysé de stupéfaction, en face d'un peigne qu'il avait rencontré dans le grand goulet de l'île de Saeftingen. J'aurais donné une fortune pour connaître les réflexions de ce canard à la vue de cet instrument lamellaire, hygiénique et capillaire. Peut-être crût-il d'abord à un débris fossile du bec d'un de ses **ancêtres**, car il paraissait au comble de l'admiration, puis à son premier étonnement succéda une profonde indifférence suivie bientôt d'un air de souverain mépris... il ricana... can.. cana trois fois et disparut en un superbe plongeon jusqu'au banc de sable d'en face, où il s'ébroua bruyamment des ailes et continua sa toilette... avec son large bec. Pauvre peigne !

Je donnerais gros également pour savoir leur opinion et leurs réflexions sur le parapluie en punt, comme protecteur de canardières à capsules. Mieux valent, le suif autour du rebord de la capsule, le long de la cheminée, ou une bourre d'étoupe entre le chien et l'amorce, ou la capote anglaise tout simplement.

Puis viennent les ennuis occasionnés par leur chargement, il faut pour les recharger, retourner au yacht ou à terre et enlever l'arme de son affut. Cette opération est parfois bien désagréable et fait perdre l'occasion qu'on aurait pu avoir de tirer dans de nouvelles bandes d'oiseaux rencontrées, soit de suite après le premier coup, soit à quelque distance du lieu où l'on se trouve.

Je me rappelle qu'un matin, par un brouillard assez dense dans le schaar de Bath, je pus tirer trois coups de canardière successifs sur des bandes de canards siffleurs qui étaient venus y faire leurs ablutions. Ils étaient éparpillés par petites troupes de 30 à 40, espacées de 200 à 300 mètres chacune.

Heureusement que j'étais parti avec le Snider et trois douilles métalliques, sinon j'aurais dû revenir au sloop après le premier coup et j'aurais perdu l'occasion de retrouver les autres bandes, à cause du brouillard et du courant.

Je doute que des *col-verts* eussent eu la confiance des siffleurs!

Enfin, le système de chargement par la culasse, vous permet de recharger sans vous lever du punt, par conséquent sans déceler votre présence, et de plus, si en route vous rencontrez une bande de chevaliers au lieu de canards, vous pouvez prestement glisser dans l'âme du canon une douille chargée n° 6, et retirer celle qui était chargée n° 2 ou zéro pour les col-verts.

Dans d'autres circonstances encore, lorsque par exemple, la chasse est impossible en punt, et qu'on a placé la canardière à l'avant du yacht, rien de plus commode que de charger et recharger au fur et à mesure du tir sans devoir toucher à l'affut ou au bloc de recul.

Pour tous ces motifs et d'autres encore qu'il serait fastidieux d'énumérer, nous préférons la canardière se chargeant par la culasse à douilles métalliques.

Cependant nous avons fait notre noviciat avec une arme de fort calibre se chargeant par la bouche.

Cette arme redoutable avait trois mètres de longueur et 40 millimètres d'embouchure, et après 25 ans de loyaux services, elle vient de prendre un repos honorable.

Le cochon (c'était ainsi que nous l'avions baptisé) dort sur ses lauriers bien mérités, son maître Henri Saeys, d'Anvers, artiste professionnel à la chasse à la sauvagine pût élever une famille de huit enfants avec le produit des victimes occises par le brave canon. Le *cochon* avait à son actif des coups fameux, entre autre un coup de 73 canards siffleurs, et un autre de 327 culs-blancs (bécasseau-variable). Ces derniers étaient massés par milliers sur un immense glaçon dérivant près du premier duc d'Albe de Bath. Il fallut plus d'une heure pour ramasser les cadavres et récolter les blessés.

Que le *cochon* repose en paix, un autre de plus fort calibre encore, l'a remplacé, et c'est Félix, le fils du puntman susdit qui s'en sert victorieusement, nuit et jour sur l'Escaut. Il vomit un kilogramme de plombs, et il a déjà à son actif des coups de 30 et 40 colverts.

On voit que nous sommes justes, et que nous savons rendre hommage à un genre de canardière, dont nous ne voudrions cependant plus nous servir, et encore moins conseiller.

Pour charger une canardière à baguette, on place la charge de poudre voulue dans une sorte de cuiller montée au bout d'une baguette, qu'on descend jusqu'au fond du canon. On culbute la cuiller d'un tour de main sec, on la secoue et on la retire. On enfonce ensuite les tampons d'étoupe ou les bourres, puis les plombs et une légère bourre sur ceux-ci. Les uns y laissent glisser la charge de plombs comme dans un fusil ordinaire, d'autres font une cartouche de plomb préparé dans un fort papier, et l'entourent de fil ou de ficelle après l'avoir fermée aux deux bouts, soit en repliant le papier, soit en le collant. Si la longueur du canon est considérable on pourra verser dans la cartouche de plomb, soit de la fécule de riz ou autre, soit du suif fondu. Le coup sera plus serré, les plombs seront protégés contre l'aplatissement, et la fonte dans le parcours assez long de l'âme de l'arme. Les autres détails de maniement s'apprendront d'eux-mêmes par la pratique du canon.

Nous bornons là, nos remarques relatives aux armes se chargeant par la bouche. Ceux qui désireraient de plus amples renseignements sur celles-ci, les trouveront dans les : *Instructions aux jeunes chasseurs* du colonel

Hawker, la plus grande autorité qui existe, dit Greener, en matière de chasse à la canardière (1).

Ce chasseur fameux, avait fait établir une canardière double restée célèbre en Angleterre, et basée sur un principe fort ingénieux. Le feu de la charge se communiquait à l'un des canons, au moyen d'un chien à pierre, tandis que l'autre canon était muni d'un chien percutant sur une capsule, de manière qu'en faisant partir les deux coups en même temps, le feu, par suite de la différence de la rapidité d'ignition, ne se propageait pas aux deux charges en même temps et l'un des coups partait un peu avant l'autre. Et il prétendit avec raison que le résultat du tir était supérieur à celui d'une égale charge de plombs éjectée par une arme à un coup, parce que la première charge atteignait les oiseaux au repos et l'autre au moment où ils s'enlevaient, tirant ainsi en réalité dans deux bandes d'oiseaux au lieu d'une. Cette arme était d'un poids considérable et portait un double appareil de recul, la brague en chanvre et un ressort à boudin métallique, autre invention du galant colonel Elle se chargeait avec 2 1/2 livres de plomb MM. Osborne, grands armuriers de Whital-street, possèdent le modèle qui leur a servi à établir la fameuse canardière. C'est M. Birch Reynardson son possesseur actuel, et il dit que le colonel lui a déclaré qu'elle avait coûté 250 livres. Il la considère comme la plus belle pièce d'artillerie au monde pour la chasse aux canards.

C'est peut-être le seul cas, qu'on puisse citer, où le procédé d'ignition par le silex, aie présenté quelqu'avantage sur ceux qui lui succédèrent.

Nous ignorons si quelque chasseur se soit jamais servi d'une arme de ce système depuis lors. Mais sir Ralph Payne-Gallway, dit Faure (2), donne la description d'une canardière double se chargeant par la culasse,

---

(1) Instructions to gung Sportman in all thot relates Guns and Shooting. Lt Col. Hawker, 1844.

(2) La Sauvagine. E. Faure.

établie sur ses indications par l'armurier anglais Holland et Holland, 98, New-Bond-street, London. Payne Gallway a combiné les platines de cette canardière double, de telle sorte qu'il leur est impossible de partir *exactement en même temps*, même en tirant l'unique détente, aussi vite qu'il est possible de le faire. La nuance paraît faible, elle est cependant considérable. Le résultat de cette disposition est que le premier coup frappe les oiseaux à terre ou sur l'eau tandis que le second ne les atteint qu'au moment où, entendant la détonation, ils ont les ailes étendues, pour s'envoler.

Le système consiste en ce que les chiens étant indépendants, l'un d'eux peut frapper l'amorce de la cartouche sans entraîner l'autre. Avec notre unique détente dit Payne, nous pouvons faire partir l'un des canons seul, ou les deux l'un après l'autre, aussi vite qu'on puisse le désirer, nous pouvons encore tirer l'un des canons sur quelques oiseaux et si nous nous apercevons qu'il y en a davantage que nous ne l'avions pensé, ou si quelques-uns étaient cachés ou que d'autres s'envolant à proximité, viennent nous offrir un joli coup, nous pouvons alors leur envoyer notre seconde décharge aussi vite que nous voulons. Pour réussir dans ce cas, il faut que la brise chasse la fumée du premier coup.

Sir Ralph Payne Gallway, essayant son arme obtint les résultats suivants :

Charge dans chaque canon : poudre du colonel Hawker 113 gram.. plomb anglais n° 1 (82 grains ou 28 gram.) 565 gram. (1,640 grains.

Distance, 64 mètres mesurés. Cible carrée 1m82 de côté sur laquelle était dessinée, au centre, une silhouette de canard siffleur.

Canon droit : 500 plombs dans la cible, 50 dans une circonférence centrale de 6m50 de diamètre, 5 plombs dans la silhouette du siffleur.

Canon gauche : 532 plombs dans la cible, 43 plombs dans la circonférence, 18 dans la silhouette.

L'auteur anglais considère ces résultats comme excellents, il ajoute : Nous avons pendant l'hiver 1885-1886 tiré quatre-vingts coups de cette canardière, et nous avons pu constater qu'elle se comportait admirablement; le second coup atteignait toujours les oiseaux au moment où ils s'enlevaient, et nous avons été assez heureux, sur les côtes anglaises pour tuer soixante siffleurs d'un seul coup double, et plusieurs fois vingt à trente.

Une fois avec cette arme à 125 pas bien mesurés nous avons tué vingt-quatre canards siffleurs et un blessé, qui tombèrent au coup de fusil tiré au vol. Le temps nécessaire pour charger les deux canons après avoir fait feu est de deux minutes. »

L'auteur avoue que le fusil double du colonel, quoique déjà d'un poids considérable, était plus léger que le sien, qui ne pesait pas moins de 230 livres anglaises. Cette arme du calibre 37 millimètres, à 9 pieds (2ᵐ75) de longueur, sa charge ordinaire est de 84 grammes de poudre et 500 grammes de plomb. Prix 120 guinées.

Une canardière qui pèse plus de 100 kilos, n'est guère maniable et malgré les brillants résultats rapportés par l'auteur à l'actif d'une arme de son invention, il ne la préconise plus, et lui préfère l'arme représentée ci-dessous, à un seul coup, et du poids de 170 livres seulement. Elle a pour inventeurs réunis le captain G. Gould, M. Henry Hollander, Sir R. Payne Gallway. Elle repose sur deux principes — la vis de culasse terminée par l'extracteur, et la crosse à bascule descendante.

Tout le recul est supporté par le bouchon de culasse au tonnerre, la douille introduite dans les deux griffes de l'extracteur lors du chargement ne saurait rester emprisonnée, l'échappement des gaz est impossible en arrière, et la facilité et rapidité d'ouverture et de fermeture pour retirer ou changer la cartouche sont indéniables. Nous avons eu en mains, mon ami Senaud et moi, cette jolie canardière en acier, percussion centrale et hammerless, et sa légèreté, sa simplicité et sa solidité comme le dit son constructeur M. Holland et Holland nous ont paru remarquables. Son maniement est facile et sa fermeture hermétique protège la douille en carton de toute humidité. Nous préférons les douilles en laiton, et nous donnerons plus loin les motifs de cette préférence. Le fabricant en a du calibre 37 millimètres depuis 60 guinées et du calibre 32, et 33 1/2 millimètres, 40 à 55 guinées.

Les détails de son mécanisme se comprendront aisément par la gravure ci-jointe.

Nous estimons que les canardières doubles *de fort calibre*, véritables pièces d'artillerie, doivent plutôt trouver leur application, à la chasse à la hutte sur affut ou sur l'avant d'un voilier dix tonnes ou d'un steam-yacht.

A part donc, un très petit nombre de canardières doubles, créées jusqu'ici, les armuriers sont peu disposés à entrer dans cette voie, et ils dirigent surtout leurs efforts vers les perfectionnements d'une bonne canardière simple à culasse.

Depuis quelques années les fabricants français comme par exemple la Maison Rouchouse, et la fabrique d'armes françaises de St-Etienne construisent leurs canardières sur les données de leurs confrères d'Outre-Manche. La réputation des armes de St-Etienne n'est plus à faire, et l'on peut espérer que sous le rapport de la solidité, de l'ingéniosité et de la sécurité du mécanisme de fermeture (point le plus important dans ces sortes d'armes), elles ne le céderont en rien aux armes anglaises.

Mais la France a sa chasse spéciale à la hutte, de même que les Iles Britaniques ont leur chasse spéciale en punt, et si leurs canardières se ressemblent aux points de vue du poids, de la longueur, du calibre, du mécanisme, charges, etc., elles diffèrent cependant au point de vue de l'usage spécial pour lequel elles ont été construites, par quelques accessoires propres à chaque espèce de chasse. Ainsi par exemple pour le tir à la hutte

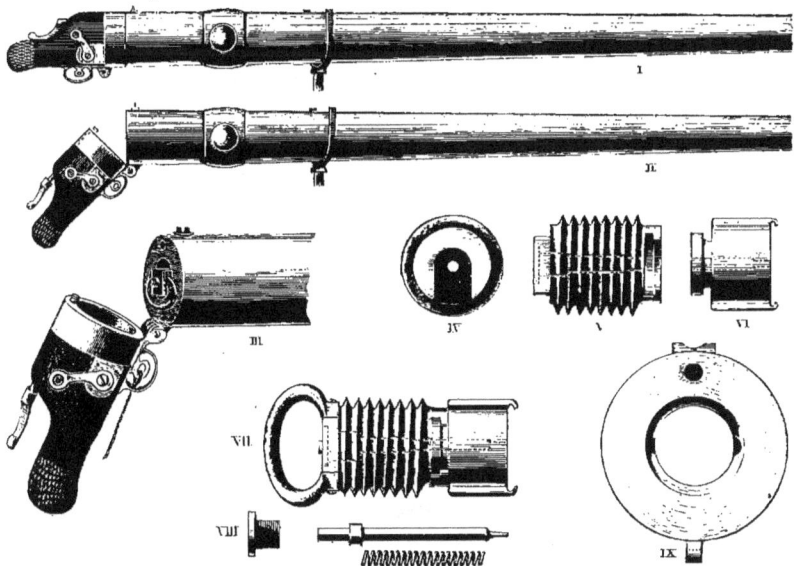

l'arme reposant sur pivot ou affut, on lui a conservé la crosse d'un fusil ordinaire pour épauler, et avec garniture en bois, tandis qu'en punt on n'épaule pas la canardière, la crosse est inutile ainsi que le bois, et la première se trouve réduite à un moignon simulant tout au plus la crosse pistolet. Il en est de même pour les systèmes de recul adoptés, modes d'attaches, etc. Ces détails n'ont évidemment qu'une importance relative et l'on peut y apporter les légères modifications exigées pour le service que l'on demande à l'arme.

Quelques puntsmen même ont pris l'habitude d'épauler en punt et se posent une longue crosse recourbée sous le bras, dans le but illusoire selon nous, de supporter une partie du recul. Ils affirment qu'ils préfèrent sentir l'arme s'appuyer quelque part sur eux, et qu'ils ne sont nullement gênés par son bois. C'est parce qu'ils ont pris pour principe de tirer au rassis le plus possible, et ne se décident presque jamais à tirer au vol, surtout dans un vol de travers, ce qui leur serait alors quasi matériellement impossible dans la position couchée en punt. Il faut pouvoir tirer dans toutes les directions et situations, et ne pas s'embarrasser d'une crosse qui ne sert absolument à rien, qu'à empiéter sur la place du tireur dans un bateau où chaque pouce d'espace à sa valeur.

Dans ces dernières années, les Anglais surtout semblent avoir poussé la fabrication de leurs canardières vers la perfection, nous en donnons quelques spécimens plus loin.

Ils se sont surtout appliqués à perfectionner les systèmes de fermeture et la douille, qui jusqu'ici avaient été les points faibles de ces armes. C'était même l'argument le plus souvent invoqué contre elles par les partisans du vieux système. Le mode de fermeture en effet a une importance de tout premier ordre : s'il est défectueux et s'il cède au choc du recul qui se fait d'abord sur lui avant de le transmettre à la culasse, le puntsman est un homme mort !

Cette catastrophe est arrivée à un puntsman belge en
face de Bath sur l'Escaut en 1890 avec une arme à
culasse du calibre 40 millimètres à la bouche chokebore.
Il fut tué en punt par les éclats de la culasse qui lui
déchiquetèrent la figure, et la poitrine. Le punt vint
dériver vers la jetée de Bath avec son cadavre ensan-
glanté, tandis que des canards tués par cette même déflagration, surnageaient en suivant la dépouille pantelante et le char funèbre flottant du pauvre chasseur.
L'arme avait été construite à Liége, le canon était
superbe, il l'est encore, mais la fermeture était, ou trop
faible ou défectueuse. Un professionnel d'Anvers s'est
rendu acquéreur du canon, l'a fait monter en fusil à
baguette, et le charge normalement de près d'un kilogramme de plombs zéro, et il nous a confié que jamais il
n'avait manié une canardière aussi redoutable aux tribus
emplumées. La fermeture seule était donc défectueuse.
Que ce point, chasseurs, fasse donc toujours l'objet de
toute votre sollicitude, et qu'un examen attentif vous
donne tous vos apaisements à cet égard, chaque fois que
vous serez sur le point de vous servir de votre arme.

Pour bien tirer, il faut une absolue confiance dans l'outil que l'on manie, la moindre inquiétude sur la solidité
d'un fusil, et surtout d'une canardière vous fait tirer sans
viser, au hasard, ou avec les yeux fermés au moment
où il faut les avoir grand ouverts. Il faudra donc adopter
un système de fermeture qui a fait ses *preuves ailleurs*,
facile, et surtout d'une résistance extraordinaire.

Un des meilleurs, d'après nous, pour les canardières
d'un calibre de 27 à 37 millimètres est le système à verrou, surtout le système Gras. Nous possédons une
canardière de 33 1/2 millimètres de ce système, et nous
en sommes très satisfaits. Elle nous a été fournie par la
Société d'armes françaises de St-Etienne. C'est également l'appréciation de M. Faure (1) qui dit que dans cette
arme, le recul est transmis par le renfort du cylindre

_____

(1) La Sauvagine. E. Faure.

au rempart de la boîte de culasse avec toute garantie de sécurité pour le tireur sans que le mécanisme de percussion en subisse le contre-coup, et par suite n'en soit dégradé. De plus, toutes les pièces de ce mécanisme sont simples, rustiques, d'un entretien extrêmement facile, le démontage, le remontage se font en un clin d'œil et le remplacement d'une pièce peut être exécuté très facilement par le chasseur lui-même. Avec ce système de fermeture on n'a pas à craindre qu'un grain de sable, qu'un gravier viennent gêner la fermeture de la culasse ou entraver le fonctionnement du mécanisme de percussion : enfin le maniement de l'arme est la simplicité même, et tout le monde sait s'en servir. Nous ajouterons que ce système n'étant pas à bascule, le tireur n'est jamais gêné en punt pour décharger et recharger l'arme tout en restant couché.

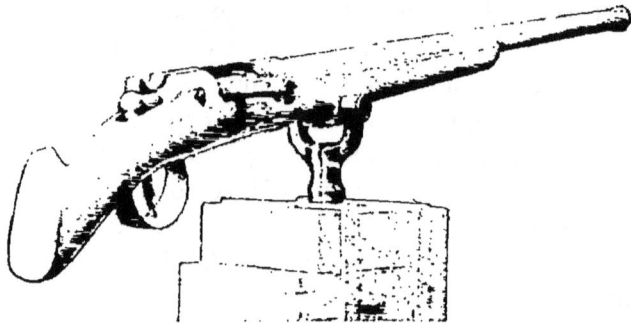

CANARDIÈRE SYSTÈME GRAS, PIVOTANT SUR SON BLOC DE RECUL, (33 1/2 MILLIMÈTRES) POUR CHASSER EN YACHT.

Pour les canardières d'un très gros calibre, 45 à 50 millimètres, il est nécessaire de choisir un autre mode de fermeture. On pourrait adopter le système de *vis à filets interrompus* employé pour les pièces d'artillerie.

Du reste la variété de ces systèmes d'occlusion est grande; chaque armurier a le sien. Beaucoup de fabricants ont encore le système Snider en grande estime. Il n'est applicable qu'aux petits calibres 32 à 35 millimètres; nous avons chassé pendant 4 ans avec un calibre 32 millimètres de ce système, de fabrication anglaise Purdey; très bonne arme sans doute, mais la cheminée s'encrassait souvent, d'où des ratés, les douilles s'extrayaient laborieusement, et en somme elle devint dangereuse et on dût la réparer. Elle a repris son service sur le Wulp, mais nous lui préférons et de beaucoup notre système Gras.

Passons aux canardières système Greener à triple fermetures ou verrous.

« Le verrou supérieur est commandé par une manivelle placée sur le côté droit de la monture, le fonctionnement de ce verrou est donc indépendant du reste du système et il est suffisamment rapide pour les canardières, où une grande promptitude dans le chargement n'est pas essentiel. Un verrou supérieur solide est une fermeture à la fois commode et excessivement forte, qui empêche une disjonction de se produire au tonnerre, et le bourrelet de la cartouche de se fendre au moment de l'explosion.

Le fusil est sans chien, et s'arme en abaissant le levier placé sur le côté de la platine. La batterie est du système platine en arrière, construite d'après les principes de la batterie rebondissante, la noix est allongée et vient frapper un percuteur qui glisse horizontalement dans l'épaisseur de la table de culasse et enflamme l'amorce de la cartouche. Un autre important avantage de ce système est la disposition employée pour monter le canon sur la culasse et la crosse, sans qu'il soit besoin de devant de bascule. On peut ainsi facilement enlever l'arme de son affût et le poids est en outre un peu diminué. La crosse de pistolet permet de pointer l'arme, tout le recul étant supporté par la brague. Greener ne construit plus qu'un seul type de canardière. Diamètre 1 pouce 1/2 (0^m0375), le canon a 8 pieds (2^m43 de long),

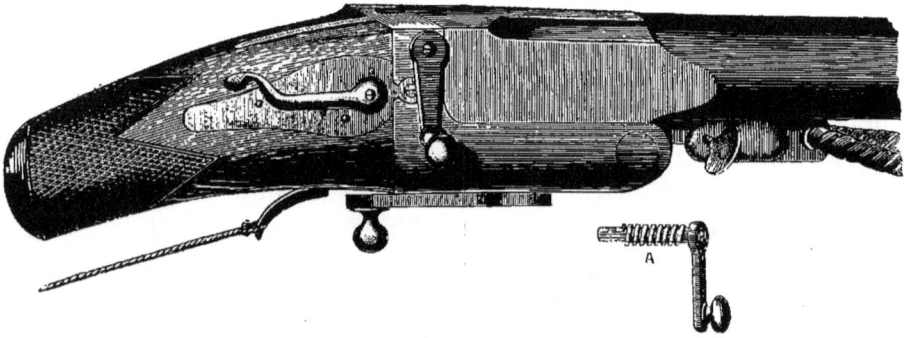

CANARDIÈRE GREENER. A VERROU FILETÉ DÉMONTÉ.

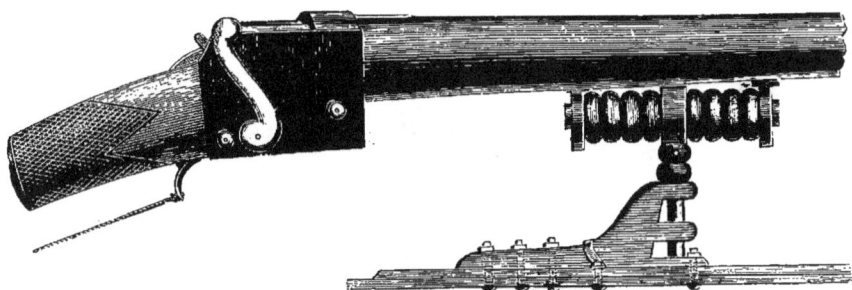

CANARDIÈRE GREENER. — SYSTÈME « FIELD » MUNIE DU FREIN DE RECUL EN CAOUTCHOUC.

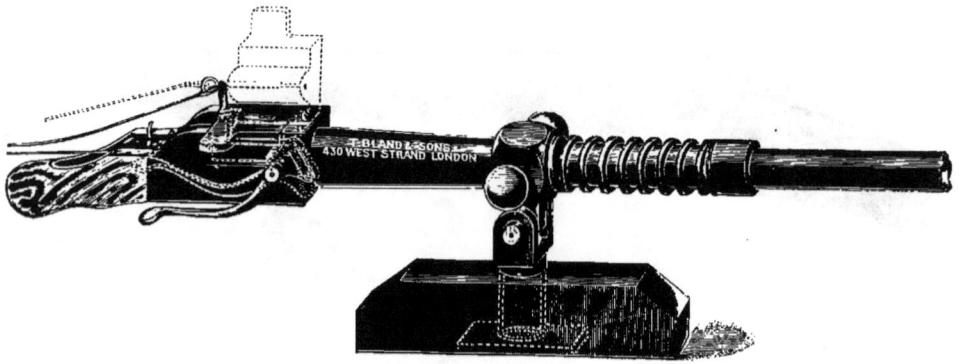

CANARDIÈRE BLAND ET SONS.

elle tire 2 3/4 onces (77 gr. de poudre) et 16 à 25 onces
de plombs (448 gr. à 650 gr. de plombs n° 1. Elle pèse
130 livres (58 kilos 890). Elle coûte 1,900 francs à Birmingham, St-Marys Square.

Voici encore un autre système de la maison Bland et
Sons, armurier, 430, West Strand, London. Le bloc de
culasse se relève en l'air, et un levier extracteur puissant
opère dans le même sens, ce qui donne beaucoup de
facilité dans le maniement de l'arme en punt. Cette
canardière possède un appareil de recul à ressort qui
s'enroule au canon devant le pivot de support. On peut
employer ainsi et en même temps, la brague de recul,
qui s'attache aux tourillons d'une part et à un fort crochet fixé sous le levier de culasse d'autre part; ce mode
d'attache de la brague de recul qui se fixe ordinairement
dans un trou de la proue du punt, est une innovation
heureuse.

Le mécanisme et le canon sont d'une seule pièce
d'acier, du calibre 34 ou 37 millimètres. La charge est
de 80 à 100 grammes de poudre et 400 à 500 grammes de
plomb.

M. Bland a fait fonctionner devant nous, le mécanisme de cette arme à la fois légère et solide, garantie
par un double système de recul, — le ressort et la
braque en chanvre de manille. C'était parfait.

La longueur des canardières varie beaucoup, ainsi
que leur calibre et leur poids. Nous pensons que cette
longueur pourrait avantageusement être réduite si le
forage était fait à étranglement complet. Mais les puntsmen croient que cette longueur exagérée est indispensable à une bonne canardière. Ce préjugé disparaîtra
avec d'autres, il suffira de quelques expériences déci-
sives d'un armurier ou d'un chasseur amoureux du progrès pour établir la supériorité de tout tir avec fusil
chokebore. Ce qui a été fait pour le petit fusil se fera
pour les gros, le principe est le même.

Le gibier devenant de plus en plus farouche, il faut

pouvoir l'abattre de plus loin, soit par le perfectionnement des armes, soit par le mode de chargement des

LA LONGUEUR DES CANARDIÈRES VARIE.

douilles, la poudre; peut-être par ces trois choses à la
fois.

Il n'y a pas de doute, dit Greener, que si l'on appliquait
aux canardières le forage à étranglement, on en aug-
menterait grandement la portée, la pénétration et le
groupement. Du reste, il est possible de rendre, suivant
le besoin, le canon d'une canardière cylindrique ou
chokebore en appliquant une modification du principe
de forage de Rope. Ce principe consiste à visser à la
bouche de l'arme un tube de diamètre inférieur chokebore, au moyen d'une grosse clef anglaise, et lorsqu'on
ne l'emploie pas, un bout en laiton protège le pas fileté
sur le canon. Il suffit de quelques minutes pour opérer
la substitution.

Voici, au surplus, quelques données générales et
approximatives sur les canardières, puis des données
plus précises sur les armes de quelques fabricants :

Poids total. . .	25 à 30 kil.	35 kil.	40 à 45 kil.	55 à 60 kil.	65 kil.	70 à 75 kil.	80 à 85 kil.
Long. des canons.	2ᵐ10	2ᵐ25	2ᵐ40	2ᵐ50	2ᵐ60	2ᵐ75 à 2ᵐ80	2ᵐ85 à 2ᵐ90
Calibre en millimètres . . .	28 à 32 mil.	34 mil.	35 à 37 mil.	38 à 40 mil.	42 mil.	44 à 46 mil.	48 à 50 mil.
Poids de la charge de plomb en gr.	250 à 300 gr.	350 gr.	400 à 500 gr.	600 à 700 gr.	750 gr.	800 à 900 gr.	1000 gr.

Voici la table des poids et mesures de MM. J. et W. Tolley, 59, New-Bond street, London. W. :

CANARDIÈRES

CALIBRE en millimètres	POIDS	CHARGE PLOMB	POUDRE	LONGUEUR des canons
28 ᵐ/ᵐ	29 1/2 kilos	227 gramm.	Variable	2ᵐ10 à
32 ᵐ/ᵐ	32 kilos	340 gramm.	d'après la	2ᵐ75 ou
37 ᵐ/ᵐ 5	42 kil. 222 gr.	454 gramm.	charge de	2ᵐ50
44 ᵐ/ᵐ	60 kilos	700 gramm.	plomb.	moyenne

(Maison Tolley). Prix de quelques systèmes de canardières :

CALIBRE en millimètres	Canardière à baguette	C à Broche	SNIDER	AMSTRONG
28 ᵐ/ᵐ	700 francs	875 francs	950 francs	
32 ᵐ/ᵐ	875 francs	1000 francs	1080 francs	1625 francs
37 ᵐ/ᵐ	1000 francs	1175 francs	1350 francs	

Cette canardière de M. Tolley joint également a beaucoup de simplicité, la solidité et la facilité de maniement.

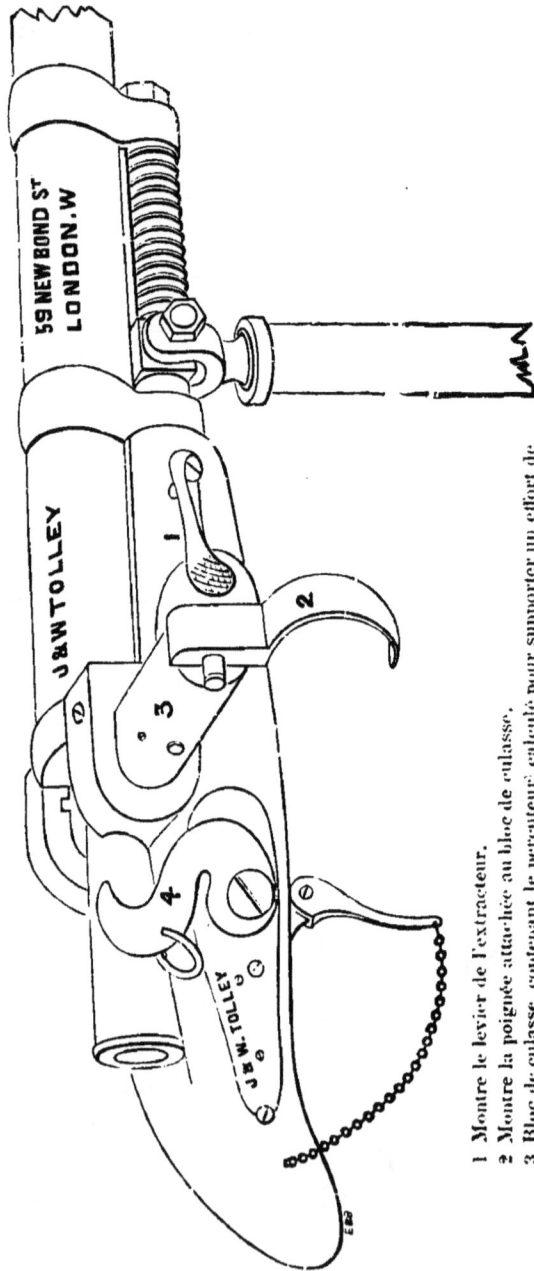

59 NEW BOND ST
LONDON.W

J&W TOLLEY

J&W. TOLLEY

1 Montre le levier de l'extracteur.
2 Montre la poignée attachée au bloc de culasse.
3 Bloc de culasse ,contenant le percuteur; calculé pour supporter un effort de
   80 tonnes.
4 Le chien, qui se relève au moyen d'un anneau;

Elle est du calibre 37 millimètres, d'une longueur de 8 pieds anglais et coute 73 livres, 10 schellings.

Son mécanisme se comprend facilement.

Nous bornerons là nos renseignements sur les canardières sans faire défiler ici les statistiques et les diagrammes qui accompagnent les armes des fabricants anglais. Tous ces chiffres nous font bien un peu sourire et ne prouvent pas grand chose, à notre humble avis. Le vent, l'humidité de l'atmosphère, l'état de la poudre, la manière de faire la cartouche et d'autres circonstances modifient à l'infini les résultats des armes, surtout quand il s'agit de canardières. Ces diagrammes devraient être établis sur le terrain et aux époques de la chasse à la sauvagine pour avoir quelque valeur ; ils ne le sont pas. Le positivisme lucide de l'Anglais réclame des indications exactes, des mesures, des chiffres. Qu'on lui livre tout cela, il est content et ne critique pas les points de départ.

L'Anglais, dit Max Nordau, accepte un délire lorsque celui-ci se présente avec des notes au bas des pages, et il est conquis par un radotage accompagné de tableaux statistiques.

C'est un trait bien anglais que Milton, dans sa description de l'enfer et de ses habitants soit aussi détaillé et consciencieux qu'un arpenteur et un naturaliste.

Mais c'est égal, ils établissent d'admirables canardières, et l'on ne sait vraiment à laquelle décerner la palme.

Chargement des Canardières

—

Les douilles des canardières se chargeant par la culasse se font en carton, en laiton et en acier, ces deux dernières sont les meilleures et le laiton est supérieur à l'acier.

Le carton et l'acier se fendillent, crèvent, et l'extraction d'une douille en carton est souvent difficile.

Il faut donner la préférence aux étuis en laiton embouti ou coulé, qui présentent cette propriété de faire expansion et de se retracter, permettant ainsi avec facilité l'introduction et l'extraction, un grand nombre de fois. La *Birmingham Cartdridge Manufacturing Company*, dit Greener, est parvenue avec un matériel coûteux à fabriquer une cartouche en laiton embouti de 1 pouce 1/2 (0 m. 0.375) de diamètre, pouvant contenir 3 onces (584 grammes de poudre) et 1 livre 1/2 (679 grammes) de plomb, sans que sa longueur excède 7 pouces (0 m. 173). L'amorce et son enclume sont réunies ensemble et l'enclume porte une tête qui fait saillie hors du dôme de l'amorce dans l'intérieur de la chambre, de sorte qu'il suffit d'un mandrin pour désamorcer et réamorcer les cartouches. Jusqu'en ces derniers temps nous nous servions de douilles d'acier, elles ont une durée illimitée quand elles sont sans défaut, mais elles finissent tout de même par crever. Elles coûtent 20 francs pour un calibre 32 à 35 millimètres. Toutes les cartouches métalliques se gonflent plus ou moins et il est parfois difficile de les introduire et surtout de les extraire du tonnerre.

Ce défaut dépend surtout du calibrage défectueux de la douille dans la chambre du tonnerre. Plus l'exactitude de ces deux pièces, chambre et douille, sera parfaite, plus la durée de celle-ci sera longue, la portée régulière,

le gonflement inappréciable et l'extraction facile. Aujour-
d'hui on fabrique des douilles tronconiques au lieu de
les faire cylindriques, et l'inconvénient de l'extraction
difficile a disparu. Il faut avoir soin de bien huiler la
chambre et la douille. Sur le culot d'acier d'une de nos
douilles crevées, nous avons fait fileter, au moyen d'un
pas-de-vis, très mince et très serré, un étui en laiton
brasé, et cet essai a parfaitement réussi. Cette douille a
résisté jusqu'ici, à plus de 3o coups de canon.

Enfin, nous nous sommes adressés à la *Deutsche
Metallpatronenfabrik* de Karlsruhe (Baden), qui nous a
établit sur modèle des douilles en laiton parfaites. On
dut faire un nouveau jeu d'outils et les cinq douilles coû-
tèrent 45 marcs.

Nous pouvons nous procurer les autres, maintenant
que l'outillage est fait, à m. 1.5o pièce et en cas de
fortes commandes ce prix serait encore réduit.

Nous chassons depuis trois ans avec ces douilles,
et jusqu'ici elles se sont admirablement comportées.
L'introduction et l'extraction se font avec autant
d'aisance qu'une cartouche d'un calibre 12. Elles ont
12 1/2 centimètres de long sur 35 millimètres de circonférence et 33 1/2 millimètres de diamètre, du système
percussion centrale.

Les douilles métalliques sont absolument étanches,
maintiennent la poudre à l'abri de l'humidité, évitent
les long-feux et les ratés. Un long feu au rassis, sur une
distance de 8o mètres est un coup manqué, les canards
sont au vol, la charge arrive trop tard et frappe le sable
ou la boue.

A Londres, chez Mrs. Ribby, Saint-James street, chez
Mr. Tolley et Mrs. Holland, New-Bond street, on fait
des douiles en carton de toutes dimensions à 5o schellings le cent.

Mr. Gevelot, à Paris, fournit également des douilles
en papier à culot métallique. Elle peuvent parfois servir
plusieurs fois.

La poudre à très gros grains sera seule employée pour le chargement des canardières. Les poudres fines donnent une grande vitesse initiale, mais dispersent trop les plombs. On admet en théorie que la combustion de la poudre fine étant beaucoup plus vive que celle de la poudre à gros grains, toute la force qu'elle fait naître est épuisée avant que la charge soit sortie du canon. La vitesse initiale produite par la grosse poudre, au contraire, augmente progressivement jusqu'au moment où la charge franchit la bouche de l'arme. (*Greener.*) Pour que l'inflammation ait lieu dans de bonnes conditions, il faut qu'une charge soit composée de grains de poudre de différentes dimensions, pour laisser entre-eux les interstices nécessaires pour permettre aux premiers grains enflammés de circuler aisément, de façon à ce que l'inflammation se propage à peu près instantanément à la surface entière de la charge, et que les grains brûlent ensuite simultanément chacun comme s'ils étaient libres. La poudre à gros grains de Wetteren (Belgique), poudre à canon, convient parfaitement pour le chargement des canardières. Les poudres Allemandes et certaines poudres Anglaises peuvent la remplacer avantageusement. Ainsi la poudre spéciale pour canardière du colonel Hawker jouit d'une grande réputation, ainsi que celle du colonel Latour. Mrs. Pigou vendent une poudre dont le grain est intermédiaire entre les deux poudres ci-dessus, et connue sous le nom de *Special Punting Powder*.

Il ressort clairement d'après cela qu'on ne doit jamais tasser fortement la poudre dans la douille, car on pulvérise les gros grains qu'il est préférable de conserver intacts, et on provoque un violent recul suivi de résultats médiocres.

Bourrez donc légèrement de préférence. On peut mélanger de la poudre fine à la grosse, et même de la poudre blanche, mais cette dernière en petite proportion, parce que sa force est double de la poudre noire ordinaire. On en viendra à la poudre sans fumée.

Les plombs que nous employons d'ordinaire sont le n° 6, 3 et o; chilled-chot ou durcis. Le n° 6 pour les chevaliers bécasseaux, pluviers, vanneaux, hérons et autres échassiers, les n°s 3 et o, et oo pour les canards siffleurs, col-verts, oies, cygnes, goëlands, etc. Quelques chasseurs préfèrent le n° 2 pour les palmipèdes, mais nous sommes certains que le plomb zéro, plus lourd, porte plus loin, dévie moins au vent et pénètre mieux à travers le duvet, la graisse et les os. C'est le véritable plomb du puntman pour les canards.

Si pour les canardières se chargeant par la bouche, on emploie l'étoupe de vieux cordages, on se sert généralement de bourre de feutre élastique pour celles qui se chargent par la culasse. La bourre en caoutchouc pour le fusil ordinaire est la meilleure, nous ne l'avons pas essayée jusqu'ici pour la canardière. Puis viennent le feutre gras, le linoleum, le fac-simile linoleum ou *corticine*, le cuir et le feutre sec en dernier lieu.

—

Le linoleum est un composé de liège pur et d'huile de lin oxydée.

La corticine est un composé de liège, terre cuite, sciure de bois, mélangés à l'huile de lin oxydée.

Le cork-carpet, espèce de feutre très souple, mélange de liège, de son et d'huile de lin.

Ces trois composés fin de siècle font d'excellentes bourres pour canadières.

Il est admis et reconnu que les deux facteurs principaux de la valeur d'un coup de fusil sont en dehors de l'arme elle-même, la poudre et la bourre. Il est donc essentiel qu'une douille soit bien bourrée pour créer entre la poudre et le plomb une barrière impénétrable, et empêcher, s'il est possible, les gaz de l'explosion de se mêler au plomb pour le disperser.

Voici comment nous avons l'habitude de procéder au

chargement de notre canardière calibre 33 1/2 millimètres :

1° Verser la charge de poudre, 40 grammes gros grains
Wetteren après avoir inséré la capsule dans la douille
laiton, percussion centrale;

2° Descendre une rondelle linoleum découpée à l'em-
porte-pièce et tasser modérément au pilon de cuivre;

3° Descendre deux bourres de feutre recouvertes de
carton mince d'un 1/2 centimètre d'épaisseur chacune,
ou deux autres rondelles Cock-Carpet, et tasser le tout;

4° Verser le plomb ou la cartouche de plomb faite
d'avance dans un fort papier, 250 à 350 grammes ;

5° Placer la bourre de fermeture, soit avec linoleum,
soit avec rondelle de liège.

La bourre entière insérée sur la poudre doit avoir de
25 à 30 millimètres d'épaisseur au minimum; celle qui
recouvre le plomb, 1 2 millimètre.

Nous conseillons les bourres épaisses sur la poudre,
parce qu'elles déplacent plus lentement la charge de
plombs et permettent à la vitesse d'augmenter progressivement jusqu'à la sortie de l'arme. La douille ainsi sertie
doit pouvoir être secouée dans tous les sens, afin que le
poids de la charge de plombs ne fasse pas céder la mince
fermeture de liège ou de linoleum en rondelle qui la
retient. Il arrive, en effet, qu'en glissant la douille d'un
coup sec dans la chambre du tonnerre, la secousse transmise aux plombs éjecte la bourre qui les recouvre, les
plombs s'éparpillent dans le canon à l'insu du tireur et
le coup est une triste désillusion. Ainsi chargée, la cartouche est douée d'une grande puissance de pénétration.
Il est impossible de donner des règles absolues pour le
chargement des canardières. Chaque arme a pour ainsi
dire son *individualité particulière*, sa longueur, son
poids, son calibre doivent entrer en ligne de compte, et
il faut procéder à des essais répétés si l'on veut arriver à
lui faire donner tout ce qu'elle peut donner.

Une canardière ne tire bien que lorsqu'elle porte réellement la charge pour laquelle elle a été construite, c'est-à-dire la charge pleine. Il ne faut pas craindre de charger l'arme si vous voulez tuer du gibier, et pour bien connaître la charge maximum, il faut procéder à quelques expériences. Les fabricants ne pourraient vous renseigner exactement, et les données des armuriers ne sont que très approximatives. Elles me paraissent quelque peu exagérées. La poudre de fabrication moderne est bien supérieure à celle d'autrefois, sa force d'expansion et de pénétration s'est accrue, et ils ont maintenu les chiffres d'autrefois. Il faut donc en rabattre un peu de ces fortes charges, surtout en punt. Mais ce qu'il faut chercher, c'est la pénétration ; la puissance d'une bonne canardière à un cercle tuant de 3 mètres à une distance de 100 mètres et plus.

Tuer raide un col-vert à 100 mètres en hiver est tout ce qu'on peut honnêtement demander à une canardière, et souvent il ne sera que blessé.

Essayez, je vous prie, à 40 mètres, avec un fusil ordinaire, sur un canard domestique dans l'eau, et vous serez édifié sur la puissance extraordinaire des canardières.

Il arrive parfois qu'on a l'occasion de tirer à 60 à 50 mètres sur l'Escaut, tant mieux évidemment, mais ce n'est guère que la nuit que le puntsman silencieux tire à 40 à 30 mètres sous l'œil de Tanit !!

Pointer, feu!!

—

En principe le tir à la sauvagine en punt est presqu'un tir à la cible, ce n'est certainement pas un tir à surprise, et l'on a généralement tout le temps de bien viser. On pourrait croire d'après cela que rien n'est plus facile que d'envoyer une gerbe de 5oo grammes de plomb dans une bande de canards barbottant à 8o mètres. Détrompez-vous, au début, on tire souvent en dessous ou au-dessus, parce qu'en réalité, la cible est mobile, très mobile. Tantôt ce sont les oiseaux qui se déplacent constamment à la nage, tantôt s'ils sont au repos, ou à la rive, c'est le tangage, le roulis, l'approche incessante qui modifient à chaque instant le point de mire d'un canon de 2 à 3 mètres de long. N'oubliez pas que le tireur est couché à plat ventre, que ses mouvements sont et doivent être limités, qu'il faut calculer rapidement, et la force du vent et la distance, et qu'une seconde d'hésitation au moment où les oiseaux lèvent le cou, — qui est le moment suprême, — transforme le prétendu tir à la cible en un tir au vol à longue, très longue portée. Au début, il importe donc, de bien connaître la hauteur de l'arme au-dessus de l'eau, on la repèrera à 4o ou 6o mètres, ou plus, d'après la méthode qu'on veut adopter, pour être absolument certain d'être à bonne portée lorsque le point de mire passera par les oiseaux. Plus tard, le coup d'œil se fera aux distances sur l'eau, et les écarts du début se corrigeront par la pratique et l'habitude.

Deux défauts contre lesquels il faut surtout se mettre en garde : *la précipitation* et *l'indécision*, défauts du noviciat, et dont il faudra absolument se débarrasser plus tard. Dans le premier cas, après une longue attente en punt et au moment où les difficultés vont être vaincues, on est impatient de tirer la détente, de satisfaire la légitime curiosité de son savoir faire, et d'éprouver les émotions et les jouissances ineffables, que tout chasseur ressent en face d'un royal gibier conquis par tant d'efforts. On tire trop tôt... hors portée. Dans le second cas, le novice ne sait se décider à lâcher sa bordée, il oublie que son arme tue à 100, à 80 mètres, il espère faire un plus grand coup en approchant toujours, il hésite, il se trouble, l'œil est fatigué à force de fixer, il veut approcher trop près... déjà la bande est à l'essor, il tire au jugé,.. en-dessous... trop tard.

Non, il faut savoir agir avec le calme et la promptitude nécessaires pour réussir, et ce sont précisément ces deux qualités maîtresses qui font le bon chasseur en punt, plus encore que la manœuvre parfaite de la godille ou de la pagaie. A quoi sert en effet, qu'un artiste s'avance, ou vous mène droit sur le gibier, si le système nerveux du tireur n'est plus en équilibre au moment où il a le plus besoin de l'être, pour parachever glorieusement l'œuvre si laborieusement échafaudée jusque là?

Après cela, comment faut-il presser la détente ou faire feu? Cela dépend de la charge et du recul; si l'on charge légèrement et que le recul soit faible on pourra presser la détente avec l'index de la main droite, en ayant soin de tenir le reste de la main bien en arrière et sous la crosse. Si l'on charge fortement ou que le calibre de l'arme soit fort, il faut tirer la détente au moyen d'une chaînette ou d'une corde à nœuds, bien fixée à celle-ci. Dans les deux cas, la main gauche appuyera sur la partie supérieure de la crosse-pistolet pour la faire basculer, et la tenir dans la ligne de mire. Un poids de deux kilos doit pouvoir faire basculer l'arme. Quelques chasseurs préfèrent la crosse longue et recourbée passant sous le bras et supportant une partie du recul. Nous croyons que cette méthode est défectueuse et encombrante, le tir en travers et le tir en l'air à une certaine hauteur sont impossibles.

La longue crosse dans ce dernier cas viendrait toucher

le plancher du Punt. Avec une crosse pistolet, le chasseur peut non seulement faire virer l'arme de droite à gauche, mais il peut la faire basculer rapidement de bas en haut et suivre le vol des oiseaux à des hauteurs considérables. Les bandes de bécasseaux et d'oies se tirent parfois de cette façon, les premières à cause de la grande instabilité et rapidité de leur vol, les secondes se laissant mieux approcher en flanc, par l'habitude qu'elles ont de piquer *dans le vent* dès qu'elles s'enlèvent, offrant ainsi les parties les plus vulnérables au plomb meurtrier.

Quelques petites recommandations doivent trouver place ici.

Ne déchargez jamais une canardière sans plomb à une distance quelconque d'une personne, fut-ce à 100 mètres, la bourre de la poudre fait balle, et est souvent projetée à des distances considérables. On a retrouvé des gibiers décapités, déchiquetés à plus de 80 mètres par les bourres des canardières.

Ne déchargez jamais une canardière *gros calibre* près d'une habitation, vous risqueriez de faire voler les vitres en éclats, et que personne ne songe à se tenir près de la bouche de l'arme, la violence des vibrations pourrait lui perforer le tympan et le frapper de surdité. Ne laissez pas la canardière sur le bateau la nuit par très fortes gelées, le grand froid contracte l'acier, et cette modification dans sa texture peut faire éclater l'arme au moment du tir, lorsqu'elle est brusquement soumise à des milliers de calories. La ténacité et la cohésion du fer et de l'acier sont accrues par l'abaissement de la température, mais c'est l'écart qui fait le danger. Le capitaine Noble prétend que la température au moment de l'explosion est de 4000° F., et que les gaz produits donnent lieu à une pression d'environ 6,400 atmosphères ou 42,669 k. par pouce carré !!!

Que la canardière ne dépasse jamais la proue du punt, surtout si elle se charge par la bouche, afin d'éviter les heurts et l'introduction de boue quand on chasse dans les criques étroites, comme celles du Pael par exemple. Il est probable que le canon n'éclaterait pas, mais cet obstacle pourrait le faire gonfler, et amener des félures et des fractures plus tard.

En cas de *long-feu*, ne perdez pas la carte, ayez du sang-froid, et continuez à tenir l'arme dans la ligne du tir à un mètre ou deux au dessus des volatiles pointés.

J'ai vu un jour, à la brune, vingt-un canards siffleurs tomber en grappe, à la suite d'un long-feu du Snider calibre 32 millimètres d'Henri Saeys, à l'entrée de l'Hondegat. Il est probable qu'il n'en eut pas tué autant au rassis, à cause de la disposition d'un banc de sable qui lui cachait une partie du gibier. Nous vîmes parfaitement du pont du Sloop où nous étions, le long-feu, comme une fusée, sortir de la cheminée de la canardière, les oiseaux quitter le sol, et le coup retentir bien après. Saeys qui connaissait bien son arme et sa douille chargée depuis plusieurs jours, nous a formellement déclaré qu'il n'avait pas bronché, ni cessé un instant de suivre le vol des oiseaux. C'est un des plus beaux coups que je lui ai vu faire, eu égard aux circonstances difficiles dans lesquelles il fut exécuté.

Nous touchons maintenant à un point très important et très controversé du tir de la sauvagine en punt.

La question se pose ainsi : Où faut-il viser les différentes variétés d'*oiseaux-gibier* qu'on rencontre généralement sur l'eau et le rivage ?

Disons tout d'abord qu'on peut viser d'un œil ou des deux yeux, c'est une question d'habitude ; personnellement je vise des deux yeux à la canardière et d'un œil au petit fusil. Beaucoup de ceux qui tirent les deux yeux ouverts au petit fusil sont d'excellents tireurs, plusieurs d'entre eux qui autrefois fermaient un œil ont changé de système. Ils ont reconnu que les avantages de cette méthode sont réels. J'ai essayé de faire comme eux, mais je dois avouer que je n'ai pas réussi, l'œil gauche se ferme malgré moi, au petit fusil.

Le principe du stéréoscope peut fournir une excellente preuve de l'avantage de regarder avec les deux yeux. Cet instrument nous donne l'impression, la sensation du relief, c'est-à-dire de *la distance* qui sépare les points, les objets les uns des autres. On voit mieux le gibier, on calcule mieux la distance et, au moment de presser la détente, on évite l'effort musculaire nécessaire pour fermer un œil, effort qui a exigé son apprentissage. Mais qu'on ne s'y trompe point, malgré que le tireur vise les deux yeux ouverts un seul fonctionne utilement pour le pointage, qu'il en ait conscience ou qu'il agisse ainsi instinctivement, peu importe.

Pour vous en convaincre, prenez un morceau de carton, ou une carte de visite ou à jouer, faites-y, avec un crayon taillé, un trou du diamètre du crayon. Placez ce carton a 3o, 4o centimètres de vos yeux et à 1o, 15, 2o centimètres d'un point quelconque, sur une table, un mur, etc. Ce point représentera le but, le gibier, le trou de la carte sera la mire.

Avec les deux yeux ouverts, regardez le point en plaçant le jour que vous avez ouvert dans le carton entre ce point et vos yeux, et quand vous le tenez, fermez d'abord un œil, puis ouvrez-le et fermez l'autre sans changer la position du carton. Or, vous vous apercevrez de suite que vous ne voyez le point visé qu'avec un seul de vos yeux, à moins de déplacer le carton troué ; c'est-à-dire que le trou du carton et le point visé ne se trouvent en ligne droite qu'avec un seul de vos yeux sans que vous vous en fussiez douté le moins du monde, car vous aviez visé les deux yeux ouverts.

Cette petite expérience vous prouvera de plus, si vous êtes droitier ou gaucher de la vue. Car, sans le savoir, il y a pour la vue comme pour les mains, des droitiers et des gauchers, abstraction faite des borgnes et de ceux dont un œil perçoit plus nettement les objets que l'autre.

Il est donc important à un arquebusier qui va construire une arme de prix sur mesure (une canardière, par exemple), pour un tireur qui vise les deux yeux ouverts, de savoir si le tireur est droitier ou gaucher de la vue, de même qu'il importe, avant de le placer sur une voie ferrée, de savoir si le mécanicien d'une locomotive qui, par profession, doit distinguer le rouge et le vert est ou non atteint de Daltonisme.

La plupart des hommes ne confondent pas ses deux couleurs, de même presque tous les chasseurs sont droitiers de la vue, mais dans les deux cas, il est prudent et sage de savoir à quoi positivement s'en tenir.

Pour cette vérification, la carte percée d'un trou vous renseignera immédiatement, et vous fera comprendre comment il se fait qu'on arrive à bien viser avec les deux yeux ouverts (Mis de Camarasa).

Le but étant de tuer le plus d'oiseaux possible d'un coup, il est évident qu'il faut d'abord chercher à tirer dans le plus épais du tas. Comme on n'a pas construit les canardières de façon à leur faire donner un tir serré, il faudra se rappeler que la gerbe de plombs à 80, à 100 mètres, a un cercle tuant de 3 mètres carrés et plus et que l'approche, plus ou moins éloigné du gibier, sera, si possible, combiné d'après le temps, le lieu et le nombre d'oiseaux en vue. Ainsi, plus il y a d'oiseaux en ligne droite, devant vous, plus vous pouvez tirer de loin et au vol, s'ils sont peu nombreux, tenter l'approche au plus près et au rassis.

En eau calme, sur haut-fond et sur banc de sable, visez toujours aux pieds, ou même un peu *sous l'oiseau*, si vous avez pu arriver assez près, et si l'attitude du gibier en ce moment là vous paraît confiante et peu farouche. Mais si vous avez affaire à une grande masse de sauvagine à une belle distance, pointer *au-dessus* d'elle et tâchez de presser la détente au moment où les oiseaux allongent le cou pour se mettre à l'essor.

La charge les atteindra au moment où ils ont les ailes ouvertes, et lorsqu'ils présentent le plus de surface vulnérable.

S'il y a de la lame, ne tirez jamais au repos, la charge irait s'engouffrer dans la vague, sifflez ou lâchez un cri quand vous serez bien à portée, et envoyez le coup à un mètre ou deux *au-dessus*, dans le tas et au vol. Il n'y a du reste pas d'autre parti à prendre en ces moments-là, et il faut le coup d'œil rapide et la main prompte du maître pour réussir ces jolis coups.

Il faut cependant avoir égard, non seulement à la nature du terrain et au nombre d'oiseaux, mais aussi à l'espèce de gibier qu'on va viser. En général, pour les col-verts, les siffleurs, les pilets, les souchets, les sarcelles, pointez haut le canon, *au-dessus de la tête*, comme ils ont de bons yeux, ils verront l'éclair ou la fumée du canon, et la charge les atteindra au moment où ils surgissent des hauts-fonds, ou de la vase où ils se trouvent. Si vous avez devant vous des canards plongeurs fuligules ou autres, tirez en plein dans les premiers rangs, les plombs effleureront la surface de l'eau en même temps que le vol bas de ces espèces.

Si vous travaillez sur des oies, des cygnes, tâchez de tourner le punt, ou le canon *dans le vent*, de façon à ce que vous puissiez tirer en flanc, ou par le travers, parce que ces lourds palmipèdes s'enlèvent toujours à *contre vent*.

Il reste entendu qu'il faut bien connaître l'arme qu'on manie pour agir ainsi que nous venons de le dire. Car il est des canardières qui portent trop bas, d'autres trop haut, il faudra évidemment régler le tir d'après la manière particulière dont l'arme porte le plomb.

Le tir trop haut nous paraît préférable au tir trop bas, mais quand nous disons pointer haut, on conçoit qu'il nous est impossible de dire exactement de combien.

Est-ce d'un pied, de deux, de trois, tout cela dépendra des cas, de la canardière, et de la qualité de la poudre.

La poudre de première qualité, bien sèche, élève le tir; par conséquent, en visant bien sous les oiseaux, le tireur verra comment le coup aura porté, et il devra en tenir compte pour plus tard.

Si vous chassez avec une canardière à baguette, partez en punt avec le chien au premier arrêt et armez seulement quand vous serez en vue des oiseaux; en d'autres termes, tâchez toujours, si vous manœuvrez une autre canardière, de rester au cran de sûreté jusqu'à ce que vous voyiez approcher le moment de pointer l'arme sur le gibier.

C'est une excellente précaution à prendre pour éviter toute surprise ou accident, parce qu'on peut toucher la détente dans un faux mouvement. On peut couvrir le chien avec un peu d'étoupe.

Dans certaines canardières, la détente est articulée et se replie en haut dans une rainure de la crosse, de sorte qu'elle est ainsi mise à l'abri de tout choc ou contact imprévu; au moment de pointer l'arme, il suffira de la tirer de sa position horizontale pour lui faire prendre la verticale et être prêt à la presser pour faire partir le coup.

Mais, me direz-vous, par quels procédés arrive-t-on à pouvoir braquer rapidement, facilement et sans bruit le canon d'une canardière dans la direction voulue? J'ai traité cette question-là au paragraphe : *Appui pour la canardière.*

Le pointage des canardières est encore un de ces points fort controversés parmi les puntsmen, chacun préconisant son petit système comme supérieur à ceux des autres.

Il y a cependant un principe logique, bien simple à faire admettre par tout le monde, à savoir : qu'une canardière doit reposer sur le pontage d'avant d'un punt, de façon à ce qu'un rayon visuel passant par le point de mire et le guidon, aille atteindre une cible à 40 ou 50 mètres minimum.

Cette distance étant la plus petite, à laquelle on tire d'ordinaire avec cette arme, placez-la après essais dans ces conditions, et pour toujours, et vous serez certain d'avance de ne pas tirer trop près sur l'eau. Dans cette position en punt, le tir est horizontal avec la surface liquide, et la puissance d'une bonne canardière est telle, que tout ce qui sera rencontré à 75, 100, 120 mètres et parfois plus sera mortellement frappé.

Après cela, on peut faire choix de divers procédés pour modifier le pointage de l'arme, selon les cas qui se présentent.

En somme, il est préférable d'avoir à sa disposition un support mobile qu'un fixe, le premier permettant de faire varier le pointage de l'arme à chaque instant, selon les circonstances. Et il est évident que le truc le plus rapide, le plus simple pour y arriver est le meilleur.

Personnellement, nous rejetons la vis de pointage, dont le mécanisme est trop lent, et préférons le levier à main.

Reculs des Canardières

—

Nous avons dit, au chapitre des accessoires, que de tous les moyens préconisés jusqu'ici pour amortir le choc du recul des canardières, il n'en était pas de plus répandu et de plus apprécié que la brague en chanvre de manille. C'est le plus simple, le plus résistant et le plus facile.

Répétons qu'il consiste en un câble de chanvre, reposant sur le pontage d'avant et s'adaptant au moyen de deux boucles épissées aux tourillons de la pièce, après avoir passé d'abord par le trou de l'étrave du punt. Si l'arme n'est point munie de tourillons, elle porte un œillet, un crochet sous le canon, une échancrure dans la crosse et on l'y fixe solidement.

Mais les tourillons à grosse tête et à gorge profonde valent mieux que les autres systèmes : le canon est plus vite mis en place et, en cas d'accident, on peut faire sauter l'œillet épissé hors de la tête en un clin d'œil.

L'on préfère généralement le chanvre de manille, à cause de sa grande légèreté et élasticité; quelques chasseurs, cependant, lui en font un reproche, et se servent de bragues en chanvre goudronné. On en est là, en fait de brague de recul; mais nous croyons avec Wild Fowler du Field, que l'avenir nous réserve les bragues en caoutchouc, plus élastiques encore, de longueur toujours uniforme, d'une solidité permanente et immuable par tous les temps. Elle sera plus générale que la brague de chanvre qui ne s'applique seule qu'aux armes de léger et moyen calibre, et pourra servir de recul à tous les calibres, grands et petits. On en fera de toutes les dimensions, et les grosseurs seront repérées d'après les calibres; il suffira de donner aux fabricants les mesures de poids, de chargement et de longueur de la canardière.

7

Mais en attendant, pour les canons de gros calibres qui dépassent 70 kilos, il est préférable de les installer, soit avec les freins de recul et la brague combinés, soit sur pivot fixe.

Les armes sur pivot fixe se placent parfois en punt, mais le plus souvent sur le pont d'un steam-launch ou d'un yacht.

On les installe à demeure pour toute la journée de chasse.

En punt elles ont une frette munie de deux tourillons, qui reposent sur les branches d'une fourche, dont la tige s'enfonce dans un bloc en bois d'orme. Les deux extrémités de ce bloc sont taillées en queue d'hirondelle, se glissent dans des rainures pratiquées sur deux pièces de bois fixées solidement l'une sur les membrures du plancher du bateau, l'autre sur et sous les chevrons du pont d'avant. Un fort cable fixé à l'étrave sous le pont vient s'enrouler sur le bloc de bois portant la canardière, ce bloc a une course de 2 centimètres environ, en avant et en arrière, et vient buter contre des tampons destinés à recevoir le choc du recul, au cas ou pour une raison quelconque, la tension de la corde ne serait pas suffisante.

Ce système décrit par M. Faure est très encombrant. Au lieu de deux tourillons, la frette peut porter à sa partie inférieure une loupe d'acier qui s'engage exactement entre les deux branches de la fourche, une tige de fer, traversant les deux branches et la loupe sert de pivot, en même temps qu'elle assure l'équilibre de l'arme, sur son point d'appui, qui devient alors mobile dans le sens longitudinal.

C'est ce dernier système que nous avons adopté pour fixer notre canardière sur le pont du yacht. La loupe d'acier de 35 centimètres de long, s'enfonce dans un bloc de bois cerclé de fer. Le bloc porte deux crochets en fer sur les faces latérales, et un sur sa face antérieure, il est attaché solidement sur place au moyen de cables à œillets passant par ces crochets et fixés à l'avant du bateau (1).

Quoique ces systèmes soient réputés très solides, nous ne sommes pas partisans en thèse générale de recul fixe, sur fer, bois ou acier pour les canardières. La puissance des chocs de recul est si grande et si soudaine, que nous croyons qu'il serait sage pour les armes de très gros calibre d'y joindre la brague ou le frein de recul, en cas de rupture du pivot. Deux précautions valent mieux qu'une, et quand on chasse avec des canons, on ne saurait prendre assez de précautions pour se mettre à l'abri de toute surprise.

De plus, il nous a toujours paru, que la canardière sur pivot fixe, porte plus dur, et moins bien que sur béquille avec brague. On dirait que l'arme aime à sentir un recul doux et moëlleux, puis à revenir en place par l'élasticité du mécanisme qui la retient. Et nous ne serions pas étonnés d'apprendre que les résultats obtenus par une canardière, montée sur pivot fixe et rigide, fussent inférieurs aux résultats donnés par la même canardière sur pivot élastique. Il serait peut-être intéressant de tenter quelques épreuves en ce sens ; quoiqu'il en soit, le tireur se rend parfaitement compte de cette différence, qui porte à penser que l'arme fatigue plus par le choc brusque du recul cassant, que par le choc gradué du recul élastique.

Les Anglais se servent beaucoup aussi de divers freins de recul. Voyez leurs canardières, pages 76 à 80.

Le plus ancien est celui du colonel Hawker, formé d'un ressort à boudin. Mais l'on a trouvé que le contre choc, qui survient immédiatement après le recul, par suite du jeu du ressort, était trop brusque et trop violent. Le choc en retour fait bondir l'arme en avant, et elle éprouve une secousse soudaine au point d'appui, transmettant une trépidation violente et bruyante, nuisible à la longue à l'embarcation.

(1) Voir page 72, notre canardière sur son bloc de bois.

Il faudrait un second ressort pour amortir ce contre recul.

On y a pallié, au moyen du caoutchouc, et l'on a créé *le frein de recul en caoutchouc*, composé d'une série de rondelles tampons. C'est encore un progrès, parce que le ressort du colonel, outre les défauts signalés plus haut, est sujet à la rouille et aux fractures.

Enfin, que nous sachions, il y a le frein de recul de Greener, qui consiste en un petit tube, dans lequel se meut un piston portant une tige, sur laquelle on rattache la brague de chanvre. Cette disposition a l'apppparence de la soupape de sûreté à ressort, et est basée sur le même principe, avec cette différence que le caoutchouc est substitué au ressort à boudin.

On peut fixer n'importe où la brague du frein de recul, mais il est préférable qu'elle soit le plus près possible du fusil.

Pour obvier au contre recul, surtout sensible avec les armes de gros calibre, on peut avoir recours aux moyens suivants. Tendre une corde tranversalement d'un bord interne à l'autre bord du punt, et passant par un trou de la crosse de l'arme. Ce petit truc, surtout applicable aux canardières à culasse qui peuvent demeurer sur l'avant-pont pour se charger et se décharger, ne gène en rien la manœuvre du canon, et les munitions mises en boîte sous le pontage. Un autre moyen consiste à avoir une chaînette solide fixée au plancher du bateau, juste au-dessous de la crosse du fusil qui portera un anneau permettant d'y attacher la chaînette, de façon à recevoir doucement le recul, et rendre le contre recul. En cas de rupture de la brague, cette chaine amortirait aussi certainement le coup.

L'expérience vous dira à quel système vous devez accorder votre préférence, soit à l'attache verticale, soit à l'attache horizontale. Nous préférons cette dernière.

Nous ne nous arrêterons pas davantage aux autres systèmes de recul, tel que le *tire botte* adopté à la crosse de l'arme et qui supprime toute brague, il trouve surtout son application aux armes de petites dimensions.

Mais il y a des puntsmen qui dédaignent tous les systèmes de recul, et sont parvenus à manœuvrer leur canardière sans aucun mode d'attache ou de recul. Tel M. Cumberland, qui après trente ans de pratique, est arrivé à chasser d'une façon tout à fait extraordinaire. D'abord son punt est très léger et très étroit, il ne mesure que 18 pieds anglais de long, 2 pieds 4 inches de large, et 1/2 inche d'épaisseur, Il peut l'emporter sur son dos comme une simple caisse. Sa canardière pèse cependant 75 livres, le canon a 8 pieds, 8 inches de long, et sa crosse en bois de chêne mesure 14 inches.

C'est une arme à capsules qu'il charge de 3 1/2 onzes de poudre et 12 onzes de plomb n° 2 schilled-schot. Il pagaie des deux mains, la poitrine reposant sur un coin de bois bien rembourré, de 2 pieds de long, 8 inches de large, sur 8 inches de haut. Il tire la ficelle de la détente avec les dents sans discontinuer de pagaier, et peut ainsi propulser le punt le plus près possible des oiseaux. De plus, chose étonnante et presque incroyable, il ne se sert ni de brague, ni de frein de recul. La bouche de l'arme repose sur une béquille, la culasse sur le pont et le recul est neutralisé au moyen d'une pièce de bois de 2 pieds 2 inches de long sur 2 inches d'épaisseur, qui vient s'appuyer derrière la crosse et sur laquelle repose tout le poids de son corps.

Enfin, en portant le poids de son corps en avant ou en arrière, il peut faire baisser ou remonter l'arme d'un pied et plus, de façon à maintenir son point de mire plus haut ou plus bas, plus loin ou plus près.

Après cela, on peut tirer l'échelle de l'habileté et de l'audace, et nous vous souhaitons sincèrement de pouvoir en faire autant.

Il paraît qu'on peut voir ainsi sur les bords du Wasch, des tireurs sans système de recul, pendant toute la saison de la chasse. Il faut évidemment beaucoup d'habitude pour arriver à ce résultat, et le grand avantage de ce procédé réside dans la liberté du punt, qui est absolument indépendant de la canardière. Nous l'avons dit déjà, en cas de chavirage le bateau flotterait et sauverait probablement la vie du chasseur.

Nous doutons fort qu'on puisse faire usage d'une embarcation aussi légère et aussi étroite sur le Bas-Escaut. Un punt doit être construit pour pouvoir s'adapter au milieu spécial où il sera manœuvré. La véritable destination de celui-ci est dans les criques étroites, ou les anses à l'abri du vent, dans les hauts fonds, les lacs peu agités, les étangs, les bords des cours d'eau. Il l'emportera en vitesse s'il y a des concurrents, et pourra fuir rapidement en cas de gros temps, la place où il opère. Mais sur le Bas-Escaut où le terrain de chasse est si souvent houleux, ouvert à tous les vents sur des étendues de 2,000 à 10,000 mètres, véritables bras de mer, il faut des bateaux plus larges, plus pesants, plus solides et munis de moyens d'action plus puissants.

C'est pourquoi nous préférons le punt à deux, armé d'un mécanisme propulseur rapide pour tenir tête aux lames et pouvant porter une arme quelconque de gros calibre. Elle est souvent caressée par les embruns salés, cette chère amie, c'est pourquoi il faut avoir soin, dans l'intérêt de sa conservation de lui faire un fourreau en toile goudronnée, dans lequel elle reposera, après la journée finie, après l'avoir bien frictionnée et bien graissée.

On aura les mêmes égards et les mêmes soins pour le fusil de chasse ordinaire qui doit servir à achever les blessés. Un 12 ou un 16 commun, est tout ce qu'il faut. Une carabine express vaut mieux peut-être, mais il est absolument inutile d'exposer aux atteintes de l'eau de mer une arme de luxe.

Enfin, n'oubliez pas un extracteur, ayez en plutôt deux qu'un seul; sur l'eau les cartouches se gonflent aisément, et il est parfois très difficile, sinon impossible

de faire sauter le culot de carton qui se déchire. Vous
voyez-vous en punt, loin du yacht, ayant encore 3 ou
4 canards blessés à achever, et sans extracteur pour
faire sauter les douilles gonflées. Ils nagent, ils nagent
au loin, ou plongent près de vous, et vous êtes impuissant à vous en emparer à la rame ou à l'épuisette. Si
vous n'avez jamais sacré le sacré nom de Dieu, ce sera
le moment ou jamais, et nous craignons bien qu'il y
passe malgré vous, et vos principes. Bonne leçon pour
cette fois, cher Monsieur. Que Dieu vous pardonne par
l'entremise de St-Hubert!!

Manœuvres du punt en chasse

CHAPITRE IV.

On aura déjà compris, d'après les accessoires que comporte l'équipement complet de ce genre de petits bateaux, qu'ils sont susceptibles d'être manœuvrés de plusieurs façons, d'après les circonstances qui vont se présenter en chasse.

Ils peuvent, en effet, être propulsés de cinq ou six manières différentes : à la *rame*, à la *pagaie*, à la *godille*, à la *pique*, à la *voile*, à l'*hélice* et parfois même à la *main* sur la vase molle des criques et des bords, ou sur la glace. Généralement voici comment les choses se passent, abstraction faite des préférences données par tel ou tel chasseur à un mode particulier de propulsion, à l'exclusion des autres.

Dès qu'une bande d'oiseaux est signalée, l'on consulte la direction du vent, le moment de la marée, la situation géographique du fleuve, en un mot, on étudie d'un coup d'œil attentif les moyens et les chances de les atteindre avec le plus de succès, tout en continuant la navigation avec le yacht qui porte ou remorque l'esquif jusqu'à la distance la plus proche possible du but visé. Le chasseur et le puntsman quittent alors le bord en punt à la rame, ou à la godille ou à l'hélice, pendant que le yacht fait la navette ou a jeté l'ancre, et ils s'avancent ainsi, *le plus possible à contre-vent*, vers le gibier en vue. Arrivés à 500 mètres et plus, le tireur, à l'avant s'ils sont deux, se couche à plat ventre, jette un dernier coup d'œil sur son arme, le point de mire, la brague de recul, etc., tandis que le puntsman qui s'est aplati entre les

jambes du premier, continue à diriger l'embarcation,
soit à la pagaie, soit à la godille.

Les voilà à 150 mètres, encore quelques efforts, mais
tout à coup l'esquif s'arrête, il touche légèrement un

DÉPART A LA RAME.

haut-fond ; l'homme d'arrière rentre lentement sa godille
ou sa pagaie, saisit la pique ferrée, et bientôt les voilà
repartis, toujours dans le plus grand silence et la plus
parfaite immobilité en prenant le sol pour point d'appui.
Ils arrivent enfin à portée ; soudain, un nuage de fumée
blanche, auquel succède un sourd grondement, se détache
du sein des eaux... Boum-m-m-m. Il va se répercuter et
se perdre à l'horizon, tandis que les jumelles des amis à
bord du yacht se braquent sur le champ de bataille et
cherchent à compter les victimes. Parmi celles-ci, les
unes sont tuées net, d'autres ne sont que démontées et
s'enfuient comme elles peuvent de tous côtés.

Le tireur, à genoux maintenant, s'apprête à donner le
coup de grâce aux fuyards avec le petit fusil chargé d'un
nº 4 ou d'un plomb plus léger, d'après les espèces. Le
puntsman alors leur donne la chasse, soit à la rame en
dénageant pour les avoir devant lui et ne pas les perdre
de vue, soit au moyen de la longue pique s'il trouve fond,
soit à la godille s'il préfère cette manœuvre. Il faut

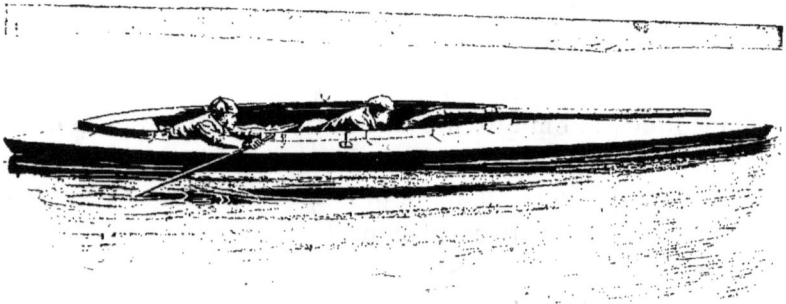

MANŒUVRE A LA PIQUE SUR HAUT-FOND.

courir sus en ligne droite aux éclopés, les plus éloignés et les moins atteints tout d'abord, les morts iront à la dérive ou ne bougeront plus sur les vases, et on les retrouvera toujours après avoir capturé les autres.

Le butin ramassé, on revient au bateau ou bien l'on continue à suivre la rive en se servant du procédé le moins fatiguant, la voile par exemple, s'il y a moyen de s'en servir, jusqu'à ce qu'on ait l'occasion de renouveler les mêmes prouesses sur une autre bande d'oiseaux.

Voilà en thèse générale, rapidement esquissée, la succession des manœuvres d'un punt en chasse vers un point déterminé. Tout cela paraît fort simple ; cependant, il faut savoir le faire, et l'art du puntman est un grand art, et les hommes qui savent faire succéder rapidement mais surtout sans bruit, les principales manœuvres, pagaie ou godille, sont assez rares. De là précisément cette grande divergence encore parmi les chasseurs anglais, les uns travaillant toujours à la godille et traitant la pagaie de cuiller à tripotage dans l'eau, bonne tout au plus à se mouiller les bras et à se geler les mains, tandis que d'autres rejettent absolument la godille dans tous les cas.

La vérité, c'est que ces deux modes de propulsion des punts, trouvent leurs applications dans telle ou telle circonstance. Il faut être éclectique, n'en rejeter aucun , et il est fort désirable, si pas indispensable, de pouvoir les utiliser quand l'occasion s'en présentera. Nous croyons donc devoir donner quelques détails sur ces différentes manœuvres qui font réellement le vrai puntsman.

Ainsi, l'un pagaie des deux mains à la fois, couché à plat ventre, seul ou derrière le tireur, la poitrine appuyée sur un coussin. Il étend les bras à droite et à gauche, tient la pagaie dans chacune de ses mains, les plongent *en avant à plat* et les ramènent ainsi vivement en arrière, pour les reporter en *avant dans le sens vertical* mais *sans les sortir de l'eau*, et ainsi de suite.

Un autre se couche sur le côté gauche, appuyé sur le flanc et le coude, dirige le bateau avec un petit gouvernail de la main gauche tandis qu'il pagaie de la main droite comme ci-dessus. Le premier se passe de gouvernail, le second saura l'utiliser à contre courant au moment de lâcher la détente, sinon il verrait l'esquif pivoter, et le coup serait manqué.

Dans les hauts-fonds, l'homme continuera cette manœuvre; si le sable est dur la pagaie jouera le rôle de petite pique, si le sable est mou il agira comme en eau profonde. Arrivé à portée et prêt à envoyer le coup, s'il est seul, le chasseur rentre vivement ses pagaies, ou les lâche si elles sont retenues au plat bord par des ficelles.

Nous croyons que la position sur le côté gauche est moins fatigante que sur la poitrine, et peut s'appliquer aux bateaux larges et étroits, de plus si le gibier est peu farouche, il aura l'avantage de pouvoir continuer l'approche plus près, tout en ayant la main gauche libre sur la crosse de l'arme, pour modifier le pointage selon ce qui va se passer.

La nuit et à marée montante, il est préférable de pagaier. Voici pourquoi : Supposons que vous approchiez une grande bande de siffleurs, ils sont en train de festoyer, de prendre leurs ébats par un beau clair de lune, leurs cris flutés et leur conversation bruyante vous indiquent qu'ils ne soupçonnent pas votre approche mais tout-à-coup ils se taisent, tout bruit a cessé subitement, un silence immense plane sur les solitudes, vous êtes éventés, et le puntsman doit rester subitement figé dans l'immobilité la plus absolue s'il ne veut pas voir aussitôt les noceurs disparaître en tumulte dans la nuit.

Il faut donc pouvoir rester en place dans le plus grand silence jusqu'à ce qu'ils soient revenus de leur alerte et aient repris leurs ébats. Cette manœuvre est impossible à la godille sans laisser voir le flanc du Punt qui pivote vers le bord, poussé par la marée montante et la brise

MANŒUVRE A LA PAGAIE.

légère tandis que l'homme maintiendra le bateau invisible et sans bruit, avec les pagaies.

Pendant le jour, il serait assez indifférent de godiller ou de pagaier, parce que l'on voit les oiseaux et qu'on

MANŒUVRE A LA GODILLE.

peut choisir le moment propice, même s'il faut attendre.

En eau profonde, du reste, donnez la préférence à la godille, l'on va plus vite qu'à la pagaie et c'est moins fatiguant, surtout à contre-courant. Dans un punt à deux personnes, si la distance à parcourir est longue, le tireur peut aider le rameur et pagaier avec lui jusqu'à une certaine distance, c'est un fort bon procédé et la force des deux hommes lance bien l'esquif en avant à contre-marée et dans le vent. Dans ce genre de bateau, les mouvements se faisant plus à l'arrière sont plus dissimulés; ainsi, la godille qui dirige l'embarcation sur le pontage d'arrière à tribord, dans un row-lock bien rembourré, est invisible et silencieux, si le rameur connaît bien son métier. Mais au moment de tirer, s'il est seul, il retirera doucement sa rame et la posera sur le plat-bord, parce que s'il la laissait traîner dans l'eau elle agirait comme gouvernail et changerait la direction du punt. Il ne peut la lâcher ici, comme la pagaie, elle ferait du bruit en tombant dans l'eau et s'en irait à la dérive.

Dans un punt à deux, le rameur doit bien se garder de porter le corps d'un côté à l'autre au moment du tir, il pourrait faire changer le pointage de l'arme.

Le punt, les rames, les tolets, les costumes des chasseurs, la canardière, seront d'une teinte uniforme, en rapport avec la nuance de l'eau ou des boues que l'on fréquente. Le blanc sale, le gris, la *teinte toile mouillée*, sont les couleurs qui effraient le moins les oiseaux, peut-être parce qu'ils les perçoivent moins bien, ou sont habitués à les croire plus inoffensives que les tons noirs ou rouges. C'est pourquoi l'on a parfois recours en hiver à la neige ou à la glace pour dissimuler le punt et tenter ainsi l'approche des oies, des cygnes.

L'on a aussi essayer de placer des miroirs à l'avant et même sur les flancs du punt pour le cacher, refléter les canards à certaine distance et leur donner ainsi le change, le mirage d'une bande d'amis. Le truc peut être fort bon dans certains cas spéciaux, mais il est peu pratique.

Réussirait-il par tous les temps ?

Il serait plus logique et plus facile de placer quelques canards artificiels sur le pontage d'avant. Légers et peu encombrants ils contribueraient certainement à tromper ce rusé et royal gibier, au moins pendant un certain temps, aux mêmes endroits. On peut s'en procurer en bois, en caoutchouc, en toile peinte, imitant parfaitement le col-vert et le siffleur, les deux espèces les plus répandues sur le Bas-Escaut.

Les Américains chassent beaucoup le canard sauvage au moyen d'expédients de toutes sortes, mais surtout en plaçant des canards en bois de cèdre sur le devant et les côtés de leurs embarcations enguirlandées de roseaux et de joncs.

Ainsi dissimulés dans les joncs des rivières, ils attendent avec quelques canards appelants et beaucoup de canards en bois flottant parmi ceux-ci, que les sauvages descendent près des faux-frères et viennent se faire tuer à portée de leur fusil. Au lieu d'aller à la montagne ils attendent qu'elle vienne à eux. C'est du guet-apens, ce n'est plus de la chasse. Et puis quelle patience, mes amis, c'est bon pour les trappeurs !

Si vous chassez en hiver, lorsque l'Escaut charrie des glaçons, que votre punt soit solide et même cuirassé d'une mince feuille de cuivre. La glace est surtout dangereuse à marée étale par son accumulation lente autour du bateau.

Si les glaçons ont une certaine *espaisseur* ils pourraient ou broyer l'esquif, ou le culbuter, ou le tenir prisonnier et l'entraîner au large, malgré tous les efforts des chasseurs.

Si dans cette situation excessivement critique, vous parveniez avec un instrument quelconque à briser la glace d'un seul côté seulement, il y aurait peut-être un dernier espoir de lutte, et une dernière chance de le dégager, mais que St-Hubert vous préserve de pareille aventure !

Nous avons chassé dans les glaces de l'Escaut avec un remorqueur en 1891, et avec le *Wulp*, un voilier, en février 1895. Nous chassions en punt à l'Hondegat et autour de l'île de Saeftingen, avec mille précautions, nous tuâmes ainsi une bonne vingtaine de canards en deux jours, et en revenant le brave *Hoogaerst* dériva dans d'énormes glaçons, depuis Bath jusqu'au premier duc d'Albe de l'île. Navigation dangereuse s'il en fût, quoiqu'avec un bateau battant neuf, et d'une solidité à toute épreuve. Nous dûmes jeter l'ancre derrière le Duc d'Albe, qui nous garantissait ainsi quelque peu des chocs et des étreintes des banquises. Après deux heures d'attente, et grâce à une forte brise qui balaya les monstres vers le vieux Doel, nous fûmes dégagés, et pûmes reprendre notre route vers Lillo, où, à la tombée du jour, nous embouquions, sains et saufs la petite crique qui lui sert de hâvre ou de refuge.

Nous avions vu de près combien la navigation dans les glaces avec un voilier est impuissante et téméraire.

Tout ceci se passait dans un solide bateau de dix tonnes, mais a-t-on idée d'un homme emprisonné en punt par les glaces du terrible Escaut?

Qui le verra, qui le délivrera dans ces solitudes immenses qui ressemblent alors aux glaces flottantes des parages des mers arctiques?

Sir Folkard (1) raconte que cette terrible aventure est arrivée une fois à un puntsman anglais.

Il dérivait au large, vers la mer, son punt encastré en d'énormes banquises, qui s'accumulaient à chaque instant davantage. Ses cris de détresse furent entendus à la côte, les riverains accoururent pour lui porter secours, mais, les spectateurs furent frappés d'épouvante en présence du danger imminent qui planait sur le pauvre chasseur, et personne n'osa tenter son sauvetage au moyen d'une embarcation quelconque. Le vent soufflait de la côte, et l'homme continuait à dériver de plus en plus au large, lorsque quelqu'un eut l'idée d'essayer de lui faire parvenir une amarre au moyen de la ficelle d'un cerf-volant. Après bien de vaines tentatives et d'inutiles tâtonnements, le naufragé put attraper la ficelle du cerf-volant qui vint le croiser à la hauteur voulue, il attira ensuite le câble au moyen du fil conducteur,

(1) *The Wildfowler*, FOLKARD, Esq.

vrai guide-rope, et pût enfin être remorqué à travers les glaçons, lentement, avec mille précautions, par ce moyen de sauvetage vraiment miraculeux.

Un punt enserré dans les glaces de l'Escaut, n'est-il pas, comparativement, dans une position analogue à celle d'un trois mats dans les glaces du Pôle-Nord? Combien en revient-il de ces derniers, on peut les compter?

Comme conclusion à ce danger, et à d'autres qu'on ne pourrait toujours prévoir, que les amateurs prennent pour habitude, de ne pas trop éloigner le yacht ou la barquette, du champ d'opération des puntsmen. On ne peut jamais savoir avec quelle rapidité, il faudra peut-être leur porter secours.

Toutes sortes de difficultés peuvent survenir qui réclament un secours immédiat. Les chasseurs peuvent se laisser emballer à la poursuite d'oiseaux blessés, ou vers de nouvelles bandes; il importe que ceux qui sont à bord, suivent sans cesse les mouvements du punt s'il travaille en eau ouverte, ils devront peut être aider tantôt à achever les blessés, ou se porter à la rencontre de l'esquif parce que le vent s'est élevé, la marée a changé, ou le brouillard s'est répandu sur le fleuve.

D'autrefois les puntsmen seront harassés de fatigue, ou trempés jusqu'aux os, et fort désireux de rentrer au bateau pour goûter un glorieux repos, boire une lampée de porto ou de schiedam. Mais de toute façon, il sera toujours bien plus agréable aux chassseurs de se sentir surveiller et hors de danger, que de se savoir abandonner sur une coquille de noix et à la merci de l'onde perfide.

Avec notre punt à hélice, les chasseurs se dirigeront directement vers le gibier, dans la position définitive, le tireur couché à l'avant, le pédaleur sur le dos à l'arrière. On pourra ralentir ou accélérer la vitesse selon les circonstances qui se présenteront. Si l'on touche, l'hélice sera relevée au premier cran, c'est-à-dire au niveau de

l'eau seulement, ou un peu plus au-dessus, et les chasseurs dirigeront le bateau à la pique chacun de leur
côté. Donc la manœuvre se continue ensuite sur les

MANŒUVRE A L'HÉLICE.

hauts-fonds à la pique ou à la pagaie, comme dans un
punt ordinaire, puisque l'hélice est suspendue.

Il arrive parfois que les oiseaux se tiennent au repos,
ou sont en train de festoyer, sur les vases, à une trop
grande distance de la rive. La marée descend toujours,
plus moyen d'avancer, et le gibier est hors portée. Que
faire? D'abord prendre une décision rapide sur la distance qu'il y aurait à franchir pour arriver à portée,
puis tâter la nature du fond. Si le sol n'est ni trop mou
ni trop dur, mais légèrement vaseux, si l'espace à parcourir est peu considérable, le chasseur se coulera
tranquillement hors du punt, dans la position la plus
effacée possible, se traînant pour ainsi dire sur ses genoux,
et il poussera le bateau par l'étambot pour le faire glisser
sur la boue vers les oiseaux. Parvenu ainsi à portée,
après ce travail d'indien rampant dans les lianes vers
les fauves, il tâchera de se *reculer* dans le punt, poin-
tera et pressera la détente.

S'ils sont deux, le tireur n'attendra pas que le rameur
rentre dans l'esquif pour lâcher sa bordée, naturellement.

Si le calibre du canon est fort, et le punt léger, le recul pourra peut-être l'"endommager quelque peu, parce qu'il repose sur terre et n'a pas d'élasticité contre le choc.

Au cas ou cette dernière manœuvre serait impossible à exécuter pour un motif quelconque, il resterait toujours au chasseur amateur, un tantinet naturaliste, l'occasion de compenser le dépit du tireur, par l'intérêt et le plaisir intime de l'observateur.

Il pourra ainsi contempler à l'aise ces fiers oiseaux sauvages, et étudier de près, sur le vif, leurs allures et leurs mœurs en pleine liberté, en pleine nature.

Il assistera à leurs ébats intimes, il se rendra compte de leur degré de sociabilité, et de leurs *manières différentes* de rechercher et de saisir leurs aliments. Il en est qui se tiennent en des poses familières ou fantaisistes, très intéressantes à voir, d'autres, surtout aux époques des fiançailles ou repassage du printemps, se pavanent en des attitudes plastiques ou hétéroclites d'une suprême élégance.

Le chasseur se verra sans doute obligé de se retirer les mains vides de cette expédition au moment du jusant, mais l'artiste et le naturaliste qui sommeillent et veillent en lui, quitteront à regret ses tableaux vivants et réellement enchanteurs. Il en rapportera ample moisson d'observations personnelles, que les livres des naturalistes de cabinet ne sauraient jamais remplacer, et longtemps encore son cerveau sera hanté par une joie intense et nouvelle, aussi mystérieuse que les sauvages voyageurs qu'il aura essayé d'interviewer.

Chose étrange, il semble que ces êtres si merveilleusement doués par la nature nous apportent quelque fait nouveau, quelque chose d'encore inconnu des contrées mystérieuses et inexplorées qu'ils ont visitées. Attrait fascinateur plein de charmes, bien particulier à cette chasse émouvante, que nulle autre, croyons-nous, ne saurait atteindre ou égaler. Chaque fois que nous

capturons quelque spécimen rare de ces hardis voyageurs dévoyés sur les rives du Bas-Escaut, instinctivement et longuement nous le tâtons, le retournons, l'exa-
minons des pieds à la tête, et souvent même *intus et extra*,
comme s'il devait nous donner la solution de quelque
problème, la clef de quelque mystère, ou nous révéler des
choses inconnues, des mondes inconnus jusqu'ici. Cette
pièce rare fera désormais partie de notre collection, de
nous même en quelque sorte, on dira et redira son histoire, et se sera aussi un peu le souvenir de la nôtre que
sa présence évoquera parmi nous. Quel sport est comparable à celui-là?

Nous ne croyons pas que la chasse en plaine, moins
encore en battue, puisse éveiller des pensées de cette
envergure et procurer des jouissances aussi pures et
aussi intenses.

Qu'un chasseur abatte un lièvre ou un chevreuil, qu'il
fasse des hécatombes de perdrix ou de lapins, c'est à
peine s'il daigne examiner son coup de fusil, il pousse
du pied les pauvres victimes que les traqueurs empilent
sur la brouette ou dans les sacs. Il se croirait novice ou
amoindri de se baisser pour ramasser son gibier lui-
même.

Au bout de quelques jours de ces chasses toujours et
sempiternellement les mêmes, dont le résultat est prévu
et supputé d'avance, l'émotion est émoussée, la surprise
préparée et tout le plaisir réduit ou confiné en un doublé
qu'on rate d'autant plus souvent qu'on n'a moins l'occasion de le faire. Aussi, les vrais chasseurs préfèrent-ils
la chasse au marais, qui n'est que la réduction, la miniature de la chasse à la sauvagine en bateau.

Mais quittons ce sujet, nous ne saurions considérer la
chasse en battue comme un sport, c'est un massacre tout
bonnement, où les novices qui ont la chance de tirer
beaucoup de cartouches peuvent se distinguer autant
que les bons tireurs.

Revenons au gibier d'eau et continuons notre chasse,

mais cette fois changeons nos manœuvres et essayons
l'approche du gibier en *punt à voile*.

Il est un fait bien constaté par tous les vieux chasseurs,

LE DÉPART.

c'est qu'il y a des jours où il est absolument impossible
d'approcher les oiseaux à la pagaie ou à la godille. Vous
avez beau vous aplatir ou essayer de les tourner, ou de
les prendre en biais, rien à faire, ils sont en éveil et
d'une défiance extraordinaire à la vue d'un punt. Ils en
ont peur comme d'un oiseau de proie. C'est le moment
alors de tenter une diversion et de vous présenter à ces
rusés volatiles sous le déguisement d'un bateau à voile.
Seulement, il faut quelques conditions pour réussir,
et malheureusement elles sont indépendantes de la volonté du chasseur.

Avec un punt ordinaire, la manœuvre n'est pratique-
ment réalisable que si vous avez le vent arrière, ou aux
trois quarts arrière, et la brise ne peut pas être trop
forte, sinon vous embarquerez de la lame, le bateau bon-
dira, fera du tapage par son tangage, et il vous sera
très difficile de pointer avec assurance.

Un mat léger de 1 m. 70 à 2 mètres est suffisant, il sera placé dans une bague métallique fixée

au premier chevron du pontage d'avant à bas bord, et le plus près possible de la ligne centrale, sans toutefois gêné en quoi que ce soit la manœuvre de la canardière. Son extrémité inférieure sera maintenue sur le plancher dans un carré de bois, ou dans un tube en fer de quelques centimètres de hauteur. Il faut qu'il puisse se placer et s'ôter très rapidement, afin de pouvoir rouler la voile dessus, et remiser le tout sous le pont en un clin d'œil.

D'aucuns préfèrent un mât d'une solidité douteuse et relative, à un mât d'une solidité à toute épreuve; ils estiment qu'il vaut mieux le voir briser par un coup de vent, que de sentir le punt chavirer, ou s'emplir d'eau. La voile, bien blanche, sera carrée et petite, en rapport avec le petit mât. Il est inutile et même nuisible qu'elle affecte des dimensions plus grandes.

Le but n'est pas de franchir rapidement l'espace, mais de tromper la vigilance des oiseaux sur la nature de cette nouvelle équipe, qui ne leur dit rien qui vaille. L'oiseau semble juger la distance d'une voile à sa hauteur, et l'apparence minuscule de cette toile trompe son estimation, et lui fait reporter votre présence à une bien plus longue distance qu'elle ne l'est en réalité; de sorte qu'il se croit encore en sécurité, alors que vous êtes déjà en pleine portée. Au surplus si cette supposition ne vous plait pas, rien ne vous empêche de penser que cette misérable petite loque, ne soit prise par les oiseaux pour la barquette d'un pauvre pêcheur inoffensif, comme ils en ont si souvent cotoyées dans leur vie errante et vagabonde. Il serait évidemment très instructif pour les chasseurs de savoir là-dessus le fond de leur pensée, mais nous n'avons pu jusqu'ici la deviner au juste et les hypothèses sont ouvertes. Quoiqu'il en soit, à certains moments, les oiseaux se défient beaucoup moins d'un punt à voile, que d'un autre, dont ils semblent parfaitement apprécier la portée dangereuse. L'embarcation à

voile leur paraît neuve et inoffensive, peut-être désirent-
ils voir passer de près, cette chose jusqu'à là inconnue
dans les parages où ils se tiennent d'habitude; la curiosité
leur fait oublier le danger, et les expose à voir tantôt
leurs rangs serrés décimés par la mitraille. Lutte pour
l'existence toujours, encore et partout!!

L'APPROCHE.

La manœuvre d'un punt à voile n'est gère possible,
au puntsman seul, il ne saurait faire bien trois choses à
la fois, diriger, pointer et tirer, tandis qu'à deux, c'est
la chasse la plus délicieuse qu'on puisse rêver quand les
conditions de vent le permettent. Presque tous les
grands chasseurs adorent cette façon de surprendre la
sauvagine.

M. Harmer a même fait construire un punt center-
boat pour chasser à voile seul.

Il dirige avec ses pieds; la voile est en coton très fin
et très léger; d'autres ont mis des dérives internes.

Nous ne conseillons pas de l'imiter, mais en punt à deux,
en eau tranquille, par brise légère, on peut marcher de

l'avant; l'homme d'arrière tiendra la voile en laisse à la main et gouvernera avec la godille ou autrement.

S'il y a de la lame, rentrez la canardière si possible dans le punt, appuyez vers l'arrière et filez encore de l'avant, non plus vers les oiseaux en ce moment-là, parce que le tangage vous empêcherait de bien tirer, mais vers la côte ou vers le yacht.

On conseille, dans ces cas-là, de faire voile avec l'arrière du punt en avant. Il faut évidemment qu'il y ait deux trous de mât au bateau pour manœuvrer ainsi, tantôt de l'avant, tantôt de l'arrière, d'après le bon ou le mauvais temps, surtout si la canardière est de gros calibre. La tendance de tout bateau trop chargé est de piquer la tête sous la lame au lieu de la relever, d'autant plus qu'ici il n'est élevé que de quelques centimètres au-dessus de la surface liquide. Il est donc indiqué de changer les poids et de naviguer par l'étambot ou de faire tomber la voile pour reprendre une autre allure. Mais le premier de tous les principes à observer en tout ceci est la facilité, la rapidité des manœuvres : il faut que la voile apparaisse et disparaisse en une seconde. Un *punt à voile proprement dit*, s'il n'est pas pourvu d'une espèce de quille, devra avoir une carlingue de 8 à 10 centimètres à l'arrière qui ira, en diminuant, se terminer par 2 ou 3 centimètres vers l'avant. Il va sans dire qu'un punt surtout construit pour marcher à la voile, devra être soigné, solide et cloué avec des clous et vis en cuivre. Il sera d'autant mieux établi dans toutes ses parties qu'on s'expose davantage en pratiquant cette manœuvre très agréable, mais plus dangereuse que la godille ou la pagaie. Se garder de tout mouvement brusque ou déplacement inutile s'il y a de la lame. Les chasseurs se tiendront parfaitement au milieu du bateau, de façon à pouvoir incliner un peu le poids du corps du côté du vent, afin de modifier le centre de gravité à volonté, d'après les circonstances et les changements d'amure. En agissant autrement, on risque d'embarquer des embruns toujours très désagréables dans un bateau où il va falloir tantôt se coucher à plat ventre.

Si le vent grandit, bas la voile de suite. Le colonel Hawker, quand il avait vent arrière, se servait d'un vieux parapluie en guise de voile. Avis à ceux qui veulent essayer du procédé, nous doutons qu'il trouve aujourd'hui beaucoup d'imitateurs.

L'on voit, d'après les différentes manœuvres d'un punt en chasse, esquissées ci-dessus, qu'il ne faut pas songer à s'aventurer seul sans avoir fait apprentissage des manœuvres des plus importantes. Il serait à désirer que tout chasseur à la sauvagine en punt apprenne, en été, sur le Bas-Escaut, ces différents modes de propulsion. Mais peu d'amateurs auront ce grand courage, ce feu sacré ; aussi, nous croyons que le punt à deux est et restera l'embarcation préférée des amateurs, tandis que les professionnels qui connaissent leur art à fond choisiront le type à une personne.

Et comme les amateurs chassent pour leur plaisir et les autres pour leur gagne-pain (c'est le cas de dire ici : que la bouche des canons produit le pain du pauvre, contrairement à ce qui se passe dans toute l'Europe armée), nul doute que le punt à hélice mobile ne détrône l'autre en le complétant, et ne devienne dans l'avenir le véhicule rêvé des amateurs de chasse à la sauvagine sur les grandes eaux.

Description du mécanisme de notre punt
à Hélice-Gouvernail

L'arbre de l'hélice est en acier de 15 millimètres de diamètre et vient se terminer au dehors de l'étambot par un joint universel. Là il est entouré d'un tube vissé dans une douille en bronze fixée dans l'étambot qui joue le rôle de palier de butée; le tube fourreau est terminé par le presse étoupe.

Dans le joint universel qui termine l'arbre de l'hélice, se visse un petit arbre de 70 centimètres de long, au bout duquel se trouve fixée une hélice de trois branches de 35 centimètres de diamètre. Elle peut donc s'élever, s'abaisser, pivoter à droite ou à gauche.

Au bout du pontage d'arrière est fixée une tige de fer de la grosseur d'un doigt de 10 centimètres de haut, dans laquelle s'emboite un manchon métallique qui porte à gauche une lame horizontale de 25 centimètres de long, à l'extrémité de laquelle vient se boulonner une tige métallique qui court le long du côté interne de l'hélice du bateau jusqu'à la portée de la main gauche du tireur couché dans le punt en avant.

De ce manchon part en arrière un levier en arc de cercle qui porte à son extrémité un collier qui glisse sur l'arbre de l'hélice et permet au pédaleur de la relever ou de l'abaisser à volonté, tandis que le tireur peut la faire pivoter à babord ou à tribord.

Donc, c'est le tireur qui dirige le bateau de la main gauche tandis que le pédaleur couché, le dos sur un coussin incliné, fait face à l'hélice et tient en main un petit levier qui permet de la relever à fleur d'eau ou entièrement dans les hauts-fonds.

Une mince corde en acier relie la poignée et le levier

du pédaleur à l'arc courbé qui glisse sur l'arbre de
l'hélice, en passant sur le pontage sous trois galets con-
ducteurs de la corde d'acier.

Voilà pour l'*hélice-gouvernail*, qui peut s'enlever en
deux minutes. Quant au mécanisme proprement dit, il
se compose d'une roue d'angle motrice fixée sur l'arbre
moteur pédalier et d'un pignon d'angle.

Ce pignon est commandé par la roue motrice et transmet son mouvement de rotation par un bout de tige
d'acier qui, au moyen d'un raccord en bronze, se relie à
l'autre partie de l'arbre décrite ci-dessus laquelle, après
avoir passé sous le pontage, vient se terminer un peu
au-delà de ce pontage, dans la chambre du pédaleur.

La roue d'angle est en cuivre ou en acier, pas de
18,1 diamètre 254 millimètres ; 44 dents de 3 millimètres
de longueur, tournée, alésée, divisée et taillée à la
machine.

Le pignon d'angle est en *cuir vert comprimé* de
57 millimètres de diamètre au contact, 10 dents de 30 millimètres de longueur, alésé à 18 millimètres taillé à la
machine. Le pédalier monté sur billes à 35 centimètres
de haut quand le mécanisme est en place dans le punt.

En somme, c'est le mouvement de l'Acatène (sans

chaîne) ou l'application de la force par engrenages, seulement je ferai remarquer ici que j'avais appliqué ce système à la navigation de plaisance ou de sport dès 1892, bien avant l'apparition de la bicyclette Acatène qui ne fut connue que deux ans plus tard.

Ce petit mécanisme est fixé sur un bâti rectangulaire en fer qui se visse à une planche en chêne qui recouvre le plancher du punt. Il pèse à peine 20 kilos, s'enlève et se met en place en moins de deux minutes.

Les avantages de ce système de propulsion sautent aux yeux. D'abord, et surtout, il supprime le puntsman proprement dit, le premier venu, couché sur le dos, les pieds bouclés par une courroie au pédalier, le fait marcher au bout de cinq minutes d'essai.

Un gamin suffit au besoin, tous les mouvements étant montés sur billes, l'effort à faire correspond à celui d'une bicyclette.

Les amateurs pourront donc pédaler et tirer la canardière en punt chacun à leur tour, sans devoir passer par les exigences et les exactions de professionnels ou prétendus tels.

Autres avantages : La marche silencieuse du bateau, grâce à son engrenage en cuir; sa vitesse comparée à

celle d'une propulsion à la pagaie. Notre punt remonte
les courants de l'Escaut et marche à 6 kilomètres à
l'heure dans un canal. Le rapport des engrenages est
1 à 4; en faisant 40 tours de pédale à la minute, l'hélice

en fait près de 165 et le pédaleur soutient ce mouvement
pendant une heure et plus, s'il le faut, sans discontinuer.

Tout le mécanisme est rustique, solide et pas sujet à
se détraquer, il se monte et se démonte en quelques
minutes.

Le punt vire avec la plus grande facilité, tient tête au
vent, au courant, avance, recule au gré du pédaleur qui
relève l'hélice dès qu'elle touche un haut fond. Il devient
alors un punt ordinaire qu'on peut pousser à la pique
ou à la pagaie puisqu'il suffit aux chasseurs de mettre
ces objets à côté d'eux dans l'embarcation pour s'en
servir d'après telle ou telle situation qui se présentera
en cours de route.

Costume des chasseurs en Punt

—

Nous avons dit qu'il fallait donner une couleur uniformément grisâtre au punt, à ses accessoires et au costume
des chasseurs. Ceux-ci s'équiperont évidemment à leur
guise, mais la tête et le torse seront couverts d'habille-
ments en rapport avec le milieu où l'on opère, d'un
blanc sale ou glauque. C'est absolument indispensable
si l'on veut réussir à approcher la sauvagine, surtout
les canards sauvages, les oies et les cygnes. Nous
portons et conseillons le costume complet suivant : Une
chemise de flanelle épaisse, de n'importe quelle couleur,
par dessus un jersey de marin en laine, s'il ne fait pas
trop froid et si le temps n'est pas à la pluie. Si la bise
est glacée ou chargée d'humidité, ajoutez au dessus de
ce tricot un veston de même couleur, en drap ou en
laine, ne dépassant pas les cuisses, afin de ne pas
vous agenouiller dessus dans la position couchée, au
moment de vous relever pour achever les blessés.
M. Rigaud, tailleur rue Royale, Bruxelles, fait fort bien
ces vestons, en peau très souple et imperméable. Les
poches auront de larges palettes avec boutonnière pour
empêcher l'eau de s'y infiltrer, ou mieux on les fera
mettre en dedans. Le chasseur glisse souvent dans ses
poches les cartouches du petit fusil, et si elles sont en
carton elles se mouillent, se gonflent, et il devient bientôt
impossible de les introduire et surtout de les retirer de
la chambre de l'arme.

Une paire de grandes bottes jusqu'au dessus du genou
pour affronter les vases molles et l'eau salée. Elles
seront imperméables avant tout, et toujours bien grais-
sées, car l'eau de mer brûle le cuir. De bons gros bas de
laine, plutôt deux paires qu'une seule.

Un caleçon bien chaud et un pantalon en cuir souple comme le veston, est ce qu'il a de plus durable.

Sur la tête une casquette grise, ou un bonnet de coton, ou un suroit dans le même ton. Le chapeau est plus encombrant et n'est pas aussi stable. Si vous chassez par un brouillard intense, ou à la chute du jour, ou au clair de lune, ne couvrez jamais les oreilles, parce que vous aurez plus besoin de vos oreilles que de vos yeux pour apprécier la distance du gibier et distinguer l'espèce à laquelle vous avez affaire. Les meilleurs gants en punt par temps froid, sont les gants de laine aussi gros que possible, à doigts séparés, ou réunis *ad libitum*, de façon à pouvoir tirer. C'est affaire de goût et d'habitude. Les gants de peau sont détestables; une fois mouillée la peau se recroqueville, glace bientôt la main et l'on a toutes les peines du monde à les faire sécher, et quand ils sont secs ils sont durs et ratatinés... idiots.

Ayez en plusieurs paires de rechange que vous pourrez tordre et faire sécher au fur et à mesure des besoins.

Enfin si le temps est fort pluvieux, prenez avec vous un imperméable à capuchon, ou l'*oliejack* vulgaire du pilote. Ainsi costumé, vous ne ressemblerez pas mal à M. O'Bakak, esquimeau très estimable de mes amis, dans son costume complet de peau de phoque et de morse, mais les canards vous sauront gré de l'intention délicate que vous aurez eue de revêtir une bonne tenue pour leur rendre visite dans leurs retraites favorites et leur envoyer, avec votre plus gracieux sourire, votre dragée la plus épicée et la mieux conditionnée.

Et dans cette tenue encore, vous pourrez recevoir impunément les baisers de la bise glaciale, et les caresses du rhumatisme n'auront guère l'occasion de raidir vos articulations, ou de pincer les fibres de vos muscles.

Au surplus, un vrai chasseur à la sauvagine, sans cesse dévoré par le feu sacré du grand sport, n'a jamais froid, et sait d'un verre de porto, *relopé* proprement après le coup de feu, rétablir l'équilibre de ses fonctions.

Tous ces détails, croyez-le bien, ont leur importance pratique, et leur valeur réelle. Dans les grands espaces, le noir grandit les objets, et s'aperçoit à des distances beaucoup plus considérable que le blanc, qui se confond avec la lumière blanche du milieu ambiant. Le balisage du Bas-Escaut est fait de bouées noires et rouges, l'on a supprimé les blanches encore indiquées sur les cartes marines. Voyez là-bas le noir cormoran, sèchant ses ailes ouvertes sur un banc de sable du fleuve, au soleil du printemps, on dirait un grand diable fantastique, ou une immense chauve-souris de la hauteur d'un enfant. Tandis que si vous avez le bonheur de rencontrer un cygne par gelée blanche, ou parmi les glaçons le jour, il vous faudra employer vos jumelles pour bien vous assurer que vous ne vous êtes pas trompé, tant il vous paraîtra petit et éloigné. C'est ainsi encore que par brouillard ordinaire vous aurez bien peu de chance de pouvoir approcher les oiseaux. Tout ce qui vous entoure est blanc, et le punt leur paraît un bateau énorme, à moins que la densité du brouillard ne soit telle, qu'il masque votre approche à vingt mètres. Le puntsmen, dans ce cas là, se dirigera vers la bande d'après le bruit de leurs ailes et les cancans répétés de leur voix, et le chasseur tirera bien plus au jugé qu'au tisé, d'après les premiers canards entrevus. Il se tiendra donc prêt à presser la détente dès qu'il entendra le bruit de leur bec en train de fouailler sur les bords, et tâchera de faire feu dans le sens de la rive,

Il aura ainsi évidemment plus de chance d'éjecter la gerbe de plombs dans une direction parallèle à leur position. Mais n'anticipons pas sur la chasse proprement dite, nous discuterons cela plus loin.

Quand et où faut-il chasser sur le Bas-Escaut?

CHAPITRE V.

Question complexe, quand il s'agit d'oiseaux aussi instables que ceux qui nous occupent ici, et quand les milieux sur lesquels ils se meuvent sont si vastes et si instables eux-mêmes. Nous voulons dire qu'à chaque heure du jour, l'aspect du territoire de chasse sur le Bas-Escaut, change et subit par le régime des marées, des transformations incessantes plus ou moins favorables à la quête du gibier et à sa présence probable sur tel ou tel point déterminé du fleuve, d'après les espèces et d'après une foule de causes déterminantes. Parmi ces causes, il faut citer : l'époque de l'année, la direction du vent, l'heure de la journée, les moments de fortes et petites marées, le gel et le dégel, les brouillards et les temps clairs, l'approche des tempêtes, les époques de migrations, les accidents de terrains, les dispositions spéciales de certains schorres, de certains schaers, des îles, des criques de l'Escaut, etc., etc. On comprendra d'après cela, qu'il nous est impossible de tracer ici, d'un seul bloc, le tableau complet d'une situation, sujette à tant de causes de variations et de perturbations accidentelles. Nous devons nous borner à indiquer dans ce chapitre les principes généraux, les grandes lignes de stratégie qui régissent la chasse à la sauvagine sur les bords de la mer, les bras de mer et les fleuves à marées. Nous aurons soin de semer le détail des indications relatives aux moments propices à la poursuite des volatiles, à chaque espèce d'oiseau faisant partie de la faune ornithologique du Bas-Escaut. C'est là, que nous

tâcherons de débrouiller les éléments cynégétiques propres à chaque type.

Et ainsi se résoudra petit à petit, cette grave et complexe question des lieux et du moment de la chasse, qui
repose, en somme, bien plus, sur les mœurs et les habitudes des variétés d'oiseaux que l'on veut capturer, que
sur toute autre considération. Il est vrai, cependant,
que la nature des milieux, et les conditions météorologiques peuvent jouer aussi un grand rôle dans l'apparition, la disparition momentanée de la gent emplumée,
pour des raisons souvent à elle seule connues, et qui
déroutent toutes les conjectures et tous les calculs.

Relativement aux époques de la chasse sur le Bas-
Escaut en Belgique et en Hollande, on sait que l'ouverture a lieu généralement fin juillet, et la fermeture au
1er mars (en Hollande), au 15 avril en Belgique. En Hollande on fait une distinction assez judicieuse entre les
plats-Becs et les fins-Becs, c'est-à-dire entre les palmipèdes et les échassiers, et le tir de ces derniers est
autorisé jusqu'au mois d'avril, tandis que la chasse
aux canards est fermée en mars.

En effet, les canards, du moins les *col-verts*, commencent à s'accoupler en mars, et la migration des
autres espèces vers le Nord se prolonge jusque fin
avril.

Toutefois, nous ferons remarquer qu'il n'y a guère que
les sarcelles, le canard sauvage et quelques milouins qui
nichent aux Pays-Bas, toutes les autres espèces de
canards vont abriter leurs amours dans les steppes du
septentrion.

Mais il faut convenir qu'il eût été souverainement
imprudent de la part du législateur, d'autoriser les chasseurs à tuer les siffleurs et les morillons jusqu'au
15 avril, et de défendre le tir aux canards sauvages qui
nichent chez nous, en Hollande et un peu partout. Le
diagnostic de ces deux ou trois espèces est très facile à
faire le jour, et plus facile encore la nuit, puisque le

col-vert quitte les grandes eaux à la brune pour rechercher les schorres et les champs, et que les siffleurs festoient et barbotent toute la nuit sur l'Escaut. Mais la
tentation du chasseur eut été trop forte, et il y a cent à
parier contre un, qu'il aurait tout aussi bien chassé le
col-vert que le siffleur. C'est pourquoi dans l'intérêt de
la propagation et de la conservation du plus beau, du
meilleur des canards, le *col-vert*, le législateur hollandais a sagement agi cette fois, en fixant définitivement
la fermeture des Anatidés au 1er mars.

Quatre mois de repos qu'on consacrera aux répa-
rations, excursions et préparations pour la nouvelle
campagne.

En fin juillet les amateurs pourront déjà aller se
faire la main sur le Bas-Escaut au tir des échassiers de
toute envergure, depuis le héron et le courlis jusqu'aux
bécasseaux *minules*. Il rencontrera « l'oiseau au long
bec emmanché d'un long cou » se tenant à l'affût près
des pêcheries en V installées sur les vases en été par les
pêcheurs riverains, et les bécasseaux, les courlis seront

FORT PHILIPPE, A COUPOLES POUR LA DÉFENSE DE L'ESCAUT.

en ballade et éparpillés, à partir des forts Philippe et la
Perle jusqu'à la mer (1).

(1) Le fort Philippe est un fort à coupoles pour la défense de
l'Escaut.

Il pourra se procurer pour sa collection quelques jolis spécimens de mouette, de sterne et d'hydrochélidon en costume de noce, vers Bath et la route de Walsoorden. Les chevaliers à pieds rouges, à pieds verts, les barges, les vanneaux et les pluviers, les huîtriers prennent alors leurs ébats aux schorres du duc d'Arembert, passé le Vieux-Doel, à l'île de Saeftingen, à la bande du Fréderic, dans les marais et les goulets du Pael, puis tout le long du Schaar de Weerde et dans l'Escaut oriental, à l'île du Zandcreck et sur la longueur de ses rîves jusqu'à l'estuaire de Veere, où il ne faudrait pas s'étonner de rencontrer des cigognes Spatules à la robe plus blanche que la blanche hermine, et au bec en cuiller d'apothicaire.

En cours de route, le chasseur aura le temps d'user pas mal de cartouches de tous numéros sur les cormorans en prêche d'Albe, ou en fuligineux sur sur le sommet des ducs train de sécher leur paletot le coin d'un banc de sable.

Les phoques à facies humain ne man-

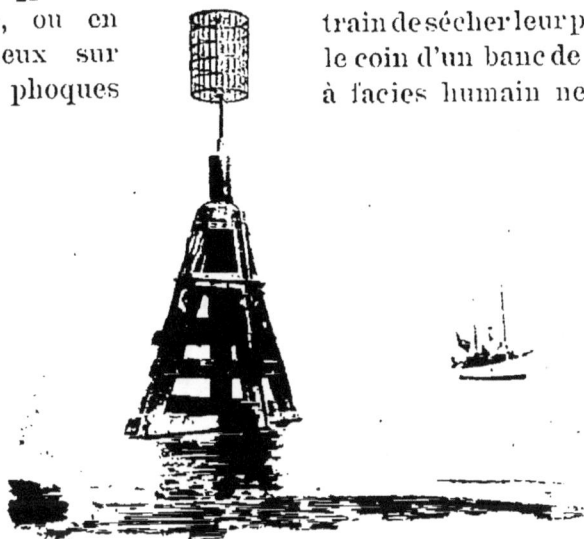

BALISE DE L'ESCAUT, DITE DUC D'ALBE.

queront pas de venir saluer le *chasseur* au passage, histoire de faire connaissance pour plus tard, mais, en attendant, ils défieront les balles ou balettes qui voudraient troubler leur Congrès ou leur sieste à Ossenisse, aux derniers grands jours ensoleillés des villégiatures et des vacances de septembre.

Et ainsi, jusqu'en octobre, iront s'escrimer et s'esbaudir sur les rives schaldiniennes, à tous les exercices du corps et surtout au tir à une foule très intéressante d'oiseaux de toutes sortes, les élus du grand sport à la sauvagine, jusqu'à ce qu'enfin les halbrans et les premiers rémipèdes émigrants des régions du nord, les sarcelles, les col-verts et les siffleurs nous arrivent un beau matin par petit vent d'Est piquant, qui fera déguerpir les espèces riveraines et frileuses vers les régions méridionales, pour faire place aux vraies espèces marines et exotiques, mieux étoffées contre le froid. Puis, avec la bise de novembre, en bandes innombrables, les fuligulés au vol sibilant, les oies en lignes géométriques, les foulques paresseux à l'essor, les grèbes solitaires viendront tour à tour visiter les vases nourricières et les retraites favorites du royal fleuve.

Dans le glacial décembre, le cygne majestueux, les sveltes plongeons, les guillemots, les harles et les mergules guillerets, tous habiles scaphandriers, défieront le plomb du chasseur, plus confiants dans leur nage que dans leur vol, ne vendant leur vie qu'à toute extrémité et au prix d'un nombre souvent fort respectable de cartouches, brûlées à leur intention.

Et ainsi à travers janvier, février et mars, la plupart des espèces resteront les hôtes assidus des Escaut. Les premiers, c'est-à dire les canards et les oies, se rencontrent à peu près également dans les Deux-Escaut, tandis que les grèbes, les foulques, les plongeons, les guillemots et les mergules semblent se confiner de préférence en petite société sur l'Escaut oriental, vers Tholen, vers Zierikzée et la Zandcreek.

Nous aurons du reste, l'occasion de préciser tout cela à l'article consacré plus loin à chacun d'eux, ainsi qu'aux moules exotiques et accidentels, égarés ou jetés sur ses rivages déserts par les rafales, jusqu'à ce que la clémence d'un nouveau printemps les rappelle au pays natal, leur lieu d'élection, leur patrie.

Mais bientôt d'autres voyageurs viendront festoyer à leur place au banquet toujours ouvert qu'ils avaient quitté quelques mois auparavant. C'est la clôture qui approche.

Attention, sportsmen et puntsmen, à ce grand mouvement de repassage des oiseaux migrateurs. du Sud-Ouest vers le Nord-Est. En mars, il y aura quelques jolis coups de sarcelles, de canards pilets, souchets, fuliguliens rares, bécassines, chevaliers, courlis corlieu, barges, etc. à faire soir et matin. Déjà les jours se sont allongés, la bise a mis une sourdine à sa voix, et les chaudes effluves apportées sous l'aile des voyageurs partis des rivages du Sud, ajoutent un attrait de plus à cette chasse, qui va vous permettre d'assister en quelques jours, au défilé formidable et grandiose des tribus les plus intrépides, les plus gracieuses et les plus intéressantes de la volatilie.

Sursum corda, mes frères ici, et paix aux espèces innocentes.

Les élégantes avocettes, les chevaliers à pieds rouges, les pies de mer turbulentes, les bécasseaux sociables et toutes les variétés d'hirondelles de mer viennent nicher, papillonner et élever leurs familles aux rives de l'Escaut. Respectez les au printemps, car ils sont le plus gracieux ornement du grand fleuve en été, qui, sans leur présence, alors que tous les autres oiseaux sont remontés vers le Nord, serait un cours d'eau bien triste et bien monotone.

Après avoir rapidement donné une idée des principales variétés d'oiseaux qu'on pourra rencontrer depuis Anvers jusqu'à la mer, à partir du mois d'août jusqu'à fin mars, il importe de nous arrêter quelques instants sur un point plus important de ce sport. Il s'agit de préciser les moments les plus favorables de la journée ou de la nuit pour la chasse à la sauvagine.

On sait que l'Escaut est un fleuve à marée, débouchant à Flessingue dans la mer du Nord, qui lui fait sentir son flux et son reflux jusque Gand, extrême limite du Bas-Escaut. En réalité depuis le barrage du fleuve à Bergen-op-Zoon, pour la construction du chemin de fer d'Anvers à Flessingue par Rosendael, l'Escaut n'a plus qu'un bras, celui de Bath-Terneuzen-Flessingue.

Et cette amputation lui a ravi ce qu'on appelle et appellera longtemps encore l'Escaut oriental, quoique ce bras de mer ne reçoive plus une seule goutte d'eau de l'Escaut proprement dit. Le canal d'Handsweert à Wémeldingen est aujourd'hui le trait d'union des deux anciens bras de mer qui constituent notre vaste territoire de chasse, soumis aux jeux incessants de marées énormes.

Le régime de l'Escaut, comme disait l'avocat V. D. — qui prétendait avec Abdala qu'il fallait sept ans pour bien l'étudier, est donc d'une simplicité égale à la sienne.

L'eau monte et descend alternativement depuis presque toute éternité pendant six heures avec un quart d'heure dite de mer étale ou marée haute, et voilà tout. Il y a bien à certains moments, par quelques phases de la lune, et sous l'influence de certains vents, des marées plus hautes ou plus basses, mais tout cela ne change guère le véritable régime de l'Escaut, pour le chasseur bien entendu ; ce n'est pas plus compliqué que cela. Au surplus, je renvois aux gros dictionnaires ceux qui veulent étudier l'article marée à fond.

Autre chose est de bien connaitre le balisage du fleuve, les bancs de sable, les fonds durs, demi-vaseux, très vaseux, les contre-courants en certains endroits, les anses et les criques, les schaars et les goulets, en un mot, la topographie complète et exacte du Bas-Escaut à chaque instant des marées. La connaissance de tous ces détails, très importants cependant pour mener à bien une expédition fructueuse de chasse en ces parages, est longue et laborieuse, et nous estimons qu'il faut beaucoup chasser, souvent naviguer et bien observer pour arriver à pouvoir dire qu'on connaît la topographie des fonds des deux bras de l'Escaut.

Si l'avocat entend par là le *régime de l'Escaut*, il a cent fois raison. Certes, les belles cartes marines du lieutenant Petit et du Ministère de marine hollandaise, que tout navigateur ou chasseur doit posséder, et souvent consulter, faciliteront quelque peu la besogne, mais rien ne vaut l'expérience d'un marin ou pêcheur habitué depuis de longues années à fréquenter les parages sur lesquels vous allez vous aventurer, soit en yacht, soit en punt, soit même à pied.

Rien n'égale ensuite l'expérience personnelle qui ne s'acquiert qu'au prix de nombreuses excursions sur cet immense territoire de chasse.

Si les grandes passes navigables, fort bien balisées du reste, ne subissent que de légères modifications aussitôt rectifiées par les autorités chargées de la surveillance de

BOUÉE NOIRE.

la navigabilité du fleuve, il ne faut pas oublier que les schaars s'enlisent beaucoup plus vite, qu'ils ne sont guère balisés, et que leurs bancs de sable varient de hauteur, de longueur et parfois se déplacent en un temps relativement court.

Il peut arriver, par exemple, que dans le schaar de Weerde, un bateau de quelques pieds de tirant d'eau, touche ou échoue, alors que six semaines auparavant il naviguait à pleine voile à cette même place et au même moment de la marée.

Il suffira, croyons-nous, de signaler ici, en passant, ces anomalies et ces difficultés pour rendre les débutants très circonspects dans les schaars en général, à marée descendante surtout. Si le bateau n'est pas à fond plat, la prudence la plus élémentaire leur dira de ne franchir un schaar qu'à marée montante, à moins de posséder une connaissance exacte des lieux.

Nous ne pouvons nous arrêter davantage à signaler tous les écueils de l'Escaut; un volume n'y suffirait pas; les cartes et l'expérience acquise seront seules guides en cette matière.

Qu'il nous suffise d'avoir attiré l'attention des chasseurs sur l'hydrographie extrêmement variable de ces deux bras de mer sous l'influence des marées, pour faire comprendre que les moments les plus favorables à la quête du gibier, en dehors des passes navigables, sont généralement aussi les plus critiques et les plus dangereux pour les yachts; bien entendu, si l'on oublie que le niveau des eaux diffère de 4 à 5 mètres, deux fois par jour.

Cela dit, il est admis *en principe* par tous les connaisseurs, que le plus mauvais moment pour chasser en mer ou sur les fleuves qu'elle influence, est à marée haute. En thèse générale, ce fait est relativement plus exact sur mer que sur l'Escaut, parce que les palmipèdes et surtout les échassiers, ne viennent au bord de l'eau que lorsqu'elle s'est retirée, et que l'ourlet du flot y a déposé les aliments dont ils vont pouvoir se nourrir. Ainsi les nageurs, en ce moment là, sont en mouvement en haute mer, ils sont farouches et attendent, avec impatience, le

moment qui va mettre à découvert la table du festin.
Les vadeurs, eux, ont lutté contre la marée envahissante
jusqu'à la dernière extrémité, et jusqu'à mi-jambe,
avant de se retirer dans les terres où les schorres, à
peine submergés, en attendant que le retrait des eaux
mette de nouveau à nu les vases et les goulets, chers à
leurs estomacs insatiables. Quand aux oiseaux immangeables et que poursuit le collectionneur, ils sont généralement piscivores, complètement ou à peu près, et
l'influence du flot ou du jusant a peu d'importance sur
leurs habitudes; ils passent leur journée à la nage, à la
pêche, se tiennent de préférence sous le vent, et continuent leurs opérations gastronomiques sous-ondiennes
sans s'inquiéter du niveau des eaux. Toutefois en certains
parages du Bas-Escaut et contrairement au principe
énoncé plus haut, en eau ouverte, le moment de la marée
haute est le plus propice à la chasse, par certaines
directions du vent.

Ainsi, la sauvagine se réfugie volontiers sous le vent,
aux schorres du duc d'Aremberg, derrière le Vieux
Doel, parce que l'eau submerge à peine les remises du
gibier, remises qui s'enlisent de plus en plus, et seront
sous peu transformées en polder régulier, par une
digue qui se prolongera bien loin vers le Pael.

Canards et bécasseaux, chevaliers et pluviers y barbottent ou prennent leurs ébats à marée haute, reculant
sans cesse devant le flot envahisseur et cherchant un
abri momentané sur les monticules les plus élevés qui
émergent et sont inaccessibles au flot qu'ils savent
impuissant à les atteindre et auquel ils ont l'air de dire :
Tu n'iras pas plus loin.

Charmantes et vastes solitudes pour faire une incursion en punt en ce moment, loin de toute navigation
importune au gibier, au chasseur, et à l'abri de l'œil
indiscret et de la présence de l'homme !

Ainsi encore, le grand marais et les goulets du Pael,
où l'on peut faire une très jolie chasse aux échassiers de

toutes espèces à marée haute, lorsque le vent souffle du sud ou sud-ouest, c'est-à-dire de la côte. On longera le bord du Schorre en punt où l'on s'engagera à marée montante dans les sinuosités inextricables et bien amusantes des goulets vaseux.

De même enfin, il sera facile de contourner ou d'explorer les îles de Saeftingen ou du Zandcreek; elles y recèlent parfois des surprises bien agréables, à côté de désappointements il est vrai, inhérents à toute chasse. Si la marée haute coïncide avec la pointe du jour, des oies encore à leur toilette peuvent s'y laisser surprendre, des chevaliers somnolents aux pieds de leurs belles, des bécassines éreintées de l'étape parcourue la nuit, des siffleurs repus et autres volatiles réunis en congrès, se lèveront effarés, mais fuiront bas, à tir d'aile, alourdis par la bonne chère et le travail de la digestion, comme à regret, et toujours à bonne portée du puntsman vigilant et matinal qui aura alors l'occasion de faire de beaux coups, parce que les oiseaux sont bien massés. Bien d'autres remises du gibier pourront ainsi être visitées (Santvliet Schorres) sur la brune, à marée haute, au moment où les oiseaux quittent les grandes eaux pour l'intérieur des terres, mais il faut savoir profiter de l'heure exacte des passages, c'est-à-dire un peu avant marée tout à fait étale et un peu après.

Le niveau ascensionnel des eaux est du reste très facile à saisir dans ces parages favoris, mais si l'on veut se maintenir à flot, il faudra déguerpir à temps. Quand on touche, on sort du punt et on le pousse sur la vase, il se remet à la nage et tout est dit. Ce petit incident arrive souvent, il est même obligatoire chaque fois qu'un coup de feu a été tiré à la côte avec succès, il faut bien aller ramasser le gibier, n'est-ce pas? A part ces quelques places privilégiées, refuge tutélaire de certaines espèces à marée haute, il n'en reste pas moins vrai que c'est le moment de la journée le moins favorable à la poursuite du gibier.

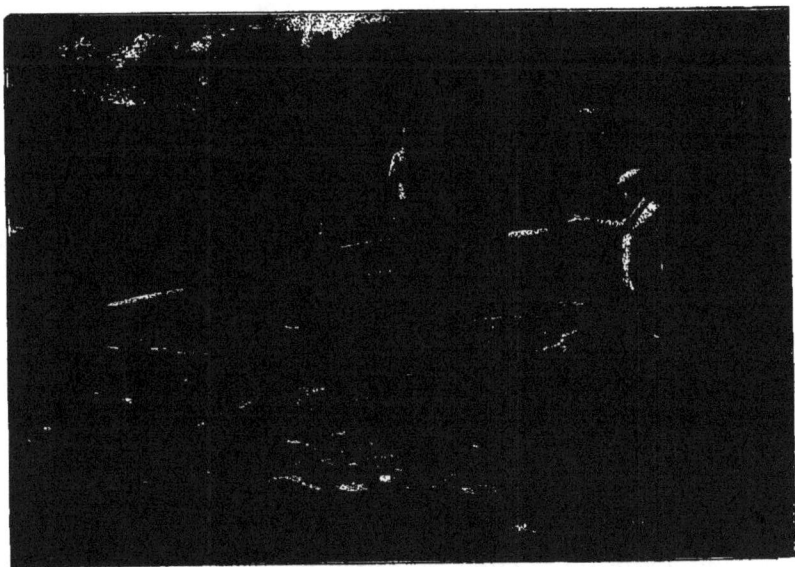

APRÈS UN JOLI COUP SUR DES SIFFLEURS. — JE CROIS QU'UN BLESSÉ SE CACHE LA-BAS.

Mieux vaut le laisser tranquille, ne pas le traquer à tort et à travers, le faire fuir au loin et gâter ainsi les chances d'une chasse fructueuse qu'on aurait probablement pu faire, si l'on avait eu la patience et la prévoyance d'attendre jusqu'à mi-marée, alors que le jusant laisse les plages à nu, et que les bancs et les vases émergent dans une certaine étendue.

Il faudra lutter alors contre le courant qui se retire, et faire plus d'efforts, les oiseaux seront plus dispersés, c'est vrai, mais les coups se répèteront plus souvent et le plaisir en sera doublé.

En attendant patience, le meilleur moment de la marée se présentera tantôt dès que le flot commencera à monter. Les oiseaux s'en aperçoivent bien vite, et n'ignorent pas que ce sont les allonges de la table d'hôte qui se retirent une à une jusqu'à complet évanouissement de la table elle-même. Ils savent qu'ils vont devoir jeûner parfois jusqu'au lendemain matin, et ils se remettent à manger avec plus d'avidité et d'insouciance que jamais. S'ils sont loin sur les plages ou les bancs mis à découvert, le puntsman porté par la vague peut espérer les atteindre sans effort, s'il juge que le coup à faire puisse compenser la patience qu'il devra déployer pour attendre de les avoir à bonne portée. Parfois, les oiseaux cèdent pas à pas et reculent devant l'ourlet en ligne de bataille, sur la rive, longez cette rive à contre-vent et faites un feu parallèle à la rive. C'est le plus meurtrier. Le tir horizontal en punt vaut bien mieux que le tir oblique du pont d'un yacht. Le premier rase la surface des eaux, et rafle tout ce qu'il rencontre depuis 50 mètres jusque 100 et 125 mètres. Affaire d'appréciation et d'expérience.

Les marées qui vous permettront de perlustrer le Bas-Escaut sur le terrain de chasse, depuis neuf heures du matin jusque quatre ou cinq heures du soir, sont celles qui vous faciliteront le départ d'Anvers, le matin de bonne heure, à marée haute. Le premier jour, le jusant et le vent peut-être quelque peu aidant, vous amèneront aisément en deux heures sur le théâtre des opérations, vous chasserez toute la journée, et le lendemain et jours suivants vous serez en pleine chasse à l'heure que vous voudrez.

Enfin les fortes marées provoquent généralement l'arrivée de plus de gibier que les faibles, et le rendent moins farouche.

Nous bornons là ces quelques considérations sur l'influence des marées, relativement aux moments et aux places les plus favorables à la chasse de la sauvagine, en corrélation avec celle-ci.

Après l'époque de l'année, la marée, l'heure du jour ou de la nuit, intervient un autre facteur non moins important, nous voulons dire le *vent*.

D'abord sous l'influence de certains vents, le gibier d'eau arrive parfois soudainement et repart de même.

En général le vent d'Est est le meilleur de tous les vents pour la chasse à la sauvagine. C'est presque toujours par un beau vent d'Est en octobre et novembre que la tribu des anatidés nous arrive. C'est un vent froid et sec, très propice à leurs migrations et à leurs évolutions chez nous. Tant que règne le vent d'Est, Nord-Est et Nord, leurs bandes innombrables sillonnent le grand fleuve, un peu partout, parfois aussi bien en passe navigable que vers leurs retraites favorites de l'Hondegat du Tweede-Gat, des Schaars de Bath ou de Weerde. Les Escaut en sont couverts, les marins et les pilotes sont venus vous l'annoncer jusque dans la Métropole.

Vous partez, et vous avez bientôt la satisfaction, la joie grande de constater que leur rapport est exact, et vous vous couchez en faisant les plus beaux rêves pour le lendemain de bonne heure.

Prenez garde, et n'oubliez pas que l'inconstance du canard dame le pion à celle de la femme, si le vent s'en mêle.

La nuit, pendant votre beau rêve, le vent a passé à

l'Ouest, évanouis tous les canards vers le Nord par train de nuit!!

Ils font ainsi la navette pendant tout l'hiver, d'après les froids et les vents, et quand l'Ouest et le Sud-Ouest nous les enlèvent, l'Est et le Nord-Est nous les ramènent.

Par vent calme, ils sont défiants, par petite brise, ils se groupent et se tiennent le bec au vent.

Par *vent piquant et fort*, ils se réfugient sous le vent, dans leurs lieux d'élection, aux vases, et se pelotonnent les uns contre les autres pour avoir chaud, et maintenir leurs plumes serrées au corps, contre Borée qui les ébouriffe.

Malheureusement alors, la chasse en punt est bien difficile et aléatoire, mais si le yacht ou le canot peut les approcher en silence, en ce moment où ils semblent dormir au gîte, la tête sous l'aile, si saint Hubert vous protège, ce sera l'occasion ou jamais de faire une hétatombe superbe de siffleurs.

Un *vent frisquet avec gelée* ou grosse neige est tout particulièrement favorable pour chasser le col vert, et tous les canards en général.

Enfin, si le vent souffle avec trop de violence, en place, repos, chez vous ou au yacht à l'ancre sous le vent, les oiseaux en font autant, ou se retirent vers l'intérieur des terres.

Et en supposant qu'il en reste sur le fleuve, le tangage et le roulis du bateau vous empêcheront de bien viser. Il faudra en tout cas tirer au vol, et, dans ces conditions, ce n'est plus qu'un tir de hasard.

Ce n'est pas tout encore; avec le vent, il faudra voir le temps qu'il fait. Quand tout est gelé, lacs, ruisseaux, étangs, rivières, prairies, etc., tournez-vous vers le Nord où il fait encore plus froid, et vous verrez arriver de grandes bandes de canards et d'oies sauvages, à la recherche des estuaires et des eaux salées non encore congelées. C'est encore un des moments les plus favorables pour la chasse à la sauvagine sur le Bas-Escaut, jusqu'à ce que l'accumulation des glaces, toutefois, ne rende les manœuvres du punt trop dangereuses.

Après cela, il vous restera la dernière ressource du grand bateau, s'il est à vapeur et blindé, ou bien l'on pourra louer un de ces forts remorqueurs en fer, dont l'éperon brisera les glaces, et passera à travers tout, jusqu'à ce que la navigation sur le Bas-Escaut, bloqué par les banquises, soit officiellement interrompue.

Nous fîmes ainsi quelques belles expéditions au cours des fameux hivers de 1890-91.

Nous en reparlerons au chapitre de la chasse en yacht. Mais il arrive un moment, lorsque la gelée et le froid intense se prolongent, que l'Escaut est complètement fermé, et qu'il n'y a plus moyen pour les pauvres canards de barboter, ou de chercher à se nourrir sur les rives et les plages couvertes de glaçons déchiquetés, il arrive que tout à coup, comme par un coup de baguette magique, en une nuit, tout a fui, tout a disparu, plus un seul canard en ces parages.

Le Royal Fleuve alors est absolument désert; plus d'hommes, plus d'oiseaux, plus de phoques, quelques goëlands à manteau noir, croque-morts sanguinaires des côtes, à la recherche d'une proie, troublent seuls de leur cris rauques et *visqueux*, le grand silence de ses solitudes hyperboréennes. On se croirait au pôle Nord, il n'y manque que des ours!!

Survient un dégel rapide et foudroyant, et tout va se déchiqueter et se fondre en quelques jours, partez alors, c'est encore le vrai moment.

La sauvagine, après avoir lutté contre la faim jusqu'à la dernière extrémité, s'était envolée à regret vers les contrées plus hospitalières et plus chaudes du Midi mais les vents du Sud-Ouest, et d'Ouest, vents de dégel, les ramènent en rangs serrés vers le Nord en vertu du principe énoncé plus haut.

Alertes! puntsmen et canonniers à vos pièces, le gibier sera peut-être quelque peu émacié par le voyage et l'abstinence, mais fatigué et peu en forme, il sera plus glouton, moins farouche, et il faut savoir profiter des défauts de l'ennemi pour frapper de grands coups.

Les temps de brouillard ordinaire, et les temps très clairs ensoleillés sont peu favorables à la chasse à la sauvagine; le punt paraît alors grandi et noir sur l'eau. Par brouillard très dense, si l'on connaît bien les lieux où l'on manœuvre, on pourra parfois réussir quelques bordées, mais n'oubliez pas l'orientation de la place, et la petite boussole de poche, après avoir pris vos points de repère au moment de quitter le yacht et de partir en punt.

Voilà quelques principes généraux, quasi immuables à la chasse à la sauvagine, qu'il faudra savoir mettre à profit chaque fois que l'occasion s'en présentera.

Mais hâtons-nous de le dire, il pourra se faire que par une température de plusieurs degrés au-dessus de zéro, et par vent du Sud, vous rencontriez, en plein hiver, beaucoup de canards sur le Bas-Escaut. C'est qu'alors cette baisse de température est pour ainsi dire locale, et que les grands froids n'ont pas cessé de sévir sur les régions septentrionales.

Les oiseaux portent en eux des appareils de météorologie bien plus perfectionnés que ceux de nos observatoires, ils n'ignorent pas ces détails qui échappent à notre observation en ces moments-là, et notre étonnement de les voir demeurer chez nous en grande masse en pareille circonstance, n'a d'égal que notre ignorance des hautes qualités dont la nature les a dotés en ces matières. Il leur suffit peut-être d'aller faire un tour dans les régions supérieures de l'atmosphère inaccessibles à nos instruments, pour apprécier par les courants différents des nôtres qui y règnent, le temps qu'il fait dans les régions arctiques, leur pays natal.

Ceci est une hypothèse à moi, tout simplement, sans valeur évidemment, puisqu'elle n'est basée sur aucune donnée ou expérience quelconque. Passons.

Ici, comme en toute chose, du reste, l'exception confirme la règle, c'est même une loi en science naturelle.

La conclusion pratique à tirer de ce dernier fait, bien
observé par nous, c'est que les chasseurs de profession,
sans cesse en expectation et en éveil sur les allures d'un
gibier, dont ils doivent tirer salaire et profit, savent largement user et abuser de leur expérience acquise en ces
cas-là, grâce à leur présence quotidienne sur le territoire
de chasse et à l'absence de chasseurs amateurs en train
de se chauffer les pieds sur les genêts sous prétexte que le
temps est trop doux et les vents contraires. Nos amateurs alors ne seront pas peu étonnés de voir les professionnels revenir chargés de canards, occis de haute
lutte.

Et la conclusion finale de ce chapitre, est qu'il faut
toujours être prêt à mettre le cap sur les grandes eaux
mystérieuses et à surprise du Bas-Escaut, chaque fois
qu'au cœur de l'hiver le temps se met carrément au beau,
quels que soient la marée, la température et le vent.

Pour l'amateur, le *beau temps* doit primer tout.

Ce dernier principe doit être pris en considération et
effacer tous les autres, d'autant qu'il porte souvent en ses
flancs et le bon vent et même la bonne marée. Rappelez-
vous que les beaux jours sont rares en plein hiver, que le
travail régulier en punt sur le Bas-Escaut exige absolument de belles journées, avec peu de vent, — chose également peu commune en cette âpre saison, — et qu'enfin
les jours et les ans sont courts, et qu'il faut savoir en
profiter pendant qu'on possède encore le feu sacré.

Et, en somme, en supposant que votre excursion
cynégétique, par mauvaise marée et vent défavorable,
— comme le sud-est, par exemple, qui met tout le fleuve,
dans le vent sans *opper*, comme disent les marins, —
mais par *beau temps*, soit fort médiocre au point de vue
du nombre des pièces tuées, elle n'en sera pas moins,
pour le véritable amateur, une agréable partie de navigation faite avec des amis, dans de bonnes conditions,

elle sera une leçon d'histoire naturelle de plus à ajouter aux autres, car on y apprend toujours quelque chose, si peu que ce soit et, enfin, ce sera une expédition réconfortante et hygiénique, qui balayera les miasmes et les microbes des grandes villes, et vous fera mieux apprécier au retour, les joies exquises de la famille ou les plaisirs bruyants et compliqués du club et des théâtres. Ainsi soit-il.

La chasse en punt la nuit.

CHAPITRE VI.

La chasse aux *canards siffleurs* (Maréca Pénélope) a cela de commun avec l'amour qu'elle se pratique la nuit et le jour. Elle exige même un certain clair de lune pour mener l'affaire à bien. On a aussi essayé de toutes sortes de trucs pour chasser pendant l'obscurité, — l'homme est vraiment insatiable d'émotions et de plaisir, — mais en vain, et c'est ce qui différencie ici ce sport étrange et cher aux Anglais, du culte de Vénus qui n'a pas besoin de tant de lumière.

En effet, nos sportsmen d'Outre-Manche estiment que le *night-punting* est le moment le plus favorable pour approcher certaines espèces d'oiseaux sans être vu et sans faire suspecter la présence de l'homme. Toutefois, cette chasse toute spéciale, même chez eux, est peu connue et pratiquée par les véritables gentlemen seuls, et le professionnel a soin de garder pour lui ce qu'il en sait. Elle exige, du reste, beaucoup plus de connaissances cynégétiques, d'art et d'habitude que la chasse en plein jour. L'ouïe du chasseur, bien plus que la vue, doit être le guide, et il est absolument indispensable que le punts-man ait une connaissance profonde de tous les cris et mœurs des oiseaux d'eau, s'il ne veut pas jeter sa poudre aux mouettes, aux courlis et autres barboteurs de moindre importance qu'il rencontrera au cours de sa pérégrination nocturne.

Il devra donc connaître exactement les parages qu'il aura à parcourir du soir au matin, à la quête ou à l'affût du gibier, sous peine de s'égarer ou de s'embourber jusqu'aux aisselles. En conséquence, il aura soin d'étudier pendant le jour les vases et les criques qu'il se propose de visiter sous l'œil de l'astre des nuits. Enfin, si cet enthousiaste chasseur possède parfaitement, outre les manœuvres du punt, les connaissances cynégétiques citées plus haut et quelques autres que nous allons passer en revue, si ce n'est pas une âme timorée et pusillanime, qu'il parte en punt vers le soir, muni d'une bonne gourde, et qu'il aille se poster, en attendant que la lune daigne éclairer ses opérations, où il sait que les canards siffleurs ou les oies sauvages viendront prendre leurs ébats et leur nourriture. Au cas contraire, le punt à deux est tout indiqué, et bien moins solitaire et moins déprimant.

Il ne faut pas espérer rencontrer les beaux *col-verts* à ces heures indues, ils se sont retirés à la brune aux schorres et aux marais herbeux, inaccessibles à tout bateau.

Autre chose est la chasse à l'affût, à la tombée du jour, dans les schorres du Bas-Escaut. Les indigènes riverains du grand fleuve et nous-mêmes avons souvent recours à ces petites escarmouches au fusil ordinaire.

En thèse générale, nous ne partageons pas l'enthousiasme des Anglais pour la chasse de nuit, parce que nous estimons, contrairement à leur manière de voir, que cette façon de surprendre les oiseaux, sans être vu ou soupçonné, se rapproche beaucoup des ruses des braconniers.

Le gibier est sans défense, d'autant qu'il est admis et reconnu qu'à la faveur de l'obscurité relative qui enveloppe le puntsman, il peut l'approcher d'une trentaine de mètres plus près que pendant le jour. C'est donc un peu l'histoire du braconnier qui tue ses chevreuils, lapins et lièvres à quinze pas, grâce à quelques trucs à lui connus et transmis à ses copains et complices. C'est du massacre, de l'assassinat.

Il en est de même de cette chasse de nuit, — à la difficulté près, — que nous ne saurions considérer comme un vrai sport, malgré l'énergie, la patience, la ruse, en un mot, toutes les qualités propres aux trappeurs, aux fureteurs de profession, qu'il faut déployer pour y réussir.

Quoiqu'il en soit, sachez qu'elle repose toute entière sur deux principes assez faciles à observer, lorsque l'on sait conduire un punt.

Le premier consiste à mettre toujours le gibier en pleine lumière, et le chasseur dans la pénombre, ce qui s'obtient en faisant face en plein à la lune.

Le second principe à observer, est de chasser à contre-vent, parce que l'odorat de ces espèces de noctambules de la volatilie, est très délicat, et peut éventer l'homme à très longue distance. C'est leur seul moyen de défense.

Donc, *faire face à la lune et au vent*, tout est là pour la chasse de nuit, toutes choses égales d'ailleurs, au point de vue de la marche strictement silencieuse du punt, de sa coloration, et de celle du costume du chasseur.

Le Bas-Escaut ne se prête guère à ce genre de sport

le long de ses rives, nous croyons que même nos professionnels n'y ont guère recours. Il exige du reste un certain nombre de conditions atmosphériques et météorologiques qui ne se présentent pas souvent, et lorsque l'amateur a chassé pendant toute la journée avec la perspective de recommencer le lendemain matin, il est bien peu disposer à affronter les morsures de la bise en punt, pendant une grande partie de la nuit, pour aller faire un beau coup de feu sur une bande de canards, dont il est certain d'avance d'en perdre la moitié, avec la pensée que les blessés iront crever plus loin, et seront emportés par la marée. Jeu cruel, à notre humble avis, mieux vaut aller se coucher et lutter à armes égales le jour.

A part quelques parages favoris déjà cités, les îles de l'Escaut, le Biezelinschenham, les schaars de Bath, de Weerde, etc., le *nigth-punting* n'est guère praticable sur le Bas-Escaut. Nous avons essayé plusieurs fois cette chasse, sans résultat brillant, et nous croyons cependant devoir attirer l'attention de ceux qui voudraient la tenter, sur les observations suivantes.

Tout d'abord, nous le répétons, il est absolument indispensable que le gibier soit mis en pleine lumière, et le chasseur en pleine ombre. Ce résultat s'obtient en se dirigeant sur les oiseaux tout en ayant la lune en pleine figure. Une demi-lune suffit, s'il y a beaucoup d'étoiles, une pleine lune vaut mieux pour les débutants. Inutile d'essayer autrement.

Ensuite, on tâchera le plus possible de surprendre le gibier à contre-vent ; il est plus défiant au flair qu'à la vue ou au bruit. On jugera de la distance par les cris des siffleurs, car ce sont ces canards qu'on chasse le mieux ainsi : Whiou..., whiou..., whiou..., disent-ils en un petit sifflement doux qui a quelque chose du sifflet humain... Guzzle..., guzzle.., répètent les oies en train de manger. Tendez bien l'oreille, et même les deux, pour ne pas vous tromper sur la distance qui vous en sépare. Bientôt vous les apercevrez en masse noire, avancez toujours, puis vous entendrez le bruit de leur bec, de leurs ailes ; ils sont en train de festoyer, de jouer.

Aussi longtemps que ces cris et ces bruits continuent, rapprochez-vous hardiment, ils ne vous soupçonnent pas, mais tout à coup un grand silence a succédé à ces bruyantes agapes, si vous n'êtes pas à portée, cessez immédiatement de pagayer, tenez-vous dans la plus stricte immobilité, car les sentinelles vous ont éventé, et ont averti la compagnie de l'approche de l'ennemi. Après quelques instants de cet immense silence, qui vous paraîtra des heures, si leurs cris reprennent et que la petite fête recommence, vous pouvez vous remettre à tenter leur approche, et lorsque vous jugerez la masse noire à portée, attention... sifflez ou criez, les oiseaux lèveront la tête, et se dresseront pour se mettre à l'essor, mais déjà la détente aura été pressée, après avoir visé en plein dans le tas, et un grand bruissement d'ailes, suivi bientôt de quelques chutes de corps dans l'eau, de ci de là, vous annonceront avec la tache noire restée sur place, qu'il y a des morts et des blessés. Courez sus aux blessés, et comme toujours, achevez les plus éloignés d'abord, vous ramasserez les cadavres ensuite, ceux-là flotteront toujours.

Un des bons moments pour cette chasse, est à marée basse par petite gelée. S'il n'y a pas assez d'eau, patientez jusqu'à ce que la marée remonte, et vous fasse approcher à la pagaie ou à la pique. Mais ne partez pas sans être certain d'avoir assez de fond, alors dirigez-vous droit dessus et vous serez certain d'arriver à bonne portée. Toutefois le moment vraiment psychologique est, lorsque la marée montante couvrira presque tout à fait les dernières parties des vases, excepté en un seul point culminant, où les oiseaux se rassemblent de plus en plus, avant de déguerpir, alors que l'eau déjà effleure leurs tarses. Il faut avoir étudié cette place d'avance, pour s'y rendre dans ces conditions. Si le Dieu des puntsmen vous protège et vous offre de faire ce coup-là vous pourrez l'enregistrer dans vos annales! Par gelée blanche, les siffleurs sont dans une agitation continuelle, de même ils sont fort difficiles à approcher par temps brumeux, en règle générale, plus la nuit est sombre, plus ils sont en éveil. Un ciel bien clair, rempli d'étoiles, est toujours la meilleure nuit pour cette chasse, mais il faut que cette clarté s'étende jusqu'à l'horizon, sinon ils se dispersent.

En temps de pluie, ils plongent et volettent dans toutes les directions sans relâche.

Enfin par une nuit relativement obscure qui vous réduirait à tirer au jugé, allez vous coucher, c'est inutile, vous reviendriez bredouille, après avoir rendu les oiseaux beaucoup plus farouches, par un coup de feu perdu dans l'espace. En temps doux, les canards siffleurs sont généralement éparpillés sur le fleuve, vers le milieu de la nuit, sauf lorsque la marée montante les force à se réunir sur les bancs les plus élevés. En temps froid, ils se tiennent massés et serrés les uns contre les autres, comme en plein jour du reste.

Un bon moment encore pour ce genre de sport, est la première ou la seconde nuit de dégel, après une période de gelée sérieuse.

Ne quittez jamais le punt la nuit ou attachez-le bien, sinon vous risquez d'être un homme à vau l'eau si vous êtes seul. L'habitude de la navigation vous apprendra que la nuit, par une petite brise, le clapotis obscurcit la surface de l'eau où il fait profond, et l'éclaircit dans les hauts-fonds, aux schorres. De même aussi, les surfaces marécageuses et les boues paraissent noires à marée basse, tandis que les places peu profondes paraissent blanches, et quand la marée monte, les oiseaux, jusqu'alors en pleine obscurité, deviennent des objets noirs sur l'eau blanche ou comme éclairée. Le puntsman patientera et attendera dans l'ombre et le mystère, que la marée lui fournisse assez d'eau pour l'abordage à

portée. Tout au début de la marée montante les eaux
apparaissent tellement blanches, qu'on peut parfois
facilement distinguer les oiseaux sans clair de lune.

Mais les coups faits à la simple lumière des étoiles
sont très difficiles et très chanceux, l'habitude et l'habileté du puntsman ne sauraient y suppléer.

Enfin, un autre moment favorable au nigth-punting
est à marée étale, lorsque le jusant met les vases à nu,
et que les hauts-fonds paraissent éclairés sur le noir des
eaux profondes. Mais il faut savoir demeurer à flot et
agir vite, car si le punt touche, il échoue, il devient
visible et le coup sera manqué.

En général, les oies et les siffleurs, s'ils ne sont pas
dérangés la nuit, demeurent jusqu'au matin, là, où ils ont
décidé de se livrer à leurs agapes fraternelles. Ce sont de
geais et d'insatiables convives, surtout les oies, et par une
belle nuit tranquille, on entend leurs chansons et leurs
rires jusqu'à plusieurs centaines de mètres de distance.

Mais ne vous trompez pas, étudiez bien les cris et les
bruits, et que votre diagnostic soit fait, sur l'espèce de
gibier que vous allez chasser, avant de vous décider à
vous diriger dessus, car il arrive que des bandes de
mouettes ou de courlis, par ces belles soirées d'hiver,
passent leur nuit à la belle étoile sur les bancs de sable
et les schorres, sachant que le temps restera au beau
fixe jusqu'à l'aube.

Au demeurant, nous comprenons que la chasse la nuit
en punt soit très intéressante et très amusante, lorsque
les conditions de marée, de vent, et de clarté lui sont
propices, et qu'on possède une connaissance parfaite des
lieux où l'on manœuvre; mais nous maintenons qu'en
thèse générale les rives du Bas-Escaut ne se prêtent
guère à ce genre de sport.

Le Zandcreek vaut mieux, et M. Pike, locataire
actuel de cette belle partie de l'Escaut oriental, raconte
y avoir fait quelques coups fameux cette année (1897)
sur des bandes d'oies bernaches et des canards siffleurs.

Chasse aux blessés

CHAPITRE VII.

Le gibier d'eau en général est plus dur à tuer et vend plus chèrement sa vie que le gibier de plaine ou de bois. Blessé, il se met également plus vite hors des atteintes de l'homme, et sa poursuite sur l'eau est plus difficile et plus aléatoire. Un perdreau ou un lièvre démonté, sera bientôt hors de combat s'il est traqué par un bon chien, appuyé d'un bon fusil. Un rémipède éclopé n'a perdu qu'une chance de salut, le vol, mais il lui reste un autre élément, l'eau, qui lui est tout aussi familière. Il nage, il plonge à merveille, il vole pour ainsi dire sous l'eau et déroute longtemps le chasseur en punt qui ne peut avoir de chien pour l'aider. Un échassier se sert très habilement de ses longues pattes, c'est le moment ou jamais pour lui d'utiliser ses échasses, il court avec rapidité sur les vases les plus molles, et quand le punts-man veut l'atteindre à la course, il est bientôt distancé, plongé jusqu'aux genoux dans la boue, et il ne lui reste plus qu'à contempler le pauvre estropié allant se réfugier vers des flaques d'eau et des marâches plus perfides encore pour l'homme.

Toutes choses égales d'ailleurs, ces oiseaux sont mieux cuirassés que tous les autres, surtout les Rémipèdes, qui sont revêtus en hiver d'un double costume de plumes et de duvet, matelassés à leur tour par une peau épaisse ou une couche de graisse. On comprendra facilement, qu'armés ainsi pour la lutte et doués d'extrême vitalité, ces sauvages souvent tirés à longue distance, ne restent pas sur le carreau, malgré la grande puissance de pénétration de nos canardières. Il est rare qu'après un coup de canardière, qui abat une dizaine de canards, il n'y ait pas trois ou quatre blessés cherchant ensuite leur salut dans la nage.

Il va donc falloir les poursuivre immédiatement après le grand coup de feu. Ils sont en débandade dans toutes les directions : l'un a plongé et l'on ne sait où il va faire sa réapparition ; l'autre nage le corps immergé et ne laisse dépasser que le vertex et le bec ; un troisième volette encore à la surface de l'eau, puis retombe ; un quatrième fait le mort et ressuscite chaque fois qu'on croit mettre la main dessus. Chasse très amusante, sans doute, mais parfois bien laborieuse et même dangereuse, si le puntsman se laisse entraîner à leur poursuite, trop loin du yacht ou dans certaines passes à courant rapide, très difficiles à remonter ensuite. Elle est souvent suivie de petites désillusions, car la gent emplumée possède plus d'un tour dans son sac à malices, et chaque espèce ruse et opère sa retraite d'une façon quelque peu différente.

Frappés au repos sur un banc de sable, les blessés demeurent un temps plus ou moins long comme ahuris, assommés, étourdis par le plomb, de manière à faire croire au chasseur qu'ils en ont assez. Dépêchez-vous, courez droit dessus, toutes rames dehors, pendant ce moment d'hésitation, car bientôt vous les verrez se diriger en toute hâte vers les eaux profondes. Première illusion.

Ils prennent d'abord leur course dans le vent et nagent alors tant qu'ils peuvent au-dessus de l'eau. Quand ils se sentent à portée du petit fusil, ils modifient leur nage, plongent et replongent jusqu'à extinction de force vitale ou jusqu'à ce qu'ils reçoivent un dernier coup de grâce. On les achève ainsi avec les plombs n°s 6, 5 et 4, d'après l'espèce et la distance qu'ils semblent mettre entre le chasseur et le point où ils viennent pour respirer un instant.

Défiez-vous du *col-vert* (surtout de la femelle) ; c'est un des plus rusés, des plus tenaces, lorsqu'il n'est que

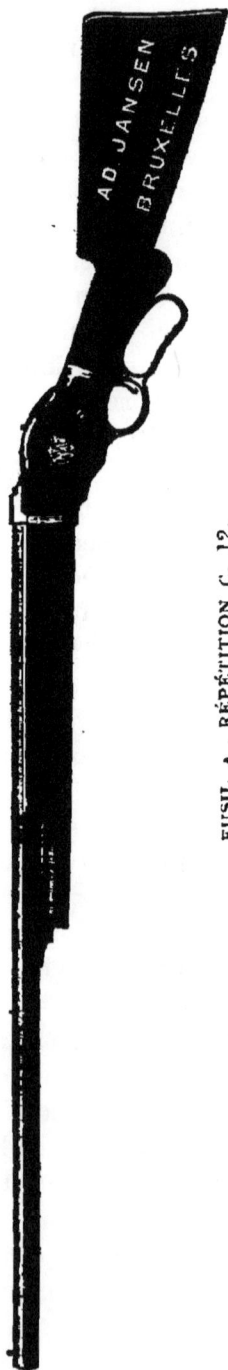

FUSIL A RÉPÉTITION C. 12.

démonté. Il plonge alors avec beaucoup d'habileté ou pratique la natation sous-ondienne, le corps immergé et la tête seule hors de l'eau, afin de juger de la distance qui le sépare de son ennemi. Dès qu'il se sent et se sait hors portée, le corps surgit tout entier et il se met à nager avec plus de vigueur. S'il se voit serré de près et poussé vers le bord ou les hauts-fonds, il s'enfonce complètement et ne laisse dépasser que son bec, tout juste de quoi respirer.

Attention! ne perdez pas de vue, une seule seconde, ce morceau de *bout-d'ambre* jaunâtre qui flotte sur les eaux glauques de l'Escaut (Bec), parce que si la surface liquide présente en ce moment des irrisations ou de très petites lames, bientôt vos yeux fatigués l'auront perdu de vue et perdu avec lui le malin *col-vert*, qui vous fait ainsi fumer une fameuse pipe... sans son bout- d'ambre. Seconde illusion!

Par quel artifice se maintient-il ainsi, nous l'ignorons, mais nous avons été témoin de cette ruse diabolique plus de cent fois. Il doit jouer des pattes d'une certaine façon et ne remplir ses sacs à air que de la quantité strictement nécessaire pour ne pas remonter à la surface et ne pas subir un commencement d'asphyxie.

La *sarcelle d'hiver* opère autrement. Blessée à l'aileron, par exemple, elle se met à la nage presqu'entre deux eaux; on n'aperçoit que le sommet de la tête et, tout à coup, elle s'évanouit sous l'eau pour aller reparaître plus loin. On dirait qu'elle s'escamote, tant elle plonge avec aisance et facilité, sans remuer le moins du monde la surface des eaux, si elle peut atteindre la rive, elle se blottit tout près du bord, se coule sur le fond de sable ou de vase et se dissimule pour toujours; c'est à croire qu'elle s'est noyée.

Encore une que vous ne marquerez pas au tableau. Troisième illusion!

Le pilet et le siffleur blessés, comme nage, se rapprochent fort de la sarcelle.

Avez-vous beaucoup de cartouches à brûler, apprêtez-les? Voici un cormoran blessé, c'est un maître nageur, il disparaît pendant plusieurs minutes, et vient toujours surgir à plus de cinquante mètres de distance du point où vous croyez qu'il va se montrer. La tête et le cou seuls dépassent, il voit le coup de feu et déjà il a disparu quand le plomb frappe l'onde, à la place exacte où il vient de s'éclipser. Il travaille des pattes et des ailes; il vole, pour ainsi dire, sous l'eau, et en punt la petite fête peut durer une demi-heure. Ainsi, luttent encore, tous les vrais plongeurs, les fuliguliens, le garrot et le milouin en particulier, les grèbes, les guillemots et les eiders. Ces trois derniers se rencontrent surtout sur l'Escaut oriental et leur chasse en yacht est un très bon exercice de tir. Ces oiseaux sont plus certains de trouver leur salut dans leurs rames que dans leurs ailes écourtées, et même sans être blessés, ils ont recours aux plongeons à surprise pour déjouer l'approche du chasseur.

Mais il ne faudrait pas songer à les atteindre ou à les poursuivre en punt ou avec le yacht à voile; le

Steam-Launch, ou le Steam-Yacht est indispensable pour les suivre dans leurs évolutions fantastiques sous-marines.

Pour les échassiers, le punt tout d'abord est indiqué, puis la course à pied, au besoin les patins en bois, si la vase où sont tombés ou refugiés les blessés, est trop molle.

En règle générale, quand on serre de près les nageurs fortement éclopés, on peut les achever à coups de rame ou les enlever à l'épuisette en eau profonde. Mais le plus souvent, comme le punt évolue assez lentement, on se voit obligé de dénouer la situation au petit fusil, c'est plus sûr et plus expéditif.

Maintenant, que l'on opère en yacht, en canot, en punt ou à pied, il faut se hâter toujours, pas d'indécision et sus aux blessés les plus éloignés d'abord, et à ceux qu'on juge les moins touchés. Ceux-là sont vite loin, il ne faut pas leur marchander une bordée, surtout aux nageurs, qui essayeront certainement d'échapper tant qu'il leur restera un souffle de vie. Ne vous fiez pas à leur apparente immobilité aussi longtemps qu'ils ne flottent pas à la façon d'une épave, comme une loque, ils plongeront au moment où vous croirez mettre la main dessus. Tirez, au contraire, jusqu'à ce que vous soyiez absolument certain que la victime ne remuera plus... jamais plus.

A la chasse aux blessés, il survient parfois des incidents drôlatiques et dramatiques. C'est celle qui amuse le plus les amis et invités, d'autant plus qu'ils peuvent y prendre une part active.

Un jour, dans l'Escaut oriental, toutes canardières dehors, sur l'avant de *la Sarcelle*, au commandement de trois... feu... nous mettons à mal sept beaux col-verts. Quatre gisaient raides morts sur l'eau verdâtre de ce bras de mer, les trois autres, simplement démontés, se mirent à nager au large avec furie. Le brave Pieter, notre marin, prompt comme un singe, saute en barquette et se met en devoir de donner la chasse à l'un des blessés, après avoir ramassé les morts, tandis que le yacht dans un fool-speed splendide poursuivait celui qui paraissait le moins entamé. Il avait l'aileron simplement endommagé, car il voletait encore par étapes de quelques encâblures, chaque fois que nous allions l'avoir à portée.

Bien loin, il nous entraîna ainsi vers Zierickzee ; à la fin fatigué, exténué sans doute, il changea de tactique et se mit à plonger ; ce fut sa perte. Il (1) reçut un coup de n° 4, qui l'étendit sur le dos, les pattes battant l'air ; je voulus le pêcher à l'épuisette, mais le yacht filant encore à une bonne allure, le manche de l'épuisette se brisa au moment de cueillir le fuyard, en s'enfonçant trop profondément dans l'eau, et nous le dépassâmes. Pendant que *la Sarcelle* virait, le mort ressucite et se remet à nager de plus belle. Il essuya encore quelques coups de feu, avant de se décider à mourir ; enfin, il flotta inerte comme un bouchon. Mais comme nous avions perdu l'épuisette il nous fallut faire quelques virages pour le saisir à la main ou à la gaffe. A un pied près, on le ratait, et il fallait recommencer la manœuvre en circuit.

Nous repêchâmes le second de la même manière, bien loin du premier, en remontant le courant. Le temps était splendide, la surface des eaux polie comme un miroir, et l'on pouvait sonder l'horizon avec les jumelles jusqu'au fin fond du bras de mer. Un voilier n'eut jamais pu les atteindre, car il n'y avait pas de vent, et c'est dans de semblables circonstances, et dans bien d'autres, que le yacht à vapeur, est supérieur au yacht à voile pour la chasse sur le Bas-Escaut, ou à la mer.

(1) Pieter Cammerman en lettrine.

11

À vapeur l'on va où l'on veut et comme on veut; à voile, on ne fait pas ce que l'on veut, mais ce que l'on peut, et rien sans vent.

Alors, contents de nous-mêmes nous nous aperçûmes seulement que Pieter luttait toujours à l'horizon à la poursuite acharnée du troisième blessé. Nous nous dirigeâmes vers le théâtre de la lutte, en toute hâte, pour l'aider dans son œuvre. Dans sa précipitation à courir sus aux canards démontés, notre homme avait oublié de prendre un fusil pour les achever, et maintenant qu'il serrait de près la victime, bien loin du yacht, il essayait de lui donner le coup de grâce avec sa rame. Nous vîmes le canot évoluer en tous sens pendant que nous approchions de plus en plus. La bête plongeait pour éviter le coup fatal, et venait faire rissoler l'eau vingt mètres plus loin avec un air de défi, comme si elle savait le chasseur désarmé. Tout autre que Pieter, vieux loup d'Escaut, doué d'une grande force d'énergie, eut abandonné la partie, mais lui, amateur de chasse, paraissait s'amuser énormément, et maintenant s'acharnait après sa proie. Nous approchions cependant, et nous résolûmes de lui laisser l'honneur de sortir vainqueur de cette lutte homérique, sans armes. On l'entendait geindre des Jésus-Marie ou des *Pott-ferbloomme*, chaque fois qu'il manquait son coup sur le plongeur. Il avait ôter sa casquette, ses cheveux fauves plaquaient sur les tempes, sa tête fumait comme le fumier de Job, la sueur maintenant ruisselait le long de sa large face couenneuse, et inondait son cou et sa poitrine. On entendait les han... de sa respiration, à chaque coup de rame précipité, suivi du bruit métallique saccadé et sec des row-locks secoués avec frénésie. Mais le volatile visiblement éreinté perdait du terrain, et était aux abois. Il plongeait et replongeait à tort et à travers, sans plan, comme au hasard, il avait perdu la carte, et venait parfois faire son apparition à quelques mètres de l'embarcation.

La pauvre bestiole était épuisée, affolée, par cette lutte insensée, digne des temps antiques. L'homme, lui, parut alors avoir conscience de sa supériorité, et du succès prochain de ses efforts. Brusquement, il se mit à genoux et dénagea avec rage, mais comme avec bonheur pour mieux surveiller devant lui les mouvements du fuyard haletant.

Son petit œil gris lançait des éclairs obliques chaque fois que le beau col-vert, de plus en plus exténué, remontait à la surface, mais quand il disparaissait, ses lèvres semblaient marmotter des imprécations tacites, à moins que ce ne fussent des prières. A la fin, un rictus de fauve et de satyre passa sur le facies, taillé en coups de hache, du vieux pêcheur-braconnier : le canard venait respirer à portée de son terrible aviron, prompt comme la foudre, Pieter le souleva et l'abattit sur le crâne châtoyant du pauvret, Plaschh.....

'EAU jaillit en gerbes écumeuses et absinthées, et le noble vaincu remonta bientôt, convulsé, inerte, à la surface de l'eau qui tournoya en cercles infinis.....

— Ik heb hem dien deugeniet (Je l'ai ce rossard), s'écria Pieter en s'épongeant le front de son grand foulard de cotonnette, et il découvrit dans un large sourire une rangée de dents jaunies par la chique, à direction oblique interne comme celle des requins ou des brochets.

— Bravo! Pieter, bravo! g'et gewonnen, lui clama l'équipe de *la Sarcelle*. (Vous êtes vainqueur, bravo!)

— Toch, niet laeten weg gaen, oore, reprit-il d'un air de triomphe. (Pas lâché, hein?) Maer het was tyd ik kost niet meer. (Il était temps, je n'en pouvais plus.)

Nous lui offrîmes un verre de *spaensche-genever* (mélange de schiedam et d'un peu d'absinthe, préparation de l'ami Alexandre, maître-coq de *la Sarcelle*).

On but à son succès; alors, dans une pose athlétique, l'œil torve et contemplatif élevé vers le ciel, il en siffla une couple de rasades, d'un coup de coude énergique.

— T'is good, eerste klass, soupira-t-il... Vooruit maer... (Très bon, parfait... et maintenant en avant.)

Et le sourire ineffable du devoir accompli et de la passion satisfaite illumina sa bonne et honnête figure de marin et de chasseur.

Car Pieter Cammerman, quoique pêcheur de profession sur le Bas-Escaut depuis quarante ans, a toujours fait le coup de feu sur les oiseaux-gibier. Il faut l'entendre raconter ses prouesses d'antan. Autrefois, il y a bien des années de cela, dit-il, quand il y avait du gibier (car maintenant pour lui il n'y a plus d'oiseaux), des milliers et des milliers de canards venaient aux schorres d'Aremberg et au Saeftingen; on les attendait à l'affût du soir, dans les goulets du vieux Doel; ils étaient dix, douze indigènes, au clair de lune, accroupis dans la vase ou dans des trous, des cuvelles, parfois jusque minuit, et c'étaient des décharges continuelles de leurs vieux tromblons qui faisaient croire à une petite guerre. Et chacun d'eux s'en revenait au logis avec cinq, six, dix grands canards. La saison d'hiver lui procurait alors autant de ressources pécuniaires que la pêche d'été. Il alternait la tenderie aux filets avec la chasse au fusil, d'après la clarté des nuits. Aujourd'hui, tout cela a bien changé : les punts avec leurs canardières, les transatlantiques et la navigation de cabotage intense des temps modernes sont venus sillonner la rivière nuit et jour, et c'est à peine si, à cette chasse à l'affût, on rapporte encore une pièce ou deux à la maison. De loin en loin, il essaie encore de placer ses filets ballants au vent, par les nuits très obscures, sur l'île de Saeftingen, histoire de ne pas les laisser pourrir au grenier, mais les quelques courlis qui viennent s'y entortiller ne valent pas la peine et le travail que cette tenderie primitive lui occasionne. Jadis, il abordait un petit chenal de l'île avec son *schuit* et, un peu avant le coucher du soleil, plaçait ses nappes sur plusieurs centaines de mètres de longueur, puis s'endormait botté et blotti sous le vooronder (deck) de son bateau, dans une couverture, rêvant des rêves d'or à la pensée que ses rets seraient remplis de sauvagine à l'aurore.

Et chaque nappe en contenait, en effet, plusieurs et de toutes les espèces, depuis les bécassaux et les courlis jusqu'aux canards et goëlands.

Aujourd'hui, tout cela a disparu, il n'y a plus d'oiseaux en comparaison de ce qu'il y en avait autrefois... Triste, triste... Et ainsi se lamente le brave Pieter, honnête braconnier-sportman des solitudes du Bas-Escaut, sur les malheurs des temps modernes.

Mais, avec nous, il se sent revivre, ses vieux instincts se réveillent, et c'est dans l'action et la lutte acharnée après le gibier, qu'on s'aperçoit bien vite qu'il a conservé le feu sacré du jeune chasseur. Car pour nous, c'est un vrai sportman et nous connaissons beaucoup d'amateurs qui sont moins chasseurs que certains professionnels. Croyez-vous qu'ils ne soient pas tourmentés par la noble passion de la chasse, ces humbles, le plus souvent à moitié équipés et armés, mal vêtus, à peine protégés contre les intempéries de l'hiver et qui vont ainsi, par tous les temps, braver les éléments, à la recherche d'un gibier si difficile à se procurer?

Ils pourraient faire autre chose, d'autres moins intelligents, moins courageux le font bien. Non, ce ne sont pas de simples braconniers, des pirates de l'Escaut comme on se plaît parfois à les appeler, mais de vrais et grands amateurs, que le goût, la passion de la chasse ont poussé irrésistiblement vers cette rude profession. Ils sont, en général, bien doués, rusés, adroits et forts, et ils doivent l'être pour réussir à cette chasse fatigante entre toutes.

Mais Pieter, nous l'avons dit, est comme son patron, saint Pierre, un pêcheur originaire de Doel, il a grandi et vécu sur le fleuve limoneux, et il possède admirablement la topographie sous-marine du Bas-Escaut. Lui et ses pareils, mais ils sont rares, sont des hommes précieux à bord d'un yacht de chasse sur le Bas-Escaut et plus vous parcourrez les bras de mer de ce grand fleuve, mieux vous comprendrez l'importance d'avoir sans cesse avec vous un homme sur lequel vous puissiez compter en toutes circonstances.

Voici un petit fait entre cent :

C'était le 8 avril 1894, par ce début de printemps merveilleux que nous n'oublierons jamais, *la Sarcelle* était à l'ancre en face de la bouche de l'Hondegat. Partis en punt avec Pieter, nous descendons vers l'île avec le courant à mi-marée montante. Bientôt la canardière fit entendre sa grande voix et quatre pilets seulement gisèrent hors de combat. Trois de ces victimes furent aisément ramassées, mais la quatrième, blessée faiblement, nous entraîna à la poursuite jusque près de la 3e bouée blanche vers Bath, où je l'achevai à une encablure d'un grand transatlantique qui remontait vers Anvers à une belle allure. Nous ne l'avions pas vu venir, moi du moins, acharné que j'étais à la capture de mon pilet. Et de fuir, mais trop tard, le flux battait son plein et nous poussait vers le navire qui se rapprochait encore à chaque seconde de notre frêle esquif, il fallait essuyer les remous du monstre. En ce moment-là, j'avoue que j'aurais voulu être parmi les passagers de son bord en train de nous lorgner avidement, et je jetai un rapide coup d'œil sur la haute muraille du bâtiment et sur la vague qu'il déplaçait pour juger de notre situation précaire. Pieter ne soufflait mot, mais pédalait ferme le punt au large, afin de pouvoir le guider avec la petite hélice-gouvernail au moment opportun, d'après la houle énorme qui maintenant allait fondre sur nous.

Ce fut un joli moment d'anxiété pour nous, et de curiosité à bord du navire sans doute, quand notre coquille de noix, huchée tout à coup à la cime de la première grande lame, son hélice battant l'air et la crête des écumes, nous descendîmes comme dans un gouffre entre deux montagnes d'eau... positivement je m'apprêtais

JE JETAIS UN COUP D'ŒIL SUR LA HAUTE MURAILLE DU BATIMENT.

déjà à nager. Arrivés au fond, l'embarcation vira quelque peu, et, ô surprise... nous remontâmes en embarquant quelques embruns sur la deuxième grande vague. Je me retournais vivement en arrière, Pieter, un peu pâle, mais calme, pédalait toujours et réussit à répéter sa première manœuvre, puis il me cria : « T'is good, het kan geen kwaad meer — good punt deze ! » Ce qui signifie : « C'est bien, il n'y a plus de danger maintenant, bon punt celui-ci ! »

En effet, nous fûmes ainsi ballottés pendant quelques secondes encore, et ce fut tout. Une petite lampée nous remit aussitôt de nos émotions, et déjà le *Léviathan* piquait sur le *Frédéricq*.

Mais il fallait regagner le yacht, distant de plus de 200 mètres, et le courant grandissait toujours. Nous en avons pour une heure au moins, dit Pieter, il faudra

donner un coup de main. Là-dessus, je me mets à la
rame, tandis qu'il reprenait ses pédales. Après un travail acharné, nous parvenons à atteindre le bord du
banc de sable qui longe l'île pour remonter à contre-
courant vers l'Hondegat. Alors tout alla bien et facilement, jusqu'en face de *la Sarcelle* toujours à l'ancre,
attendant notre retour laborieux.

— Il nous faut longer encore bien loin ce banc, au
delà du bateau, me dit le pêcheur, si nous voulons
dériver ensuite en plein courant sur *la Sarcelle.*

Nous changeâmes de position, il saisit les rames et
je me mis à héliccr le punt.

Ayant dépassé le yacht de plusieurs encablures, je
quittai le bord, malgré l'avis du vieux marin, et dirigeai
l'esquif vers le bateau qui n'était plus à trois cents
mètres de nous. A peine arrivés au large, nous n'avancions presque plus, malgré l'hélice et les deux bras
vigoureux de mon rameur, qui tirait à tout casser, et
grommelait contre mon inexpérience.

Alors Yann, notre mécanicien resté à bord, voyant
notre fatigue et nos efforts, vint en barquette à notre
rencontre à trente mètres à l'arrière du but à atteindre,
pendant que l'ami Émile tenait le canot en laisse avec
une forte amarre. Yann, voulut nous remorquer, peines
inutiles, nous nous remîmes à la tâche, mais en vain, le
courant nous emportait, on cria à Émile de tirer sur
l'amarre du canot, mais le courant était tellement
violent en cet endroit, qu'il faillit sombrer. Il dût lâcher
la barquette, et nous fûmes rapidement entraînés en
arrière. Le mécanicien, très bon rameur, voulut regagner seul son bord, pendant que nous remontions de
nouveau vers le banc de sable, où le flot se faisait à
peine sentir. Entretemps, Émile, demeuré seul sur la
Sarcelle, sans connaître quoi que ce soit de tout ce qui
concerne une machine à vapeur, niveau d'eau, pression,
feu, Giffard, etc., n'était pas du tout à son aise, et c'était
lui maintenant qui avait le plus vilain rôle. Il était

prisonnier sur le bateau, il avait beau nous crier
d'aborder de suite, impossible.

Yann après de vains efforts pour remonter le courant,
en ligne directe, dut suivre notre tactique et venir faire
un grand détour pour se laisser dériver ensuite vers le
yacht. Deux fois, nous prîmes mal nos distances et passâmes à quelques mètres du bateau sans pouvoir l'accoster.

A la fin, la troisième tentative réussit. Le plus heureux de nous quatre fut Émile, qui craignait de sauter,
car la soupape soufflait et le manomètre marquait dix
atmosphères sur une chaudière timbrée à 8, et marchant
généralement à six.

Il y avait trois heures que nous étions partis en punt,
et nous rentrions exténués, mais contents et glorieux tout
de même. Heureusement pour nous, que le temps était
d'un calme absolu, car il est probable que nous aurions
dû nous réfugier sur l'île de Saeftingen, ou au diable
vert. Et il ne fallait pas songer à lever l'ancre, outre
que les deux hommes à bord eussent été impuissants à
faire cette manœuvre ils ne connaissaient pas le schaar
dans lequel nous étions, et c'était risquer l'échouage
de la *Sarcelle* sur un haut-fond quelconque. Or, avec la
violence du courant qui règne là, à marée montante, elle
se serait carrément renversée sur le flanc — autre complication, qui pouvait en amener d'autres plus grosses.

La morale de cette histoire un peu longue, mais très
véridique, prouve qu'il ne faut point se laisser entraîner
en punt dans les passes navigables du Bas-Escaut à la
poursuite du gibier, blessé parce que les grands transatlantiques sillonnent le fleuve à toute vitesse et à toute
heure du jour, ceux-là aussi peuvent échouer et sombrer.

Elle démontre, en outre, combien il est important de
bien connaître les endroits à courant violent, soit à
marée montante, soit à marée descendante.

Car, chose curieuse, dans cette même passe, schaar de
l'île, le jusant est très ordinaire, tandis que le flot est
très impétueux au plus fort de la marée. Ailleurs, c'est

le contraire qui se présentera et le flux se fera peu sentir, alors que le jusant sera très rapide.

L'expérience de marins compétents ou de chasseurs

GRAND STEAMER SOMBRÉ AU BAS-ESCAUT.

habitués aux allures du fleuve, pourra seule mettre les amateurs en garde contre ses petites surprises qui pourraient avoir des conséquences inattendues, si le vent venait à s'élever ou si le yacht était fort éloigné du puntsman.

D'autres fois on n'a pas seulement à lutter contre les ruses du gibier blessé et les incidents des courants, mais il arrive qu'on doive protéger les blessés contre la rapacité des oiseaux de proie. C'est la note comique, qui vient alors corser le côté dramatique de cette chasse.

Croiriez-vous qu'un épervier ou un goëland, soit assez audacieux pour venir vous disputer, à votre nez, à votre barbe, un canard blessé immédiatement après le coup de feu ? Tout incroyable que cela paraisse, cela est.

Un jour, dans le Tweedegat, nous faisons mordre le sable à une dizaine de canards, d'un joli coup de canardière ; nous abordons en toute hâte pour aller ramasser les morts, mais un épervier, de taille ordinaire, qui sans doute cherchait aventure et guettait la même proie que nous, fond sur un canard tué, en trois coups de bec le dépèce, le dévore à moitié et s'envole au coup de feu lâché sur sa carcasse.

Manqué, le brigand ! Cette scène s'était passée en un clin d'œil, en plein jour, les pectoraux étaient proprement enlevés et nous rapportâmes l'oiseau à bord, déchiqueté, pour le faire voir à ceux qui n'avaient pas été témoins de cet acte de piraterie inouï.

Une autre fois, en face de Bath, pendant que nous poursuivions en punt des canards blessés avec les Saeys, notre ami Delalou, excellent tireur, mais pas chasseur du tout, fait un joli doublé de canards Garrot, au petit fusil. Ils étaient venus prendre leurs ébats à proximité du yacht ou somnolait notre ami, en train de supputer des milliers de sacs de grains pour l'autre monde.

Nous étions partis avec les deux punts, le sloop était à l'ancre, et les deux victimes dérivaient au gré du courant. Survint un magnifique goëland manteau noir, qui se laissa délicatement choir sur un des canards flottants. Il le saisit avec le bec en s'aidant de ses larges pattes palmées comme d'une main, et s'enleva verticalement avec sa proie à une hauteur de 30 à 40 mètres. Le ravisseur était alors à plus de 150 mètres de notre ami aux abois, et à plus de 500 des puntsmen. Aux cris d'appel partis du bord, aux coups de feu tirés en vain dans la direction du voleur pour le faire lâcher prise, nous crûmes d'abord que les grains d'Odessa et les avoines de Californie étaient disparues dans un cataclysme épouvantable, et nous nous dirigeâmes en toute hâte vers le lieu de cette scène d'un nouveau genre où nous fûmes témoins d'une des manœuvres de cet oiseau de proie à coup sûr très intéressante. Le rapace des eaux une fois en l'air avec son butin entre ses serres, plongeait son bec formidable dans le poitrail du canard et s'arcqueboutant alors avec ses deux pieds sur le

cadavre, lui arrachait, par cette pression énorme, un
vaste lambeau de plume et de chair, et laissait retomber
le reste de l'oiseau dans le fleuve. Il dévorait ensuite
son morceau et plongeait à nouveau, sur la dépouille
pantelante qui s'en allait à vau l'eau, pour l'enlever de
rechef dans les airs et lui arracher, *onguibus et rostro*,
c'est le cas de le dire, une autre portion. Il eut le temps
de recommencer trois fois cette curieuse tactique, et
quand nous arrivâmes pour lui disputer notre gibier, le
coquin prit le large à temps et nous abandonna les
restes de son festin.

A vrai dire, il n'en restait plus grand chose, trois
bouchées, et quelles bouchées, avaient suffi pour dépecer
le canard.

Nous examinâmes la pièce, et nous vîmes que ce
gaillard-là, n'avait nullement besoin de mes leçons de
dissection, ni de gastronomie. Il avait su choisir les plus
fins morceaux de la bête, et les deux filets de la poitrine
étaient très proprement enlevés. Il ne restait plus au
tireur et à l'oiseau que des ailes souillées et une carcasse
sanguinolente. Mais déjà Delalou, sa vive émotion
passée, était rentré dans son calme habituel, et comme
je l'interrogeais du regard sur toute cette scène émouvante, il rejeta la dépouille du garrot à l'eau et nous dit
philosophiquement : Bah ! C'est bon ainsi, faut que tout
le monde vive, hein ? All-right, go an !!! J'alignai les six
col-verts que nous rapportions de notre sortie en punt
sur le deck à côté du garrot non touché par le fauve
et nous levâmes l'ancre pour aller plus loin.

Défiez-vous des goëlands, tenez-les à l'œil, et surtout
ne les manquez pas à l'occasion. Ce sont les aigles du
Bas-Escaut, les rapaces du domaine aquatique, oiseaux
voraces et ennemis redoutables de la sauvagine, surtout
des canards et même des oies en certaines circonstances.
Ils chassent pour leur compte personnel, épient de loin
les mouvements des puntsmen dont ils n'ignorent pas les
procédés et lui ravissent les blessés qui vont tomber

au loin, inaperçus ou qui échappent au plomb du chasseur.

Nous vîmes ainsi le même jour, en avril 1894, deux goëlands, gris ou manteau bleu, qui cherchaient à s'emparer l'un d'une sarcelle, l'autre d'un siffleur, blessés par nous au Vieux Doel. La scène première se passait sous l'île de Saeftingen, l'autre près de l'Hondegat à une heure d'intervalle. Luttes très curieuses à suivre assurément. Chaque fois que l'oiseau de proie se laissait tomber sur le volatile démonté, celui-ci incapable de prendre le vol, plongeait juste au moment où le rapace allait mettre son grappin palmé dessus son dos.

Le larron ne se posait jamais sur l'eau, à la place du disparu, sachant bien qu'il n'y était déjà plus, qu'il n'y reviendrait pas, mais il continuait son vol en se relevant d'une vingtaine de mètres, et reprenait sa manœuvre dès que le pauvre blessé venait respirer. Il exécutait toujours cette manœuvre à contre-vent, lentement, sans impétuosité, sans doute pour avoir plus de précision dans ses tentatives au moment de saisir sa proie mobile et zigzagante, car la sarcelle nageait en courbes, en festons pour éviter le coup fatal.

Nous approchâmes doucement, lentement avec le yacht, et l'ami Senaud, surnommé Goëland, pour les coups mortels qu'il savait leur envoyer avec sa carabine à répétitions, lui colla une charge de zéro dans la face, *sur les gencives!* histoire de varier, disait-il, son petit jeu; la bête poussa un cri rauque et alla conter sa mésaventure sur un banc de sable à proximité... Flambé le braconnier.

— Pauvre frère, dit Goëland, repose en paix!

Alexandre acheva la sarcelle d'une main sûre, et c'était justice, elle nous revenait, je venais de la démonter en punt. Tout le monde s'était amusé et avait tiré. Le second ne nous attendit pas, mais ses manœuvres nous avait attirés vers lui, et le siffleur qui avait dérivé jusque-là fut repincé définitivement par Alexandre en barquette, sur les indications du goëland-chasseur.

La lutte entre un canard blessé, qui plonge pour échapper à la serre d'un goëland, pourrait certainement durer longtemps, mais à la longue la victoire resterait évidemment à ce dernier, qui pourrait maintenir son vol pendant des heures, d'autant qu'il convoite une proie superbe et relativement facile en ce moment-là. Mais ce rapace n'opère pas toujours de la même façon et souvent il emporte sa proie sur le sol ou sur un glaçon et là s'en repaît tout à son aise.

Le goëland ne peut guère s'emparer d'un canard bien vivant que par surprise, au repos sur un banc de sable, au vol il n'a pas la vitesse de ce dernier et quand le canard, né malin, se sent sur le point d'être rejoint par le bandit qui le traque, il se laisse choir à l'eau subitement comme une masse, plonge et repart dans une autre direction. Nous en reparlerons plus loin.

Maintenant, en règle générale, un oiseau blessé, non pourchassé, nage d'abord en pleine eau, puis il se dirige bientôt vers les bords, parce qu'à la douleur de la plaie se joint encore l'irritation de l'eau salée, augmentant cette douleur. C'est sans doute l'expérience et l'instinct qui les guident et leur disent que leurs souffrances ne seront adoucies qu'au repos, à terre.

Quand le fleuve charrie des glaçons, on perd plus de blessés : les uns disparaissent sur des banquises inaccessibles au punt ou au yacht; d'autres, en plongeant, calculent mal leur réapparition et se noient sous les glaçons.

Enfin, à la chasse aux blessés, en yacht, il faut bannir toute précipitation et imprudence qui pourraient vous faire tomber par dessus bord ou tirer sur vos compagnons. Pour éviter toute confusion, nous avons l'habitude de désigner, à tour de rôle, ceux qui sont chargés de donner le coup de grâce aux éclopés; de cette façon on peut juger le tir des amis et s'en gaudir et s'esbaudir à loisir.

Ne faut-il pas que tout le monde s'amuse?...

Eh bien, alors !

Chasse en yacht, sous voile, sous vapeur.

CHAPITRE VIII.

Quelques professionnels, riverains du Bas-Escaut, chassent exclusivement en punt, lorsque le beau temps le leur permet.

Ils sont confinés à Wœnsdrecht, à Pael, au Zandcreek, à Bath et à Philippine. Il est rare qu'ils s'aventurent à faire des incursions sur un territoire éloigné des rives auxquelles ils sont attachés. Pêcheurs l'été, chasseurs l'hiver, le grand fleuve leur offre une prélande plus ou moins facile, qui les aide à lier les deux bouts.

Mais, si l'on veut chasser dans la véritable acception du mot, c'est-à-dire se mettre en quête de gibier et employer les moyens nécessaires pour se le procurer, il est absolument indispensable d'avoir un bateau d'un certain tonnage avant tout.

Une équipe complète de chasse à la sauvagine sur le Bas-Escaut doit se composer d'un bateau, d'une barquette et d'un punt. La barquette, toutefois, n'est pas d'une nécessité absolue, mais elle rend beaucoup de services en cours de route, soit pour aider à achever les blessés, soit pour remorquer le puntsman en cas de mauvais temps, soit pour faciliter les abordages, faire les commissions, embarquer ou débarquer les amis, parer à certaines situations critiques en cas d'échouage et autres aventures imprévues.

Mais quel sera ce bateau ? Çà dépend des goûts, mais jusqu'à un certain point seulement. Les uns donneront la préférence au yacht à voile, d'autres au steam-yacht. C'est à ce dernier type qu'après plusieurs années de pratique en bateau voilier, nous nous sommes ralliés.

La navigation sous voile est sans doute plus simple, plus originale, plus artistique si vous voulez, mais il ne faut pas perdre de vue que nous sommes en chasse, et non point en excursion ou en ballade. En chasse il est

DE WULP.

souvent nécessaire de suivre les pérégrinations du gibier qui se porte dans tous les sens du fleuve et cherche des refuges aux quatre points cardinaux et de préférence à contre-vent; or, dans un fleuve à marée intense il est quasi-impossible de résoudre cette difficulté sous voile.

Le propriétaire du *Wulp*, Hoogaerts (1) de dix tonnes, et de chasse, s'en console en disant : à la voile, mon cher, on ne fait pas ce que l'on veut, mais ce que l'on peut; parfait, mais çà ne suffit pas, et surtout çà ne répond plus du tout au but à atteindre. Premier inconvénient du voilier. Ensuite, s'il fait belle brise, il file trop vite, fait grand tapage au vent, ou bien se couche à babord et à tribord et rend impossible le maniement d'une canardière, à l'avant, sous le foc. Tantôt c'est la hauteur

(1) Propriétaire Hector Van Doorselaer, Bruxelles.

énorme des voiles qui fait lever les canards à trois cents mètres. Autre guitare : Quand il n'y a plus de vent on n'avance plus, le voilier dérive, devient le jouet de la marée, il ne peut suivre qu'une direction et se mettre à l'ancre. Il ne vous reste plus qu'à cuisiner ! Et un seul chasseur s'amuse au diable là-bas, en punt.

Nous ne parlerons pas des inconvénients de sautes et de chutes de vent, à l'aller et au retour d'une excursion cynégétique.

Vous n'êtes jamais certain ni d'arriver en temps voulu au but proposé, ni de revenir au point de départ.

Frappé de tous ces inconvénients, nous conseillons carrément, à ceux qui doivent tenir compte de leur temps, le steam-yacht pour la chasse sur le Bas-Escaut.

La vapeur vous mène où vous voulez, aussi doucement et aussi vite que les manœuvres l'exigent, presque sans bruit.

L'on part et l'on revient quand on veut, sans tenir compte du vent, de la marée. L'on peut conduire le bateau soi-même, tout de suite, sans apprentissage, tandis que les manœuvres savantes d'un voilier exigent des années pour un amateur. Il est même plus facile, paraît-il, d'être avocat, agent de change, médecin ou rentier que d'être bon marin, dans toute l'acception du terme !

Le seul et grave reproche, que l'on puisse faire au bateau à vapeur, est son tirant d'eau toujours supérieur à celui d'un voilier à fond plat généralement en usage sur l'Escaut. Un fond plat de trois pieds de tirant d'eau, coupe les schaars et s'échoue à peu près où il veut, sa position ne sera jamais bien critique et l'on est certain du renflouement.

L'argument est très sérieux, nous le reconnaissons, mais les voiliers à fond plat, en raison de leur faible tirant d'eau, et de leur facilité au renflouage, s'aventurent souvent en des parages à hauts-fonds, et il leur arrive plus qu'à tout autre, de rester figer dans le sable

12

ou la vase jusqu'à marée montante. — Bénéfice net, une journée de chasse perdue. — Voyez article cuisine, Messieurs les chasseurs ! Tandis que si l'on sait, qu'il y a plus de difficultés et de danger à se laisser

DE DOLPHYN (1).

échouer avec un Steam-Yacht, l'on prend ses précautions, et cet accident est ainsi presque toujours évité. Nous savons que généralement, l'on trouve une foule de bonnes raisons pour préférer ce que l'on a, et dénigrer

(1) De Dolphyn, — prop. M. Donies, Bruxelles. — Botter, type de fond-plat.

ce que l'on n'a pas. C'est un sentiment quasi inné à l'espèce humaine. Partant de cette tendance si naturelle à l'homme, nous doutons qu'on puisse jamais convaincre un yachtman, de la supériorité de la vapeur sur la voile, même pour la chasse. Néanmoins, comme nous avons fait nos débuts à la sauvagine sur le Bas-Escaut il y a quelques dix ans, en canot à voile et au fusil ordinaire, pour continuer ensuite par le boïer, le sloop, le mossel-schuit, l'engst et l'hoogaerts armés de canardières de tous calibres, nous sommes parfaitement à l'aise et en situation de donner les motifs de nos préférences en faveur du Steam-Yacht. Faire de la bonne cuisine à bord, quand on est échoué, c'est une compensation et une consolation grande nous l'avouons volontiers, mais pas en plein moment de la chasse... tantôt à la soirée, à la bonne heure !

LA SARCELLE.

Notre bateau à vapeur donc, la *Sarcelle*, est un petit yacht de 12 mètres de long, sur près de 3 mètres de large. Son tirant d'eau est 1 mètre 30 cent. à l'arrière, 10 tonnes de jauge, machine à deux cylindres *compound*, condenseur par surface et filant 8 à 9 nœuds maximum. La machine ne fait presque pas de bruit et ne saurait être entendue des oiseaux à contre-vent. C'est une condition, *sine qua non* de réussite avec les bateaux à vapeur. Gréé en goëlette l'été, la carène de la *Sarcelle* est taillée en forme aiguë du côtre, nous faisons alors de la navigation mixte à vapeur et à voile quand le vent nous est propice.

L'hiver, le bateau est dépouillé de ses mâts et de ses agrès, afin de permettre l'installation de canardières à l'avant, sans être gêné par la présence du beau-pré. Ce dernier, ainsi que le grand mât, reposent à bord le long du bordage, pour pouvoir utiliser les focs, et nous tirer ainsi d'affaire en cas d'accident ou d'avarie à la machine. Prévoir c'est gouverner, et avec deux focs nous gouvernons la *Sarcelle*.

Cabine de maître par devant avec deux bons lits repliés, table pour cinq dîneurs, cabine à l'arrière pour l'équipage de deux hommes, peint en blanc jusqu'à la ligne de flottaison qui est rouge ensuite jusqu'à la quille, c'est le plus joli Steam-Yacht de chasse qu'on puisse rêver, c'est aussi un des plus hardis, des plus stables et des plus glorieux, sillonnant les Escauts tumultueux, hiver et été. Ce serait l'idéal des bateaux de chasse sur le Bas-Escaut, s'il avait un fond plus plat et si l'on pouvait y hisser le punt ou le suspendre aux portemanteaux par gros temps, mais il est trop petit pour cela. L'on ne construit guère, que nous sachions, de Steam-Yacht à fond plat, il faudrait le faire établir sur mesure et lui donner les dimensions suivantes si l'on voulait arriver à un bateau à vapeur parfait, pour la chasse et les excursions sur l'Escaut.

Ce bateau serait en tôle de fer ou d'acier, de 18 mètres de longueur sur 4 à 5 mètres de large, à fond presque plat et d'un tirant d'eau maximum d'un mètre. En adaptant un éperon à l'étrave en hiver, on pourrait chasser à travers les glaçons, et les dimensions ci-dessus permettraient d'y suspendre un punt quelconque.

Voilà le bateau de l'avenir pour la chasse à la sauvagine sur les Escauts, et de même que les vapeurs de pêche d'Ostende et d'ailleurs ont supplanté les anciens voiliers, ainsi la vapeur, le pétrole ou l'électricité dammeront le pion à la voile, dans un genre de sport ou les ruses et la sauvagerie du gibier s'accroissent avec l'acharnement extrême qu'on met à les poursuivre.

« PANSY » STEAM-YACHT A FOND PLAT (1).

Déjà, nos voisins anglais nous en donnent l'exemple en chassant les oies Bernaches en steam-launch, armé de canardière à l'avant. Ceux qui sont bien équipés ont généralement un voilier, un steam-launch et un punt. Leur yacht d'été se transforme en bateau de chasse dès que cette saison est passée. On remplace les grandes voiles par de plus petites, plus solides, et l'on arme le bateau du frein de recul et de tout l'attirail nécessaire à la chasse.

Ceux qui possèdent un yacht dont les dimensions sont trop considérables pour ce sport en ont toujours un plus petit.

_____

(1) « Pansy » Steam-Yacht à fond plat, 12 mètres de long, propriétaire M. Ward, d'Évere-Bruxelles.

Leurs yachts, en général, sont construits pour tenir la mer, puisqu'on ne peut apprécier à fond la chasse aux oies sauvages qu'en mer. Ces embarcations ont 10, 15, 30 tonnes et plus, et comportent alors un équipage de trois hommes. Sur le Bas-Escaut 10 à 15 tonnes suffisent avec deux hommes à bord. On poursuit les blessés en bateau, en canot ou en steam-launch.

La chasse en yacht, surtout à vapeur, est un plaisir bien moderne. Elle a l'avantage incontestable de combiner l'attrait de la navigation avec le plaisir d'une partie de chasse souvent très intéressante pour les amis et invités.

Excursionnistes, artistes et chasseurs y trouvent leur compte. On peut y inviter les camarades et ils sont assurés au moins que leur hôte ne limitera pas le nombre de pièces que leur adresse ou leur courage pourra abattre.

Ainsi compris et pratiqué, c'est un sport qui coûte cher, par exemple, mais, comme toujours et dans tout, si l'on veut bien réfléchir, il y a *compensation*, en ce sens qu'il rend en santé et en vigueur ce qu'on dépense en argent, et la santé ne vaut-elle pas tout l'or du monde ? Eh bien alors, marchons ! !

On peut du reste, à l'exemple de ce que nous avons fait, se syndiquer entre amis. Vous louez bien des chasses en plaine, au bois, au marais, à deux, à quatre, à six, à dix parts, c'est la même chose. Ce sport est donc parfaitement abordable par l'association de plusieurs chasseurs, ce qui permet la division des frais.

Toutefois, en cette matière, nous leur conseillons de se bien tâter, de se bien connaitre à fond, avant de s'associer pour l'achat d'un yacht et de tous les nombreux accessoires qu'il va falloir se procurer.

Mais, direz-vous, cette chasse au cœur de l'hiver n'est pas à la portée de tout le monde et doit être réservée à ceux qui ont une constitution de fer ?

Allons donc, que nenni, l'air de l'Escaut est fortement

ozonisé, d'une grande pureté, et s'il faut certainement être doué d'une santé robuste pour se livrer à tous les exercices que comporte la chasse à la sauvagine, il n'est pas nécessaire de posséder l'énergie qu'exige le maniement d'un punt à pagaie, pour chasser en yacht à voile ou à vapeur.

Mais gare aux surprises, et soyez vêtu en conséquence, car vous partez par le plus beau temps du monde, et la saison d'hiver, avec son cortège de grêle, de rafales de neige, de pluie, de bise, de gel ou de dégel peut vous assaillir et vous surprendre. Qu'importe, pour peu que l'on prenne une part active dans la poursuite du gibier ou dans les manœuvres du yacht l'on s'y fait, l'on s'y fortifie et l'on se sent envahi par l'attrait irrésistible de ce sport, parce qu'on peut le faire partager à chaque instant à ses compagnons de chasse.

En effet, après l'approche toujours palpitante du gibier découvert depuis quelques temps déjà, et vers lequel tendent maintenant tous les efforts de l'équipage, vient le tir des canardières ou des fusils, suivis aussitôt de la chasse aux blessés. Après le feu de peloton, le tir à volonté par les amis et invités. Ils vont pouvoir s'en donner à cœur joie, eux aussi, et il y a pour eux quelques jolis coups à essayer sur les éclopés.

Il faut voir la surprise des nouveaux venus, qui constatent, affairés, le peu de succès de leurs maîtres coups envoyés aux distances trompeuses de l'eau. En général, ils tirent à 80, à 100 mètres..., trop loin, mes amis, trop loin. Parfois ils ont affaire à un fuligule plongeur ou à un grèbe dont le col seul émerge sur l'onde..., patience, modérez votre ardeur leur dis-je, la *Sarcelle* vous mènera droit dessus... Pan, pan..., manquée la bête, à 40 mètres... disparue un centième de seconde avant l'arrivée du plomb meurtrier. A qui le tour ? On crie : le voilà le fuyard, derrière le bateau, ici, là, et les paris s'engagent, et les colibets se croisent, et l'écho retentit joyeux, des éclats de rire et des multiples coups de feu des chasseurs en bateau achevant leurs victimes.

Puis on trinque aux vainqueurs, et pendant qu'on discute les coups, les jumelles du pilote sont déjà braquées vers de nouvelles bandes d'oiseaux, remises à l'horizon.

La meilleure position pour la canardière est à l'avant du bateau. Elle réalise plusieurs avantages. Le tireur est au premier plan pour viser et tirer, et se trouve ainsi plus près du gibier qui, à cette chasse, est toujours plutôt trop loin que trop près. Ensuite, il peut envoyer sa bordée des deux côtés avec la même aisance et plus vite que partout ailleurs. Il n'est pas gêné par les mâts, amarres, chaînes et toutes sortes d'obstacles qui encombrent toujours un pont de bateau, ceci soit dit surtout pour les voiliers.

Pendant l'approche des oiseaux, le plus grand silence sera observé à bord, les pipes et les cigares seront mis de côté, et chacun se rasera le long du bastingage, afin de se confondre avec le pont du bateau et lui donner l'air du bateau-fantôme. Il s'agit d'induire les volatiles à croire que cette embarcation, en apparence inhabitée, ne saurait avoir des intentions hostiles, puisqu'on ne ne voit pas d'êtres vivants sur le deck.

Quand il n'y a rien en vue on cause, on joue une partie de cartes, on lit, on boit, on prépare les armes culinaires en attendant de leur donner la parole, tantôt, plus tard.

Quelqu'un est chargé de sonder les horizons du fleuve avec la bonne jumelle, puis quand il découvre quelque chose, il fait part de sa trouvaille à tout l'équipage. Pour moi ce n'est pas un mince plaisir que d'être ainsi de garde, et de chercher à apercevoir les oiseaux dans le lointain, et surtout d'en faire le diagnostic exact. Courlis ou canards? A qui la jumelle? Qui a de bons yeux? Et les paris s'engagent sur la solution de cette question palpitante.

Mais le bateau a accéléré sa marche, et bientôt on s'aperçoit que réellement ce sont des canards. Quelle

joie! On crie aux armes, tout le monde sur le pont, et
chacun s'empare d'un fusil pour saluer ces audacieux
qui s'oublient à nous attendre. Alors l'équipe de la *Sar-*

L'ÉQUIPAGE DE LA SARCELLE.

celle opère de la façon suivante. Nous avons trois canardières de trois calibres différents à bord.

La première pivote sur un lourd bloc de bois de chêne
comme affût, bien assujetti au milieu du pont d'avant à
la place du beau-pré. Les douilles d'acier ou de laiton de
cette arme système Gras (1) ont 35 millimètres de circonférence, et se chargent de 35 à 40 grammes de poudre
et de 200 à 250 grammes de plomb o, ou n° 3, ou n° 6
d'après les espèces d'oiseaux. L'on peut tirer de tous
côtés, même droit vers le ciel. Le tireur se tient debout
sur l'escalier de la cabine d'avant, le buste seul au

_____

(1) Système Gras, voir page 72.

dehors, le reste dans la cabine. Dans cette position ni le tangage, ni le roulis ne pourraient le jeter par dessus bord, il peut facilement se cacher et avoir vue sur tout ce qui l'entoure.

La seconde canardière est du calibre 27 millimètres à douilles d'acier avec cheminée pour piston, ancienne arme à baguette transformée à culasse pour douilles métalliques. Nous la fixons au moyen d'une brague à un taquet de babord ou de tribord (1).

La troisième, calibre quatre, système Lefaucheux à broche à cartouches en carton se tire à l'épaule sans appareil de recul. On l'appelle *la petite Van Maele*, du nom de l'armurier de Bruxelle qui nous l'a fournie.

Les tireurs sont agenouillés ou couchés le long du plat bord pour ces deux dernières armes.

L'équipe de la *Sarcelle*, peut ainsi exécuter une triple salve à l'avant du bateau dans toutes les directions, si le nombre des oiseaux à portée mérite cet excès d'honneur et de poudre. Au cas contraire, une ou deux canardières se chargent d'exécuter le feu de peloton. L'artillerie de la *Sarcelle* est très intéressante à inspecter dans ses détails multiples et compliqués. Un Albini pour les phoques, ou pour réveiller les échos endormis, ou pour faire mettre à l'essor des bandes d'oiseaux au repos, en des places inaccessibles, complète avec nos calibres douze ou seize notre attirail de guerre. Le plaisir est de les faire parler tour à tour, selon les circonstances qui se présentent.

Dans la chasse en yacht, la difficulté est de bien juger de la distance d'abord, puis de presser la détente au cul-levé en visant un mètre au-dessus. Ne pas oublier le *principe immuable* de la chasse en bateau ; *Tenter l'approche du gibier le plus près possible* ; s'il faut crier ou siffler pour le faire s'enlever, tant mieux, les plombs auront d'autant plus de pénétration, et je vous souhaite que cette heureuse chance vous échée souvent.

(1) Voir figure, page 78.

Du haut d'un bateau, le tir est plongeant, et moins meurtrier que le tir horizontal en punt. Il est ensuite meilleur au vol qu'au rassis, et vous pouvez vous estimez très heureux, si vous tuez ou blessez 4 à 5 canards d'un coup de canardière d'un yacht en marche. On fusille moins d'oiseaux à la fois, mais la fusillade se répète plus souvent, et pour l'amateur, là gît le plaisir. Nous préfèrons tirailler toute la journée, et avoir moins de gibier que de rester six heures à l'ancre sous prétexte de faire un grand coup, toujours aléatoire. Laissons cela aux professionnels qui chassent pour alimenter le marché.

Sous voile ou sous vapeur, on peut aisément se servir d'une canardière à baguette, puisqu'il y a place sur le pont pour faire les manœuvres nécessaires à son chargement.

Cette chasse en yacht a surtout sa raison d'être pendant les hivers rigoureux, et les jours de forte brise. Par temps calme, les oiseaux sont plus défiants, plus farouches que par les mauvais temps contre lesquels, eux aussi, ont à lutter. Profitez-en pour chasser en punt, lorsqu'il fait beau.

Tandis que les Anglais pratiquent surtout la chasse en punt dans les eaux intérieures, et réservent le yacht à voile ou à vapeur pour la mer, aux oies bernaches, aux siffleurs et aux macreuses, nous pouvons, sur le Bas-Escaut, poursuivre les canards et autres palmipèdes, alternativement avec l'une ou l'autre de ces embarcations, d'après la force du vent, ou la quantité de glaçons, qui règnent sur le fleuve. Il faut avoir bien soin de tenir compte des changements de temps, du vent, et de la marée pour chasser exclusivement en yacht. En général, les palmipèdes sont légers, mobiles par trop beau temps, à moins qu'il ne succède à une série de grand vent.

En voici un souvenir exemplaire récent.

C'était par une splendide matinée de novembre 1894, blonde, somnifère était la lumière solaire, ô combien adoucie par la dilution hivernale — qui baignait l'atmosphère...

... Bref, après quatre jours de gros temps, une bande de deux cents canards siffleurs goûtait les douceurs du repos sur les vases du Nauw de Bath, à la hauteur du premier duc d'Albe. Nous jetâmes l'ancre en face du groupe assoupi, et je proposai à mon compagnon de chasse, qui était très agité et très ému à la vue de cette masse de gibier qui paraissait hypnotisée, d'aller faire le coup ensemble, chacun dans notre punt respectif, côte à côte, quoi.

Il était 10 heures du matin, la marée descendait lentement et les volatiles, malgré nos bruits de chaîne, nos voix, sommeillaient dans la lumière aveuglante du soleil, pas un ne remuait. Il était clair qu'ils se laisseraient approcher. Malgré, ou peut-être à cause de cela, mon confrère ne voulut rien entendre et déclara que le premier qui serait prêt — sachant bien qu'il l'était — filerait seul sur les oiseaux, prétextant que mon punt à pédales était trop haut et ferait rater le coup. Après discussion, il ne voulût pas en démordre, et partit en punt avec Pieter, à la pagaie.

Il y avait tout au plus 200 mètres à se laisser dériver au fil de l'eau. Jamais plus beau coup ne s'était offert à un puntsman. Choqué de l'indélicatesse du procédé, d'autant que depuis quatre jours nous n'avions rien pu faire, et avions même passé une journée entière, enlisés près de Saftingen à bord du voilier... j'achevai les préparatifs de mon mécanisme, et sautai dans mon punt à hélice avec Yann. J'allais les rattraper, mais nous touchâmes fond, et continuâmes à la pique comme eux.

Ils avaient tout au plus 30 mètres d'avance sur nous lorsqu'ils ne purent plus faire avancer leur punt arrêté sur la vase. Les oiseaux n'avaient pas bougé d'une ligne, et j'approchais toujours avec mon punt *plus haut que le sien*.

Je crus un instant, puisqu'il était à portée, et que la

bande de toute façon, ne pouvait se mettre à l'essor sans essuyer le feu de sa canardière, qu'il allait m'attendre quelques secondes au moins. Pas du tout, le cher ami s'empressa de viser et de tirer au rassis à 70 ou 80 mètres, à mon nez, à ma barbe, alors que les oiseaux n'avaient manifesté aucun signe de trouble ou de crainte de notre double approche. Il en ramassa 4 et... 1 courlis. C'était une gaffe, et je souhaite à sa conscience de chasseur, et de compagnon d'armes sur l'Escaut depuis longtemps, qu'elle lui soit légère. Je la lui reprochai, du reste, vivement séance tenante, et il me resta la consolation de lui avoir montré que mon punt à pédales quoique plus élevé alors qu'un punt ordinaire, pouvait tenter l'approche du gibier aussi bien que le sien, surtout sur des oiseaux au repos, et comme anéantis par les fortes brises des jours précédents. Ce n'est pas la hauteur de quelques centimètres de plus ou de moins d'un punt, qui fait le succès, mais bien la manière avec laquelle il est mené, l'absence de bruit et de tout mouvement. *Moralité* : ne pas s'emballer quand il y a un beau coup, facile à faire, au point d'en perdre les notions les plus élémentaires de la civilité puérile et honnête, ni sous prétexte d'être Roi de la chasse (Ghazi), ni en vertu de la morale courante qui veut que la charité bien ordonnée commence par soi-même. Quand on est atteint de ces défauts là, on fait de la chasse tout seul. Passons et oublions. Qu'il me soit permis toutefois de rappeler que les Anglais chassent très souvent à plusieurs punts ensemble, de conserve, sur la même bande d'oiseaux, et l'auteur du livre *Sur l'Escaut* (1) raconte une équipée de vingt puntsmen travaillant à l'unisson sur un immense troupeau d'oies sauvages. Je conseille à mon compagnon de chasse de novembre 1894, de lire le résultat fantastique de ces coups de canardières associées, dans l'ouvrage ci-dessus, et il ne sera plus fier de ses quatre canards encanaillés d'un courlis.

(1) Ouv. cit. Hector Van Doorslaer.

En temps brumeux et menaçant quelque trouble atmosphérique, l'oiseau est lourd, ne quitte l'eau qu'à regret, ou bien, il est si occupé à se repaître qu'il n'accorde qu'une attention secondaire aux mouvements du chasseur.

Sous le vent (aen'het'opper comme disent les marins néerlandais) et par petite brise, on les joint facilement, *dans le vent* (aen'het'lieger) et par eau agitée, c'est le contraire, enfin par vent serré, âpre, ils sont très instables, farouches, inabordables.

Mais les meilleurs moments sont ceux qui précèdent ou suivent un gros temps pour approcher les oies bernaches aux estuaires et en mer. A l'approche d'un mauvais temps les oiseaux se tiennent à la côte, comme s'ils voulaient se reposer avant la lutte qu'ils auront à soutenir, tantôt, demain, quand ils seront ballotés de ci de là.

« LA STELLA » DANS UN GRAIN.

Profitez de ces occasions et préparez-vous vous-même à vous réfugier à temps (1).

_____

(1) « La Stella » dans un grain sur l'Escaut, propriétaire M. Vos Van Hagest in de Dordrecht.

Les fuliguliens préfèrent, (surtout les milouins et les morillons) les eaux assez profondes à fond sablonneux, tandis que les oies et les canards sauvages recherchent les hauts-fonds, les flaques vaseuses, les bords de bancs de sable. Il faut donc bien connaître la topographie sous marine du Bas-Escaut pour bien chasser en yacht.

Le succès de cette chasse dépend surtout du pilote qui mène le bateau. Quand on est sur le point de faire feu, le chasseur évitera de se retourner brusquement vers l'homme qui est à la barre, et surtout d'élever la main pour lui donner des instructions quelconques. Il faut que toutes les recommandations soient faites avant d'approcher le gibier, et l'on doit se reposer entièrement ensuite sur l'expérience de celui qui conduit le bateau pour arriver à portée.

Le pilote aura son attention désormais concentrée sur les oiseaux, rien que sur les oiseaux... et les hauts-fonds. Un équipage bien dressé sait ce qu'il a à faire ensuite. L'oiseau ne se doute guère de la rapidité avec laquelle file un yacht à voile ou à vapeur, et sa déception est grande quand il s'aperçoit trop tard qu'il aurait dû se déranger plus tôt. C'est un défaut de jugement chez lui, sur la vitesse de l'ennemi.

Avoir soin de bien observer le vol de la bande après le coup de canardière, afin de voir si d'autres blessés ne tombent pas frappés mortellement, mais ayant pu fournir encore une asssez longue traite. Ce fait se produit très souvent à cette chasse. Puis on ne perdra pas de vue le reste des fuyards, afin de tenter un second coup sur la même bande.

Maintenant peut-on travailler à la fois en punt et en bateau, en se divisant le plaisir ? Nous ne le pensons pas, du moins avec succès. Les coups de feu envoyés d'un côté, par l'un, ne laisseraient pas que d'effrayer les oiseaux de l'autre côté, à moins que le yacht ne s'éloigne à une grande distance du punt, ce qui ne peut se faire sur le Bas-Escaut sans inconvénient, sinon sans danger, comme nous l'avons déjà dit plus haut. Gare aux brouillards si soudains en hiver, si vous tentez ce jeu-là.

Mais il est évident qu'on pourra essayer cette double chasse, dans certaines circonstances particulières, en eau très calme, le puntsman allant tourner les oiseaux de façon à les faire passer à portée du yacht posté à cet effet pour les saluer d'une salve d'artillerie.

On peut tenter ces choses-là, avec les plongeurs, les oies sauvages quand on juge que ces oiseaux passeront à tel ou tel endroit, après le coup de feu du puntsman. Parfois l'on pourra chasser ainsi en yacht toute la journée avec plus de succès qu'en punt; d'autrefois l'on ne fera rien, ou pas grand chose. Cela tient à ce que le gibier est tantôt plus confiant, plus fatigué, et d'autrefois mobile, nerveux, inabordable. Comme dans bien des choses, c'est ici surtout qu'on peut dire que les jours se suivent et ne se ressemblent pas.

Il ne faut jamais se décourager, au contraire, et il faut avoir toujours présent à la mémoire que les oiseaux d'eau et de rivage, sont essentiellement migrateurs, qu'ils vont et viennent sans cesse des régions du Nord vers celles plus tempérées du midi, et y retournent aussitôt qu'ils estiment que la clémence de la température leur permettra d'y séjourner quelque peu. Les oiseaux d'aujourd'hui ne seront donc pas probablement ceux d'hier, ni de demain, et les conditions de vent et de marée peuvent modifier totalement l'allure de cette chasse d'un moment à l'autre.

C'est peut-être sur ces conditions qu'est basée la façon d'agir de quelques professionnels d'Outre-Manche. Ils se réunissent à trois ou quatre sur un même bateau, remorquant le punt de chacun d'eux, et font voile vers un certain endroit désigné de commun accord. Arrivés sur le territoire de chasse, l'ancre est jeté et le cuisinier demeure à bord pendant que chaque puntsman se met en quête de gibier.

Si la moisson est abondante, l'homme du bord se

charge des expéditions à la rive la plus proche, vers les marchés les plus voisins, et quand les chances de succès sont épuisées dans ces parages-là, ils lèvent l'ancre et vont camper plus loin leur bateau qui leur sert de maison et de gagne-pain. Un syndicat de puntsmen, quoi!!

Inutile, pensons-nous, de dresser l'inventaire de tous les objets qu'il importe d'avoir à bord d'un yacht de chasse. Il va sans dire qu'il sera abondamment pourvu de tout ce qui se rapporte à la navigation, à l'alimentation et au confort général des chasseurs et de l'équipage. Les harnois de gueule surtout seront particulièrement choisis et soignés; ils sont d'un appoint sérieux dans les grands dîners du bord, quand le soir à l'ancre sous le vent, la bise chante dans les hauts-bancs. Puis, on ne peut jamais savoir, on peut échouer ou rester bloquer plusieurs jours en place.

Mais il est, en outre, indispensable d'avoir une petite pharmacie avec les objets de premier pansement et de médecine courante, et surtout une caisse spéciale pour les munitions et accessoires des canardières et fusils.

La Sarcelle possède une caisse en bois à six compartiments où viennent se loger à l'aise et séparément la poudre en flacon, les plombs de divers numéros, les capsules, les bourres, les douilles, enfin, tous les objets nécessaires à l'artillerie du bord, de façon à pouvoir s'en servir avec rapidité et sécurité.

Enfin, nous ne saurions assez recommander aux jeunes chasseurs d'enlever les cartouches de leur fusil dès qu'ils franchissent le seuil de la cabine, de les déposer en lieu sec et sûr, où les chutes soient impossibles en cas de tangage ou de roulis.

Un jour, en l'an de grâce 1893, en face de Waalsoorde, l'ami Senaud, penché sur le pont d'avant, laisse tomber sur le plancher de notre cabine, d'une hauteur de 50 centimètres à peine, sa cartouchière en cuir, contenant une cinquantaine de cartouches calibre 12, central. L'une d'elle, par le choc, éclate tout à coup au beau milieu du

13

sac et emplit la petite cabine d'une fumée épaisse,
énorme, de quoi asphyxier Florence en train de faire sa
chienne vis-à-vis de la petite glace biseautée du fond, à
côté du baromètre, à variable 776°. Mais Florence, en
femme experte qui ne craint pas le feu, ne perd pas la
carte, elle s'élance sur la cartouchière fumante et la
dépose sur le Deck, où Senaud, tout penaud, pâle comme
un lis, la contemplait avec une anxiété partagée, du
reste, par tout l'équipage.

— Que personne ne bouge! s'écria-t-il.

On se regarde... Silence, fumée, rien de plus... Sauvés,
mais quelle vesse!!!

Quand la fumée, enfin, eut fini de se dissiper du sac à
maléfice, nous l'ouvrîmes et trouvâmes les plombs n° 4
éparpillés entre les cartouches dont une seule avait sauté,
heureusement. Comment ce fait s'est-il produit avec des
douilles à percussion centrale calibre 12?

Il est permis de supposer que la capsule de l'une
d'entre elles ait été percutée par le rebord métallique
d'une autre au moment de la chute de la cartouchière
sur le plancher de la cabine.

Si l'explosion de cette cartouche avait pu communiquer le feu aux autres, *la Sarcelle* sautait certainement
en plein Escaut par la déflagration des cinquante autres.

Moralité. — Tout arrive avec des munitions et des
armes à feu, même ce qui n'est jamais arrivé, et ce qu'on
ne peut prévoir qui puisse arriver, et comme disait le
capitaine Jamotte, de glorieuse mémoire : Souvent les
malheurs sont près des accidents.

Avant de terminer ici, ces considérations générales
sur la chasse sous voile ou sous vapeur, nous rappelle-
rons quelques parties sportives mémorables que nous
fîmes sur le Bas-Escaut, au moyen de bateaux remorqueurs en fer, au plus fort de quelques hivers terribles,
alors que le grand fleuve charrie d'immenses glaçons et
que la navigation aux yachts et aux voiliers de tout tonnage est complètement interdite depuis longtemps.

Les remorqueurs se louent à Anvers, ou à Hansweert, 75 à 100 francs par jour, du moins pour la chasse, équipage et chauffage compris.

Déjà vers la fin février 1888, après vingt-trois jours de gelée continuelle, nous étions partis d'Anvers avec quelques amis en chasse vers le Bas-Escaut, à bord d'un remorqueur. Le premier jour nous rentrâmes avec 8 canards et 6 goëlands après avoir été jusqu'au Vieux Doel. Le second jour, les banquises commençaient à se former, les glaçons déchiquetés la veille par le jeu des marées et le passage des derniers steamers, s'étaient resoudés la nuit; nous avancions beaucoup plus difficilement à travers cette barrière de glace, et l'Escaut était complètement fermé; même résultat à peu près.

Enfin le troisième jour, après une plus forte gelée encore, nous ne pûmes franchir la Pipe-de-Tabac. Le capitaine déclara qu'il y avait témérité et danger à vouloir tenter le passage plus avant, Saeys compléta le tableau en racontant quelques histoires de bateaux troués et coulés par les glaçons et nous rentrâmes à Anvers, pleins de regrets de n'avoir pu aller jusque Bath, mais aussi pleins d'enthousiasme pour cette chasse étrange qui n'était pas sans similitude avec celle qui se pratique dans les régions du pôle arctique; et tout en nous promettant bien de reprendre notre revanche une autre fois, avec un plus grand remorqueur.

Vers le 20 décembre 1890, après 20 jours de forte gelée, pendant lesquels le thermomètre se balançait entre 4° et 12° sous zéro, nous partîmes d'Anvers à 8 1/2 heures du matin, sur le remorqueur le *Klemper*. Nous étions quatre.

La navigation pour les voiliers et les navires en bois est depuis longtemps interrompue, et Saeys qui nous accompagne est revenu à pied de l'île de Saftingen, laissant son Sloop pris dans les glaces dans le grand goulet de l'île, aux soins de son fils Félix et d'un gamin. Le départ fut très émouvant à travers les glaçons accumulés les uns sur les autres. Dans la cabine, les vibrations des tôles métalliques du bateau, font un tapage épouvantable qui imite parfaitement les bruits du tonnerre, mêlé de crescendo et de décrescendo d'après l'obstacle à vaincre.

Ce fut ainsi jusqu'à Doel, et surtout au Willemsrecht, où nous eûmes l'occasion de tirer sur un vol d'oies sauvages, sans succès du reste. J'ouvris le feu à Bath avec la canardière n° 2, et on ramassa trois beaux col-verts. Là, le fils de Saeys, Félix, bloqué à l'île, vient en punt nous apporter le Snider calibre 32 millimètres qu'il avait à bord, en même temps qu'il remettait sur notre pont deux sacs de canards tués par lui les jours précédents. Les sacs contenaient 68 col-verts et 15 siffleurs; nous lui remplîmes son tonneau d'eau douce, et il

NOUS LUI REMPLÎMES SON TONNEAU D'EAU DOUCE.

retourna seul en punt, comme un Esquimeau au milieu des glaçons, vers l'île déserte. Nous gagnâmes Hansweert vers 4 heures après-midi, avec 12 canards seulement occis par nous.

Le lendemain n'offrit rien de remarquable, sauf une

salve générale dans une immense bande de courlis près de Bath. On en recueillit une vingtaine, sans compter les blessés et les fuyards que nous dédaignâmes avec entrain.

Le troisième jour, il fait de plus en plus froid. Cette nuit le thermomètre est descendu à — 12° à Hansweert où nous logeons. Le vent d'Est a viré vers le Sud le matin, et la marée aidant, le chenal est comblé par les glaçons accumulés qui obstruent complètement l'entrée.

Trois fois le *Klemper* s'élance à toute vapeur, comme un bélier antique, contre cette banquise énorme qui menace de nous bloquer au port.

HANSWEERT BLOQUÉ PAR LES GLACES.

Nous passons enfin, à travers l'épaisse carapace soudée et nous voilà pour la troisième fois en plein Escaut.

Le punt a été hissé sur le pont du remorqueur, et nous naviguons littéralement sur une mer de glace.

Le bruit sourd des glaçons se heurtant mélancoliquement, joint aux craquements sinistres du *Klemper* composent une musique étrange, grandiose et terrifiante à bord. Au loin la solitude immense. De temps à temps un grand transatlantique — un des derniers qui passent encore — trace un sillon à travers, les banquises bousculées, déchiquetées, fracassées, éparpillées en mille pièces sous l'étrave d'acier de ces Léviathans modernes. Alors des grondements profonds, lugubres retentissent, se propagent et vont se répercutant jusqu'à la côte. C'est le bruit de la foudre qui éclate, passe et va mourir dans la nue ébranlée et déchirée. Il n'y a que l'éclair qui manque pour compléter le tableau. Que dis-je ? l'éclair y est, il suffit pour l'apercevoir que le soleil vienne à éclairer le bateau, alors les rayons lumineux, se réflétant dans les éclats de glace émiettée en mille pièces, qui forment autant de prismes projetés en l'air au devant du navire triturant tout sur son passage, décomposent la lumière blanche en des arcs-en-ciel, fuyant comme des feux-follets aux flancs du monstre et simulant les éclairs successifs de la foudre.

Mais le spectacle de l'Escaut dallé d'icebergs à marée haute était réellement féerique, d'une richesse et d'une finesse de tons infinis, et le panorama de la côte zélandaise et des hauts-fonds à marée basse n'était pas moins merveilleux.

Alors les glaçons rejetés sur les bords et les bancs de sable les recouvraient complètement. On aurait cru assister à l'envahissement des terres par la mer, roulant des blocs de glace fantastiques. Leur accumulation et leur chevauchée formaient parfois des pics de glace de deux à trois mètres de hauteur.

Les grands ducs d'Albe avaient été déracinés et entraînés par eux vers les profondeurs du Tweede-Gat, comme des fétus de paille. Jamais nos plus vieux loups de mer, n'avaient contemplé une mise en scène semblable, et les plus flegmatiques n'ont pu s'empêcher de manifester leur admiration et leur stupéfaction.

Spectacle inoubliable pour nous, tableaux enchanteurs toujours variés et agrémentés des émotions de la chasse, qui continuait toujours, malgré les difficultés croissantes de la navigation.

Là, c'est un phoque qui vient respirer et montrer sa belle tête intelligente entre deux glaçons, et comme réellement étonné de tout le vacarme qui se fait au-dessus de ses paisibles retraites. Plus loin, ce sont des goëlands, noir manteau, croque-morts de ces bras de mer désolés. Ils sont trois à la dérive sur un immense glaçon, en train de dépecer un canard sanguinolent. Il est 10 heures du matin, ils sont à leur déjeuner sans doute, nous sommes en face de Walsoorde, le *Klemper* pique droit sur eux, mais les brigands ne nous attendent pas, et décampent à tire d'aile, abandonnant leur proie, à moitié dévorée sur la banquise. Il ont l'air de fuir au loin, mais après quelques évolutions simulant un faux-départ, nous les voyons revenir achever leur festin interrompu.

Nous nous attendions à rencontrer des variétés de canards de l'Extrême Nord, ou quelque habitant du Spitzberg ou du Groenland et même de l'au-de-là, eh bien, pas du tout, nous fûmes parfaitement déçus de ce côté. Le froid qui sévit sur l'Europe, et principalement ici, les aura, sans doute, engagés à continuer leurs pérégrinations plus avant vers le Sud. Nous n'avons tué que des canards sauvages (le col-vert). *Disparus* les siffleurs ; *vu quelques* garrots puis c'est tout, pas de cygnes, pas d'oies, pas de fuliguliens.

La difficulté de se ravitailler et le danger pour les canards plongeurs de s'égarer sous les glaçons toujours mobiles furent sans doute les causes qui nous privèrent de leur présence au milieu de cette mer de glace.

Le beau *col-vert* seul, animait encore la désolation de ces parages d'esquimaux !

Pauvres petites bêtes, il fallait les voir se laisser dériver sur les glaçons, couchés sur le ventre, les pattes repliées et remisées dans les plumes et le duvet de l'abdomen, la tête sous l'aile.

A notre approche bruyante ils se dressaient tout-à-coup sur leurs pattes, et semblaient alors grandis du double, sur le fond blanc et lumineux des glaces.

Nous en perdîmes plusieurs sous et sur les glaçons. Tantôt le blessé fuyait sur la glace, vers les hauts-fonds inaccessibles au remorqueur, tantôt une fausse manœuvre les poussait sous un iceberg.

Cette dernière journée se termine par quinze canards au tableau et nous rentrâmes à Anvers vers 3 heures après-midi avec trente-neuf col-verts et une vingtaine de courlis. Il était temps, quelques jours plus tard, le

RETOUR DE CHASSE EN REMORQUEUR.

3 janvier, le royal fleuve était complètement fermé à toute navigation jusqu'à la mer.

La résistance de la glace était telle qu'à Rupelmonde on a joyeusement fêté le nouvel an sur l'Escaut. On y avait établi des jeux, un tir à l'arc au berceau, qui a eu un plein succès. Pareille chose ne s'était plus vue depuis vingt-huit ans.

Au point de vue cynégétique, nous croyons devoir dégager de ces excursions les conclusions suivantes :

1° Pas d'oiseaux rares ou exotiques ;

2° Trop de glaçons, pas moyen d'utiliser le punt sans grand danger, et le remorqueur fait trop de bruit à travers les banquises. Les oiseaux vous voient et vous entendent venir à trop longue distance.

Faut de la glace, pas trop n'en faut. Que les ruisseaux, les marais, les étangs, les rivières soient couverts de neige ou de glace, c'est parfait, mais le fleuve doit rester libre et découvert pour avoir l'occasion de faire de grands coups. En effet, Félix, le chasseur professionnel qui dût hiverner jusque fin janvier au Saeftingen, ne fit plus rien à partir de notre départ. Deux jours après, les *col-verts* eux-mêmes, à bout de forces, exténués par la faim sans doute, disparaissaient tous un beau matin, comme par un coup de baguette magique. Et le grand fleuve resta seul avec ses glaçons et ses immenses banquises, car les goëlands, les stercoraires et les labbes, venus jusque Terneuzen pour se repaître d'une proie facile et engourdie, s'en étaient retournés honteux et amaigris vers la haute mer.

Quelques chasseurs intrépides, MM. X. et V. D., se rendirent alors à l'île de Saeftingen en traîneau et s'installèrent au Sloop de Félix pendant trois jours. Trop tard, hélas ! ils ne virent plus une plume et revinrent bredouille à Doel. Nous croyons devoir donner une impression de ce que fut cet hiver sur l'Escaut en reproduisant un article de la *Réforme*, par Champal, sur ce sujet.

Anvers bloqué.

—

Les Icebergs de l'Escaut.

—

LA MÉTROPOLE EN LÉTHARGIE

Seuls les promenoirs du port d'Anvers présentent
encore quelque animation. Les désœuvrés — ils sont
légion actuellement dans la métropole — viennent contempler l'émouvant spectacle des glaçons entraînés par
la marée.

La marée haute, qui avait lieu mercredi à midi, avait
attiré sur les quais une foule de curieux plus compacte
que d'habitude.

Pour ceux qui n'ont plus revu l'Escaut depuis l'automne dernier, le changement de tableau est radical.
Le long des quais sont égrenés, dans l'immensité du
panorama, quelques navires dont les pavillons claquent
tristement sous la bise glaciale.

Les frondaisons luxuriantes du pays de Waes ont disparu. Dépourvus de leurs feuilles, ces arbres géants se
confondent presque avec le tapis roussâtre dans lequel
nul ne reconnaîtrait les pâturages si verdoyants des
bords de l'Escaut. En aval émergent à l'horizon quelques mâtures minuscules, deux ou trois cheminées de
fabrique et le clocher d'Austruweel; en amont les blocs
de glace accumulés barrent littéralement le fleuve,
dentelant de leurs aspérités éblouissantes le ciel rougeâtre. Tout respire le deuil et la désolation.

L'INTERRUPTION DE LA NAVIGATION

Sur le fleuve défilent, devant les spectateurs hypnotisés, des icebergs qui occupent presque toute la largeur
de l'Escaut. Ces îles flottantes sont hérissées d'amas de
glaçons qui atteignent jusque deux à trois mètres de

hauteur. A l'intérieur s'étendent des plaines de glace polie que l'on pourrait prendre pour des lacs communiquant entre eux.

Au-dessus de ces icebergs, dont la configuration donne l'impression d'immenses étendues de pays vues a vol d'oiseau, planent tristement les mouettes qui se reposent sur les pics les plus élevés. Envahi par ces glaçons fantastiques, l'Escaut, dont les ondes absinthe dorment lourdement, a perdu son caractère d'immensité : ses rives semblent se rapprocher frileusement.

Ce spectacle fameux, tel que n'en ont jamais vu les Anversois, est encore corsé par les prouesses du *Tenace*, un remorqueur qui remplace actuellement le bateau de la tête de Flandre. Ce petit vapeur, dont la coque doit être invulnérable, s'élance au travers des glaces, comme un bélier indomptable.

Coupés, heurtés par sa proue, les glaçons font entendre des craquements sinistres. La coque du bateau, sans cesse battue par d'énormes blocs de glace, résonne métalliquement sous ses coups répétés.

Mais le sillage émeraude que trace le *Tenace* au milieu des icebergs les plus culminants et les plus étendus rejoint presque les deux rives : les passagers et l'équipage sont sauvés. Et tout le jour durant, l'héroïque petit bateau, le seul qui affronte encore les glaçons, accomplit d'aussi émouvantes traversées.

LE DÉVOUEMENT DES PILOTES

Il y a actuellement huit longs jours que la navigation est complètement interrompue. Les pilotes ont réalisés, de l'avis de tous, de véritables prodiges pour diriger aussi longtemps qu'ils l'ont pu les navires à travers les glaces de l'Escaut. Les bouées qui balisent le chenal avaient été arrachées depuis longtemps ou couchées sous les glaces, qu'ils réussissaient encore à amener les navires dans le port.

Ces braves gens, qui n'avaient même plus pour se reconnaître l'aspect habituel des rives disparues sous l'amoncellement des glaces, rentraient à Anvers la vue si fatiguée qu'il leur semblait que leurs yeux pendaient sur leurs joues. Les pilotes avaient conscience du préjudice énorme qui résulterait de l'interruption de la navigation. Ils ne se sont rendus qu'à la dernière extrémité.

C'est le 31 décembre, à midi, que l'administration a décidé d'interdire complètement la navigation. Elle s'y est prise à temps, car, parmi les navires qui ont fait ce jour-là les plus grands efforts pour quitter Anvers, ou y venir chercher un abri, deux ont échoué dans les icebergs, prisonniers, malgré leurs puissantes machines, de ces îles flottantes. Pris dans un étau de glace, ces bâtiments ont pu être dégagés presqu'aussitôt par les remorqueurs. Si cet accident était survenu loin d'Anvers, ces vaisseaux auraient péri écrasés, ensevelis sous les glaçons.

LES ACCIDENTS

L'échouage est en effet, actuellement, le danger le plus grand que puisse courir un bateau naviguant sur l'Escaut. C'est pour cette raison que l'accès du port a été interdit aux voiliers dès le 10 décembre. Leurs coques en bois ne résisteraient pas, en cas d'échouage, aux coups de bélier que leur porteraient les glaçons fantastiques charriés par l'Escaut.

On a néanmoins interdit, à mesure que la situation s'aggravait, la navigation des plus grands vaisseaux et enfin le 31 décembre tout mouvement a été arrêté. L'animation dévorante qui règne habituellement sur les quais et dans les bassins n'a pas tardé à disparaître.

Une centaine de navires de mer et environ huit cents bateaux d'intérieur sont bloqués dans le port d'Anvers, figés dans l'épaisse carapace de glace qui recouvre les bassins. Tous déchargés et rechargés depuis longtemps, attendent, serrés frileusement les uns contre les autres, l'heure de la délivrance.

Sous la proue des bâtiments vont et viennent quelques marins qui profitent de la gelée pour repeindre la coque de leurs navires.

VINGT-CINQ MILLE « SANS TRAVAIL »

On conçoit la perturbation provoquée par ce brusque arrêt dans l'activité de la métropole. C'est un coup de théâtre. Depuis vingt-cinq ans, c'est-à-dire depuis que le port d'Anvers a acquis sa grande importance commerciale, jamais on ne vit rien de semblable.

Le nombre des hommes employés au déchargement des navires s'élève habituellement à vingt-cinq mille : c'est un corps d'armée. En ce moment dix à quinze mille ouvriers sont encore employés aux bassins; mais demain tous se verront privés de besogne et de ressources. Les quarante-six « nations » qui possèdent, comme on sait, un matériel complet : chevaux, charettes, etc., emploient chacune actuellement une centaines d'hommes seulement. La question ouvrière va devenir ici un problème inquiétant.

Vingt-deux navires à vapeur, chargés de grains, en destination d'Anvers ont dû s'arrêter à Flessingue. Les négociants et les armateurs ont décidé qu'ils ne seront déchargés qu'à Anvers.

Il y a quelques jours des ouvriers du port ont été mobilisés sur Flessingue, pour y décharger un bateau dont la cargaison devait être réexpédiée par chemin de fer à Anvers. Ils ont dû s'arrêter en route, à la nouvelle que s'ils débarquaient à Flessingue, leur arrivée déterminerait une émeute.

Bref, jamais on ne pourra se faire une idée exacte du désarroi qui règne à Anvers dans toutes les classes de la société, dans la population entière tributaire du port.

Après avoir rendu visite à M. Roger, inspecteur du

pilotage, et à M. Ledoux, capitaine du port, j'ai eu avec M. Royers, ingénieur de la ville, auquel on est redevable de la plupart des perfectionnements apportés dans les installations et l'outillage du port d'Anvers, une intéressante conversation que je vais résumer :

LA DURÉE DE L'INTERRUPTION

M. Royers n'a pu préciser, en admettant que la gelée cesse tout à coup, quand la navigation pourrait être reprise. Lorsqu'il se produira, le dégel augmentera le nombre de glaçons qui flottent actuellement sur l'Escaut Or, c'est surtout l'abondance des glaçons, bien plus que leur consistance ou leur dimension, qui entrave la navigation. Il est plus rare de voir la navigation de l'Escaut interrompue pendant la gelée que pendant le dégel.

Pourrait-on empêcher l'Escaut de geler comme un vulgaire canal et pourrait-on éviter le retour de la situation dont les Anversois pâtissent si cruellement?

M. Royer ne le croit pas. Il y a une dizaine d'années, cette question ayant été agitée, l'ingénieur de la ville et le capitaine du port furent chargés d'écrire un rapport sur les brise-glace dont on se sert avec tant d'efficacité dans l'Elbe. Après avoir minutieusement étudié cette question, MM. Royer et Ledoux, qui ont passé une partie de l'hiver 80-81 à Hambourg, ont conclu que ces brise-glace ne pouvaient être utilisés dans l'Escaut.

LE BRISE-GLACE INEFFICACE

Le cours de notre grand fleuve est en effet absolument différent de celui de l'Elbe où les glaçons sont rapidement charriés dans la mer. M. Royez a calculé à cette époque qu'il ne faut pas moins de quinze jours à un glaçon entrainé par l'Escaut pour être jeté dans la mer.

A la hauteur de Bath, les glaçons descendent à marée basse 18,848 mètres, mais la marée haute suivante les remonte à 16,515 mètres de l'endroit où ils étaient parvenus. Ils ne descendent donc par marée que de 2,300 mètres, soit 4,600 mètres par jour. A Anvers, la marée descendante transporte les glaçons à 16,683 mètres en aval et la marée montante leur fait accomplir un trajet en arrière de 13,167 mètres. D'où un gain de 3,515 mètres en moyenne par marée, soit environ six kilomètres par jour seulement.

Du 1er au 31 décembres dernier les navires entrés dans le port et ceux qui en sont sortis, les remorqueurs, le bateau du bassage de la Tête de Flandre, ont effectué environ deux mille quatre cents trajets dans l'Escaut, faisant en réalité l'office des plus puissants brise-glace.

Beaucoup d'entre eux représentaient une masse de huit millions de kilogs, et malgré cette circulation incessante, il a fallu interrompre la navigation. Il n'y a donc rien à faire.

LA PROSPÉRITÉ D'ANVERS

Terminons par une note moins pessimiste.

Les chiffres suivants donneront une idée de l'accroissement constant du mouvement maritime d'Anvers :

Le mouvement du port d'Anvers, pendant le mois de décembre 1890, accuse, à l'arrivée, 275 bateaux, jaugeant ensemble 300,699 tonnes, ou une moyenne de 193 tonnes par bateau.

288 navires, dont 60 sur balast, ont quitté Anvers.

Les steamers qui ont pris barre à Anvers ont fait 268 voyages.

Le mouvement général du port, pendant l'année 1890, se chiffre par 4,532 navires à l'entrée et 4,542 à la sortie, dont 1,118 sur balast.

Les arrivages représentent un total de 4,517,376 tonnes, soit en moyenne par bateau 996 tonnes.

Les steamers qui ont visité le port ont fait ensemble 3,879 voyages, et leur tonnage total s'est élevé à 4 millions 257,027 tonnes.

La statistique pour l'année 1890 accuse une augmentation de 186 navires à l'arrivée, sur l'année 1889, jaugeant ensemble 468,325 tonnes; par contre, le nombre de sorties a diminué de 287 navires, et ceux partis sur balast augmenté de 141.   Champal.

La rigueur de l'hiver 1890, viendrait ainsi confirmer la fameuse théorie des dix ans, dont on a souvent parlé. On a constaté que ces phénomènes se reproduisaient avec une régularité qui, malgré les nombreux accrocs qu'elle a reçus, n'en demeure pas moins frappante. Au sujets des hivers rigoureux, par exemple, et pour ne parler que de notre siècle, 1830, 1840, 1870, 1879-80, 1890 sont des dates restées dans les mémoires.

Le 16 janvier, après quarante-sept jours de gelée, avec un demi pied de neige, la température s'étant légèrement radoucie, on commença à s'inquiéter des conséquences qui pourraient résulter de la débacle de l'Escaut. Fera-t-on sauter à la dynamite les banquises qui barrent le fleuve? Non, le régime de l'Escaut n'est pas celui de fleuves torrentueux comme le Rhône et la Saône, et les banquises sont emportées par les coups de bélier de la marée, et lentement les glaçons détachés gagnent la mer, retardés dans leur voyage par l'action du flux. Cette fois, cela dura ainsi jusqu'au 22 janvier. Ce fut le 23 janvier à 7 h. du matin que les deux remorqueurs *Washington et Norway* tentèrent de traverser les icebergs de l'Escaut ayant à leurs bords les membres de la commission nommée à l'effet d'étudier les mesures à prendre pour la réouverture de la navigation et des pilotes de première classe. Ces messieurs s'étaient également fait accompagner de soldats du génie, porteurs de dynamite et d'engins pour pouvoir éventuellement se dégager des glaces.

Les deux remorqueurs arrivèrent à Flessingue à deux
heures sans encombre. Jolie traversée, ma foi, avec
les obstacles sans nombre semés sur la route. Ainsi finit
la débacle.

On nous pardonnera cette digression, mais elle nous
a permis de donner ainsi la physionomie complète du
Royal Fleuve qu'est l'Escaut par les hivers rigoureux,
tant au point de vue commerciale que cynégétique.

Nous avons peu souffert du froid, pendant ces trois
journées de chasse par dix degrés sous zéro, grâce à
l'absence de vent, et à la présence du soleil qui réchauf-
fait un peu l'atmosphère glaciale de ces vastes solitudes
qui ressemblaient en petit à celles des régions arctiques.
En somme, splendide excursion qui peut faire époque
dans les annales de nos chasses à la sauvagine en bateau.

14

Autres variétés de chasse à la Sauvagine.

CHAPITRE IX.

Il nous reste à dire un mot de quelques autres procédés de chasse en usage sur le Bas-Escaut, et un peu à la portée de tout le monde. Ainsi on peut faire une excursion en barquette à voile.

La méthode est toute simple et toute indiquée. On part d'Anvers à marée haute le matin, et le vent et la marée aidant, on vogue ainsi le long des rives jusque Bath.

Au Willemsrecht en août on rencontrera régulièrement quelques culs-blancs. On pourra loger à Doel ou à Bath, et poursuivre, le lendemain matin, la ballade cynégétique jusqu'à Hansweerd, par le Schaer de Weerde.

En juillet, août, septembre, ces promenades sont très amusantes, et l'on fusille la plupart des oiseaux de rivage, chevaliers, pluviers, bécasseaux, courlis, pies de mer, avocettes et cormorans, etc. Par exemple, il ne faut pas songer à rencontrer le canard ; d'abord, parce qu'il n'y en a guère aux époques de l'année où l'emploi de ces petites embarcations est pratique et confortable, et ensuite parce que les hauts-fonds sur lesquels ils se tiennent habituellement alors, ne permettent pas leur approche en canot.

Les halbrans sont encore aux marais avec leurs parents et les siffleurs ne sont pas encore arrivés.

Choisissez une solide barquette bien stable, pouvant aisément contenir trois ou quatre personnes, avec leurs victuailles et munitions.

Un homme, boatman, marin ou autre, habile à manier

la voile, les rames ou la godille est absolument indispensable, et le succès de la chasse dépendra bien plus des connaissances qu'il aura des passes de l'Escaut, que de la qualité de votre poudre. Il est évident que vous pouvez parfaitement utiliser une canardière à l'avant du canot, mais, le plus souvent, on se sert des calibres 10, 8, et 4 concurremment avec les calibres 12 ou 16, d'après les chances qui s'offrent au tireur.

Nous ne saurions assez recommander les fusils à percussion centrale, et surtout les Hammerless, pour ce genre de sport.

Dans un canot ouvert, outre que les mouvements de plusieurs personnes sont fort limités, il est extrêmement dangereux de manier, et surtout de laisser reposer chargées, — même au cran d'arrêt — des armes à chiens ou à broche. La mobilité grande d'une barquette à voile sur un large fleuve, n'est pas faite pour diminuer les accidents des armes à feu, déjà si fréquents et si redoutables en terre ferme.

Plus d'un chasseur d'Escaut perdit la vie, tué par son propre fusil, qu'il avait déposé chargé sur les côtés ou le fond d'une barquette. C'est la chasse en bateau la plus dangereuse qui soit. Un faux mouvement, un coup de vent, un coup de roulis ou de tangage peuvent occasionner un irrémédiable malheur. Désarmez donc toujours votre arme en canot, dès qu'elle quitte votre main, pour la laisser reposer. Sur l'eau, le gibier ne part ou ne se découvre que rarement par surprise, neuf fois sur dix, on l'aperçoit longtemps avant qu'il soit à portée, et l'on a tout le temps de saisir son fusil et d'y glisser deux cartouches. Chacun fera ses cartouches comme il l'entend (1), mais nous recommandons de les faire fortes et propres au tir à longue distance, de préférence les deux coups pleins chokebore.

----

(1) On trouvera les charges relatives de poudre et de plomb dans les catalogues de tous les armuriers.

Une épuisette, une jumelle, des bottes, un imperméable en cas de pluie, complèteront l'attirail du chasseur en barquette à voile sur le Bas-Escaut. La barquette peut encore servir à un autre sport :

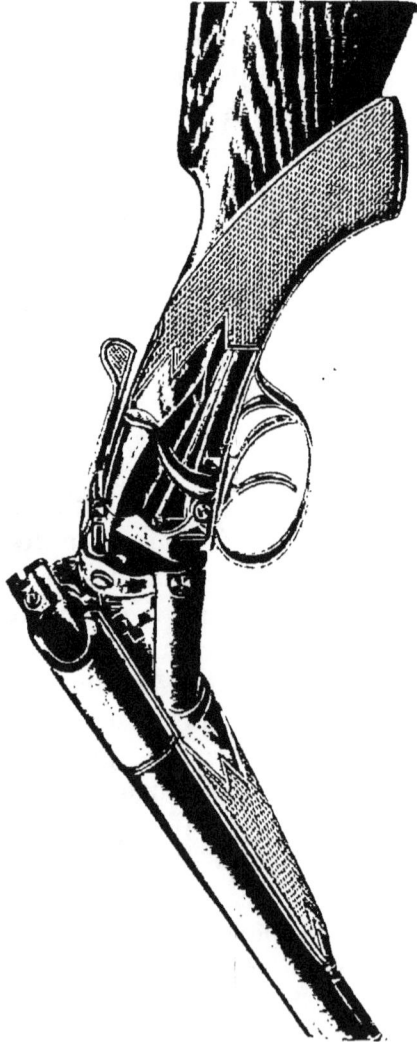

LE FUSIL « RATIONNEL » HAMMERLESS (1).

Dépôt D. Heuertz, Arquebusier, 13, 15, rue de la Sablonnière, Bruxelles).

(1) Le fusil « Rationnel » est à chiens intérieurs. Il est à percussion directe. L'armement des platines ne se fait pas par la manœuvre de l'ouverture de l'arme, il ne peut se faire qu'après la fermeture complète. L'armement s'effectue par un levier placé à portée sur la face latérale de la bascule; il suffit de pousser ce levier en avant pour que l'arme soit prête à tirer.   PIEPER, LIÉGE.

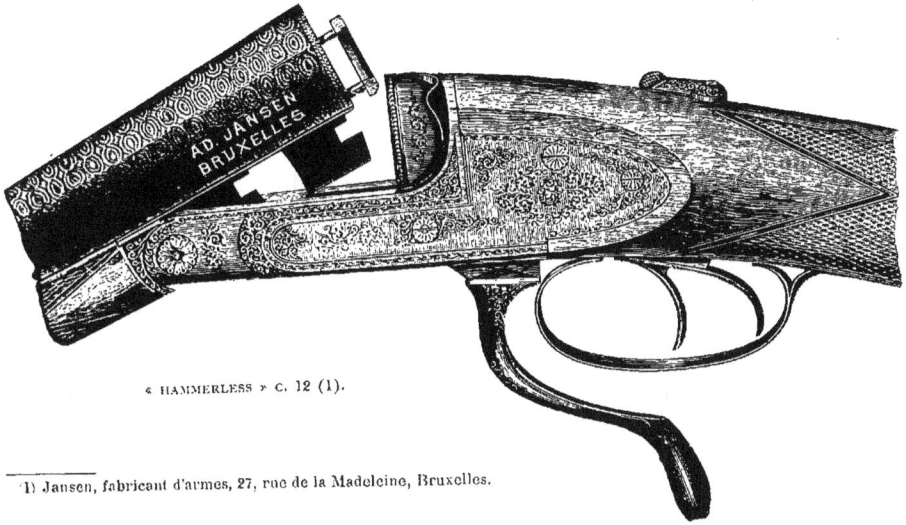

« HAMMERLESS » C. 12 (1).

1) Jansen, fabricant d'armes, 27, rue de la Madeleine, Bruxelles.

La chasse le soir au réverbère ou au flambeau.

—

On met un réflecteur à l'avant du bateau, on se laisse dériver, ou l'on sonde les bords ; ou bien encore, guidé par le bruissement des ailes et les cris des canards, on se dirige vers eux en ayant soin de projeter la lumière du réflecteur en plein sur la masse.

Pendant qu'ils sont là, éblouis, atterrés ou enchantés par les rayons du foyer, le chasseur arrive à portée et leur envoie sa meilleure dragée. Cette chasse qui se pratique assez bien sur les bords du Rupel, à Boom et ailleurs, mais surtout en France, au moyen d'un chaudron de cuivre porté par un homme, pourrait parfaitement être essayé dans les profondeurs de l'Hondegat au Kis-Kas, aux schorres d'Arenberg. Plus le réflecteur aura de puissance, mieux cela vaut, si vous pouvez employer l'électricité tant mieux, l'illusion d'un beau lever de soleil n'en sera que plus parfaite et vous n'en approcherez que mieux la sauvagine de toute espèce. Car presque tous les oiseaux, semblables aux papillons nocturnes, semblent être attirés par la lumière. Les fauves seuls s'en éloignent : Est-ce curiosité? Est-ce fascination? J'avoue que jusqu'ici j'ai négligé de le leur demander, mais de leur attitude on peut cependant induire que la lumière ne les effraie pas, sinon ils s'envoleraient ou plongeraient ou se raseraient contre terre, et ils font tout le contraire.

En tout cas, les canards, en ce qui les concerne, ont l'air de croire qu'ils assistent au lever du soleil. Ils se mettent à battre des ailes, à lisser leurs plumes, à s'appeler de doux quack, quack, et de légers can, can, comme s'ils se sentaient déjà à l'aube, avant d'aller à leurs ablutions matinales. Le réveil doit être terrible pour ces pauvres bêtes, ainsi traquées nuit et jour.

Comme vous n'aurez guère la chance de faire ainsi
plusieurs coups le même soir, sinon dans un rayon fort
éloigné, choisissez une arme de fort calibre, le calibre 4
par exemple. La chasse aux blessés, doit être illusoire, et
j'estime qu'il serait sage d'aller inspecter les bords où a
eu lieu l'assassinat le lendemain matin à la pointe du jour.

La chasse en barquette à l'affût nous est plus familière que la chasse au réflecteur.

Nous terminons souvent notre journée de chasse en
yacht par une dernière tentative à l'affût dans les
schorres du Vieux Doel. On sait que le col-vert quitte
les grandes eaux à la tombée du jour, pour aller chercher
sa nourriture aux polders, aux schorres, où il se régale
toute la nuit, tandis que le siffleur se complaît au contraire, sur les vases du fleuve. Par temps de gel, les
canards circulent et sont en mouvement plus qu'en tout
autre temps.

Le yacht donc, se met à l'ancre, le canot joint la rive
et dissimule ses flancs au milieu des *Aster*, (en flamand
Lamkes-ooren) du schorre. Là, accroupis dans le bateau
ou dans la vase d'une crique, nous guettons le passage
des canards sauvages qui se rendent à leurs gagnages.

On peut ainsi s'échelonner à plusieurs, à 40 mètres de
distance sur une même ligne droite. Le plus grand
silence est de rigueur, défense de fumer, tousser,
enfin de donner le moindre signe de vie. Les fusils seuls
ont la parole, et il faut encore avoir soin de dissimuler
leur éclair d'acier avant le tir. En hiver, l'obscurité
succède assez vite à la lumière du jour, et l'affût ne
dure guère plus d'une demi-heure, si la lune ne vient
pas éclairer la scène. Dans le cas contraire, il peut se
prolonger pendant des heures, mais il faut avoir soin de
se placer dans l'ombre, face à l'astre de la nuit, de façon
à mettre les oiseaux en pleine lumière. Généralement on
les entend avant de les voir, leur vol sibilant les

annonce, préparez-vous sans toutefois lever votre arme, car ils vont vite, écoutez encore afin de percevoir s'ils vont vous passer à droite ou à gauche, ou au-dessus de votre embuscade. N'oubliez pas votre voisin si vous n'êtes pas seul, et faite feu bien en l'air dans la bande s'ils sont nombreux, ou choisissez-en un s'ils sont dispersés. Ramassez immédiatement l'oiseau tombé, mort ou blessé, car vous oublieriez bien vite, la place exacte où il est venu s'abattre.

Chasse très intéressante quand on a de bons yeux, l'ouïe fine, une certaine dose de patience et surtout un fusil qui porte loin.

Quelques indigènes chassent également à l'affût sur le Bas-Escaut le matin à la pointe du jour, au moment du repassage des canards, des oies et autres *rôdeurs matinaux*. Autrefois les riverains du grand fleuve pratiquaient beaucoup l'affût du soir aux canards sauvages. Ils faisaient des trous aux abords de l'île de Saeftingen, et s'y enterraient jusqu'aux aisselles pour mieux se dissimuler et guetter le gibier. Un tonneau ferait bien mieux l'affaire. Les jours de clair de lune, ils s'attardaient ainsi jusque minuit, et tous les soirs au Vieux Doel, au Frédericq, à Santvliet et ailleurs, c'était la petite guerre des affûteurs de l'Escaut qui réveillaient les échos endormis du vieux fleuve.

De nos jours, on peut encore brûler une demi-douzaine de cartouches utilement à l'affût, mais à moins de chance exceptionnelle, nous doutons qu'on puisse rééditer les exploits des primitifs d'autrefois, d'il y a quelque dix lustres.

Pourquoi? Parce que les canards pourchassés en punt avec canardière nuit et jour, aussi bien sur les côtes anglaises que sur les rives néerlandaises, sont devenus plus rusés, plus circonspects; ils connaissent les trucs de l'homme moderne. Leur vol est plus élevé, plus disséminé à la brune, et ils passent et repassent trop haut, hors portée, hors d'atteinte.

CHASSE A L'AFFUT.

Mais n'allez pas croire les histoires que vous conteront les indigènes, sur les immenses, les innombrables quantités de canards qui peuplaient le Bas-Escaut il y a cinquante ans. S'il y a plus de chasseurs aujourd'hui, il y avait alors beaucoup plus de canardières à tunnel aux Iles Britanniques, en Hollande et en Belgique, et ces pièges merveilleux raflaient la tribu des Anatidés par milliers.

Aujourd'hui encore, quoique leur nombre soit beaucoup diminué par les progrès de la civilisation, les besoins de l'industrie, l'extension des populations rurales et agricoles, ce sont les canardières diaboliques installées à l'intérieur des terres qui approvisionnent les marchés des grandes villes de canards sauvages. Non, leur nombre n'a pas diminué, ni sur l'Escaut, ni ailleurs, ni nulle part, et il suffit d'avoir l'occasion de contempler leurs rangs épais par quelques belles journées d'hiver par vent d'Est, pour avoir la conviction que les vides causés par les canardières à poudre et autres, sont comblés tous les ans, que leur race n'est pas prête de s'éteindre, et qu'il y en a et en aura toujours plus que tous les chasseurs présents et futurs n'en pourront détruire, même en usant de tous les pièges, trucs et engins de guerre que le génie de l'homme saura inventer.

Chasse à la Pantière.

—

Une espèce de chasse, si on peut l'appeler ainsi, qui se pratique encore sur le Bas-Escaut, est la *Tenderie aux filets ballants au vent*. Elle tient plutôt du piège que de toute autre chose, et comme en cas de mauvais temps, on pourrait l'essayer ne fut-ce que pour se maintenir en haleine, nous en dirons un mot.

Ce sont tout simplement des nappes de filets en ficelle à larges mailles, qui se suspendent verticalement entre deux perches en bois de 4 à 5 mètres de hauteur, fichées en terre. Chaque nappe peut avoir une longueur de 15 à 20 mètres, et quand elle est placée, elle flotte librement à un pied du sol, comme un store. On peut en mettre ainsi autant qu'on veut dans différentes directions d'après l'orientation du vent. Toutes les peuplades primitives connaissent cette chasse et les habitants de l'Extrême-Nord la pratique couramment. Pour réussir, il faut qu'il ne fassent ni trop clair la nuit, ni trop grand vent.

Par forte brise, le filet est soulevé au lieu de faire l'office d'un rideau vertical, et le bruit du vent à travers les mailles s'entend à grande distance. L'obscurité favorise évidemment le succès de l'engin, qu'elle dissimule alors complètement et les oiseaux d'eau de toutes espèces en ballade nocturne, selon leurs coutumes viennent donner étourdiment de la tête et des ailes dans ce velum diabolique. On y prend de tout, depuis des bécasseaux gros comme une alouette, qui demeurent piqués dans les rets comme une araignée dans sa toile, jusqu'aux canards, courlis, goëlands, oies sauvages, qui en se débattant, s'entortillent d'une façon inextricable dans les mailles du filet.

Il faut parfois plus d'un quart d'heure de travail pour les en dépêtrer, car plus il se sont débattus, plus ils sont enchevêtrés dans le réseau infernal.

Généralement s'il fait froid la nuit, on les trouve morts le matin. Les filets se placent un peu avant la chute du jour, et il convient d'aller les visiter le lendemain matin à l'aube, afin qu'un oiseau de proie, ou un voisin ne vienne opérer en votre lieu et place.

Très intéressante en somme cette petite tenderie, qui ne coûte rien, quand on possède les filets, que la peine de les placer sur la brune et de les ôter le matin, c'est-à-dire après la chasse en bateaux terminée vers le soir, et avant de la commencer le lendemain. De cette façon, nos excursions cynégétiques sont bien remplies, nous n'avons rien à nous reprocher en nous couchant. Sur pied dès le matin, nous avons perlustré le fleuve en yacht ou en punt pendant la journée; puis, à la chute du jour, nous passons une demi-heure à l'affût, pendant qu'à côté on installe les filets pour la nuit. C'est ainsi que parfois, nuit et jour, nous nous acharnons à la chasse de la sauvagine, en plein cœur de l'hiver. Ces jours-là, tout le monde loge à bord de la *Sarcelle*, et pendant que le bateau se balance mollement à l'ancre, sous le vent, et que le glouglou et le clapotis du courant caressent ses flancs, se mêlent aux appels et aux cris de la volatile en train de festoyer aux vases et aux goulets, les chasseurs profondément endormis, rêvent à des hécatombes de canards pour le lendemain. Ils voient en songe les filets, placés par Pieter, remplis d'oiseaux inconnus, et les coups en punt surpassent tout ce que l'on a fait jusqu'ici...

Belles nuits, heureux moments passés ainsi loin du bruit frivole des villes et des misères de la petite vie ordinaire, je vous ai marquées d'une croix blanche, vous comptez double parmi mes plus beaux jours avec ceux de ma vie universitaire...

...Tout dort.....

... Deux heures du matin... Hoog water (marée haute), soupire Pieter. Et de temps en temps, à longs intervalles, la voix perçante des courlis, sentinelles infatigables des Escaut... Er loïp, er loïp, trouble seule à cette heure le grand silence de ses solitudes et le doux murmure des eaux... Marée haute... tout dort... Paix sur la terre et dans les cieux !!

.   .   .   .

La chasse à tir sur les rives du Bas-Escaut.

—

Quels que soient les moyens employés, cette chasse offre beaucoup moins de chances et d'occasions de tuer du gibier. On pourrait certainement se mettre en embuscade dans les roseaux, au Boomke, au Willemsrecht et ailleurs; on pourrait se cacher dans un bachot dissimulé lui-même avec des ajoncs, des branchages, le long de certaines rives ou de certains goulets, ou se promener avec un écran, mais que de patience, que de peines pour endurer cette chasse en hiver!

TIR AU RADEAU, OU SINK-BOX AMÉRICAIN ENTOURÉ D'APPELANTS.

Nous estimons, au surplus, que ce genre de sport n'est guère praticable sur les grandes largeurs du Bas-Escaut à cause des marées, des plages vaseuses mises à nu à trop longue distance du bord accessible. Le chasseur dans ces conditions est trop à découvert, empêché dans la boue, et, à part quelques jacquets (petite bécassine), quelques culs-blancs ou pluviers, il n'approchera rien, hormis peut-être le jour de l'ouverture de la chasse, quand les

oiseaux n'ont pas encore entendu siffler le plomb meurtrier à leurs oreilles. Mais dès le lendemain ils connaissent le jeu et, au premier coup de feu, ils quittent les
rives pour toute la journée, et il ne restera plus au
sportsman qu'à caresser son chien ou faire des considérations philosophiques sur le mouvement perpétuel des
marées.

Nous avons exposé, avec tous les détails que comportait le sujet, les procédés modernes de chasse en bateaux
à la sauvagine. Nous espérons avoir été suffisamment
clair et précis pour ceux qui voudraient, d'après cela,
s'adonner à ce genre de sport. La chasse en bateaux est
le dernier mot de la chasse à tir aux oiseaux de mer et au
gibier d'eau en général, et nous espérons qu'elle deviendra de plus en plus en faveur chez nous, au fur et à
mesure que le perfectionnement des armes à feu, les
plaisirs de la navigation et de la chasse combinés, iront
grandissant et se développeront parmi nos compatriotes.

Nous aurions pu décrire encore les chasses qui se pratiquent aux schorres, le long des bords du fleuve ou de la
mer, mais comme ces excursions cynégétiques se font
généralement à pied, avec ou sans chien, nous croyons
qu'elles ne rentrent pas dans notre cadre. Il nous suffira
de les signaler pour qu'on sache que ce genre de sport a
aussi ses fidèles et ses adorateurs enthousiastes. Cette
chasse, du reste, n'exige aucun attirail spécial, à part
peut-être quelques appeaux aux pluviers, courlis, vanneaux, canards. Elle a certainement ses trucs et procédés que nous n'ignorons point, mais c'est, en somme,
de la chasse au marais et nous ne pouvons nous attarder
à la décrire ici. Il ne manque pas d'ouvrages traitant de
la chasse au marais tout au long.

Qu'il nous suffise de dire que sur les rives du Bas-
Escaut, la direction du vent joue un grand rôle sur la
présence ou l'absence des oiseaux-gibier, du moins dans
les parties non abritées par une digue de mer et aux
grandes largeurs du fleuve. Certaines circonstances qu'il

faudra savoir étudier feront que tantôt les oiseaux se tiendront *sous le vent*, tantôt *dans le vent*, mais, en règle générale, on a plus de chance de les rencontrer sous la côte abritée, *sous le vent*.

Certaines parties du lit de l'Escaut sont couvertes de schorres faisant partie de chasses privées; on aura soin de s'en informer afin d'éviter les désagréments d'une contravention, procès-verbal, et autres amabilités de gardes préposés à la conservation de ces chasses privées.

Notre savant ami, M. Jules Lebleu, avocat, a bien voulu étudier cette question et faire la lumière complète sur le sujet. Voici la question traitée *ex cathedra* pour les chasseurs, propriétaires ou locataires, que la chose intéresse.

Francs-bords. — Lit d'une rivière ou d'un fleuve

—

Le jugement du tribunal de Bruxelles du 22 juin 1891, est en parfaite harmonie avec l'arrêt de la Cour de cassation du 17 février 1890. Le jugement et l'arrêt font une application logique, à des cas différents, d'un principe qui n'a pas toujours été à l'abri de toute contestation, mais qui paraît définitivement triompher en doctrine et en jurisprudence.

En vertu de ce principe, le lit seul des rivières navigables est la propriété de l'État, fait partie du domaine public ; les bandes de terrain, au contraire, qui longent ces cours d'eau, désignés sous le nom de francs-bords, chemins de halage, marchepied, restent la propriété des riverains ; ceux-ci doivent les fournir, mais seulement à titre de servitude établie au profit de la navigation.

Si le riverain reste, en principe, propriétaire du sol, il en résulte qu'il conserve toutes les prérogatives attachées aux droits de propriété, du moment qu'elles sont compatibles avec l'exercice de la servitude dont son fonds est grevé. Une de ces prérogatives est, à coup sûr, le droit de chasse puisqu'il est défendu de chasser sur le terrain d'autrui sans le consentement du propriétaire ou de ces ayants droit. De même le riverain se prévalant des avantages attribués au droit de propriété pourra défendre aux pêcheurs d'user du chemin de halage et du marchepied pour pêcher à la ligne ou pour tirer leurs filets hors de l'eau et les sécher. *Dura lex, sed lex.* (V. n° 51, Pêche – Jurisprudence, p. 486).

La question de propriété étant résolue en faveur des riverains, il était logique de conclure : 1° que l'adjudicataire du droit de chasse sur la rivière ne peut chasser que sur le lit même et non sur les francs-bords ; 2° que le

15

titulaire du droit de chasse sur les terres longeant la rivière peut chasser sur les francs-bords n'importe quel gibier, à condition de s'abstenir de tout acte de nature à faire lever le gibier du lit de la rivière, de façon à l'amener sur son terrain.

Est-ce à dire que les servitudes connues sous le nom de chemin de halage, etc., ne pourront jamais être utilisées par les adjudicataires du droit de chasse sur les rivières ? Nullement.

Il est incontestable et admis par tous les auteurs que les pêcheurs peuvent se servir des servitudes, dont il s'agit ici, comme navigateurs, c'est-à-dire pour les besoins de la navigation, pour tout ce qui concerne le service de leurs bateaux, notamment le tirage de ceux-ci. S'il en est ainsi, on ne voit pas pourquoi les mêmes principes ne s'appliqueraient pas aux chasseurs sur les fleuves ou rivières ; il n'y a, en effet, aucune distinction à faire quant aux buts poursuivis par les navigateurs : pêche, transport, chasse. Ils doivent marcher tous sur le pied de l'égalité la plus complète.

Mais une autre question reste à examiner.

Jusqu'où s'étend le fleuve, la rivière proprement dite, le lit des cours d'eau ? Où s'arrête le domaine de l'État, où commence le droit du riverain ?

Lorsqu'il existe des berges et des talus qui servent à contenir les eaux, à les encaisser, il faudra les considérer comme faisant partie du lit de la rivière et comme appartenant, par conséquent, au domaine public. La crête de la berge sera la ligne de démarcation qui séparera les deux propriétés contiguës. Sans pouvoir être inquiétés le moins du monde, les pêcheurs à la ligne ainsi que les adjudicataires de la chasse et de la pêche pourront donc stationner ou circuler sur ce qu'on pourrait appeler les rives intérieures de la rivière.

Mais que décider dans le cas où le terrain s'incline en pente douce jusqu'au cours de l'eau ? Les eaux qui coulent dans les rivières s'élèvent ou s'abaissent suivant les saisons et les circonstances atmosphériques ; comment déterminer la limite de leur lit?

On enseigne généralement que la limite se trouve au niveau qu'atteignent normalement les eaux lorsqu'elles roulent leur volume habituel le plus fort, sans déborder ; la limite se déterminera par conséquent par la ligne des plus hautes eaux ; mais il ne faudra tenir compte ni des crues extraordinaires, ni des inondations.

Toute rivière, dit à ce sujet un arrêt de la cour de Lyon, a une mesure normale de croissance et de décroissance qui règle naturellement l'étendue du lit qui la renferme et la contient ; ainsi son lit ne comprend pas seulement le sol couvert par les eaux d'une manière permanente, ce qui en restreindrait les limites aux lignes baignées par les plus basses eaux, il embrasse, comme une dépendance nécessaire, les parties du sol alternativement couvertes et découvertes, suivant la crue ou l'abaissement des eaux, sauf toutefois le cas de débordement.

D'où il résulte qu'on peut chasser sur les rives de l'Escaut jusqu'aux points où s'élèvent les eaux à marée haute ordinaire, aussi bien à pied qu'en punt, contrairement à l'avis des gardes-champêtres et autres, qui vous concèdent facilement l'accès des bords en punt, mais pas à pied. Il est évident pour nous qu'il ne peut y avoir une différence de limite au lit d'un fleuve pour celui qui chasse en bateau au détriment de celui qui chasse à pied. Mais l'État propriétaire peut louer la chasse de certains schorres, d'autres peuvent appartenir aux wateringues ou à des particuliers ; dans ces cas-là, les schorres ne sont plus du domaine public, et il sera bon de se rappeler qu'il est défendu de chasser sur le terrain d'autrui sans le consentement du propriétaire ou de ses ayants droit.

Nous bornerons là nos réflexions juridiques sur ce sujet.

Il n'entre pas dans notre plan de faire une description détaillée de toutes les méthodes de chasse à la sauvagine

en usage chez les différents peuples du monde. Chaque
pays, chaque mode, dit le bon sens vulgaire; aussi, il n'y
a point de pays, de contrée même, fréquentés par les
oiseaux d'eau, où l'on n'emploie quelque procédé particulier pour les capturer. Nous en mentionnerons quelques-uns en cours de route au chapitre consacré aux
oiseaux.

Nous ne saurions non plus nous attarder ici aux procédés usités chez les anciens pour la chasse à la sauvagine. Il faudrait remonter au déluge et refaire l'histoire
de la chasse des primitifs aux bêtes fauves et aux oiseaux
d'eau. Ils avaient, du reste, recours aux pièges proprement dits plutôt qu'à la chasse à tir. Un grand nombre
de ces pièges sont encore mis en usage dans toute l'Europe par les braconniers, les professionnels et surtout
les riverains des fleuves, des mers et autres cours d'eau.
La plupart sont cruels et prolongent l'agonie de leurs
victimes, d'autres rentrent dans la catégorie de la chasse
aux filets et deviennent l'art de la tenderie.

Citons, pour mémoire, les *lacets* de toutes espèces,
composés de crins ou de fil et formant un nœud coulant
dans lequel les oiseaux se prennent en y passant.

Les collets, à piquets, pendus ou traînants.

La glanée. — L'une des chasses les plus destructives
avec la canardière sur étang, que l'on ait faite aux canards
sauvages.

C'est un piège à *collets* à six ou huit crins, fixés à des
tuiles ou piquets en croix établis dans l'eau. Les collets
surnagent horizontalement entre deux eaux, et les
canards attirés aux endroits amorcés depuis plusieurs
jours avec du blé cuit, plongent et se font prendre par
le cou, sans pouvoir se débarrasser ni souvent même se
plaindre.

Les foulques, les poules d'eau et autres plongeurs se
font pincer aussi à ce piège très meurtrier.

Il est basé sur la gourmandise et l'insatiable appétit
des canards. En fait, il n'y a pas dans toute la création

un animal qui ait autant d'appétit que le canard comparativement à son volume. Sa voracité est prodigieuse, son estomac un gouffre. C'est, de plus, un goinfre à qui tout est bon. S'en fourrer jusque-là, et plus encore s'il en reste, telle est sa devise.

Au canard comme au cochon, tout est bon !!

Aussi, sont-ce deux barboteurs en eau trouble et deux types à part, chacun dans la série zoologique à laquelle ils appartiennent.

Mais le canard paye souvent de la vie, sa gourmandise et sa curiosité, car si le piège à la *glanée* est basé sur ce premier défaut capital, la *canardière sur étang*, où il est attiré par des canards domestiques qu'on nourrit devant lui, est surtout basée sur sa curiosité à suivre les allées et venues d'un petit chien dressé — ressemblant à un renard — dont on se sert pour compléter l'attirance de l'oiseau au-delà de l'embouchure du fatal tunnel.

Il est un fait d'observation très curieux à rappeler, c'est que le canard sauvage subit une espèce de fascination dès qu'il aperçoit un renard à proximité des bords de l'étang ou du lac où il barbote. Et c'est sur ce fait étrange qu'ont été établies ces fameuses canardières pour attraper les canards en lieu couvert et préparé. Elles se composent aujourd'hui d'un étang, de canaux, de cages à apprivoiser les col-verts, d'allées d'arbres, de filets, etc., mais surtout d'un petit chien roux qui joue le rôle principal dans toute l'affaire. Et nous devons à la vérité de dire que celui qui a imaginé l'établissement de ce piège-là, avec tous ses accessoires, n'était pas précisément un imbécile.

Sans doute maître Renard, a joué plus d'un tour à la famille Anas et à ses descendants, pour que la vue de cet ennemi héréditaire, accapare soudain toute son attention, car dès qu'il se montre sur les bords de l'étang, l'oiseau s'avance vers lui, et il ne quitte plus des yeux les mouvements onduleux du panache de sa queue. A moins que ce ne soit le contraire, et que la joie d'assister aux évolutions du célèbre comédien ne soit si intense qu'il en oublie le sentiment de sa conservation. Est-ce de l'amour? Est-ce de l'horreur? Est-ce simple curiosité? Questions! Pourquoi l'alouette se mire-t-elle au miroir du chasseur? Curiosité de petite coquette, pensons-nous.

Ah! si nous vivions encore aux temps heureux où les bêtes parlaient, nous pourrions le leur demander! Un interview de canard sauvage, c'est ça qui aurait un joli succès. Car, outre qu'il aurait pu nous renseigner sur la sauce à laquelle ses pareils préfèrent être accommodés, il eût pu nous révéler l'énigme du Pôle Nord, et dispenser ainsi les peuples d'aller se faire ensevelir sous les banquises. Et en supposant qu'au pis aller, le canard n'en sache encore rien lui-même, n'ayant pas voulu pousser jusque-là ses pérégrinations hyperboréennes, parce qu'il sait qu'il n'y a certainement que de la glace, et pas une goutte d'eau ni un être vivant au Pôle Nord, il nous aurait à coup sûr fait le récit intime de ses voyages bi-annuels à travers le continent, et nous aurions pu, grâce à ses renseignements précis et circonstanciés dresser sa carte de migration.

A propos du mutisme des animaux, et de la singulière manie de certains canards de paraître hypnotisés à la vue d'un renard, nous continuons notre démonstration en rappelant un fait que le hasard est venu fournir à l'appui de cette étrange particularité, il y a une cinquantaine d'années, près du Havre de Grâce à Maryland (État-Unis).

Un jour, un chasseur américain côtoyait les bords d'une pièce d'eau sur laquelle une grande bande de canards s'étaient abattus. Il s'en allait en tapinois, se dissimulant tout le long des joncs et des plantations d'arbustes qui formaient par ci par là une bordure à l'étang.

Il s'était arrêté derrière un arbre pour réfléchir à la

tactique qu'il allait suivre, étant sur le point de se couvrir de branchages pour tenter l'approche des farouches volatiles, lorsqu'il vit tout à coup la bande de canards sauvages se diriger vivement vers la rive, comme si quelque chose d'extraordinaire les eût attirés. Ahuri de cette manœuvre insolite, il se tint coi et commença à apprêter son fusil qu'il tenait dissimulé le long du corps.

Les canards, maintenant, canetaient entre eux, paraissaient très gais, tout en s'approchant de plus en plus du bord, presqu'à portée de fusil. En jetant un coup d'œil vers l'endroit qui paraissait attirer ainsi les oiseaux, notre chasseur ne fut pas peu surpris de voir un renard en train d'exécuter sur place des bonds et des sauts désordonnés du plus haut comique. Ce spectacle inattendu et exhilariant d'un quadrupède pinçant une gigue anglaise sur un rythme inconnu devant une assemblée de volatiles à la nage, et qui vraisemblablement n'avait jamais rien eu de commun avec lui jusque-là, rappela tout à coup le Yankee au sentiment national, le flegme américain qui ne s'étonne et ne s'émeut de rien.

Il refoula en lui le chasseur, qui aurait pu alors faire feu de ses deux coups sur la bande de canards nageant de plus en plus vers le bord enchanteur, et résolut d'attendre jusqu'à la fin, caché derrière son arbre, le résultat de cette danse singulière, sans doute intéressée.

Par intervalles, les bonds de l'animal diminuaient de vigueur, de hauteur, mais l'agitation du panache de sa queue redoublait dès qu'il s'apercevait que les oiseaux semblaient hésiter, demeuraient en place ou s'éloignaient quelque peu de la rive. Lui-même s'écartait petit à petit de la place primitivement choisie à ses ébats, au fur et à mesure que la singulière attraction exercée sur eux les amenait, inconscients, vers les joncs. Puis, ils demeurèrent un instant comme interdits, le charme vainqueur parut lassé, rompu, et ils s'éloignèrent à regret du rivage enchanteur.

Le rusé compère continua cependant ses petites

manœuvres, mais s'aperçut trop tard qu'il s'était trop
éloigné du bord et que les oiseaux n'avaient pu suivre la
continuation et la fin de ses magnétiques exercices, à
cause sans doute de la différence de niveau des terrains
qui l'avait dérobé à leur vue. Il s'éloigna de son côté,
soit qu'il eut flairé l'homme, soit qu'il se sentit trop fatigué pour recommencer ses saltations fantastiques. Car
il est bien évident, n'est-ce pas, pour quiconque connaît
la réputation astucieuse non volée de maître Renard, que
la fin de sa petite comédie devait finir par un drame,
qu'il n'est pas bien difficile de reconstituer ainsi.

Quand la bête scélérate a suffisamment entraîné les
canards près de la rive en simulant une retraite adroite
et innocente dans l'intérieur des terres, il se dérobe soudain, se rase adroitement vers l'endroit où ses folles
cabrioles les ont laissés et, pendant qu'ils sont encore
sous le charme de sa brillante représentation, il bondit
sur l'un des plus confiants et des plus attardés vers le
bord, et s'empare de la pauvre bête souvent en mue.

L'Américain ne tira pas de canards ce jour-là, son
cerveau était ailleurs; il rentra pensif, mais la leçon du
maître ne fut pas perdue.

Il fit placer des cloisons et des paravents en joncs, en
paille, en feuilles, percés de trous pour voir et tirer, le
long des rives du lac, déjà dissimulées par des roseaux,
en ayant soin de laisser, entre les intervalles de ces haies
impénétrables, des places libres bien à nu et facilement
visibles du milieu de la nappe d'eau.

Il dressa un petit chien roux, à la queue en panache, à
sauter, à bondir, à remuer énergiquement sur place et à
s'éloigner ensuite sur certains signes de son maître caché
derrière la claie meurtrière, tout en continuant cet exercice étrange, jusqu'à ce que son maître ait annoncé par
une double décharge que sa tâche était accomplie. Et
c'est ainsi qu'il existe aujourd'hui en Amérique une
chasse spéciale aux canards, appelée « *Toling-Wild-
Fowler* », basée toute entière sur le procédé de la danse

du renard, qu'on remplace par de petits chiens qui lui ressemblent et auxquels on tâche d'inculquer la manière de faire du professeur.

A défaut de chien, on a parfois recours à un mouchoir rouge, mais avec infiniment moins de chance de réussite.

En Suède, en Norwège, en Laponie, l'expédient ingénieux du petit chien est pratiqué, en automne, de la manière suivante, au moment où les bandes de canards se réunissent en grande masse aux bords des lacs et des rivières dont les bords sont généralement peu profonds (1). L'oiseleur-chasseur s'approche aussi près qu'il peut, puis se laisse tomber sur les mains et les genoux, et s'avance ainsi en rampant doucement et avec mille précautions. Pour y réussir, il se fait précéder par son chien roux, dressé, qui gambade en avant. Il obtient ce résultat en lui jetant de temps en temps un morceau de pain qu'il tient en bouche. Les canards, attirés par les passes du chien, s'approchent de l'estran et fournissent ainsi souvent au chasseur l'occasion de les tirer à portée. M. Bédoire ajoute que c'est à l'instar du renard qu'ils opèrent ainsi, les indigènes de ces pays l'ayant vu manœuvrer de cette singulière façon en automne pour s'emparer de jeunes canards.

L'animal se promène sur les bords de l'eau, sautant de temps en temps en l'air et, d'autres fois, rampant sur son ventre en traînant le panache de sa queue sur le sol. Ces manœuvres excitent la curiosité des novices qui s'approchent jusqu'à vouloir saisir sa queue avec leur bec, mais ils payent généralement cher leur témérité, car le coquin s'empare alors de l'un ou l'autre d'entre eux.

Comme on le voit, c'est le même phénomène que celui qui se passe au miroir, au moment de la migration d'automne : les jeunes alouettes viennent s'y mirer et faire le Saint-Esprit avec une confiance sans bornes, mais les alouettes indigènes et les vieilles s'en moquent un peu.

(1) M. BADOIRE : V. *Lloyd's Gam. Birds and Wild-Fowl. of Sweden and Norway*, page 283.

La queue en panache du renard, c'est le miroir aux alouettes pour les col-verts, les milouins, etc. Et les petits chiens employés dans les canardières établies sur les étangs en Angleterre, en Hollande, en Belgique et ailleurs, ne font en somme que rappeler et imiter la manière d'agir de maître Renard.

Il y a bien les canards domestiques et le grain jeté en pâture pour donner la première confiance, et éveiller l'appétit de ces oiseaux toujours affamés, mais c'est bon pour la sarcelle, plus gourmande encore que le col-vert, ces petits moyens. Celui qui, en somme, joue le grand rôle, exerce une attirance irrésistible et décide définitivement ces beaux sauvages à s'aventurer au-delà de l'embouchure du tunnel, c'est le petit chien qui vient faire frétiller sa queue en panache à l'entrée des cloisons. On comprend qu'un animal de cette espèce, bien dressé, marchant au doigt et à l'œil, soit hors pair et d'un prix inestimable. Aussi, est-il admis et reconnu par tous les canardiers que plus le petit chien simule, par ses allures, son poil, son facies, l'aspect du renard, plus on capture de canards sauvages.

Et c'est par milliers que les pauvres *col-verts* vont ainsi depuis plus de deux siècles se faire tordre le cou, dans ces canardières meurtrières. Nous visitâmes un jour la canardière de M. de Marnix, installée à Bornheim, et nous assistâmes à la prise de quelques oiseaux au moyen des manœuvres du petit chien, mais si nous rentrâmes de notre excursion enchanté d'avoir visité les magnifiques installations qu'on y a élevées, aussi bien que d'avoir vu fonctionner le *modus operandi*, nous emportâmes en notre âme de chasseur, une sincère répulsion pour cette méthode barbare de capturer les canards, et le secret désir de voir mettre fin ou l'interdit sur ces procédés de destruction d'un autre âge. Jamais un chasseur, jamais un sportman ne voudrait s'employer à cette besogne de tor-cols, confiée du reste par les propriétaires à leurs valets, ou mise en exploitation et affermée de père en fils à des mercenaires de l'endroit. Et ce qu'il y a de plus joli, ou de plus révoltant, au choix, c'est que les canardières établies en Belgique, et qui égorgent les neuf dixièmes des canards mis en vente sur nos marchés, sans compter ceux qu'on expédie à l'étranger, n'ont pas de taxe à payer. Pour elles le gibier est toujours le *res nullius*, mais pas pour le chasseur. C'est l'ancien droit du seigneur qui persiste et auquel jusqu'ici on n'a pas osé ou voulu toucher.

En Angleterre, les canardières sont, en outre, protégées par une loi spéciale qui punit de pénalités l'audacieux fermier ou chasseur qui se laisserait aller à lâcher un coup de feu dans un rayon de..., à proximité de ces installations, pouvant ainsi déranger les saintes opérations du bourreau.

Toutefois, après ce pleur versé sur les erreurs et les injustices d'un autre âge, que nos confrères en Saint Hubert se consolent à la pensée que les progrès de la civilisation et les besoins de l'industrie moderne, ont déjà fait disparaître un grand nombre de ces machines infernales et contribueront de plus en plus à leur déchéance et à leur disparition.

En effet, l'on sait que l'établissement de ces canardières exige des emplacements spacieux et solitaires, aux abords marécageux, pleins de silence et de mystère. C'est en ces repaires tranquilles et moyenageux que l'homme a dressé ses embûches au plus bel oiseau de la tribu des palmipèdes, et c'est dans ces carrefours et ses méandres tentateurs, où tout a été réuni à la fois pour l'attirer et le séduire que le *col-vert* va bêtement échouer et se faire briser les vertèbres cervicales sous la main d'un vulgaire *coijman*.

Après cela, on soutiendra peut-être que ça lui est bien égal au pauvre canard, de périr d'un coup de fusil ou d'un coup de poignet, s'il est écrit qu'il doit mourir. Pardon, ici il ne voit pas son ennemi, c'est un piège monstrueux tendu à sa bonne foi par des frères, des traîtres qui l'amènent assister à une comédie simulée à laquelle lui et ses pareils ont la faiblesse de se laisser entraîner depuis toute éternité.

A la chasse en bateaux, il voit son ennemi, il peut déjouer son approche, lutter de ruse avec lui et l'entraîner à son tour en des endroits plus dangereux pour le chasseur que pour lui-même.

Il y a lutte, au moins d'adresse, de courage et d'audace, et comme la loi fatale de la vie, en somme n'est que *la lutte pour l'existence,* les chances sont à peu près égales, d'autant qu'il a l'air, la terre et l'eau pour chercher son salut dans la fuite. Et comme les canards sont des espèces très utiles à deux de ces éléments, la Nature saura leur fournir des armes pour échapper à leurs ennemis et propager l'espèce. L'assèchement des marais pour faire place à l'agriculture, le passage des voies ferrées, la création d'industries nouvelles ont déjà fait disparaître bien des canardières en Angleterre, en Irlande, en Ecosse qui massacraient des quantités invraisemblables d'oiseaux chaque année.

Consolons-nous mes frères, à la pensée de savoir leur nombre diminuer de jour en jour, aussi bien à l'étranger que chez nous, et n'oublions pas que les oiseaux d'eau sont excessivement prolifiques, que la nature féconde sait combler les vides, que les régions immenses, inhabitées et encore inconnues de l'extrême Nord où ils vont abriter leurs amours, longtemps encore seront les lieux d'élection, favorables à leur reproduction, malgré toutes les malices de l'homme, associées aux maléfices des rapaces d'en haut et d'en bas.

Il ressort évidemment de tout ceci, un fait d'observation qu'on ne saurait nier, et qu'il faut ajouter aux ruses multiples déjà connues de maître Renard, à savoir, que dans ces pays du Nord, où le fin matois réside en bien plus grand nombre que dans le centre ou le midi de l'Europe, il doit souvent avoir recours à la chasse aux

canards qui y pullulent, pour se sustenter quand il est
à jeun. Et ceux-ci doivent bien le connaître, pour qu'ils
soient dans une agitation extrême dès qu'ils l'aperçoivent. Et ils ne le perdent plus un instant de vue, dès
qu'il esquisse ses passes de magnétiseur qui les amusent
tant. Car pour nous, ce n'est pas la peur, ni la haine,
qui les poussent à surveiller ses mouvements, et les
attirent vers son théâtre d'opération. C'est tout simplement la curiosité, l'attrait de la nouveauté, joint peut-
être à un sentiment de prudence poussé à l'excès, un
sentiment de sécurité si l'on veut, tant qu'ils le tiennent
en observation.

Comment comprendre autrement leur approche obstinée, aveugle, si cela ne les amusait pas énormément au
point d'en perdre la notion de leur conservation?

S'ils avaient peur, ils prendraient la fuite au vol,
sachant fort bien que l'animal ne saurait les atteindre à
ce genre de locomotion. Si c'était par haine du vieil
ennemi héréditaire, et pour mieux surveiller ses allures
ils se tiendraient au loin au milieu de l'étang prêts à
s'envoler ou à plonger.

Le canard n'aime pas l'homme, il sait que c'est son
ennemi irréductible, et dès qu'il l'aperçoit il n'hésite
pas et se met à l'essor, plus confiant en ses ailes qu'en
toute autre manière de vouloir découvrir ses intentions,
mais il évite surtout de s'en rapprocher pour mieux
surveiller ses mouvements.

Il nous a donc paru utile et intéressant de signaler et
d'insister sur cette particularité du caractère de la
famille de certains Anatidés, sur laquelle est basé un des
systèmes de pièges, le plus étonnant, le plus curieux et
le plus meurtrier connu jusqu'à ce jour, les canardières
à tunnels en champ clos.

De même que chaque pays a ses mœurs et ses habitudes qui lui sont propres, de même il a souvent des
façons particulières de chasser un même gibier.

Ainsi, en France, la chasse en punt est à peine connue

et au lieu d'installer des canardières dans les marais solitaires, on y *chasse à la hutte la nuit*.

En Angleterre personne ne pratique la chasse à la hutte,

TIR A LA HUTTE AVEC APPELANTS VIVANTS

mais les deux autres procédés sont très en usage dans tout le Royaume-Uni.

La Hollande et la Belgique possèdent des canardières et des chasseurs à la hutte et en punt.

Les Hollandais ont déjà des canardières installées à l'île de Scheeremonighoog, là-bas tout à l'extrémité nord-ouest de leur pays. On peut dire qu'ils ont les canards de toute première main ceux-là. Ils chassent à la hutte et en punt, en Zélande et ailleurs. Les Belges font de la chasse en bateaux sur l'Escaut et aux marais, à la hutte aux étangs de Vireills et ailleurs, et ils ont des canardières qui fonctionnent à Bornheim, à Puers et aux frontières. Mais il est probable que si la civilisation et l'industrie amènent la suppression de leurs canardières, les anglais, gens de sport par excellence, deviendront huttiers sur ce qui leur restera de leurs marais.

Les grandes nappes d'eau ne sont nullement nécessaires à cette dernière variété de chasse à la hutte,
les canards sont si méfiants qu'ils s'abattraient hors
portée. Une mare de 5o à 6o pas et de 3o mètres de
diamètre est suffisante, si le terrain est marécageux ou
bien on fait dériver l'eau dans les bas-fonds.

Les Schorres du duc d'Arenberg, au Vieux Doel, ou
encore certaines parties du Zandcreek, du Sloc, con-
viendraient parfaitement pour ce genre d'établissement.
Il suffirait d'élever un peu la hutte en prévision de
fortes marées, tout en conservant un tir horizontal.

Système d'appât à canards.

—

Il consiste en un support en bois sur lequel on peut fixer un canard quelconque récemment tué pour servir d'appât. L'appareil est en bois léger avec fils de fer pour soutenir l'oiseau dans la position voulue, il se replie complètement et peut se mettre en poche. Un petit contre-poids maintient le tout à la bonne profondeur et dans la position la plus naturelle du monde.

Si l'on en met plusieurs, il faut avoir soin d'y faire des points de repère quelconques,

OUVERT.

FERMÉ.

CANARD TUÉ EN POSI-
TION DANS L'EAU,
SUR LE SYSTÈME
D'APPAT.

CANARD SAUVAGE, MALE (1).

afin de ne pas les confondre avec les nouveaux arrivés. On les tuerait deux fois.

(1) En bois de cèdre. . . 12/0 la paire.   Thomas Bland & Sons,
En composition . . . 17/6   »   430, West Strand,
Gonflé . . . . . 25/0   London.

Ce système est facile à transporter, tient peu de place et nous parait fort pratique — on pourrait les mettre comme l'indique la figure ci-jointe.

On les emploiera à l'affût du matin et du soir, ou à la chasse au marais, à l'étang, aux prairies inondées, etc.

La Hollande, plus que tout autre pays, est éminemment propice à ce genre de sport. C'est pourquoi nous en donnerons une faible et rapide esquisse.

Dans le Cotentin, en Picardie, les huttes sont placées dans un massif de saules, d'osiers et de tamarise et couvertes de chaume.

Deux meurtrières sont ménagées sur les côtés et sur le devant de la cabane. L'intérieur peut avoir 2 mètres carrés; on en garnit le fond d'un épais lit de paille. En novembre çà commence, on se rend le soir à la hutte avec couvertures, armes et bagages, appelants, etc. Les femelles ont un système de bretelles en fort ruban de fil (culotte) attachées à des ficelles de 2 à 3 mètres, attachées elles-mêmes à un piquet enfoncé dans l'eau.

16

Quelquefois on adjoint à ces faux-frères, des canards
en bois peint.

Le chasseur conserve le mâle dans la hutte pour le
faire agir lorsque le moment sera venu, et il attend, car
c'est l'*ouïe*, bien plus que la vue, qui lui révèlera les
voyageurs, le bruit de leur vol sibilant s'entend de fort
loin dans le silence de la nuit.

Les nuits sombres valent mieux par vent N. et N.-E.
Dès qu'il les entend il fait crier le mâle afin que ses
femelles lui répondent. S'ils passent, rien à faire, si la
bande se laisse tenter elle commence par décrire autour
de la mare, d'immenses spires et le huttier lance dans
les airs le mâle qu'il tenait à la main. Il part, tournoie
lui-même plusieurs fois dans les environs et vient
s'abattre auprès de ses femelles, et à l'instar des moutons
de Panurge, les pauvres diables d'émigrants manquent
rarement de suivre un si bel exemple.

Les vieux roublards se mêlent à la bande et par
d'insidieuses manœuvres la conduisent sous le plomb
du chasseur, et les appelants ont conscience de leur
infamie en évitant fort adroitement de rester mêlés avec
ceux qu'ils ont amenés dans le guet-apens.

Visez haut et au plus épais de la troupe avec la canardière. Quelques-uns ont un chien barbet pour nettoyer
le champ de bataille, mais presque tous attendent le
jour pour ramasser leurs victimes. Ils traînent les
cadavres des morts échoués sur la rive, où les blessés se
sont également rendus pour agoniser.

C'est la méthode des huttiers de haut parage.

Les prolétaires font un trou au bord d'une rivière, ou
d'une flaque d'eau, y mettent une botte de paille, et s'embusquent chaque soir avec trois, quatre appelants. Les
bords de la Somme (France) sont émaillés d'embuscades
de cette espèce et toute la nuit c'est une fusillade comme
à la petite guerre. Du reste, en France, chaque province
a sa méthode spéciale de chasser la sauvagine. Les Lan-
dais se servent d'échasses et de petits chevaux. En

Bourgogne et dans le Midi, on chasse au moyen de bateaux légers, non pontés, dit *fourquettes*; sur les bords de l'Armance, dans les environs de Bar-Sur-Seine on emploie les *huttes roulantes*; ailleurs on se sert d'hameçons à l'instar des indigènes des plages belges qui s'en amusent pour capturer les oiseaux de mer.

Quoique la chasse à la hutte, se fasse invariablement avec des appelants, quelles que soient les légères modifications apportées par les amateurs ou les professionnels d'après les localités, nous devons la considérer comme un sport non dépourvu de mérites, en raison des difficultés de toutes sortes qu'il faut surmonter pour la pratiquer avec succès.

Si le tir a toujours lieu au rassis, à belle portée, sur des oiseaux sans défiance et sans défense, il faut tenir compte qu'il a lieu la nuit, dans ou derrière un abri bien insuffisant, et au milieu des rigueurs du froid et de l'humidité.

Et comme dit un auteur, je ne sais plus lequel, « si » l'on vit quelquefois de cette profession, on en meurt » souvent. Il faut être de fer pour y résister, mais la » passion remplace le métal, et les bénéfices ne com- » pensent pas tant de fatigues et de dangers ».

Plus qu'à la chasse en punt, on cite les beaux coups, mais on oublie volontiers les bredouilles.

La Hutte roulante

—

La hutte roulante est un procédé original pour tenter l'approche de la sauvagine à l'intérieur des terres, le vanneau en prairie, par exemple, ou les oies sauvages aux champs.

APPROCHE DE LA SAUVAGINE SOUS LA HUTTE ROULANTE.

Le plancher de cet engin est en planches, hormis la place occupée par le chasseur qui est faite de toile à sac afin de laisser libre jeu aux jambes.

SECTION LONGITUDINALE DE LA HUTTE ROULANTE
AVEC LE CHASSEUR EN POSITION.

Cette toile doit pouvoir s'enlever rapidement, pour ramper sur les genoux là où il fait sec, et éviter une surcharge de poids là où il fait trop humide.

Les cotés et le toit sont en toile, tendue sur une légère charpente en bois.

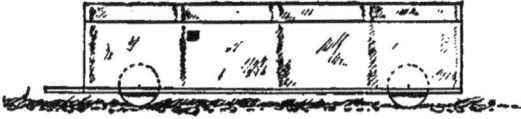

ÉLÉVATION LATÉRALE.

L'ouverture d'avant est en planches avec un trou pour le tir, l'ouverture d'arrière est libre pour permettre aux pieds de s'appuyer sur le sol.

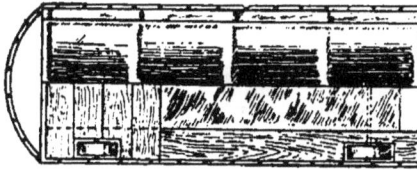

PLAN DE LA HUTTE ROULANTE.

De petites lattes sont clouées en avant et sur les côtés pour y fixer des branchages, des joncs, selon les circonstances.

VUE D'AVANT.   VUE D'ARRIÈRE AVEC COUVERCLE OUVERT.

Citons encore parmi les trucs les plus anciens pour approcher la sauvagine, celui de la *vache* ou du *cheval artificiel*, aussi vieux que le monde et toujours très bon.

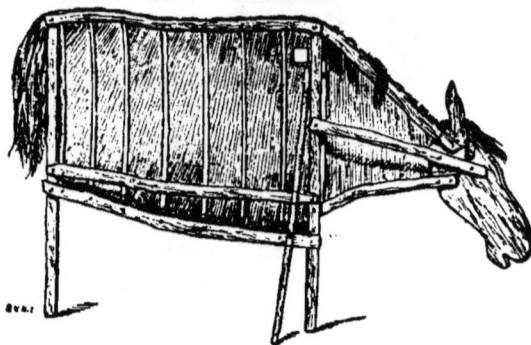

CHEVAL POUR CHASSER A LA TONNELLE.

Le canard est si rusé et si défiant, qu'autrefois le fusil n'était que l'accessoire, et l'on avait recours à toutes sortes de pièges pour le capturer.

TRUC DU CHEVAL AMBULANT.

C'est ainsi qu'on chassait le canard à *la glu* : c'était une corde ou des cordes tendues dans l'eau, enduites de glu, et auxquelles il venait s'embarrasser les plumes de l'aile.

Puis ce fut la chasse aux canards avec des *nappes*, ou filets dissimulés dans l'eau, à laquelle succédèrent les *hameçons* amorcés de viande ou de poissons.

TIR A LA TONNELLE.

Nous pourrions citer encore une foule de pièges employés autrefois, ou même de nos jours. Chaque peuple a les siens. Les Chinois, les Égyptiens, les Arabes, les Persans, les Russes ont les leurs, et nullement inférieurs aux nôtres.

Si nous nous sommes complus à en rappeler quelques-uns, c'est afin que l'amateur ou le collectionneur d'oiseaux, désireux de se procurer certaines espèces rares que le fusil a été impuissant jusque-là à leur fournir, puisse y recourir en certaines occasions, et tenter la chance de les capturer au moyen de pièges.

Mais ces pratiques font plutôt partie de l'art de la tenderie, et l'on trouvera la description de tous ces engins d'autrefois dans un traité d'aviceptologie à l'usage des oiseleurs et des piégeurs.

Le véritable chasseur ne s'aurait s'accommoder des lenteurs de cette guerre, au moyen de pièges, qui n'est au surplus qu'un vulgaire guet-apens.

Et il est triste de devoir reconnaître et confesser que la majeure partie des palmipèdes et des échassiers qui viennent alimenter les principaux marchés de l'Europe, ne sont pas tirés au fusil ou à la canardière, mais pris aux pièges qui leur sont tendus nuit et jour, en l'air, sur terre et dans l'eau.

Les deux-tiers des bécasses, bécassines, vanneaux, pluviers, canards, chevaliers, etc., qui se vendent à Bruxelles, à Paris, à Amsterdam, à Londres, sont des victimes prises aux pièges (1). Nos chasseurs modernes font peut-être d'immenses hécatombes de lièvres, de lapins, faisans, chevreuils, perdrix, grouses, etc.; mais la *sauvagine* qui mérite bien son nom, longtemps encore défiera nos Nemrods de décimer ses bandes au moyen de leurs armes à feu les plus perfectionnées.

Tant mieux, la chasse n'en sera que plus acharnée, plus méritoire et plus glorieuse.

Frères aux armes!! les tribus de la Rémipédie et de la Grallipédie vous défient!!

FIN DE LA PREMIÈRE PARTIE

(1) Voir Statistique fin du volume.

DEUXIÈME PARTIE

Facultés mentales.
Langage. — Cris. — Vol des Oiseaux

CHAPITRE I.

C'est une erreur encore fort accréditée chez les profanes et chez les naturalistes en chambre qui ont étudié les mœurs et habitudes des oiseaux empaillés, de croire qu'il suffit à un oiseau de se donner la peine de naître et de muer quelques mois après pour savoir chanter comme son père. L'oiseau, au contraire, a besoin de beaucoup de leçons pour arriver à apprendre convenablement le chant paternel, absolument comme l'enfant a besoin de ses parents pour apprendre à parler.

L'éducation musicale de l'oiseau est au moins aussi laborieuse que celle du langage chez l'enfant. L'*instinct* est insuffisant à l'oiseau comme à l'enfant pour répéter le langage paternel, il leur faut absolument un professeur. Et il y a parmi les oiseaux de bons et de mauvais élèves, comme parmi nous. D'où cette variété de chants plus ou moins parfaits, observée chez tous les oiseaux, aussi bien chez les rossignols, fauvettes, pinsons, linottes, ortolans, en liberté, que chez les oiseaux élevés, canaris, merles, bouvreuils, etc.

La vieille doctrine de l'instinct sans cesse invoquée pour expliquer les actes les plus simples ou les plus merveilleux chez les oiseaux ou les animaux en général, a fait son temps, que l'on soit partisan ou non de l'évolution progressive de l'échelle des êtres.

Il n'y a plus guère que les indifférents, les esprits occupés ailleurs, les aveuglés par des spéculations de doctrine, qui n'accordent aux animaux que l'*instinct* et en font des automates, des machines, exécutant des choses immuablement régulières. Pour l'observateur attentif, les animaux font autre chose que de l'imitation, ils posent des actes personnels parfaitement réfléchis ou combinés. Ils ont de l'intelligence, beaucoup d'intelligence, des passions, des volontés, des âmes, quoi ! pourquoi pas ? Si l'on admet la doctrine de l'évolution des êtres, la seule scientifiquement soutenable aujourd'hui, il faut bien admettre que l'oiseau qui se rattache aux reptiles par le bassin, et aux mammifères dont nous faisons partie par presque tout le squelette, a quelques liens de parenté avec nous. Et si cette filiation progressive est démontrée pour les caractères anatomiques, *physiques*, des êtres, elle doit exister parallèlement pour les caractères de l'intellect, dans le monde psychique. Les facultés mentales, pour celui qui admet le principe général de l'évolution sont chez les animaux supérieurs de même nature que celles de l'espèce humaine et susceptibles de développement. Pourquoi n'aurions-nous pas fait dans le monde psychique les progrès ou les étapes que nous avons parcourus, pour arriver, après des transformations successives, à l'état physique actuel ?

Il est impossible que les facultés intellectuelles et autres, aient été acquises d'emblée, de toute pièce, à l'espèce humaine seule, à l'exclusion des autres espèces dont elle dérive. Le plan de la nature est unique : un seul moule diversifié à l'infini. En vertu de cette loi immuable, la nature devait faire pour les caractères abstraits ce qu'elle a fait pour les caractères physiques. « Ouvrons donc les yeux à l'évidence, dit Michelet. » Laissons là les préjugés, les choses apprises et convenues. De quelque idée préconçue, de quelque dogme » qu'on parte, on ne peut pas offenser Dieu en rendant

» une âme à la bête. Combien n'est-il pas plus grand s'il
» a créé des personnes, des âmes et des volontés, que
» s'il a construit des machines ?

» Laissez l'orgueil, et convenez d'une parenté qui n'a
» rien dont rougisse une âme pieuse. Que sont ceux-ci ?
» Ce sont vos frères...

» Que sont-ils ? des âmes ébauchées, des âmes spécia-
» lisées encore dans telles fonctions de l'existence, des
» candidats à la vie plus générale et plus vastement
» harmonique où est arrivée l'âme humaine.

» Ce sont les petits enfants de la nature qui s'essayent
» à sa lumière pour agir, penser, qui tâtonnent, mais
» peu à peu iront plus loin. »

Aiment-ils autant que nous ? Comment en douter,
quand je vois mes fauvettes recommencer trois fois
leur nid, quand je vois les parents du jeune que j'ai
dérobé au nid, jusque-là timides et craintifs, devenir
tout-à-coup hardis, héroïques, pour défendre leur
petit.

Le premier couple a donc refait *trois fois* son nid pour
tâcher de mener à bien une couvée. Ces nids avaient
l'air d'être semblables, mais pour un œil exercé ils
différaient tous trois. Le second fut moins bien fait que
les deux autres, et comme le premier nid avait été placé
sur le devant de la volière, le mâle ayant remarqué que
c'était par là que je venais jeter un coup d'œil sur la
marche de la couvaison, apporta de nouveaux matériaux
de manière à surélever le bord du nid de ce côté, mani-
festement pour m'empêcher de voir et afin de tranqui-
liser sa femelle qui couvait. Le but poursuivi par l'oiseau
qui a fait sa ponte est de faire éclore ses petits. Dans
le sud de l'Afrique, il entoure son nid d'épines pour le
protéger contre les serpents, les singes, etc.

Dans les régions torrides, l'oiseau n'a garde de couver : il juge que son concours n'est pas nécessaire pour
l'éclosion de la couvée. Dans les pays chauds, beaucoup
d'oiseaux ne couvent que la nuit.

Ces exemples, qu'on peut multiplier à l'infini, prouvent que les oiseaux réfléchissent et règlent leur conduite d'après les exigences de l'acte à accomplir. Ce sont donc des actes d'une volonté réfléchie à réaliser un but voulu. Il y a loin de l'instinct qui déroule mécaniquement ses effets d'après des types immuables.

La plupart des gens qui observent quelque peu les animaux supérieurs pensent comme moi, mais bien peu osent le dire tout haut. C'est un reste de la vieille éducation et du vieil axiome des écoles : *Magister dixit*. Plus on étudiera les oiseaux, et plus l'on s'apercevra de leurs brillantes qualités. Ce sont, dit Louis Figuier, les enfants gâtés de la nature, les favoris de la création.

Il est bien certain par exemple que les oiseaux ont une langue à eux et qu'ils se comprennent parfaitement.

Ils ont une multiplicité de vocables, ou de sons variés qui peuvent servir à un langage relativement complexe, à peindre des situations diverses, à lancer des appels variés qui leur permettent d'exprimer comme nous, tantôt la crainte, la joie, la douleur, la tristesse, l'amour, l'alarme, l'approche de l'ennemi.

Le langage ne consiste pas seulement — même pour l'homme — dans les paroles articulées. Le regard, les gestes, la mimique changeante et expressive des muscles de la physionomie, le timbre, les intonations de la voix en constituent également les éléments (1).

Les appels du coq et de la poule sont parfaitement compris des poussins. Les cris de colère et de fureur des rouges-gorges, pit, pit, pit ; les tack, tack de la fauvette, les troui ra, ra, ra, ra des mésanges en présence de la chouette sont immédiatement saisis jusqu'au fond des bois, non seulement par leurs pareils, mais encore par toutes les espèces d'oiseaux qui cohabitent avec eux en ces parages. Tous se hâtent alors de venir manifester leur rage et leur haine à l'oiseau des ténèbres, et les

---

(1) Dr FOVEAU DE COURMELLES. *Les facultés mentales des animaux.*

plus petits sont souvent les plus courageux et les plus audacieux.

Les pics frappent du bec sur une branche sèche pour défier un rival au combat. La mouette, dans les mêmes circonstances jette sur le sol un morceau de bois.

Un canard tua un rival qui, *en son absence*, avait inutilement essayé de faire agréer son amour à la compagne du mari, exilé pour quelque temps de la basse-cour.

Romanes raconte qu'un corbeau essayait par des grimaces de détourner un chien qui rongeait un os ; lorsque l'oiseau se fut convaincu que ses grimaces restaient sans succès il s'envola, mais bientôt revint avec un camarade qui se percha d'abord sur une branche quelque peu en arrière, puis fondit tout à coup sur le chien, lui frappant le dos de son bec, et tandis que l'animal se retournait le premier corbeau emportait l'os.

J'avais un corbeau — le grand corbeau — il parlait comme un homme, d'une voix de basse de grand opéra. Il venait des rochers de Dinant et avait été élevé et éduqué par mon oncle Manuel de Gerpinnes, grand amateur d'oiseaux, artiste tendeur à la beguinette, lequel après avoir su allier pendant de nombreuses années l'art de la bijouterie, de l'horlogerie et de l'orfèvrerie au négoce non moins lucratif des cassonades et des champagnes, a cru se couvrir de considération et de gloire en briguant un mandat de conseiller communal.

Hélas! j'ai toujours dit que ça finirait mal, chez cet homme compliqué. Les gens simplistes croiront difficilement que mon oncle Emmanuel Gailly de Fleurus, connu, archi-connu en plusieurs provinces, ait caché jusqu'ici en son sein une âme ambitieuse, et cependant cela est, il faut bien se rendre à l'évidence. Un homme qui avait l'intuition des choses merveilleuses de la nature, un éducateur d'oiseaux hors ligne, dont le sifflet, la serinette et le gosier ont créé des artiste chanteurs, des oiseaux phénomènes, ne pouvait venir échouer dans ses vieux jours aux mesquines intrigues de la politique, sans passer, non pour un aigle, ni même un homme indispensable à la prospérité de son village ou au bonheur

JACKO PARLAIT COMME UN HOMME.

de ses concitoyens, mais tout simplement pour quelqu'un qui éprouve le besoin de se mettre en vedette, de faire parler de lui.

L'amour des oiseaux l'a abandonné pour faire place à la haine des partis. Les affiches électorales ont remplacé les *gaioles* (cages) de toutes sortes qui tapissaient sa demeure et y entretenaient un éternel concert.

On ne voit plus les enfants, les faucheurs et les gardes forestiers venir lui apporter des nids, et lui confier l'élevage et l'éducation de nichées d'oiseaux, mais des quémandeurs de faveurs et de places, des gardes-champêtres bourrés de convocations et de protocoles, des entrepreneurs de bâtises et de travaux publics inondent

son portique, et viennent solliciter son appui, ses conseils, ses lumières, ses faveurs. Et le joyeux chanteur du
beau Nicolas est devenu Emmanuel le Grand !!

Et les ombres sublimes de Buffon, de Wilson, de
Toussenel et de Jacko son grand corbeau, pleurent
avec moi sur cette aberration, que sa noble tête de vieillard octogénaire ne saurait excuser. Celui qui avait su
apprendre à un corbeau, à parler comme un homme, et à
dire : Waterloo ! vive Napoléon, — d'el chjau à Jacko (1),
— Gay à la boutique, — sale bouc, — donnez la patte, —
on ne pisse pas là, cochon !! et autres phrases, marquées
au coin de la distinction Fleurusienne, n'existe plus
pour l'ornithologie belge. Pauv' Manuel !!

J'aime mieux en revenir tout de suite à Jacko que
j'eus pour hôte dans mon jardin, pendant des années.
Un jour donc, qu'il était en volière, je lui passais une
barre de fer pour le taquiner. L'oiseau la saisit et la tira
du bec tant qu'il put, pendant que je la tenais de l'autre
bout. Comme j'étais plus fort que lui, je lui faisais souvent lâcher prise, il s'élançait alors sur le treillis et
rageait de sa défaite. Le jeu durait ainsi depuis quelque
temps, lorsque tout-à-coup changeant de tactique, le
corbeau se plaqua soudain et d'un grand cri, les ailes
ouvertes contre le treillage, au niveau de ma main, j'eus
peur de son formidable bec et instinctivement je lâchai
le barreau de fer, prompt comme l'éclair il s'en empara
et s'en alla en se dandinant, sautillant et tout fier de sa
ruse.

Ceci n'est rien. Mais qu'elle ne fut pas ma surprise, de
voir ensuite le corbeau saisir la barre et essayer de me
la repasser à travers le treillis de la volière. Il fit si bien
des pattes et du bec, malgré le poids considérable de
l'objet, qu'il parvint à me le présenter à moitié, tout en
se cramponnant sur l'autre moitié, prêt à recommencer

---

(1) D'el chjau à Jacko, est du wallon et veut dire : De la viande à
Jacko !

le jeu, Et nous recommençâmes à qui tirerait le plus fort, et aurait la barre, et Jacko renouvela deux ou trois son intelligente manœuvre.

Je pourrais multiplier à l'infini les anecdotes et les histoires démontrant l'intelligence et le langage des oiseaux, des animaux en général, mais les chasseurs sont témoins tous les jours de ces faits instructifs. Je n'insiste pas. Seulement il importe que le chasseur soit familier avec les ruses, les appels, les cris des différentes variétés d'oiseaux qu'il chasse; le succès de ses manœuvres souvent en dépend. Il tâchera d'interprêter leur langage et se comportera en conséquence.

Les oiseaux d'eaux et de rivage, oiseaux disciplinés entre tous, usent d'artifices nombreux pour éloigner leurs ennemis.

Le canard tardorne femelle fait l'éclopée, traîne l'aile pour attirer le chasseur vers elle et l'éloigner de ses poussins surpris.

Le vanneau à la vue du dénicheur, crie très fort, et s'efforce de faire croire qu'il est tout près de sa nichée, pendant qu'il l'éloigne ainsi de son but, mais dès que par hasard il approche ses petits, il se tait et laisse penser ainsi au dénicheur par une indifférence jouée qu'il est loin de ce qu'il convoite.

Le courlis, la pie de mer, et d'autres vadeurs qui font leur nid à terre, sans architecture, usent des mêmes stratagèmes. Le chasseur de sauvagine reconnaîtra bien vite le caquetage nasillard d'une troupe d'oies sauvages, le rire de l'oie à front blanc, les aboiements des goëlands, les quack quack et les can can sonores et impertinents du col-vert, le doux et suggestif whiou, whiou du canard siffleur comparable au sifflet humain et la voix plaintive des pluviers. Il s'efforcera de bien connaître la gamme des cris du courlis, depuis son cri générique, perçant et lugubre, jusqu'aux trilles et soupirs de ce grand diable d'oiseau. Il diagnostiquera le piwit du vanneau, du philipp, philipp de l'avocette et du whip, whip de l'huîtrier querelleur. Il saura distinguer le franck du spénétique héron, des crow, crââ du cormoran et des corbeaux, de façon à ne point se tromper quand il chasse à la pointe ou à la chute du jour.

Puis il y a des espèces qui crient en volant comme les mouettes, les hirondelles de mer, les avocettes, les courlis, les vanneaux, les chevaliers à pieds rouges, les pipits aquatiques, d'autres comme le col-vert se taisent au vol.

Ainsi le puntsman doit connaître le langage des oiseaux et ne pas ignorer à leurs cris variés, si son approche est soupçonnée ou s'il peut continuer à marcher vers le gibier convoité. Qu'il n'oublie pas que l'alarme donnée par une sentinelle d'oiseaux d'eau, passe à travers toute la bande, avec la rapidité de l'éclair et en un instant, fussent-ils des centaines, tous lèvent la tête, tendent l'oreille, ouvrent l'œil, et le bon, et si alors les soupçons de la vigie de garde sont confirmés par un bruit ou un mouvement nouveau de l'ennemi, toute la troupe s'enlève, mue comme par un ressort, et les efforts du chasseur se seront dépensés en pure perte.

Quelques chasseurs savent imiter le cri d'appel de certains oiseaux d'eau et de rivage, comme par exemple celui de la sarcelle, du siffleur, du pluvier, du courlis, du chevalier à pieds rouges, ce petit talent peut parfois servir à les attirer à portée, et à fournir l'occasion d'un doublé au petit fusil On se sert aussi d'appeaux artificiels, à l'instar des tendeurs aux filets aux petits oiseaux de plaine, ils sont en os, en cuivre ou en bois, mais il faut savoir en jouer, sinon on fait fuir les oiseaux au lieu de les attirer. Les canards siffleurs, les oies, les cols-verts, sifflent, caquettent continuellement la nuit pendant qu'ils prennent leur repas, et si leur perpétuel bavardage, favorise à chaque espèce ses rassemblements ses congrès nocturnes, il sert aussi de guide et de point de repère aux chasseurs.

De même qu'un tendeur aux oiseaux de passage doit

17

connaître à fond le vol des différentes espèces qui se suivent dans la nue, afin de donner à temps le coup de sambé, et lancer le cri d'appel de l'espèce qu'il convoite, ainsi le chasseur de sauvagine s'attachera à distinguer au loin les particularités du vol des principales variétés d'oiseaux d'eau et de rivage, afin de ne pas travailler en punt sur des espèces qui n'en valent pas la peine. En thèse générale quand ces espèces ont pris leur vol bien haut en l'air, c'est qu'elles s'acheminent vers un point déterminé, qu'elles ne perdent pas un instant de vue.

Le *vol des oies sauvages* est bien connu, il est rectiligne ou angulaire, aussi bien à une grande altitude qu'au ras de l'eau. Le départ est confus, mais bientôt la file indienne ou le triangle se forme. En route elles changent leurs figures et la première devient la dernière, mais l'ordre reste le même comme si les oiseaux étaient liés ensemble. Ce vol en coin et ces changements de chef de file, ont fait supposer que cette disposition leur était plus favorable pour fendre l'air, et que l'oiseau de tête avait seul à supporter le premier effort, que les autres en étant allégés et que, lorsque ce chef de colonne était fatigué, il cédait la place au second et ainsi de suite. M. De Brevans (1), d'après le comte d'Esterno, dit, « que s'il en était ainsi, l'oiseau de ligne, trouvant
» devant lui un air tourmenté, troublé par les mouve
» ments de celui qui le précède, serait incapable de
» voler parce qu'il manquerait de point d'appui, qu'à
» l'inverse, chaque oiseau vole parallèlement à tous les
» autres et non dans un axe commun, de telle sorte qu'il
» a perpétuellement devant lui sa portion d'air intacte.
» D'où il conclut que les palmipèdes à queue courte, man
» quant par conséquent d'un gouvernail suffisant, à long
» cou qu'ils sont obligés d'étendre pour maintenir leur
» équilibre, n'ont pas relativement le vol aussi souple en
» direction que la généralité des autres espèces et sont

(1) De Brevans. — **La migration des oiseaux.**

» astreints à cet ordre de marche régulier sous peine de
» s'entraver et se gêner mutuellement ».

Les cygnes, qui quittent la surface des eaux en voulant
s'élever graduellement, frappent l'eau des ailes et des
pieds, font un bruit du diable avant d'atteindre le plein
air, sur un parcours de 40 mètres. Quand ils ont atteint
la hauteur voulue, le bruit disparaît et ils volent le cou
fortement tendu en avant et les pattes raidies en arrière.
Ils s'enlèvent toujours à contre-vent, prennent parfois le
vol triangulaire des oies, mais le plus souvent se suivent
à la *queue leu-leu.*

Les col-verts volent aussi la tête et le cou fortement
tendus en avant et les battements rapides et réguliers
de leurs ailes serviront à les distinguer de loin des siffleurs. A portée de fusil, leur volume, leur miroir azuré,
la nuance brune des ailes les feront aisément reconnaître.
Ils se taisent toujours au vol.

A la surface des eaux, ils partent en masse confuse,
dans un long parcours il s'étagent en lignes géométriques.

Les siffleurs n'ont pas autant de symétrie dans le vol
que les col-verts ou les oies. Leurs mouvements sont
plus précipités, leur cou plus court, leur corps plus
trapu. Ils s'appellent en volant.

Les sarcelles se reconnaissent à la petitesse de leur
taille. Vol en ligne ou en triangle, parfois aussi en tourbillons.

Les fuligulés ont tous le vol lourd, sibilant, pénible.
Les organes de la natation sont développés aux dépens de
ceux de la locomotion aérienne; la loi de balancement
fait ici sentir ses effets.

Ils volent en masse serrée, sans ordre ni ligne, droit

et bas devant eux; ils ne sauraient faire de brusques crochets.

Les macreuses, par exemple, ont la tête tendue droite, les pattes pendantes comme la poule d'eau, la foulque.

Les milouinans mâles se balladent au Bas-Escaut, au ras de l'eau, côte à côte, sur une ligne transversale immense.

Le courlis a un vol assez rapide et se reconnaît à son long bec en faucille, à sa teinte uniformément grisâtre, ses cris.

En bande, vol confus, sans ordre.

La bécassine possède une puissance de vol extraordinaire, nous en reparlerons à son chapitre. Vol en crochets, en zigzags au départ, et circulaire ensuite.

Les plaviers ont un vol qui se rapproche de celui de la bécassine, sans zigzags proprement dits, mais avec quelque chose de saccadé, d'une brusquerie ondulante très rapide. Une fois lancés, on dirait qu'ils font des efforts pour ralentir l'impétuosité de leur vol quand ils veulent se poser.

Les vanneaux aussi ont un vol remarquable dont nous parlerons à l'article consacré à cet oiseau. Qu'il nous suffise de dire ici que ses grandes ailes arrondies de couleur noire, tranchent sur le blanc, et le petit volume du reste du corps, la puissance de leur vol leur permettent d'adopter tous les modes de locomotion des autres espèces, vol diffus, vol en ligne, vol planant, ils font tout ce qu'ils veulent en s'accompagnant de « piwits » bien sentis.

Le héron se distingue au loin à son vol majestueux et lent en apparence, les pattes étendues sur la ligne du corps comme si elles faisaient partie de sa queue. Quand il est bien en l'air, à son aise, il tourne la tête sur son dos, et cette pose est très gracieuse et comparable à celle d'une antilope ou d'un cerf lancé en pleine carrière.

Un vol de culs-blancs, ou bécasseaux variables, se reconnaît tout de suite à ses évolutions singulières, kaléidoscopiques, que nous décrirons également plus loin.

Enfin, *les Mouettes*, au vol tournoyant et planeur, se reconnaissent entre tous les autres oiseaux d'eau. On ne pourrait les confondre qu'avec les oiseaux de proie, mais l'erreur sera de courte durée ; l'important ici est de ne pas oublier qu'aucune espèce de canards ne saurait planer ainsi en l'air sans remuer les ailes, et la façon de ces derniers de se laisser tomber sur l'eau avec bruit — plasch — est tout différente du procédé des mouettes et des sternes, du moins quand elles veulent se reposer sur l'eau, puis sur l'eau, ces oiseaux tiennent la queue plus élevé que la tête, tandis que les canards, les plongeurs et autres nagent la queue en bas, la tête et la poitrine droites hors de l'élément liquide.

Nous bornerons là ces quelques considérations sur les signes diagnostiques à distance des cris et des vols des principaux oiseaux d'eau et de rivage.

Ces notes éparses se compléteront plus loin, à l'histoire de chacune de ces espèces.

Ordre des Rémipèdes ou Oiseaux d'Eau

—

Les *caractères généraux* des oiseaux appartenant à la Rémipédie sont : la réunion des doigts par une membrane complète ou échancrée près des ongles, ou bien la palmature découpée en lobes le long des doigts, les jambes plus courtes que chez les échassiers en général, mais il y a de nombreuses exceptions. Les autres caractères sont sujets à variations pour le bec, la tête et les ailes. Le plus souvent le plumage des femelles diffère de celui des mâles, et les saisons y impriment un cachet particulier dans certains groupes.

Ils habitent partout où il y a de l'eau, d'un Pôle à l'autre, c'est-à-dire, le monde entier. Ils peuvent se mouvoir sur terre, sur l'eau et dans l'air, les trois éléments leur sont familiers ; mais leur organisation spéciale est faite pour la vie aquatique. Leurs pattes palmées sont de véritables rames qu'ils ouvrent ou resserrent pour nager, virer, plonger et faire toutes leurs évolutions dans l'eau. Ils sont bons nageurs et voiliers pour la plupart, mais pauvres marcheurs. Ils aiment la société de leurs semblables et couvent souvent côte à côte, émigrent en compagnies, en automne, vers des pays plus cléments, le sud-ouest, et retournent au pays natal, le nord, au printemps. Ils choisissent leur nourriture dans le règne végétal et animal, sont en général d'une grande fécondité, nichent un peu partout, à terre, sur les arbres et jusque dans les trous et les nids d'autres espèces animales.

Ils portent sur le coccyx quelques cryptes ou glandes

spéciales qui secrètent un liquide huileux dont ils enduisent leurs plumes. Toute leur peau, du reste, est criblée de glandes fournissant ce produit graisseux qui rend leurs plumes imperméables.

Outre cela, leurs plumes ont les barbules très serrées, très libres, ce qui fait glisser l'eau sur leur surface lubréfiée et polie. Enfin leur costume se complète par un duvet d'une grande ténuité qui leur sert de fourrure, empêche leur chaleur naturelle très élevée de rayonner, et oppose au froid rigoureux une barrière infranchissable. Qu'on ne s'étonne plus après cela que ces oiseaux généralement pourvus encore, d'une couche de tissu graisseux dans le tissu interstitielle de la peau, habitent le Septentrion jusqu'au cercle polaire et au delà.

Le Nord est leur pays d'élection, qu'ils ne quittent qu'à regret, lorsque les conditions d'existence ne leur permettent plus d'y séjourner. Ce n'est donc pas le froid seul qui leur fait entreprendre ces longs et périlleux voyages, au cours desquels ils voient décimer leurs bataillons par toutes sortes d'ennemis embusqués sur leur route; non, c'est le *struggle for life*, c'est le manque de subsistance au pays natal, principalement pour les espèces dont le régime est à la fois végétal et animal et surtout végétal. Aussi les espèces qui se nourrissent exclusivement de poissons, et peuvent se pourvoir en haute mer, n'émigrent-elles pas régulièrement et leur passage dans nos contrées est tout à fait accidentel.

Il y a, de par le monde, des gens qui ont élevé à la hauteur d'un métier, la chasse aux oiseaux d'eau, d'autres en font une haute distraction ou un plaisir de gourmet.

Ainsi ces oiseaux sont une ressource précieuse pour les hommes de l'extrême Nord, qui consomment leurs œufs, emploient leur duvet, leur fourrure et leurs plumes.

Et d'autre part, par les espèces qui se sont ralliées à

l'homme, il n'y a pas de basse-cour solide sans oies, ni canards, pas de château sérieux sans étangs, avec ses cygnes obligés. Et si les Rémipèdes du Pôle Nord nous donnent tout cela, ceux du Pôle Sud nous procurent l'engrais incomparable, l'étonnant *guano*, ou accumulation éternelle de fiente d'oiseaux maritimes !

Produits chimiques et agriculture, saluez la puissance des sels ammoniacaux et des phosphates des oiseaux des mers australes ! !

Nous ferons observer, en terminant ces généralités, que malgré que la palmature soit un caractère essentiel, et de tout premier ordre chez tous les nageurs, alors que tous les autres caractères du bec, des jambes, des ailes sont sujets à variations, il y a cependant des types ambigus ou de transition qui portent des palmes aux pieds et ne s'en servent guère, comme l'avocette, le flamand rose, l'échasse, et d'autres qui nagent et plongent parfaitement bien sans palmature aux pieds, tels, la poule et le râle d'eau, le cingle plongeur, qui se servent de leurs ailes comme de rames, pour nager entre deux eaux, tout en ayant les doigts extrêmement divisés et très longs. Ici, comme toujours, l'exception confirme la règle, et on peut dire d'une façon absolue que tous les rémipèdes sont nageurs, malgré le peu d'usage que certaines espèces fassent de leurs pieds ramés.

Ils peuvent nager en cas de nécessité. Ainsi les albatros, les sternes, les goëlands, les pétrels, les fous, les stercoraires et d'autres, nagent, plongent avec moins d'aisance et de facilité que râles et poules d'eau.

L'évolution des espèces explique parfaitement la nécessité de types de transition pour passer d'un ordre à l'autre. Ces types ambigus, comme la foulque, l'avocette par exemple, portent à la fois et les caractères des échassiers et ceux des palmipèdes; ils sont là comme des témoins éternels, irréfutables, du transformisme des espèces à travers les siècles.

Nous ferons défiler les oiseaux d'eau qu'on rencontre

sur le Bas-Escaut, d'après l'importance qu'ils ont pour le chasseur conformément au but de ce livre. Ci-joint un tableau de cet ordre, de Toussenel (1) quelque peu annoté par nous. Il est basé sur la forme du pied de l'oiseau et s'adapte admirablement aux oiseaux d'eau.

---

(1) *L'Esprit des bêtes*, TOUSSENEL.

OISEAUX D'EAU

ORDRE DE LA RÉMIPÉDIE.

ORDRES	SÉRIES		GROUPES	GENRES	ESPÈCES
			Rémipterie (ailes absentes). (Ailes-nageoires). Ambigus hors cadre. Pas en Europe. 4 doigts vers l'avant. Piscivores, Polygames, Monovipares. Habitent Pôle Sud.	Gorfou	11
				Sphénisque	3
				Manchot	2
				(comparé au Kangourou)	
Rémipédie. Pieds munis d'une rame.	**Dactylirémie.** Les doigts de l'avant-pied fonctionnent seuls.	GRADATION ALAIRE	**Bréviptérie** (ailes courtes). Ailes sans pennes. Tous 3 doigts à l'avant. Piscivores, plongeurs, monogames. Haute mer, pêcheurs de fond.	Pingouin	2
				Guillemot	6
				Brachyramphe	6
				Macareux	6
				Cérorhine	1
				Starique	8
				Mergule	3
			Grandíptérie (ailes immenses). Les six premiers genres sont vrais oiseaux marins, pêcheurs dans la lame. Polygames. Grandes ailes, tarses petits.	Albatros	10
				Prion	2
				Puffin	13
				Thalassidrome	11
				Goëland	43
				Pétrel	25
				Bec en ciseaux	4
				Labbe	5
				Sterne	80
				Frégate	2

26

Rémipédie
Pieds munis d'une rame.

Pollicirémie
Les 4 doigts fonctionnent en rames (Pollex-pouce qui porte une rame au talon).

Basé sur le système de nage, sur la soudure ou division des armatures.

Symptérygie (membranes unies).
Pêcheurs dans les deux ondes.

Paille-en-queue . .	4
Fou	11
Anhinga	4
Pélican	10
Cormoran	35

Diptérygie (2 membranes).
Voilure de l'avant séparée de l'arrière, pouce ramé, resté libre. Omnivores. Eau douce, salée et terre. Ce groupe résume tous les modes de nutrition.

Harle	8
Merganette	2
Céréopsis	1
Oie	36
Cygne	9
Arboricygne . . .	6
Tadorne	6
Canard	64
Fuligule	40
Hydrobate	1
Plongeon	3
Héliornis	2

Hypertérygie.
Surcharge de voilures, aux pieds, doigts à palettes, retour à la piscivorie.

Grèbe	22
Grèbi-Foulque . .	1

Remigrallie (palmes et échasses).
Ambigus.

Foulque	10
Phalarope	3

Exentriques de Transition.

Flament	2
Avocette	1
Échasse	1

Total des genres : 44 — des espèces : de 525 à 600.

Groupe de la Diptérygie (1) ou Lamellirostres.

—

Ce groupe se caractérise par la voilure de l'avant au pied, séparée de l'arrière, le pouce reste libre. Signe distinctif : bec large, droit, armé d'un onglet à l'extrémité des mandibules et portant sur ses bords des lamelles cornées. La mandibule inférieure est généralement plus ou moins recouverte par la supérieure, toujours plus large. Langue charnue, festonnée, bien tactile avec le bec. Tête assez grosse, cou variable, tantôt court, tantôt long. Corps ovoïde, ramassé en arrière, bosselé et large en avant comme un boiyer surmonté de son mât qui est le cou. Ailes aiguës, moyennes, queue courte, en rond ou en corne, parfois prolongée (pilet).

Plumage très dense, souvent joli, lissé et imperméable.

Ce sous-ordre ne comprend qu'une seule famille, les Anatidés, qui se partage ensuite en cinq sous-familles :

ANATIDÉS
{
les Anatinés ;
les Fuligulés ;
les Merginés ;
les Ansérinés ;
les Cygninés.
}

Au plus haut des échelons des Lamellirostres est fièrement campé le *canard sauvage*. En lui, sont réunis et concentrés les caractères principaux et de premier ordre des Rémipèdes : grâce, force, intelligence, acuité des sens, sociabilité, fécondité lui sont acquises d'une façon supérieure et incontestable.

Le bec, nous l'avons dit, est tout à fait caractéristique chez eux, à telle enseigne qu'on peut leur dire : Fais-moi

---

(1) *Diptérygie*, c'est-à-dire deux membranes, voilure de l'avant séparée de l'arrière, pouce ramé, resté libre.

voir ton bec et je te dirai qui tu es. Ainsi, dans certaines familles, quand ni les ailes, ni les pattes, ni la conformation interne ne sauraient plus servir de guide, les caractères du bec suffisent à éclairer le naturaliste. C'est ainsi que dans les Fuligulés, le bec, bien plus que les pattes, servira de base au diagnostic.

Ce bec est recouvert d'une mince pellicule dans laquelle viennent s'épanouir les terminaisons nerveuses du nerf trijumeau, nerf sensitif par excellence, qui donne ainsi à cet organe un sens tactile très délié. Une langue charnue, denticulée, également fournie d'un grand sens tactile, complète l'appareil, de sorte que ce n'est pas en aveugles et au hasard de la fourchette que nous voyons ces oiseaux fouiller du bec dans les mares et les détritus de toutes sortes, mais en gastronomes émérites, sinon en fins gourmets, faisant le triage des morceaux délicats d'avec les tiges de bottes et les boutons de guêtres.

Mœurs. — Beaucoup de Lamellirostres, habitués des mares, se retirent dans les eaux douces pour y abriter leurs amours et leurs progénitures. Ils ont tous la faculté de se mouvoir aisément sur les trois éléments : l'eau, l'air, la terre, et quelques-uns même perchent avec conviction. Mais la natation est leur exercice favori, exercice accompagné de plongeons et de courses folles entre deux eaux, d'après les circonstances de leur fantaisie, de leurs besoins ou d'un danger imminent qui les menace. Pour quitter la surface de l'eau, ils s'appuient très fortement sur leurs palmes ouvertes, et, d'un vigoureux coup d'ailes, prennent leur volée, les uns horizontalement, les autres verticalement, à la surface liquide. Ils se laissent choir sur l'eau, les ailes ouvertes, les pattes distendues, assez gauchement avec bruit... *plasch* et un remous d'eau fouettée par leurs pagaies qui laissent un sillage derrière eux. Ils se posent généralement bien à terre et, quand ils vont s'abattre dans les roseaux desséchés des Lamsooren (*Aster Trifolium*), par exemple, ils papillonnent à la manière des rapaces, la tête et la queue en position verticale et se laissent descendre ainsi graduellement aux marâches. Le vol varie suivant les familles; nous en reparlerons ailleurs, ils peuvent franchir de grandes distances d'une seule traite, mais ils ne sauraient planer, ni reposer leurs ailes dans leur vol. Leurs sens sont très développés, surtout la vue, l'ouïe, le toucher et l'odorat chez certains d'entre eux; leurs facultés intellectuelles sont légendaires, et le chasseur, mieux que personne, est à même d'apprécier le haut degré de ruse, de prudence, de finesse des oies, des cygnes et surtout des canards sauvages. Les oies resteront les surveillants et les gardiens fidèles des Capitoles à sauver, et les nombreux moyens inventés par l'homme pour chasser le canard prouvent combien il est difficile de les surprendre en défaut. Ces espèces se sont, du reste, ralliées à l'homme; leur domestication est une preuve sans réplique de leur bon goût et de leur jugement sûr. Ces oiseaux sont sociables entre eux, et leurs allures respirent la bonne camaraderie, surtout entre les mêmes espèces d'individus ou les familles voisines. On les voit aussi parfois en grand nombre prendre leur repas en compagnie de nombreux *Échassiers* de toutes sortes, vanneaux, courlis, pluviers, chevaliers; c'est lorsque l'ourlet du flot a déposé sur la plage mise à nu, de quoi faire faire ripaille à toute la compagnie. Ils sont, pour la plupart, bons maris et bons pères, et les femelles couvent avec ardeur, non seulement leurs petits, mais encore ceux de leurs voisines mises à mal, et elles ont une profonde affection aussi bien pour les étrangers que pour leurs petits.

Elles déploient souvent un véritable courage et exposent leur vie pour sauver leur progéniture contre les rapts de leurs ennemis d'en haut et d'en bas. Les petits naissent duvetés et abandonnent le nid après s'être séchés.

Leur voix et leurs cris sont fort variés, mais peu

harmonieux en général. Nous entendrons cependant les doux sifflements des canards siffleurs, les sons harmonieux du chant du cygne et le bruyant kan-kan des col-verts et des sarcelles, résonner au loin contre les digues du vieil Escaut comme des trompettes guerrières.

Le régime est plus ou moins végétal ou animal, d'après les espèces : les cygnes, les oies, les vrais canards préfèrent les végétaux, les harles s'en passent fort bien, mais tous *barbottent*, c'est-à-dire se nourrissent en fouillant du bec dans l'eau, la vase ou les végétaux pour faire un triage, une sélection judicieuse entre l'aliment et les détritus immondes et immangeables. Cette façon spéciale (unique aux Lamellirostres) de quête et de préhension des aliments, ne se rencontre que chez le cochon auquel ils ressemblent encore par leur voracité et leur gloutonnerie.

Comme l'homme civilisé, les Lamellirostes sont monogames... à leurs heures ; les coups de canif dans leur contrat de mariage en font souvent, il est vrai, une bassinoire, aussi je n'hésite pas à faire une distinction pour les canards qui sont au fond plutôt polygames... toujours à l'instar de l'homme civilisé auquel, du reste, ils se sont ralliés depuis qu'ils l'ont connu.

Ainsi, le mâle après l'accouplement a souvent la mémoire courte, et s'en va flirter avec une dame de son rang ou même avec une donzelle de bas étage ; la pauvre femelle tâche de mener à bien l'incubation et l'éducation des petits, pendant que monsieur se ballade avec ses pareils.

« Loorick !! » dirait-on à Bruxelles, en Brabant.

Il faut cependant rendre justice au cygne qui fait une brillante exception à la règle générale.

Généralement les poussins éclosent nombreux, grandissent très vite et nagent de même.

Ils adoptent le costume de leurs parents dans les trois premières anées, les uns la première, les autres la seconde ou la troisième. Ils sont sujets à une seule mue annuelle à la fin de l'été (juillet) portant en hiver la livrée de noce ou du printemps.

La lutte pour la conservation de l'espèce et de l'existence n'est pas semée de roses chez ces oiseaux, mais plutôt d'ennemis implacables de toutes sortes, depuis les hommes du Nord qui pillent leurs œufs et leur duvet au berceau, jusqu'aux rapaces de l'air, de l'eau et du sol : les aigles, les goëlands et les chasseurs qui les attendent au passage lors de leurs migrations, et jusqu'aux sangsues des mares et des rivières qui sucent le sang de leurs palmes. Et il n'y a pas jusqu'à leurs frères, que l'homme n'ait dressés à jouer le rôle d'espions et d'embaucheurs pour les entraîner ensuite dans les canardières diaboliques où ils se font massacrer par milliers tous les ans.

Ils sont représentés dans toutes les parties du globe et l'homme, encore une fois, a su en tirer des sources de revenus et de jouissance variées. Poursuivant ses raffinements de conquête dans les *moules* animaux, l'homme, par le croisement de ces races, le métissage etc., est parvenu à doubler la taille de certaines espèces dont la chair est supérieure à celle de leurs auteurs. Le mulard et l'oie domestique en sont une preuve absolument convaincante, et les pâtés de foie de canard de Toulouse et de Nérac le disputent aux foies gras de Strasbourg ! !

Ce groupe offre, en outre, pour nous, chasseurs, un intérêt capital, puisque c'est lui qui nous fournit les nombreuses variétés d'oiseaux qui se chassent et dont la plupart se mettent glorieusement à la broche ou en salmis.

Enfin, par un système de compensation dont nous ne saurions assez leur savoir gré, les immangeables de ce sous-ordre nous cèdent un moelleux et délicat duvet pour réchauffer nos rhumatismes et reposer nos membres enkylosés et perclus à leur poursuite, sans compter leurs plumes aux soyeux reflets et leurs ailes aux miroirs lumineux qui ornent les parures de nos dames.

Caractères généraux du genre canard

—

On a subdivisé en deux sections le genre canard, caractérisées par l'absence ou par l'existence d'un rudiment de membrane au pouce ou au doigt postérieur.

Nous appelons donc *vrais canards* ou canards proprement dits ceux dont le pouce sera élevé sans, ou presque sans membrane. Appartiennent à cette catégorie les espèces suivantes :

<blockquote>
Le canard Sauvage ;
»   Chipeau ;
»   Pilet ;
»   Souchet ;
»   Siffleur ;
»   Tadorne ;
Les »   Sarcelles.
</blockquote>

La seconde section, composée de toutes les espèces à membrane posticienne prononcée, comprendra :

<blockquote>
Les Eiders ;
»   Macreuses ;
»   Milouins ;
»   Garrots ;
»   Morillons, etc.
</blockquote>

Ils seront compris sous la dénomination de *Fuligulés* ou *Canards Plongeurs*.

Ce caractère anatomique placé au pied de l'oiseau peut servir à lui seul à diagnostiquer d'emblée un vrai canard d'un fuligulé. Et si ce signe peut avoir parfois de l'importance pour le naturaliste dérouté, il en a une bien plus grande encore pour le chasseur et le gastronome. En effet, croirait-on que cette simple variété de conformation du pouce de la patte d'un canard peut suffire à vous renseigner sur la valeur de sa chair ? L'armature du pouce, dit Toussenel, trahit les tendances

18

à la natation sous-ondienne et des appétits piscivores tout-à-fait opposés à ceux des vrais canards, des cygnes et des oies.

C'est une membrane natatoire, la fonction entraîne le genre de régime, et l'habitude des fuligulés de plonger pour se nourrir à la recherche de coquillages, mollusques et poissons, a donné à leur chair une saveur désagréable, un goût de marache, tandis que les vrais canards, ordinairement végétariens et piscivores par exception, sont exquis aux oignons glacés ou aux petits navets dorés.

Voici encore un ensemble de quelques caractères moins précis qui différencient les oiseaux de chacune de ces sections, quoique l'ensemble de leurs allures soient sensiblement semblables.

Au point de vue du naturaliste :

Le vrai canard qui porte le pouce presque sans membrane porte aussi :

> La tête plus mince ;
> Le cou plus long ;
> Le corps moins épais ;
> Les pieds moins larges que le

Fuligule qui a le pouce bordé d'une membrane et qui porte aussi :

> La tête plus grosse ;
> Le cou plus court ;
> Les pieds plus en arrière ;
> Les ailes plus petites ;
> Les tarses plus comprimé s ;
> Les doigts plus longs ;
> Les palmes plus complètes ;
> La queue plus raide ;
> La démarche plus lourde.

Enfin, il est plongeur avant tout et pêcheur intrépide. *Au point de vue cynégétique*, les fuligulés sont plus durs à tuer, parce que leurs plumes sont plus grosses et leur duvet plus abondant et plus serré. Terminons en disant que les **canards** et les fuligulés se distinguent des oies par des jambes plus petites et des cygnes par le cou bien plus court. Le bec est aussi plus aplati, plus horizontal, moins volumineux que chez ces deux espèces, puis les oies et les cygnes ne plongent plus que du bec et ne se submergent plus totalement qu'en extrême détresse, en cas de lutte pour l'existence.

Le Canard sauvage.

—

Lat. : ANAS BOSCAS. (Boscas veut dire vorace.)
Flamand : DE WILDE EENDE.
Taille : 0^{m}5o à 0^{m}55 ; *ailes* : 0^{m}28 à 0^{m}3o.

Nous commencerons par le canard sauvage, le plus fidèle et le plus vieil habitué des eaux schaldiniennes. Il en est aussi le plus beau, le plus rusé et le plus exquis. A tout seigneur, tout honneur donc.

Le col-vert des chasseurs, l'Anas Boscas des savants, le Block-Eende (1) des riverains et des professionnels, est tout spécialement l'objet de leurs attentions et de leur convoitise. Le *col-vert !* A ce mot le puntsman tressaille, le gourmet salue bien bas, car sur l'eau comme à table, c'est un royal gibier. C'est celui que tout chasseur

(1) Block-Eende. Mot flamand qui littéralement signifie canard-sabot. Appellation appliquée au canard sauvage par les professionnels qui lui trouvent la forme d'un sabot flamand.

poursuit le plus énergiquement et c'est le plus persé-
cuté de tous les oiseaux d'eau et de rivage. En l'air, sur
terre et sur l'eau, on lui fait une guerre acharnée. Au
marais, aux canardières installées sur les étangs, à
l'affût le long des bords des rivières et des fleuves, en
yacht ou au moyen de toutes espèces d'embarcations ou
de déguisements diaboliques ou drôlatiques, on le surveille, le dépiste, le traque et le tue. Aussi le canard
sauvage porte-t-il bien son nom (du moins en français),
et ses ennemis savent qu'il est sauvage en diable, et plus
sauvage que toute autre espèce d'oiseau sauvage. Et
malgré cela, ou peut-être à cause des difficultés qu'il
faut vaincre pour s'en emparer, les chasseurs s'acharnent à sa poursuite et à sa capture.

Est-ce parce qu'elle est parfois périlleuse et pénible
toujours que la chasse au canard est aussi entraînante,
se demande M. Boussenard?

Le chasseur, poursuit-il, qui a dans son *Home* tout le
confort de la vie, n'est-il pas inconséquent lorsqu'il
quitte l'appartement bien chaud, les pantoufles fourrées,
le fauteuil capitonné, le bon livre à moitié coupé, pour
descendre dans des bottes d'égoutier, se costumer en
voyageur arctique, aller de parti pris courir les marais
gelés, briser du pied les glaçons, patauger dans les
vases, braver la bise, solliciter le rhumatisme pour rapporter un canard de trois francs dix sous?

Il y a du pour et du contre, les uns disent oui, les
autres non. *Grammatici certant*.

Le vrai chasseur, lui, n'hésite ni ne discute. Que lui
importe le souffle glacé du septentrion, le froid dur qui
crispe ses doigts, coupe ses joues et gèle son souffle sur
sa barbe?

Que lui importe le hasard d'une chute sur la terre
durcie ou la possibilité d'une immersion? Il va où la
passion folle, immodérée si l'on veut, et toujours inassouvie l'appelle, oublieux du déboire de la veille, fort de
l'espoir d'aujourd'hui. Il sait qu'il entreprend une

conquête difficile, mais que lui importe encore une fois? Raison de plus pour la tenter... et de plus au retour il jouira doublement des bonnes choses qu'il vient de quitter et ne se sentira pas d'aise en pensant au canard qu'il a proprement culbuté... Quant à moi, conclut Boussenard, jamais la culbute d'un lièvre ou la dégringolade d'une perdrix ne m'a procuré la dixième partie de l'émotion que me donne la vue d'un canard s'étalant dans le coup de plomb. La chute de la bécasse, m'émeut à ce point. Voilà, Messieurs les profanes, pourquoi nous chassons le canard ».

C'est là le tableau ordinaire de la chasse au marais, mais nous avons dit ailleurs les difficultés et les émotions de la chasse en punt sur les grandes eaux. Qu'en dirait le confrère Boussenard?

Le *canard sauvage* se reconnaît aisément à ses pieds aurores, à son bec olivâtre, au vert émeraude à reflets d'acier poli de la tête et du croupion du mâle qui porte, en outre, les plumes moyennes de la queue relevées en boucle en avant. Le col est vert foncé, interrompu par un petit collier blanc, suivi d'un plastron brun pourpré.

Le miroir de l'aile d'un bel azur éclatant, bordé en haut et en bas d'une bande blanche.

La *femelle*, ordinairement plus petite, porte une livrée plus modeste, mais n'en est que plus rusée et plus exquise en salmis, deux qualités fort prisées par le chasseur et le gastronome. Son plumage est varié de brun et de gris roussâtre, les quatres pennes du croupion sont droites, le bec rougeâtre et le miroir de l'aile nuancé de violet. Parfois aussi les vieilles femelles stériles prennent la livrée éclatante du mâle histoire de porter les culottes à l'âge de retour pour les imposer sans doute, mais un peu tard, à leurs volages époux. De leur côté, les vieux mâles, pour ne pas être en reste de galanterie, ou pour lutter avantageusement avec les jeunes mâles, se dépêchent de muer avant eux, et revêtent de plus en plus leurs belles parures au fur et à mesure qu'ils avancent en âge. Car chez les oiseaux la beauté doit attendre le nombre des années, et leur plumage est d'autant plus brillant qu'ils sont plus âgés.

La vieillesse embellit l'oiseau. C'est exactement le contraire dans l'espèce humaine où l'homme et surtout la femme sont d'autant plus laids qu'ils sont plus vieux. Que de femmes, anges déchus, voudraient avoir des ailes!!

D'autre part les jeunes mâles, avant la mue, ressemblent à leur mère; enfin on en rencontre parfois qui ont le bec et les pieds noirâtres et dont les couleurs principales sont à peine indiquées.

Les variétés blanches à l'état sauvage sont très rares, quoique la domestication y prédispose chez l'espèce, mais l'albinisme est très fréquent dans les races domestiquées qui descendent toutes, du reste, du canard sauvage. Car le col-vert, n'est pas seulement le type de l'oiseau d'eau, mais c'est le prototype et la souche de tous nos canards domestiques. Les plumes retroussées de la queue en sont une preuve incontestable, car cette coquetterie particulière chez le mâle lui est tout à fait personnelle et unique dans le genre canard. Elle ne se repète chez aucune autre espèce sauvage, tandis qu'elle ne manque jamais dans nos races domestiques ordinaires dites de Rouen, de Pekin, d'Ailesbury, etc. Le même fait de domestication s'est produit en Amérique pour le canard musqué qui est devenu une des volailles les plus utiles et les plus répandues dans le Nouveau-Monde.

Il n'est pas rare de rencontrer sur l'Escaut des canards privés mêlés aux sauvages, soit que ceux-là se soient échappés de leurs étangs pour reprendre leur liberté, soit qu'ils jouent le rôle de traitres en vue d'entrainer la bande sauvage vers les canardières de Borheim ou de Puers, voisines de l'Escaut. D'autre part, comme le col-vert sauvage niche en assez grand nombre dans les terres, ou bois avoisinants les rives du fleuve et que les canards sauvages et les privés se mêlent et s'apparient facilement, il ne faudra vous étonner autrement de capturer des spécimens de différentes grandeurs et couleurs.

Ceux qui sont nés dans le pays sont plus forts et moins élégants, les étrangers sont plus minces, portent les couleurs plus vives, la plume plus serrée et plus luisante, et quand ils s'abattent, les émigrants se tiennent à part et ont l'air de ne pas vouloir se compromettre dans la société des indigènes.

Les vrais migrateurs quittent les contrées du Nord, leur pays d'élection, vers le milieu d'octobre et continuent leur passage vers les pays méridionaux jusqu'en novembre.

Jusqu'à quelle latitude s'avancent-ils?

Fort loin sans doute, d'après la violence et la durée des froids et des intempéries de l'hiver, car l'espèce est répandue à profusion sur tout le globe, et se retrouve identique depuis le cercle polaire jusqu'à l'équateur. Ceux qui habitent l'Amérique du Nord y descendent jusqu'à Panama.

C'est un joli tableau à voir que ces bandes de canards sauvages qui défilent ordinairement dans les airs en lignes géométriques. Ils ne s'alignent ainsi que lorsqu'ils sont décidés à franchir de longs espaces, ou lorsqu'ils volent au loin vers un point déterminé qu'ils ne perdent pas de vue un seul instant. Pas de cris d'appel quand ils sont au vol, on n'entend que le bruissement, le sifflement de leurs ailes fouettant les airs avec une rapidité incroyable.

Ils partent après le coucher du soleil, voyagent toute la nuit, se reposent et dorment même sur le flot, puis reprennent leur voyage le jour suivant. Ils recherchent les lieux de réfection les plus solitaires et les plus tranquilles. Se nourrir la nuit et se reposer le jour, voilà leur devise et la caractéristique de leurs habitudes.

Dès le matin, ils viennent faire leurs ablutions sur les parties les plus larges de l'Escaut. Tantôt ils s'abattent sur les rives du fleuve, tantôt dans les criques, les vases,

ou les *schorres*, ou même en pleine passe navigable,
mais le plus souvent ils se posent à l'extrémité d'un
banc de sable, assez dominant, comme pour mieux surveiller leurs ennemis. Car ils se défient de l'homme
beaucoup plus que les oiseaux des plaines ou des bois;
ils épient avec soin tous ses mouvements et s'alarment
pour un rien. Ceux qui les chassent au marais savent
par expérience combien il faut de prudence, de ruse et
de précaution pour les approcher avec un chien. Ces
oiseaux ont l'odorat et l'ouie très développés et le plus
grand silence est de rigueur si l'on veut réussir. A cette
chasse, défense de fumer ou de causer sous peine de
revenir bredouille.

Leurs retraites favorites sur l'Escaut sont les environs de l'île de Saeftingen, les schorres d'Arenberg,
l'Hondegat, le Kiskas, le Tweede gat, le schaar de
Weerde, le schaar et le Nauw de Bath, le Bizelinschen-
Ham au delà d'Hansweert, les bancs de l'Escaut Oriental, surtout ceux du Zandcreek, l'Estuaire de Veere et le
Sloe près de Flessingue.

C'est là que les puntsmen les pourchassent tout l'hiver
avec le plus d'acharnement et de succès. Couché à plat
ventre dans sa frêle embarcation, le chasseur peut les
observer tout à son aise au milieu de ces solitudes gran-
dioses et dans le plus profond silence. Leurs attitudes
ne manquent pas de charme et de pittoresque, lorsqu'ils
sont ainsi au repos entre eux, comme inconscients de la
présence de l'homme. Les uns se tiennent sur une patte,
en une demi-somnolence, tandis que l'autre est repliée
sous l'aile, c'est même une de leurs poses favorites.
D'autres enfouissent leur tête en arrière dans les plumes
de leur chaud manteau, pendant que des sentinelles,
placées un peu à l'écart du peloton, veillent sur les
troupes au repos.

En hiver, pour réchauffer leurs orteils palmés, quand
ils sont obligés de se tenir sur les glaces, ils se couchent
sur le poitrail et le ventre, les pattes emmitouflées dans

leurs plumes duveteuses. Dans cette posture, ils se laissent approcher bien près par le bateau, s'ils voient qu'aucun mouvement ne se passe à bord, mais à la fin, ils se dressent tout-à-coup sur leurs jambes et apparaissent sur la blancheur étincelante de la glace deux fois plus grands que dans l'attitude couchée. C'est le moment que le cruel chasseur a choisi pour leur envoyer sa mitraille... Banggg... Et l'instant suivant un sang vermeil déjà se coagule sur le miroir de glace, à côté de ses belles créatures convulsées dans tout l'éclat de leur plumage chatoyant.

Je dis cruel, car il faut les avoir vus ainsi de près, dans leurs poses pleines d'abandon et d'art pour comprendre que certains coups de canardière sur ces innocentes et vaillantes petites bêtes, sans défense, au repos absolu, à petite portée, sont parfois bien inhumains.

Mais le chasseur est ainsi bâti, il a tôt fait de refouler l'artiste, l'admirateur de la nature qui vient poindre en ce moment en lui. La batterie du canon est là et les efforts surhumains qui l'ont amené en punt le rappellent à la réalité des choses, au but poursuivi, et lui redisent que le moment suprême est venu. Alors, le véritable chasseur, ne voulant pas commettre un assassinat en tirant au rassis, jette un grand cri dans l'espace endormi pour les avertir de son approche; soudain la bande se réveille en sursaut, s'envole d'un seul jet... Boum... et l'assassinat est devenu un haut fait de chasse. Le professionnel, au contraire, sans cœur et sans pitié, les massacre à cinquante pas, au repos, pour en abattre un plus grand nombre.

Et cependant ils ont tous deux raison. L'amateur a chassé en dilettante, se ménageant les émotions et les portant au plus haut degré, après les difficultés vaincues puisqu'il tire au vol; l'autre concentrant tous ses efforts vers un but qui doit souvent procurer du pain aux siens qui grelottent la misère et la faim, n'a garde de lâcher la proie pour l'ombre, il tire au rassis pour être certain de ne pas les manquer. Qui oserait l'en blâmer ?

Le col-vert choisit de préférence les hauts-fonds, afin de pouvoir chercher sa nourriture sans devoir plonger, car il ne se submerge pas pour son plaisir, mais par nécessité ou par ruse. Il plonge cependant souvent, mais en faisant le poirier, c'est-à-dire en laissant dépasser le croupion, tête et corps submergés, comme font les canards domestiques.

Dans cette position, leurs pattes pagaient pour les maintenir en équilibre le temps nécessaire au but cherché.

Au printemps, quand ils nous quittent pour retourner au pays natal, ils reprennent leur vol angulaire. Ils s'accouplent déjà dès la fin février et on les voit en mars faire le beau, caracoller autour des femelles et plonger alors carrément en eau profonde, soit qu'ils veulent montrer leur talent et leurs grâces, soit qu'ils aillent à la recherche d'insectes aquatiques, déjà très abondants à cette époque de l'année.

Les mâles quittent les premiers les régions du septentrion à l'époque de la migration automnale, les femelles arrivent après avec la jeune famille. Chez beaucoup d'espèces d'oiseaux, du reste, les choses se passent ainsi, soit que les femelles ne soient pas bien en plume ou en embonpoint après le pénible travail de l'incubation et de l'éducation des petits, soit que les mâles, vieux routiers, rompus aux mille difficultés et périls du voyage, s'avancent en estafette pour choisir les lieux de stationnement et de réfection, ou indiquer les points de repère. Ainsi opèrent les mâles de pinsons en octobre, et les mâles de rossignols, de fauvettes, précèdent au repassage du printemps, les femelles d'au moins huit à dix jours.

On peut donc voir sur l'Escaut au début de la migration d'octobre, des bandes de col-verts composés exclusivement de mâles. On serait tenté de croire que c'est un manque de galanterie, mais nous croyons, au contraire, que c'est dans l'intérêt général de l'espèce, qu'ils agissent ainsi, d'autant qu'à cette époque, ces oiseaux, au lieu d'être jaloux, se réunissent en grande bande, sont très sociables et voyagent de compagnie comme s'ils obéissaient aux commandements d'un seul chef.

Le col-vert, du reste, est un Don Juan, et il rendrait des points à la galanterie française.

Il n'est point monogame, quoiqu'en dise certains auteurs, et la polygamie est plutôt la règle dans la tribu des palmipèdes.

—

Après avoir essuyé le coup de feu le canard sauvage est excessivement défiant et s'enlève à des distances considérables. Mais s'il ne s'éloigne guère après avoir entendu siffler le plomb, et se remet comme s'il n'avait pas été dérangé, ça présage un violent changement de temps, et c'est un météorologiste de première force. Blessé et harcelé par le bateau, le col-vert nage entre deux eaux, le corps complètement immergé, ne laissant dépasser que le bec, pour respirer. Ce bec jaunâtre, flottant ainsi sur les eaux glauques de l'Escaut a l'air d'un bout d'ambre, ou d'un bec de clarinette perdu tantôt par un émigrant allemand du haut d'un grand transatlantique en route pour l'Amérique. Ne le perdez pas de vue ce bout d'ambre, car pour peu que la surface de l'onde soit irrisée par la brise, l'œil qui guette le moment où ce bec surgira ou disparaîtra avec le malin volatile se fatigue vite et perd toute trace du blessé. Regardez bien à contre courant, car il nage alors presque toujours ainsi et c'est dans cette direction qu'il fera son apparition.

Généralement lorsqu'il est dans l'eau, le col-vert, à l'approche du punt, tend le cou pendant un quart de minute et plus, glisse avec légèreté sur l'eau, puis tourne la tête au vent, présentant le flanc à l'embarcation, et si

le coup ne l'abat pas en ce moment, il s'enlève instantanément d'un seul bond, droit en l'air. Il est donc assez
lent à se mettre à l'essor, et permet encore l'approche de
plusieurs mètres au tireur. Le moment critique de presser la détente, si vous êtes à bonne portée est lorsqu'il
émerge de l'eau, avant qu'il ne tourne la tête à contre-
vent, parce que c'est le dernier mouvement avant le vol.

Mais si vous voulez tirer au cul-levé, il faut attendre le
mouvement de flanc, et vous préparer à viser bien en
avant sur les premiers *dans le vent* afin d'atteindre la
masse au milieu. Tirez un mètre au moins en avant et
plus haut, car il ne faut pas oublier que les plombs
d'une canardière ont généralement à franchir une distance de 60 à 80 mètres avant de les atteindre.

Le tir est-il plus meurtrier en flanc que sur le dos?

Ils paraissent offrir une cible plus large de côté, mais
je pense qu'en raison de l'horizontalité du tir en punt, on
en tuera un plus grand nombre quand ils fuient dans la
direction du canon.

Et la distance comment la juger sur l'eau?

Les uns disent voir les yeux, d'autres distinguer les
plumes, mais, en temps brumeux, tout cela est trompeur.
Il n'y a qu'un moyen, et il est infaillible : placer la
canardière de telle façon que son point de mire au
repos sur le pont d'avant indique une portée normale
bien repérée d'avance pour toujours, soit 50 mètres ou
80 mètres maximum. De cette façon, dès que l'on voit le
point de mire couvrir les oiseaux, l'on est certain d'être
à portée tuante. On agira ensuite d'après les circonstances, la portée de l'arme, le vent, l'inspiration du
moment, etc.

Un canard blessé ou **mort** flotte haut et à sec, l'eau ne
mouille pas ses plumes huilées, mais par une pluie bat-
tante, incessante, la graisse finit par ne plus tenir, il
est alors désarmé, piteux et trempé jusqu'aux os comme
un canard qu'il est.

La chasse la nuit au canard sauvage est tout à fait

impossible sur l'eau, même par le plus beau clair de lune. Il vaque **alors** à l'intérieur des terres, des schorres et autres parages vaseux. On pourra parfois réussir ainsi quelques coups à la brune à l'île de Saeftingen, mais nous rentrons alors dans la chasse à l'affût dont nous avons déjà parlé.

Comme le col-vert a l'habitude de retourner aux parages où il a trouvé bon gîte et bonne nourriture, en se mettant en observation à certaines places à la côte ou aux schorres, on pourrait les atteindre au passage et faire un coup. Mais, sur l'Escaut, toutes ces manœuvres ne sont guère pratiques en hiver, et cette chasse d'embuscade n'est en honneur que chez les indigènes et les riverains du grand fleuve.

Au moindre bruit, la nuit, le col-vert se tait; son cri est le quack quack et le can can bien connus; la femelle a la voix plus métallique et plus forte que le mâle qui sombre la voix; puis ils reprennent leur conversation dès qu'ils ne se défient plus.

La chasse aux halbrans (Halbe-Eende, de l'allemand) ou jeunes canards sauvages, ne se pratique guère sur l'Escaut, les jeunes n'atteignent le développement de leurs ailes qu'en dernier lieu, bien longtemps après le développement de toutes les autres parties du corps. Ils passent donc le mois de juillet et d'août dans les joncs des marais où ils sont faciles à tirer puisqu'ils ne savent pas voler. On pratique cette chasse en barquette aux étangs, aux marais, avec un chien pour rapporter les victimes. On tue d'abord la pauvre mère, on en met une apprivoisée à la patte, les jeunes presque sans ailes arrivent à ses appels et se font massacrer.

Cette chasse a évidemment ses amateurs gagas, surtout en France, mais cette façon de faire n'est guère digne d'un vrai chasseur, et le colonel Hawker déclare que ce sport ressemble plus à une traque aux rats qu'à une chasse à la sauvagine. C'est envoyé ça Colonel, et tous les puntsmen pensent comme Votre Seigneurie!

Le Canard siffleur.

—

Lat. : MARECA PENELOPE.

Flamand : DE SMYE.

Taille : 0^m42 à 0^m45.

Plus petit, plus vif, plus gai, plus gentil, dirai-je, que le canard sauvage. Le *mâle* porte le front casqué de blanc crême, ou café au lait (chez le vieux), sur tête rousse et col idem, tachetés de petits points noirs. Le manteau est gris vermiculé de stries noirâtres sur fond blanc, la poitrine lie de vin, le ventre blanc et le miroir

à triple bandeau, celui du milieu vert bordé de velours noir. Couvertures des ailes bien blanches. Les pieds sont plombés ainsi que le bec qui est menu et noir à la pointe seulement.

Plus mince est sa *femelle* et d'une tonalité générale d'un cendré roussâtre avec miroir d'un cendré blanchâtre en haut et en bas, mais le vert métallique du miroir fera plus tard reconnaître le jeune mâle, parce que les jeunes ressemblent à la mère. Il y a des auteurs (Buffon, de Cherville) qui disent qu'au passage d'automne, on peut confondre la femelle avec le vieux mâle de l'espèce, et ceux-ci avec les jeunes parce que ces oiseaux ont perdu la parure qui les caractérise.

C'est une erreur, le mâle revêt son costume de noce pour voyager en octobre, quoique ce costume ne soit pas aussi brillant qu'en plein été, surtout aux flancs, au dos et sur la poitrine, mais le caractère essentiel du miroir y est, et si chez les vieux mâles la tache blanchâtre du front ne s'étend pas sur le sommet de la tête, ils portent seuls les couvertures de l'aile d'un blanc pur, et le diagnostic est facile à établir.

Ce qui a peut-être contribué à accréditer ce fait par nous souvent controuvé, c'est que les femelles arrivent généralement sur nos côtes avant les mâles. Ainsi, en octobre 1895, mon ami Senaud, mon brave compagnon d'armes sur l'Escaut, rapporta dix femelles de siffleurs sur dix de tuées en deux jours de chasse, et l'avocat Van Doorslaer, douze sur douze.

De même à la migration de retour au printemps, elles prennent les devants et laissent les mâles en arrière. Read, le puntsman du colonel Hawker, en tua quarante-quatre en une nuit, au mois de mars, et, dans ce nombre, il n'y avait que deux femelles.

Les siffleurs séjournent, au début du printemps, sur l'Escaut, bien après le col-vert; il en reste parfois de grandes compagnies jusqu'au 15 avril. Cela veut dire que ces oiseaux remontent jusqu'à l'extrême nord de notre continent pour aller nicher, et qu'ils savent qu'à cette époque la zône polaire n'est pas encore débarrassée de ses glaces, ou ne peut leur offrir les végétaux, coquillages ou insectes nécessaires à leur subsistance.

Ils nous arrivent déjà fin septembre, par petites troupes d'abord, puis par bataillons serrés, souvent sans ordre et parfois aussi en file indienne. Partis de la zone polaire, surtout de la partie orientale, ils suivent les fleuves et les rivières, mais principalement les côtes maritimes, car ils préfèrent et recherchent les eaux saumâtres. C'est pourquoi on les rencontre en si grand nombre aux estuaires des fleuves, et surtout des fleuves à fortes marées. C'est pourquoi encore leurs vols énormes viennent s'abattre de préférence sur les eaux ouvertes du Bas-Escaut et s'abstiennent de séjourner sur les rives du Haut-Escaut ou aux polders à eau douce.

L'allure rapide de son vol sibilant est soutenue, et cet oiseau aime autant voyager la nuit que le jour.

Il n'est pas d'un naturel sauvage, mais le siffleur est intelligent et, quand il est trop traqué par le chasseur, il devient excessivement défiant et ne se laisse plus approcher ni en bateau ni en punt.

Très sociables entre eux, ils font leur toilette sur l'eau, ils jouent, se poursuivent, se battent, le soir se réunissent en congrès et font plus de tapage à une douzaine qu'un régiment tout entier d'autres espèces. Ils acceptent même les autres variétés de canards dans leurs rangs, et il n'est pas rare de trouver au bout de la lorgnette sur les bancs de sable une armée de siffleurs, entremêlée de quelques sarcelles et d'un grand nombre de pilets.

Leurs lieux de réfection favoris sont les vastes marécages, les criques herbeuses, les goulets vaseux, les schorres sans cesse rafraîchis par l'alternance des marées, là où la végétation revêt un caractère d'intense sauvagerie.

C'est au milieu de ses plantes aquatiques de toutes espèces qu'ils fouaillent, barbottent et s'engraissent. Ils mangent du reste nuit et jour, comme le col-vert, et la plupart de leurs congénères, mais c'est surtout la nuit qu'ils font bombance. Leur régime est principalement

19

composé de végétaux, graines, racines, mais ils ne se
privent pas d'insectes marins, vers, molusques, frai de
poisson et tout l'ordinaire des *vrais canards*. C'est ce
qui fait que sa chair est très estimée et très délicate.
Leur cri principal, soit au vol, soit au repos, lorsqu'ils
sont rassemblés, est un petit sifflement doux répondant
au mot = whiou, whiou, whiou, qu'on peut parfaitement
imiter avec la bouche. Cet appel caractéristique le distingue de tous les autres canards; surtout dans le silence
de la nuit, et le chasseur ne saurait le confondre avec un
autre cri d'oiseau d'eau, de rivage, de plaine ou de bois.
Il le répète très souvent trois fois de suite = whiou
(ter) et le fait suivre d'un cri cri cri sonore. La femelle
dit : fiour, fiour.

Ils tiennent donc leurs grandes assises au fond de
l'Hondegat, la nuit, et les petites bandes s'appellent
continuellement. Ils se croient plus en sûreté, quand ils
se sentent rassemblés en grand nombre; alors ils
babillent et battent constamment le rappel après de nouveaux convives. De temps en temps un grand silence se
fait tout-à-coup; ils sont aux écoutes et flairent l'approche de l'ennemi, car ils sont doués d'un odorat très
fin, et au moindre bruit ou odeur suspecte, ils s'enlèvent
en un bruissement d'ailes immense.

Tant que dure leur conversation à table, il se croient
en sûreté, surtout si les whiou, whiou du mâle sont bas
et plaintifs et le puntsman peut avancer, mais dès qu'ils
se taisent, ne faites plus un mouvement, plus un seul, et
s'ils reprennent leurs jeux et leurs cris, c'est signe qu'ils
ne se doutent pas de votre approche.

Nous avons dit plus haut au chapitre *Chasse la nuit*,
ce que nous pensions de cette manière d'opérer très en
honneur chez les professionnels d'Outre-Manche. Nous
le répétons à la *chasse de nuit*, on en perd la moitié et
l'on rend les oiseaux très sauvages.

L'on peut faire de beaux coups au coucher du soleil,
après avoir chassé toute la journée, cela doit suffire aux

amateurs. A l'aurore, le siffleur s'envole en mer, ou aux grandes eaux et y reste toute la journée pour revenir le soir à son lieu de stationnement.

Je crois que les siffleurs se cantonnent de temps en temps en certaines places où ils savent que la nourriture est abondante, et quand ils sont ainsi sédentaires, toutes les poursuites des chasseurs ne parviennent guère à les déloger, mais ils deviennent alors très rusés et très difficiles à approcher.

Ils sont donc têtus et gourmands, même aux dépens de leur sécurité, et ils payent souvent fort cher leur : j'y suis, j'y reste, sinon on s'expliquerait difficilement la présence permanente, pendant tout l'hiver, sur les eaux du Bas-Escaut, de ces quantités fabuleuses de siffleurs sans cesse en butte aux plombs meurtriers des chasseurs. Il y en a toujours, et ils font la navette d'une place à l'autre d'après vents et marées. Sans doute les bandes se renouvellent avec les changements de temps et les variations de température. Ils se promènent des rives de l'Escaut aux rivages des mers, ils se rendent des visites, ramènent de nouveaux hôtes ou s'éloignent jusqu'aux sables de l'Afrique vers le 55° de L.-S.

Une bande de ces oiseaux se compose parfois d'un millier d'individus. C'est un nuage compacte, immense, qui roule dans les airs en sifflant et vient s'abattre jusque dans les passes navigables de l'Escaut et les recouvrir entièrement. Ils donnent ainsi beaucoup d'animation au grand fleuve, dont les échos depuis Bath jusque Terneuzen, retentissent de leurs joyeux whiou, whiou, whiou !

Cependant ils se tiennent *cois* par temps brumeux, et se rassemblent les uns près des autres par temps très froid. Ils ont l'habitude de s'appe ler en volant, les sarcelles s'appellent quand elles passent au-dessus d'autres sarcelles, pas autrement.

Le siffleur ne se laisse guère pourchasser par le punt, il se met à l'essor et s'élève directement en l'air à la première alarme, sans jeter aucun cri, comme le col-vert, surtout s'il est blessé. Il nage alors, le corps à trois quart submergé et plonge avec habileté. Il faut persévérer, malgré leur défiance, quand ils partent plusieurs fois de suite à l'approche du punt, et tâcher de les avoir à portée, et tôt ou tard vous aurez ainsi la chance de faire un de ces grands coups de canardière, mémorable dans les annales et les fastes des chasseurs à la sauvagine.

On peut aussi les approcher en yacht et en tirer quelques uns à certaines heures du jour et par certain vent qu'il n'est pas facile de préciser ici. Parfois même, ils se laissent plus facilement aborder par le yacht que par le punt, ils en ont tant vu de ces bateaux qui les côtoyaient sans leur faire du mal, qu'ils ne soupçonnent pas les intentions malveillantes de votre équipage à leur égard, ils se laissent ainsi approcher, tandis qu'ils ne connaissent pas de punt qui ne leur ait envoyé sa dragée meurtrière.

On prend rarement les siffleurs aux canardières en pleine terre, mais ils tombent aussi dans le piège de celles qui sont installées sur les bords de la mer.

Le canard Pilet

—

Lat. : DAFILA ACUTA.

Flamand : DE PAELSTAERT (LA FLÈCHE.)

Taille : Mâle 0^m60 ; Femelle 0^m43.

Encore un des beaux et des plus gracieux canards, fréquentant notre territoire de chasse aux époques de migrations. Ils n'y sont pas aussi nombreux que les deux précédents en plein hiver, mais s'ils sont inférieurs en nombre, ils sont supérieurs en chair à ces espèces, surtout au siffleur.

Aux marchés des criées de Bruxelles, le crieur public

n'offre jamais les siffleurs sous leur véritable nom, mais toujours sous le nom de Pilet ou de Flèche, traduction du mot flamand Paelstaert (queue en flèche) sous lequel nos marins et marchands le désignent, parce que son attitude au vol donne assez bien à l'œil l'impression d'une flèche qui fend l'espace.

Le bon public se laisse faire, ou ignore la chose, et paye le siffleur au prix du véritable Pilet, qui a une valeur plus grande que l'autre sur tous les marchés de l'Europe. Le Pilet, quoique omnivore à l'occasion, se nourrit principalement de substances végétales et d'insectes marins, et c'est à ce régime choisi qu'il doit la tendresse et la délicatesse de sa chair.

Le *mâle* est le plus long de tous les canards, grâce à sa queue noire et blanche, qui se prolonge par deux plumes fines, étroites, d'un noir verdâtre, que les Anglais et les Allemands ont comparées aux plumes de faisan (zee-phaesant). Toutes les autres parties du corps lui donnent un air de grâce et de légèreté particulières, aussi bien sur l'eau que sur terre. Sa tête marron, tachetée de noir, est petite et fine, avec des reflets pourprés sur les côtés, se détachant sur un cou en bandes blanches d'une sveltesse incomparable.

Les plumes du dos et des flancs sont rayées de zigzags noirs et cendrés, celles de l'épaule, effilées blanches et noires. Miroir d'un vert pourpré et noir, bordé en-dessus par une bande rousse et en-dessous par une bande blanche. Bec d'un bleu noirâtre et pieds d'un cendré noirâtre.

La femelle, plus petite, ressemble par le ton général et la disposition des couleurs, à la cane sauvage, mais le bec noirâtre et la queue longue et pointue qu'elle porte, suffiront à ne pas la confondre avec celle-ci. Le miroir, d'un brun jaunâtre, bordé de noir et de blanc, avec les pattes cendrées verdâtres, compléteront le diagnostic.

Les jeunes, comme toujours, se rapprochent par leur livrée, des femelles adultes et la mensuration fera reconnaître le genre mâle.

Même habitat, à peu près, que le siffleur, dont il recherche la société et mêmes migrations au commencement d'octobre et fin mars-avril. Sir Ralph. Payne-Gallway (1) assure que les jeunes nous arrivent les premiers en octobre, et l'auteur se demande qui les guide dans leur voyage. Les parents ? L'instinct ? Je n'ai pu, jusqu'ici, contrôler cette assertion, mais cette particularité serait en tous cas un fait isolé parmi tous nos migrateurs ; et si l'observation est exacte rien ne s'oppose à admettre que les jeunes Pilets se mêlent aux siffleurs, dont ils recherchent la compagnie, et suivent leur itinéraire lors de leur premier grand voyage, d'autant plus que ces deux espèces nichent côte à côte dans les mêmes contrées septentrionales.

Leurs mœurs et habitudes présentent toutefois quelques particularités. Ainsi, on les voit très souvent par couple, en petite bande de cinq à huit, plutôt qu'en nombreuse compagnie.

Peu farouches en petite troupe, ils le deviennent en grande bande ; c'est peut-être que cent paires d'yeux voient plus et mieux que dix paires. Ils ne s'aventurent guère dans les eaux intérieures et préfèrent la grande eau, les bords herbeux des eaux salées de la mer et des fleuves ; là, ils recherchent les hauts-fonds pour se nourrir. Le vol est très rapide, la nage gracieuse, élégante, agrémentée de mouvements de flexions de la tête ; son bec, alors, fait jaillir l'eau, tandis qu'il relève la queue et immerge la poitrine profondément dans l'eau.

Un pilet blessé plonge parfaitement et même plus longtemps qu'un siffleur, quoi qu'en dise Folkard (2), qui déclare que cet oiseau tache alors de gagner à la nage le marais ou le banc de sable, où il se met à courir avec beaucoup plus de facilité que tout autre canard. Nous reconnaissons l'exactitude de cette dernière assertion, mais neuf fois sur dix, il cherche son salut en plongeant

---

(1) Sir Ralph. Payne-Gallway. *The Fowler in Freland.*

(2) Folkard : *The Wild-Fowler.*

et montre ainsi qu'il a plus de confiance dans la nage que dans la course.

Un jour, en mars 1893, par un vent d'ouest à décorner les bœufs, notre yacht *la Sarcelle* louvoyait sur la rive gauche du Bas-Escaut, près du premier duc d'Albe de Saeftingen, vers le vieux Doel. Nous avions doublé plusieurs fois déjà toute cette rive du fleuve, la marée montait et nos jumelles se braquaient obstinément sur un morceau de tourbe noir, situé à mi-côte à 150 mètres de notre bateau. Personne à bord n'osait affirmer que ce fut un bloc de terre ou des êtres vivants. Nous résolûmes d'en avoir le cœur net, et *la Sarcelle* se dirigea droit dessus dans le plus grand silence. Bientôt nous touchâmes fond et, à ce moment, deux oiseaux se dressèrent sur leurs pattes et allongèrent leur cou effilé. Je leur décrochai un coup de canardière, plombs n° 0, à 80 mètres, à travers un vent terrible. Les oiseaux s'envolèrent, mais bientôt l'un d'eux vint passer au-dessus de nous et tomber blessé en plein Escaut. Sauter en barquette et l'achever fut l'affaire d'un instant, non sans avoir usé plusieurs cartouches n° 6 sur cet habile plongeur. C'était un magnifique mâle de pilet. Le couple se tenait là, sous le vent, accroupi et comme enfoncé dans le sable vaseux de cette côte, où ils avaient certainement creusé une excavation pour se blottir l'un contre l'autre à l'abri de la rafale et de façon à ce que le vent ne puisse ébouriffer leurs plumes.

Ce truc leur est-il familier? Nous n'oserions l'affirmer, n'ayant eu qu'une seule fois l'occasion de le constater d'une façon absolument certaine.

Son cri se rapproche de celui du col-vert, il est peut-être plus élevé, plus fort, mais, après le coup de feu, il part sans mot dire.

Au repassage du printemps, ils ne sont plus aussi sociables entre eux, et des querelles fréquentes s'élèvent entre les mâles, qui posent et font le beau autour des femelles. Les vaincus ou ceux qui ne sont pas agréés ne

meurent pas d'amour ou de langueur, ils en prennent vite
leur parti et ne se gênent pas pour offrir leurs hommages
aux jeunes vierges des cols-verts, en vertu du principe
bien connu, que là où il y a de la gêne, il n'y a pas de
plaisir... Que les curieux aillent en voir les suites entre
les 60° et 70° Latitude nord, où ils ont l'habitude de
nicher, si toutefois la cane veut bien les suivre jusqu'en
ces parages lointains.

Le souchet spatule

—

SPATULA CLYPEATA.

Flamand : DE SLOBEEND. (Lepel-eend.)

Taille : 0^m45. La femelle un peu plus petite.

Espèce unique, et unique dans son genre, le souchet ne saurait être confondu avec aucun autre anatidé, grâce à la forme toute spéciale de son bec noir allongé et dont la mandibule supérieure est fortement dilatée à son extrémité, en forme de cuiller ou spatule, ce qui lui a valu les surnoms de canard-cuillère ou canard-spatule.

Il est non moins remarquable par la beauté de son plumage que par la bonté de sa chair, et sa grosseur tient le milieu entre la sarcelle et le col-vert.

Le mâle, en plumage de noce, porte un casque vert foncé à reflets métalliques, où sont enchassés les deux boutons d'or de son iris.

Cuirassé de blanc, ceinturé de roux marron, il s'enveloppe d'un petit manteau bleu tendre, porte le miroir en bronze florentin, et se campe sur ses petits escarpins jaunes orangés.

La femelle, plus modeste, se coiffe d'un bonnet piqueté de traits noirs sur fond clair-marron, avec pèlerine brun-noirâtre, bordé d'un ton café au lait. Le mantelet est bleu sale et le miroir vert-noirâtre, avec le ventre rosâtre.

Comme les souchets subissent la double mue d'automne et d'été on voit les jeunes mâles en automne et les vieux en mue porter des plumes propres à la livrée du mâle en hiver, et d'autres propres à la femelle ou au jeune mâle avant la mue; ces plumes sont indistinctivement mêlées. (Temminck) (1).

Les auteurs en général, naturalistes ou chasseurs, qui ont écrit sur les mœurs et habitudes de ce gracieux volatile ne me semblent pas d'accord sur quelques points importants de son histoire et mes observations ne concordent pas toujours non plus avec les leurs. Ainsi, quoi qu'en dise Dubois (2), cet oiseau n'est *pas commun* au printemps et en automne, quoique de passage régulier en Belgique. Il est très frileux, et dès le mois d'octobre il se hâte de gagner les régions du midi; de sorte que sa présence sur l'Escaut est une rareté en automne.

Au printemps nous les rencontrons un peu plus souvent entre Bath et le Frédericq, mais toujours en petit nombre, par couple ou par bande de cinq à six.

Temminck dit qu'il est très abondant en Hollande, sans préciser dans quelle partie de ce pays; pas en Zélande, en tout cas, car jusqu'ici, après dix années de chasse, nous n'en avons tué que quelques exemplaires sur le Bas-Escaut en mars-avril.

Nos marchés eux-mêmes n'en sont guère approvisionnés, et les criées des halles n'en ont jamais que quelques spécimens à la fois. En somme, il n'est pas vrai

---

(1) TEMMINCK. *Manuel d'Ornithologie*, p. 544-1815.

(2) DUBOIS. *Faune des vertébrés en Belgique*. Série des oiseaux.

de dire que le Souchet soit commun, chez nous ou sur les eaux zélandaises.

C'et oiseau est également rare sur les côtes anglaises, où il n'apparait qu'en petit nombre, deux ou trois à la fois, aux époques de migrations. Thompson le décrit comme un visiteur hivernal régulier de certaines parties de l'Irlande, tandis que H. Scharp (1) chasseur anglais, son compatriote, déclare qu'on ne l'a jamais rencontré qu'une seule fois en janvier, aux environs de Cork, mais il le rencontre, comme chez nous, en très petit nombre, au printemps et en automne. Là aussi, le chasseur n'est pas d'accord avec le naturaliste !

Mais il paraît qu'il est plus commun en France, sur la Seine et la Marne, où il porte le nom de *rouge de rivière*.

La même divergence d'opinions règne à propos du régime alimentaire du souchet. Temminck déclare qu'il se nourrit de poissons et d'insectes, rarement de plantes et de graines. Dubois dit que la nourriture de cet oiseau consiste en insectes aquatiques, larves, vers, frai de poissons et de grenouilles, mollusques et plantes d'eau à feuillage tendre. Toussenel le croit omnivore. Baillon (voir Buffon) certifie qu'il n'a pas d'autre nourriture que les vermisseaux, les menus insectes et crustacés qu'il cherche dans la fange au bord des eaux. C'est également notre avis.

C'et oiseau n'avait pas besoin de changer la forme de son bec, s'il eut voulu se nourrir comme tous les autres canards, mais du moment qu'il s'est choisi une forme de bec toute spéciale et toute particulière (ne pas lire partie-cuiller), c'est qu'il a voulu clairement nous indiquer qu'il était un gourmet, que le régime ordinaire des autres lui déplaisait et qu'il entendait faire un triage, un choix raffiné parmi les substances alimentaires qu'il rencontrerait dans ses promenades. Et il eut cent mille fois raison de donner la préférence aux menus insectes,

---

(1) HENRI SCHARP, *Practical Wildfowling*.

sachant que ces bestioles donnent à la chair une saveur et un fumet délicieux.

Ce qui fait que, de même que les oiseaux insectivores des bois et des plaines sont nos plus fins gibiers, ainsi le Souchet, en raison de son bec éclectique et insectivore, occupe le plus haut échelon de l'échelle culinaire dans la tribu des Anatinés.

C'est donc un barboteur de première classe qui n'aime guère l'eau salée et recherche les eaux douces des étangs, rivières et marais.

Relativement à la manière dont se comporte le Souchet vis-à-vis des chasseurs, les opinions varient également beaucoup.

Ainsi Folkard (ouvrage cité), grand chasseur à la sauvagine en Angleterre, prétend que c'est un des canards les plus difficiles à atteindre en punt. D'après cet auteur, le Souchet serait un nageur émérite, plongeant avec la plus grande aisance et sachant mettre une distance énorme entre lui et le chasseur. Il ne prendrait le vol qu'à la dernière extrémité, quand il se voit serré de trop près. Il en serait de même lorsqu'il est blessé et, par conséquent, serait un des palmipèdes les plus difficiles à achever sur l'eau. Un autre chasseur anglais (*Wild fowler of the Field*) dit aussi qu'il reste très longtemps sous l'eau quand il est blessé, et pas facile à achever.

D'un autre côté, Payne-Gallway (ouvrage cité) estime le souchet un pauvre plongeur et un oiseau peu farouche. D'après lui, la petitesse de ses pieds, en comparaison de son corps, l'empêche de ramer vite et de pratiquer la natation sous-ondienne avec quelque succès, comme la plupart des Fuligulés et des plongeurs.

Boussenard estime qu'il est des moins méfiants de l'espèce, et Dubois dit qu'il se laisse facilement surprendre et se montre parfois même stupide.

Les quelques échantillons que nous avons pu nous procurer ont montré beaucoup de confiance, et se sont

parfaitement laissés approcher par le punt et même par
le yacht, au printemps, contrairement, encore une fois,
à ce que déclare Neumann, qui a remarqué que cet
oiseau est plus prudent au printemps, quand il a son
plumage de noce qu'à l'époque où son plumage ressemble
a celui de la femelle.

De tout quoi il faut conclure qu'il affecte des allures
très différentes, d'après ses dispositions personnelles et
le milieu où il se trouve.

Quoi qu'il en soit, nous avons observé qu'il marche
peu à terre ou sur les vases et ne recherche guère la
société des autres espèces.

A l'approche du chasseur, une bande de Souchets s'enlève en désordre, comme indécise sur la direction à
prendre, puis ils s'éloignent de compagnie avec assez de
rapidité. Cet oiseau s'envole verticalement, mais à quelques mètres seulement de son point de départ, facilitant
ainsi le tir, tandis que le siffleur bondit haut, dès l'instant où il se met à l'essor, sachant de suite la direction
qu'il faut prendre pour éviter le danger. Le souchet
nage souvent le cou tendu, le bec rasant la surface de
l'eau comme dans l'acte de boire. Pour se nourrir il se
met doucement à la nage sur le bord de l'eau, effleurant
la surface de son bec qu'il ouvre et ferme avec rapidité
en produisant un bruit qu'on peut entendre d'assez loin.
Les lamelles de son bec, nombreuses et espacées jouent
le rôle d'un tamis, comme celles de la baleine, et il suce
les insectes, les petits crustacés et mollusques qui s'arrêtent dans les franges.

Parfois, il ramasse la pluie avec la cuillère de son bec,
au moment où elle séjourne dans le creux de son dos,
au dire de Payne-Gallway.

Enfin pour épuiser la série des contradictions des auteurs anciens et modernes sur cet oiseau, disons que
Folkard trouve que sa chair n'est pas digne de figurer
sur une table, et le brave Dʳ William Bulleyn (1) qui

---

(1) Dʳ WILLIAM BULLEYN, *The book of simple*, London, 1562.

chassait trois cents ans avant nous, met carrément le Souchet sur la même ligne que le héron et le butor, déclarant que ce sont des aliments indigestes et après lesquels on ferait bien de boire un bon verre de vin pour la bonne digestion.

Heureusement pour nous, mon bon vieux doctor, que l'art culinaire a fait quelques progrès, ou que le souchet a sans doute eu le bon esprit de modifier sa manière de vivre pour nous être agréable, car tous les auteurs, chasseurs et restaurateurs modernes, sont absolument unanimes à déclarer la chair du souchet exquise, et détenant peut-être le record de tous ses congénères, par sa finesse et son fumet. Toutefois nous aurons soin de ne pas oublier votre bonne recommandation, cher doctor (1562) — car on peut avoir affaire à un vieux Souchet réactionnaire, (et l'espèce n'est pas éteinte, hélas!) et nous ne négligerons jamais de l'arroser d'un pomard sérieux pour faciliter sa digestion — pendant et après, ce sera plus sûr.

Le canard Chipeau ou Ridenne

—

Lat. : ANAS STREPERA.

Flamand : KRAK EEND.

Taille : 0^m46; *ailes* : 0^m29.

Encore une espèce unique. On peut dire que c'est le canard qui, par la forme générale de son corps, l'habitat et les migrations, se rapproche le plus du canard sauvage. A première vue, la femelle a même beaucoup de traits de ressemblance avec la femelle du col-vert, avec laquelle on évitera de la confondre par le miroir blanc de son aile et les quelques caractères suivants :

Les chipeaux ont le bec noir et plus court que la tête, les lamelles de la mandibule supérieure sont visibles sur sur les deux tiers de leur étendue, et la mandibule inférieure cachée par la supérieure.

Le miroir est d'un blanc pur chez le mâle, le tarse et les doigts oranges, membranes noirâtres.

Le mâle s'enveloppe la tête et le cou d'une résille piquetée de points bruns sur fond gris, et les épaules, le plastron et les flancs sont rayés de zigzags noirs et blancs.

Pour le reste, surtout au point de vue du chasseur, le chipeau diffère du col-vert du tout au tout.

Ainsi, autant celui-ci est commun sur l'Escaut, autant le chipeau y est rare. Il ne fait que passer et n'y est déjà plus, parcequ'il recherche les eaux intérieures, les marais à roseaux, les vastes jonchaies et les fondrières. C'est un amateur d'eau douce, farouche, préférant les mares solitaires aux lieux ouverts. Jamais nous ne l'avons rencontré en compagnie d'autres espèces. Il plonge pour éviter le coup de feu, mais il n'a pas l'habitude de s'immerger pous chercher sa nourriture et nous avons vu que le canard sauvage, en toutes ces choses, se comporte tout autrement.

Dubois (ouv. cité), à propos des mœurs de ce canard, raconte « qu'il voyage par petites troupes de huit à vingt, *la nuit*, assez haut, les uns derrière les autres, en formant une ligne oblique et en faisant retentir l'air de leurs cris. »

J'aurais bien voulu être avec l'auteur quand il a pu voir et reconnaître cette ligne oblique, la *nuit*, assez *haut* et faisant retentir l'air de ses cris, car enfin si la voix de ces oiseaux ressemble complètement à celle du canard sauvage, comment, diable, a-t-il pu établir son diagnostic ?

Mais il y a plus fort que celà, écoutez M. de Buffon qui, après nous avoir confié que ce canard ne cherche sa nourriture que de grand matin ou le soir et même fort avant dans la nuit ajoute : « On l'*entend* alors voler en compagnie de siffleurs et, comme eux, il se prend à l'appel des canards privés ». Mais l'illustre auteur français a négligé de nous dire comment il s'y est pris pour *entendre* la nuit le *vol* différentiel du strépère de celui du siffleur.

Il faut avouer que nos auteurs classiques sont réellement doués d'une acuité de sens exceptionnelle.

La vérité, n'est-ce pas, c'est que ces auteurs n'ont jamais vu *la nuit* ni le vol oblique des chipeaux, ni entendu le bruit particulier qu'ils font en compagnie d'autres canards.

Et ce ne seront pas encore ces observations « en l'air » qui feront faire un pas à l'histoire naturelle de ces oiseaux.

Et tenez, si vous leur demandiez pourquoi ils ont conservé au canard chipeau le nom de canard strépère (anas strepera) qui veut dire canard bruyant, ils seraient bien gênés de vous en donner une raison plausible.

20

C'est Gesner, d'après Aldrovande, qui lui a donné ce nom pour le distinguer du canard sauvage, dont la voix ressemble à celle du chipeau, alors que d'après Buffon, lui-même, elle n'est ni plus rauque, ni plus bruyante chez ce dernier. Et depuis lors, sans motifs ni raisons, les ornithologistes continuent à lui donner le nom d'*Anas Strepera*. D'aucuns en ont même fait un adjectif français en l'appelant *canard strépère !*

Le nom de canard muet eut été plus en rapport avec ses mœurs et habitudes, puisque nous venons de voir que cet oiseau est craintif, farouche, sournois et peu sociable. Il est donc probable qu'il se tient coi le plus souvent. Nous avouons humblement n'avoir jamais eu l'occasion de vérifier l'assertion de Gesner, et jusqu'ici pas un de ces volatiles ne nous a fait l'honneur de nous donner une audition de sa voix bruyante.

Nous pensons que beaucoup d'auteurs et chasseurs partagent notre déception, et nous n'en citerons pas un seul qui en parle en parfaite connaissance de cause. Les chasseurs anglais sont également muets sur ce sujet d'autant plus que ce canard est très rare sur les côtes britanniques; Norfolk parait avoir ses préférences.

Il hiverne sur les côtes sud-ouest du midi de l'Europe, en Egypte et plus loin en Afrique. On l'observe au Japon et en Chine où il hiverne. On le rencontre également en Amérique jusqu'au Mexique.

Le Tadorne

—

Lat. : ANAS TADORNA.

Flamand : DE BERG - EEND.

Taille : o^m5o; *ailes :* o^m35.

Tricolore, et triplement intéressant, par la grandeur de sa taille, par la fierté de son caractère unie à une grande familiarité, et par la spécialité singulière de cacher ses amours sous terre. Notons, en passant, que le pétrel et l'hirondelle de rivage se terrent également pour nicher.

Il a y autant d'imprévu dans ses allures et mœurs, que d'opposition dans les nuances de son plumage. On dirait, quand on connaît bien l'oiseau, que sa beauté physique s'est moulée sur ses qualités morales, et en est le reflet, car il était sacré chez les anciens et représentait le dévouement maternel à l'enfant, à cause de la ruse que la femelle emploie pour attirer vers elle le chasseur et l'éloigner de ses petits en se traînant à terre, les ailes pendantes, comme si elle était gravement blessée ou malade. De Cherville (1) confirme ce fait observé par les anciens. L'histoire naturelle de cet oiseau, paraît parfaitement connue, et les auteurs ne tarissent pas en détails élogieux sur ses mérites. Nous en esquisserons très brièvement quelques-uns, car les faits de chasse à ce gibier sont minces, et nous ne pouvons passer sous silence les particularités originales que son histoire présente.

Le Tadorne, gros comme une petite oie, porte donc un costume élégant et bariolé de trois couleurs principales : le blanc, le noir, le jaune canelle.

---

(1) De Cherville. Les oiseaux. Gibier.

Tête et cou noirs, lustrés et vert, collier blanc, plastron canelle, pattes rouges, bec arqué, relevé d'un rouge sang; voilà son portrait qu'on ne saurait oublier après l'avoir vu, ni confondre avec celui de tout autre palmipède.

La femelle, un peu plus petite selon la règle dans la tribu, ressemble au mâle, mais les tons sont plus ternes

et sans éclats. Le tadorne est très rare sur l'Escaut occidental, et moins rare sur l'Oriental et aux Estuaires. On n'en tue pas chaque année, et quand le chasseur a l'occasion de les rencontrer, soit au printemps lorsqu'ils remontent vers les régions du Nord, soit en hiver par un froid très rigoureux, ils ne sont souvent que deux ou trois, et ils prennent encore le malin plaisir de se disperser avant de se laisser approcher, puis s'envolent à grande portée.

Je le tiens pour un migrateur fort prudent, et très avisé, sachant parfaitement ce qu'il veut et ce qu'il fait, un intellectuel, quoi!!

Amateur des plages pélagiennes, des lacs salés, des eaux saumâtres, il ne s'aventure guère dans les eaux intérieures. Il vole bien, mais déjà son envolée est lente et pondérée, en raison de son poids et volume considérables.

En punt, on ne distingue pas la nuance canelle de la poitrine et du bas-ventre; ils apparaissent blancs et noirs seulement, surtout en temps de gelée. Soyez prêt à tirer dès que vous vous montrez, parce que ce sont des oiseaux à la vue perçante, qui vous laisseront peu de temps pour les viser.

Le colonel Hawker raconte qu'en 1838, en hiver, les tadornes firent leur apparition sur les côtes d'Angleterre, en bandes immenses. Ils se montrèrent d'abord très farouches et plus sauvages que tous les autres canards. mais quand ils commencèrent à sentir les effets de l'inanition par suite de la congélation des coquillages, ils devinrent les plus familliers de tous.

A l'état sauvage, il est omnivore, avec des préférences marquées pour les crustacés marins, coquillages, mollusques, etc., mais il paraît qu'en captivité il se contente de viande crue, d'herbages et de graines.

Un fait assez étonnant est celui-ci : vous pouvez élever des jeunes de tadornes tout simplement avec des croûtes de pain et un peu d'eau, trois fois par jour, mais si vous les laissez aller à l'eau, ou seulement boire trop d'eau avant leur croissance complète, vous êtes presque certain de les tuer. Ceci a l'air d'un paradoxe pour des oiseaux qui, à l'état sauvage, sont toujours dans l'eau; mais c'est cependant le cas.

Ce canard marche très bien, il est même plus haut jambé que le col-vert et s'en va nicher dans les terriers de lapins des dunes sablonneuses, sur toutes les côtes maritimes de l'Europe, depuis le Midi de la France, jusqu'en Norwège, sous le 70° latitude Nord (collet). Il niche aussi dans les trous naturels, crevasses de rochers de précipices, etc.

Les parents confient parfois leur nichée, à peine sortie des trous de lapins, à quelques vieux roublards qui, semblables à des maîtres d'écoles, guident leurs premiers pas, et prennent soin d'une centaine de jeunes élèves jusqu'à ce que toute la troupe puisse s'envoler.

Les jeunes grimpent quelquefois aussi sur le dos de leurs mères, s'y accrochent par le bec à une plume, et se font conduire ainsi à l'eau (Payne-Gallway). Naumann dit aussi que la mère transporte les jeunes, un par un, dans son bec.

Enfin, le tadorne joint à un grand courage, une facilité étonnante à se laisser apprivoiser et domestiquer.

En somme, c'est un gai convive, un brave qui sait être philosophe à l'occasion.

Naumann, Brehm, Dubois et d'autres racontent l'histoire invraisemblable de la triple alliance d'un renard, d'un blaireau et d'un tadorne, vivant de compagnie et en fort bonne intelligence dans un terrier. Nous sommes Thomas, et nous croyons tout simplement que le forestier Grœmblein a voulu monter un bateau transatlantique à son maître M. Naumann. Mais ce qui est plus intéressant et plus véridique, ce sont les essais de domestication tentés et réussis chaque année, par les insulaires des bords de la mer du Nord et de la Manche.

A Schierremonikhoog (île Nord-Holland), à Sylt et le long des côtes du Schleswig, les habitants ont établi des terriers artificiels pour les tadornes dans les dunes sablonneuses. Ils pillent leurs œufs par le couvercle en gazon qui permet de visiter le nid, et plus tard le duvet dont s'est dépouillée la femelle pour le garnir. Le duvet n'est pas aussi précieux que l'édredon, mais il est plus propre. Les œufs sont assez estimés, mais la chair du tadorne est huileuse et désagréable. C'est un magnifique coup de fusil, mais c'est un détestable gibier pour le chasseur.

En somme, sa conquête est donc faite par l'homme, et c'est un fort bel oiseau d'ornement de nos pièces

Amateur des plages pélagiennes, des lacs salés, des eaux saumâtres, il ne s'aventure guère dans les eaux intérieures. Il vole bien, mais déjà son envolée est lente et pondérée, en raison de son poids et volume considérables.

En punt, on ne distingue pas la nuance canelle de la poitrine et du bas-ventre; ils apparaissent blancs et noirs seulement, surtout en temps de gelée. Soyez prêt à tirer dès que vous vous montrez, parce que ce sont des oiseaux à la vue perçante, qui vous laisseront peu de temps pour les viser.

Le colonel Hawker raconte qu'en 1838, en hiver, les tadornes firent leur apparition sur les côtes d'Angleterre, en bandes immenses. Ils se montrèrent d'abord très farouches et plus sauvages que tous les autres canards. mais quand ils commencèrent à sentir les effets de l'inanition par suite de la congélation des coquillages, ils devinrent les plus familliers de tous.

A l'état sauvage, il est omnivore, avec des préférences marquées pour les crustacés marins, coquillages, mollusques, etc., mais il paraît qu'en captivité il se contente de viande crue, d'herbages et de graines.

Un fait assez étonnant est celui-ci : vous pouvez élever des jeunes de tadornes tout simplement avec des croûtes de pain et un peu d'eau, trois fois par jour, mais si vous les laissez aller à l'eau, ou seulement boire trop d'eau avant leur croissance complète, vous êtes presque certain de les tuer. Ceci a l'air d'un paradoxe pour des oiseaux qui, à l'état sauvage, sont toujours dans l'eau; mais c'est cependant le cas.

Ce canard marche très bien, il est même plus haut jambé que le col-vert et s'en va nicher dans les terriers de lapins des dunes sablonneuses, sur toutes les côtes maritimes de l'Europe, depuis le Midi de la France, jusqu'en Norwège, sous le 70° latitude Nord (collet). Il niche aussi dans les trous naturels, crevasses de rochers de précipices, etc.

Les parents confient parfois leur nichée, à peine sortie des trous de lapins, à quelques vieux roublards qui, semblables à des maîtres d'écoles, guident leurs premiers pas, et prennent soin d'une centaine de jeunes élèves jusqu'à ce que toute la troupe puisse s'envoler.

Les jeunes grimpent quelquefois aussi sur le dos de leurs mères, s'y accrochent par le bec à une plume, et se font conduire ainsi à l'eau (Payne-Gallway). Naumann dit aussi que la mère transporte les jeunes, un par un, dans son bec.

Enfin, le tadorne joint à un grand courage, une facilité étonnante à se laisser apprivoiser et domestiquer.

En somme, c'est un gai convive, un brave qui sait être philosophe à l'occasion.

Naumann, Brehm, Dubois et d'autres racontent l'histoire invraisemblable de la triple alliance d'un renard, d'un blaireau et d'un tadorne, vivant de compagnie et en fort bonne intelligence dans un terrier. Nous sommes Thomas, et nous croyons tout simplement que le forestier Grœmblein a voulu monter un bateau transatlantique à son maître M. Naumann. Mais ce qui est plus intéressant et plus véridique, ce sont les essais de domestication tentés et réussis chaque année, par les insulaires des bords de la mer du Nord et de la Manche.

A Schierremonikhoog (île Nord-Holland), à Sylt et le long des côtes du Schleswig, les habitants ont établi des terriers artificiels pour les tadornes dans les dunes sablonneuses. Ils pillent leurs œufs par le couvercle en gazon qui permet de visiter le nid, et plus tard le duvet dont s'est dépouillée la femelle pour le garnir. Le duvet n'est pas aussi précieux que l'édredon, mais il est plus propre. Les œufs sont assez estimés, mais la chair du tadorne est huileuse et désagréable. C'est un magnifique coup de fusil, mais c'est un détestable gibier pour le chasseur.

En somme, sa conquête est donc faite par l'homme, et c'est un fort bel oiseau d'ornement de nos pièces d'eau. Peut-être aussi, par des croisements intelligents ou un élevage bien entendu, arriverait-on à le rendre mangeable, à l'instar des canards et des oies domestiques dont il se rapproche par la taille.

« J'ai entrevu, dit Toussenell, dans le livre de la *Gastrosophie* de l'avenir, une illustration éclatante pour le tadorne, qui est probablement très loin de se douter à cette heure des triomphes qui lui sont réservés ! »

Que le Seigneur et Brillat-Savarin aient le tadorne en leur sainte garde !!

La Sarcelle d'hiver.

—

Lat. : QUERQUEDULA CRECCA.

Flamand : DE WINTERTALING.

Taille : 0^m30 ; *ailes* : 0^m18.

Si le tadorne est le plus grand des vrais canards, la sarcelle en est la réduction extrême. Comme le dit fort bien de Cherville (ouvrage cité), les sarcelles se rattachent non seulement aux canards par la coloration et la disposition de leur plumage, et par la proportion de leurs

formes, mais encore par leurs mœurs et par les habitudes de migration, et nous ajouterons par la délicatesse et la haute saveur de leur chair. Car ce mignon et délicieux gibier est au canard ce que la bécassine est à la bécasse, la caille à la perdrix (Boussenard).

Nous n'en avons jamais rencontré que deux espèces sur le Bas-Escaut : la sarcelle d'hiver et la sarcelle d'été, les autres variétés sont étrangères à nos pays, sauf exception extraordinaire.

Afin d'en faciliter au chasseur le diagnostic au premier coup d'œil, nous donnons en vedette les deux caractères principaux propres à chacune de ces deux espèces.

La sarcelle d'hiver porte sur les côtés de la tête *un large bandeau vert à reflets,* et le miroir moitié d'un vert azuré et d'un noir profond.

La sarcelle d'été a sur le côté de la tête *une bande blanche* et le miroir est d'un vert cendré.

Et la différence de couleur entre les deux miroirs de ces deux sarcelles sert à distinguer les femelles et les jeunes de ces deux espèces voisines. La sarcelle d'hiver mâle a la tête et le cou d'un roux marron, la partie inférieure du cou, dos, scapulaires et flancs rayés de zigzags blancs et noirs, la poitrine d'un blanc roussâtre, varié de taches rondes. Bec assez long, noirâtre, pieds cendrés.

La femelle, plus petite, porte une bande d'un blanc roussâtre, marquée de taches brunes derrière et sous les yeux, gorge, parties supérieures blanchâtres.

Les *jeunes mâles,* avant la mue, ressemblent aux femelles et acquièrent leur plumage de noce en hiver.

Cet oiseau est surtout commun sur l'Escaut aux époques de migration. Il affectionne le schaar de Weerde, mais il se ballade jusqu'au Frédericq et Lillo. On le rencontre presque toujours en famille, c'est-à-dire au nombre de sept à huit, dès le commencement d'octobre ; toutefois, il ne séjourne guère si les gelées sont précoces en novembre. Les sarcelles se tiennent alors toutes ensemble, et l'on peut souvent faire un joli coup. Au repassage du printemps, en mars-avril, les bandes sont plus nombreuses. En général, elles sont d'approche facile, tendres au plomb et l'on peut les tirer de loin.

Par une belle matinée du merveilleux printemps de l'année 1893, au schaar du Bath, j'en ai tué quatre qui dérivaient en dormant, la tête reployée en arrière sous

l'aile ; je les prenais pour des éponges flottantes, et je
crois que j'aurais pu en saisir une à la main du punt où
j'étais. Je dus me résoudre à les faire passer de sommeil
à trépas ; elles étaient sans doute exténuées par un long
voyage de nuit. Lorsqu'elles nagent, il faudra bien
observer ceci, si l'on veut réussir : dès que la bande sera
à portée du punt, visez vite et tirez, car la sarcelle ne
tourne pas la tête comme le col-vert, mais bondit soudain, sans donner le moindre signe d'inquiétude.

Blessée, elle plonge fort bien et vient ressortir bien loin
de son point d'immersion. Parfois aussi alors elle nage
avec le bec et la tête au ras de l'eau, et s'esquive vers le
bord où elle *se muse* dans la vase ou dans une fissure, ne
laissant dépasser que juste de quoi respirer.

Quand elle emploie cette ruse-là, elle est perdue pour
le chasseur qui finit par croire qu'elle s'est noyée. Mais
ne quittez pas la place, cherchez, fixez bien la rive, lou-
voyez et elle finira par se fatiguer ou trahira sa présence
par le jeu des marées.

Si la saison le permet, les sarcelles se dispersent
ensuite dans l'intérieur des terres, car elles préfèrent
les eaux douces et fraîches aux eaux salées. Mais au fort
de l'hiver, quand tout est recouvert par les glaces, elles
se retirent sur les eaux à courant rapide, sur l'Escaut
parfois, mais surtout sur les petits ruisseaux où la gelée
a peu de prise ; enfin, lorsqu'il fait trop froid, elles s'évanouissent vers le sud jusqu'en Afrique. En voyage, le vol
forme une ligne oblique de haut en bas comme une queue
de cerf-volant. Sur l'Escaut, le vol est plutôt en tas, en
colonne serrée, sans ordre bien défini. Le vol est rapide,
léger, presque sans bruit. Si la bande se remet sur
l'eau, elle s'éparpille ; au contraire, si elle s'abat sur le
sable ou la vase, elle se tient en peloton massé, aligné sur
une seule ligne droite. Ce sera le vrai moment de longer
la rive en punt pour exécuter un coup parallèle à l'ourlet
du flot, une rafle, quoi !

Le mâle a un sifflement tantôt bas, tantôt aigu, et un

cri d'appel : « weg, weg », tandis que la femelle profère comme une diminution du cri du col-vert.

Cet oiseau se laisse très facilement prendre aux canardières à cornes, même sans petit chien ; sa gourmandise l'affole à la vue du petit grain jeté par le canardier, et il donne tête baissée dans le tunnel diabolique, qui en capture beaucoup. La sarcelle se nourrit encore de limaces, de feuilles et d'insectes aquatiques.

La Sarcelle d'été.

—

Lat. : QUERQUEDULA CIRCIA.

En Flamand : DE ZOMERTALING.

Taille : Mâle 0ᵐ31 ; Femelle 0ᵐ26.

Beaucoup moins commune que la sarcelle d'hiver sur le Bas-Escaut. Jusqu'ici nous ne l'avons rencontrée sur notre territoire de chasse qu'au repassage du printemps. Je me rappelle qu'un matin, fin mars 1894, en face du Fredericq en pleine passe navigable, notre yacht la *Sarcelle* d'un coup de sifflet strident dut en avertir cinq en train de caqueter et de caneter, qu'elles avaient à se garer ou à s'envoler pour nous laisser passer, tant elles paraissaient inconscientes de notre approche et du danger qui les menaçait. Peut-être, ces gracieuses et charmantes petites bêtes, voulaient-elles pousser la courtoisie jusqu'à faire connaissance plus intime du joli petit steam-yacht, qui s'était paré de leur nom, ayant sans doute appris dans le midi, où elles avaient hiverné que ce mignon bateau qui vient de France, les attendrait et les saluerait à leur passage en Belgique, lorsqu'elles s'achemineraient vers le nord pour aller y abriter leurs amours.

En effet, elles ne se décidèrent à se mettre à l'essor qu'à vingt-cinq mètres de notre étrave, et l'ami Alexandre du haut de la coupée de tribord leur présenta les hommages de notre équipe sous la forme d'une salve de deux coups de son calibre 12 nᵒ 4, pan, pan, et deux de ces gentils volatiles voulurent bien prendre place à notre bord. Je dois cependant à la vérité de dire, que ce ne fut pas sans résistance opiniâtre de la part de la femelle, plus arrêtée sans doute dans ses idées de poursuivre son voyage jusqu'en Suède, mais Alexandre notre

maître coq, en homme bien stylé, poussa la politesse et
l'insistance jusqu'à aller la chercher à force de rames en
canot. A la fin, vaincue par tant de bonnes grâces, elle
dût se rendre.

Il m'en fallait deux, dit le vainqueur en l'étalant sur
le deck, une, c'est trop peu pour la réception enthousiaste

et extra-culinaire que je leur réserve, faites dodo maintenant mes mignonnes... là...

Vooruit, Yann, clama le capitaine, la *Sarcelle* s'ébroua
à nouveau sur les eaux glauques, pendant que nous
examinions attentivement notre capture.

D'abord tout l'ensemble de leur plumage, nous parut
d'une tonalité plus claire que celui de la sarcelle d'hiver,
puis leur volume fut juger un peu plus fort, et leur cou
un peu plus long.

Le *mâle* portait son plumage de noce, et avait sur les
côtés de la tête la bande blanche signalée plus haut, et le
miroir d'un vert cendré à reflets, bordé de blanc en
haut et en bas. Et ce qui caractérisait encore très bien
cette espèce ce furent les plumes longues, taillées en
pointe qui couvraient les scapulaires et retombaient sur

les ailes en rubans blancs au centre, et vert noirâtre sur les bords. Le souchet est mantelé aussi de ses longues plumes au bas des épaules.

La *femelle* avait une bande blanche, piquetée de tâches brunes derrière et sous les yeux, la gorge blanche, les parties supérieures brun noirâtre. Miroir vert terne.

Cette espèce a les mêmes mœurs et habitudes à peu de choses près que la sarcelle d'hiver, mais son habitat ne s'étend pas aussi loin vers les régions du nord. Elle est donc plus répandue dans les pays méridionaux, et fait ses délices des eaux douces, des lacs, rivières, marais et ruisseaux encombrés de jonchaies et de roseaux. Cette espèce est également très rare sur les côtes britanniques, et les chasseurs anglais ne la rencontrent qu'exceptionnellement par les durs hivers, plutôt qu'au printemps, des oiseaux égarés sans doute.

Nous terminerons l'histoire des vrais canards par un joli éloge des mœurs conjugales de la sarcelle par Adrien Marx dans sa vie en plein air du *Figaro*.

« Le marais compte généralement parmi ses hôtes une foule d'individus intéressants et gracieux... J'en appelle aux chasseurs qui, dissimulés par des herbes aquatiques ou tapis à l'intérieur des huttes, ont assisté aux agissements des sarcelles. Un ménage de sarcelles est aussi touchant à contempler qu'un couple d'amoureux.

Jamais Roméo n'a montré plus de galanterie et de tendresse à sa Juliette bien-aimée. Aux mines satisfaites de la femelle et aux soupirs de contentement qu'elle pousse, on devine qu'elle a conscience des hommages qui lui sont rendus et qu'elle savoure — en coquette adroite — les expressions de la vassalité du mâle.

Ces expressions varient à l'infini : tantôt c'est un petit poisson que Monsieur dépose directement dans son bec, ou bien c'est du menu grain péniblement recueilli dans les champs d'alentour. Souvent, le séducteur se fait criminel pour complaire à sa belle : on en a vu qui, pour faire leur cour, volaient le blé dans la mangeoire des cygnes domiciliés sur les pièces d'eau aristocratiques.

Si un couple de sarcelles s'envole et si vous tuez l'un de ses éléments, l'autre ne va pas loin. Il reste dans les environs et reviendra chercher la mort sur le théâtre même de son veuvage. On ne voit d'aussi héroïques désespoirs que dans les ballades.

J'ai possédé, en volière, une sarcelle dont une de mes cartouches avait fracassé l'aile et que j'avais guérie. Son Alcindor (elle en avait un, parbleu!) venait dix fois par jour faire la causette avec elle, au travers du grillage. Je suis sûr qu'ils tramaient, tous deux, un plan d'évasion, car dès que j'apparaissais, l'entretien était brusquement interrompu...

La sarcelle libre filait précipitamment. J'aurais pu m'en emparer aisément, vu que le piège le plus grossier eût suffi, — mais je reculai toujours devant cette trop facile capture et finalement c'est à la sarcelle prisonnière que j'ouvris les portes de sa cage. Ma cuisinière le regretta à cause de son embonpoint :

— Quel dommage! disait-elle. Elle était si grasse! Saisie par un feu vif pendant dix minutes et arrosée de jus de citron, elle eût été divine... »

Les Canards plongeurs ou Fuligulés (1).

—

Quoique le type des Fuligulés soit le Morillon huppé (Fuligula cristata) nous donnons ici la préséance au Garrot parce qu'il est beaucoup plus commun sur les deux Escaut, non seulement aux moments des migrations, mais encore pendant toute la saison d'hiver.

C'est un premier trait de ressemblance avec le colvert pour le chasseur.

Le Garrot ou Morillon sonneur.

—

Lat. : GLANGULA GLAUCION.

Néerlandais : DE BEL-DUIKER, OF KWAKER.

Taille : Mâle 0^m45 ; Femelle 0^m36 ; *Ailes :* 0^m23.

Espèce unique. Le débutant qui voudrait s'amuser à chasser cet oiseau, aura rude à faire et pourra le poursuivre en bateau, en canot et en Punt, depuis le mois d'octobre jusque fin mars. C'est un fidèle des eaux schaldiniennes, et l'on est presque certain d'en rencontrer quelques exemplaires à ces époques au schaar de Bath. Les garrots affectionnent tout particulièrement

---

(1) Le fuligulé a pour type le Morillon. Les jeunes Morillons dans le premier temps sont d'un gris enfumé, comme de la suie. Cette livrée reste jusqu'après la mue, et ils n'ont toute leur belle couleur d'un noir brillant qu'à la deuxième année.

Fuligulé veut donc dire couleur suie, d'un gris enfumé.

cet endroit, *la Vallée*, comme disent les marins, lorsqu'ils sont en petit comité, tandis que les grandes
bandes se confinent surtout à Weerde, au Tweedegat, au
repassage du printemps. Nous en avons vu souvent
aussi dans le chenal de l'avant-port de Wemeldingen, à
l'entrée du Zandcreeck et jusque sur le canal de Middelbourg à Veere.

Ils hivernent donc sur notre territoire de chasse et
sur toute la côte méridionale jusqu'en Sicile. Quoiqu'ils
habitent en masse les régions arctiques des deux
continents quelques-uns nichent dans les régions
moyennes de l'Europe.

Le garrot possède toutes les qualités et tous les
défauts attribués plus haut aux fuligulés; nous ne nous
répèterons pas, mais il nous offre bien d'autres particularités.

Ainsi, un second trait de ressemblance avec le col-
vert, intéressant le naturaliste aussi bien que le
chasseur, c'est que le garrot paraît tout aussi bien vivre,
et s'accommoder sur les eaux douces que sur les eaux
salées. Seulement cet oiseau, très curieux à étudier,
est éclectique, en hiver il donnera la préférence aux
eaux salées, fréquentera l'embouchure des fleuves, des
estuaires, des lacs à eaux saumâtres, tandis qu'il
recherchera l'eau douce l'été, au moment de la propagation.

La raison de cette dernière particularité s'explique
par le fait que cet oiseau niche presque toujours dans
le creux des arbres, et ceux-ci ne sont pas communs le
long des côtes de l'Océan, tandis que l'eau douce se
trouve presque toujours le long des bois ou dans les
forêts.

Il niche aussi dans les trous et les roseaux.

Les Lapons connaissent ce fait, et suspendent des
caisses en bois contre les troncs d'arbre, les garrots y
déposent leurs œufs, et l'homme du Nord les pille et les
fait passer à la cuisine.

Mais il me tarde, avant d'aller plus loin, de donner le portrait de cet intéressant volatile.

Le mâle est reconnaissable à son bec très court, d'un noir bleuâtre, à ses deux larges tâches blanches, de chaque côté de la rainure du bec, qui s'estompent vivement sur le fond du vert pourpre très foncé, qui couvre

la tête et la partie supérieure du corps. Beaucoup de blanc sur les ailes, et le bas du cou, de la poitrine, du ventre et des flancs sont d'un blanc pur. Tarses et doigts oranges, membranes noires. Iris d'un jaune brillant, qui lui a valu chez les Anglais le nom de *canard aux yeux d'or*, on l'appelle aussi l'œil d'or en France.

La femelle est encapuchonnée de brun marron, avec le devant du col cendré. Les parties inférieures blanches. Les plumes du dos et des épaules noirâtres avec bordure cendré foncé. Ailes blanches et noires. Tarses et doigts jaune-clair, queue assez raide, arrondie, extrémité du bec noir avec tâche rougeâtre.

Les jeunes mâles, avant la mue, ressemblent aux

vieilles femelles ; à l'âge d'un an, les espaces blancs à la racine du bec font leur apparition et les plumes de la tête sont noirâtres.

L'approche du garrot en bateau n'est pas difficile, lorsqu'ils ne sont que deux ou trois, seulement.

En couple, ils plongent ensemble et réapparaissent ensemble. Plus nombreux, ils se serrent les uns contre les autres et plongent parfois à trois ou quatre en même temps, tandis que le cinquième a l'air de monter la garde et de surveiller l'ennemi, prêt à donner le signal d'alarme. Ils s'éloignent ainsi à la nage sur et sous l'eau, au fur et à mesure que le punt s'avance, non qu'ils veulent s'esquiver ainsi plutôt qu'au vol, mais parce qu'ils calculent mal la distance qui les sépare encore du chasseur. Celui-ci, de son côté, approche cependant et attend que nos rusés plongeurs, — c'est un truc à eux — remontent tous ensemble à la surface et se massent, pour ne pas lâcher sa grande bordée sur un seul.

Mais quand ils reviennent à la surface ils usent d'un autre subterfuge, ou bien ils remontent éparpillés à quelques mètres les uns des autres, et le puntsman attend toujours le moment favorable, ou bien ils paraissent s'envoler du même effort qui les a ramenés à la surface, sans se donner le temps de respirer, sans hésitation aucune, sur la direction à prendre. On dirait qu'ils se sont donnés le mot d'ordre sous l'eau, ou que la sentinelle, restée à flot, leur a donné, un signal invisible à l'homme, sans doute au moyen de l'agitation de ses pattes. Et voilà comment il se fait qu'on n'en tue jamais que deux ou trois dans ces cas là.

Autre particularité : Quand ils sont en grandes bandes et nous ne les avons jamais rencontrés ainsi qu'au repassage du printemps, ils sont très farouches et très difficiles à joindre, à portée même de canardière. Le vieux mâle alors, à l'approche du punt, à deux cents mètres, s'enlève tout-à-coup du milieu de la compagnie

à grand fracas et sifflement tintinabulesque, entraînant
toute la masse absolument au même moment que lui,
puis il s'éloigne de la bande et se rapproche d'elle quand
il juge le danger passé. Mais ce qu'il y a de vraiment
curieux encore une fois, c'est que toute la troupe se met
à l'essor, comme un seul canard, même quand il y en a
sous l'eau en train de plonger. Jamais de retardataires,
ils s'avertissent, c'est certain, comment ? Nous l'ignorons positivement, nous supposons que c'est par l'agitation de l'eau, de la part des confrères demeurés à la
surface, car le puntsman n'entend ni cri, ni bruit, ni rien
qui précède et annonce l'envolée.

Autre particularité de cette espèce. Comment se fait-il
que les chasseurs ne tirent pas plus d'un mâle adulte sur
cinquante garrots ? Toujours des femelles ou des jeunes,
et les Anglais ont fait chez eux la même observation
que nous ici.

Faut-il croire à la prédominance du nombre des
femelles ou bien les vieux mâles hiverneraient-ils plus
au Nord ? Questions.

Enfin, le garrot porte encore le nom de Morillon
Sonneur, parce qu'au vol, les battements de ses ailes
produisent un bruit comparable à celui d'une sonnerie
rapide. Ce fait est absolument exact, du moins le bruit
de sonnerie, et nous certifions ici l'avoir souvent
entendu en punt au Tweedegat au printemps, alors
que de grandes bandes de ces oiseaux remontent vers le
septentrion. Mais nous ajoutons qu'il nous reste des
doutes quant à l'origine de ce bruit étrange, sonore et
retentissant au loin comme une vraie sonnette. Tous
les auteurs s'accordent à dire qu'il est dû à la petitesse
des ailes du garrot et à leurs battements rapides.
Cependant, d'autres espèces d'oiseaux d'eau ont des
ailes plus petites et leurs battements sont plus rapides
et plus violents que chez le garrot, sans carillonner
leur vol.

Les grèbes, entre autres, puis les guillemots, les

mergules et même le morillon huppé, qui a comme aile
0^m20 alors que le garrot, son congénère, a 0^m23, et bien
d'autres, encore.

Ensuite, et voici qui est plus étrange, nous n'avons
jamais entendu ce bruit de sonnerie chez les jeunes ou
les femelles de garrot, ni au vol, ni au repos. Ce
bruit ne serait-il propre qu'au mâle adulte? Jamais on
ne l'entend quand une petite bande de cinq ou six
de ces canards se met à l'essor, et ceci s'explique assez
bien par ce fait déjà cité et observé, que nous ne tuons
qu'un vieux mâle sur cinquante garrots. Mais il faut
avouer que la théorie, qui attribue à la brièveté des
ailes et à la rapidité de leurs battements ce relin,
din, din, din, din, din caractéristique est en défaut pour
les jeunes et les femelles qui ont encore les ailes plus
petites, plus étroites et devraient faire plus de bruit.

D'autres que nous, ont, sans doute, aussi été frappés
de cette anomalie, car Naumann dit que le bruit est
propre aux deux sexes, mais qu'il est plus prononcé
chez les adultes, surtout chez les vieux mâles, que chez
les jeunes, et selon Palmen, dit Dubois, ce bruit n'est
produit que par les mâles. Fort bien, mais encore pourquoi ce privilège de sonneur dévolu au mâle adulte?

L'anatomie doit nous en fournir l'explication, et si
l'aile du mâle n'est pas faite autrement que celle de la
femelle ou des jeunes, — et cela n'est pas — il ne reste
plus, pour expliquer le phénomène, qu'a se rabattre sur
le poids ou le volume du mâle, par rapport à la brièveté
de ses ailes, et à la vitesse de leurs battements. Autre
inconvénient de cette théorie alors, car si le mâle sonneur cette année-ci, devient maigre et perd de son poids
il cesse de l'être ou ne l'est que par intermittence, c'est
un carillonneur d'occasion sur lequel la bande ne peut
compter, et si la femelle s'alourdit et vient à ceindre
ses reins d'une triple couche de graisse, elle deviendrait
sonneuse aussi. Cette théorie ne soutient pas un seul instant l'examen le plus superficiel.

Nous avons cherché ailleurs l'explication de l'énigme, et nous ne sommes pas éloignés de penser, que la structure toute particulière de la trachée et du larynx inférieur du mâle nous donne la clef du mystère. En d'autres termes, ce serait le gosier, la voix du mâle, et non ses ailes, qui émettrait ce bruit de sonnerie.

En effet, la structure et la conformation de ces organes chez le mâle adulte, diffèrent complètement de celles des femelles et des jeunes en passe de devenir nubiles, et sont parfaitement constituées pour émettre des sons sonores et retentissants semblables à une sonnerie cuivrique.

Nous avons donc examiné l'appareil vocal des garrots et nous avons trouvé une structure toute spéciale chez le mâle adulte. Voici la description anatomique de cet appareil : la trachée du mâle depuis la glotte d'un diamètre très resserré, se dilate subitement vers les deux tiers de sa longueur, en un assemblage de grands anneaux couchés les uns sur les autres, et capables de s'étendre au point de former un vaste sac, dont le mécanisme répond à celui du soufflet à cylindre. Le tube reprend ensuite un diamètre moins large, puis formant avec le larynx inférieur un tuyau qui s'élargit par le bas, il donne naissance à une dilatation osseuse qui, de la partie inférieure du larynx remonte en diagonale du côté gauche, d'où sort la plus longue et la plus large des deux branches, qui est formée en entonnoir. Deux membranes tympaniformes garnissent le larynx inférieur (1).

La femelle n'a rien de tout cela, et porte un appareil semblable aux autres fuligulés, et d'autre part, aucun mâle de canard plongeur n'offre cette disposition des organes de la voix.

Il est clair que la Nature n'a pas construit inutilement un appareil vocal aussi compliqué chez le garrot, s'il n'était pas destiné à un usage tout spécial. Règle générale en zoologie, un organe qui fonctionne peu ou prou

(1) TEMMINCK, (Voir ouv. cité).

s'atrophie, ou ne subsiste à l'état rudimentaire que comme témoin dans la série de transition. Il est probable que la Nature ici, a dévolu à l'oiseau mâle adulte, le rôle d'avertisseur et de guide, dans certaines circonstances de leur vie nomade, comme par exemple, lors de leurs migrations nocturnes.

Nous avons entendu le mâle sonner l'alarme à l'approche du chasseur, mais nous ignorons, c'est certain, bien d'autres significations ou signaux que l'oiseau peut donner au timbre de son appareil dans maintes circonstances de sa vie pleine d'embûches. Et maintenant la glose des savants peut se donner libre carrière sur notre interprétation nouvelle du garrot sonneur, prise sur le vif et étudiée dans le grand livre de la Nature.

Nous renvoyons le lecteur à l'article consacré à la bécassine, où notre manière de voir sur *son chant* est également en opposition avec toutes les théories émises jusqu'à ce jour.

Le *garrot de Barrow* (*clangula Islandica*), signalé par les auteurs comme sédentaire à l'île d'Islande, seul pays d'Europe habité par cette espèce; sa véritable patrie est le Groenland et l'Amérique circumpolaire. Nous souhaitons de tout cœur qu'à un chasseur d'Escaut échoit l'honneur insigne de capturer ce « raare vogel » (*rara avis*) qui jusqu'ici n'a jamais été pris ou tué, ni en France, ni en Hollande ni en Belgique. Il a été capturé 4 fois aux Iles Britaniques, 2 fois en Angleterre, et 2 fois en Écosse, jamais en Irlande.

Le *garrot Arlequin* (*clangula Histrionica*). Autre espèce de l'extrême nord qu'on rencontre à l'île de Terre-Neuve et qu'aucun mortel, n'a eu la chance d'occir en Belgique jusqu'aujourd'hui. Mais le cas peut se présenter tôt ou tard, il en est venu de plus loin et de plus rare.

Vous voyez qu'il n'est pas plus difficile que cela de passer à la postérité, il suffit d'avoir un peu de chance!

Le pavillon des Eaux et Forêts à l'Exposition de Tervueren (1897) avait deux canards Arlequin, l'un venant de la collection du château de Mariemont, l'autre

LE CANARD ARLEQUIN.

de la collection de M. Paul Lunden d'Anvers, qui nous a écrit que cet oiseau n'avait pas été tué sur le Bas-Escaut. Cette espèce n'a donc pas encore été capturée chez nous jusqu'ici.

Le Morillon huppé.

—

Lat. : FULIGULA CRISTATA.

Flamand : DE KUIFEEND.

Taille : 0^m33; *ailes :* 0^m20.

Un des plus petits canards plongeurs, comme aussi un de ceux qui mettent le plus d'énergie, d'habileté, de plaisir et de conviction, dirai-je, à accomplir des promenades sous-ondiennes. C'est le canard guilleret par excellence, du moins sur l'Escaut.

Ses pareils, pour se mouvoir en des hauts-fonds de 2 ou 3 pieds, n'ouvrent point les ailes, ils scrutent et sondent les vases, tête en bas, queue en l'air dans une position quasi-verticale, tout en agitant fortement les pattes pour se maintenir, ce qui occasionne un violent remous d'eau lorsqu'elle est unie et calme à la surface.

Parfois, cet oiseau ne se donne même pas la peine de remonter complètement au-dessus de l'eau; il émerge son bec juste assez pour faire une profonde inspiration d'air, et disparaît à nouveau sous l'élément liquide.

D'autres ont recours à cette manière de faire, par ruse, quand ils sont blessés et aux abois, tandis que d'autres paraissent s'en amuser et en faire une habitude.

A terre, au bord de l'eau, dans les grands espaces violemment éclairés, le complet noir de son costume le fait paraître beaucoup plus grand qu'il ne l'est en réalité, tandis que dans l'eau il apparaît très petit parce que à la nage il immerge fortement le poitrail.

Le puntsman aura surtout l'occasion de le rencontrer sur l'eau aux époques de migrations, parce que cet oiseau n'aime pas déambuler à terre, à cause de ses chaussures trop délicates et sujettes aux éraillures. Le chasseur,

:avant le tir, pourra peut-être les prendre sur l'eau pour des milouinans qui nagent le corps fortement enfoncé, mais ensuite, à bord, l'erreur sera vite dissipée aux caractères suivants :

Le mâle adulte est armé d'un bec bleuâtre à onglet noir et à pointe plus large qu'à la base. Les tarses et les doigts sont également bleuâtres avec membranes noirâtres. L'iris est jaune et le miroir blanc. Mais ce qui le carac-

térise surtout, c'est une huppe à plumes effilées d'un noir à reflets violets et verdâtres. Capuchon, pélerine et manteau noirs, à reflets bronzés et parsemés de points bruns. Ventre et flancs blancs purs.

La femelle adulte a la huppe (qui est plus courte), la tête, le cou, le dos et les ailes d'un noir enfumé. Poitrine et flancs tachetés de brun roussâtre; ventre blanchâtre nuancé de brun noirâtre. Miroir blanc, petit. Bec et pieds plus foncés.

Les jeunes des deux sexes n'ont, *avant la mue*, point de

huppe. Du blanc sur le côté du bec, du front, et aux parotides. Le reste d'un ton gris enfumé comme de la suie.

Les jeunes après la mue à 1 an portent la huppe apparente et le plumage se fonce en même temps que le blanc à la racine du bec s'évanouit, ce n'est qu'à la deuxième année qu'ils ont leur belle couleur d'un noir brillant et le bec bleu clair.

Ni très commun, ni farouche sur le Bas-Escaut. Il n'y fait que passer en automne, nous ne l'avons guère rencontré en plein hiver et nous l'avons parfois observé au printemps en amont d'Anvers, vers l'embouchure du Ruppel. D'où nous concluons qu'il fréquente surtout les eaux intérieures en automne, et les côtes maritimes, les fleuves au passage du printemps.

Habitat comme le garrot. Immangeable.

Le Morillon Milouin.

—

Lat. : FULIGULA FERINA.

Flamand : DE TAFELEEND.

Taille : 0^m38.

Le mâle adulte est presqu'aussi fort que le col-vert.

Bec long à la base et à la pointe, traversé dans le milieu de la mandibule supérieure d'une large bande d'un bleu foncé. Iris jaune orange, tarses et doigts bleuâtres, palmures noires. Tête et col roux brillant, poitrine et

croupion d'un noir mat. Dos, flancs, ventre, cuisses cendrés clair, parsemés de zigzags très serrés. Miroir comme les ailes. Queue très courte, raide , d'un cendré foncé.

La vieille femelle : tête, cou, dos et poitrine d'un brun roussâtre. Tour des yeux, devant du col blanc roussâtre. Ailes cendrées, piquetées de points blancs, les zigzags du dos moins distincts que chez le mâle.

La bande transversale du bec, étroite et bleu terne.

Les jeunes mâles de l'année, comme la femelle, ceux de *1 à 2 ans* commencent à se rapprocher du plumage du vieux mâle par l'ensemble des couleurs, mais les teintes sont moins vives.

Le milouin est une variété de canard plongeur très abondante et très répandue, aussi bien en Europe qu'en Asie, en Afrique et en Amérique. Grand amateur d'eau douce, il choisit sa nourriture parmi les substances végétales, circonstance qui donne à sa chair un fumet fort appréciable, et le distingue par là de tous les Fuligulés. C'est ce qui explique aussi son court séjour sur les eaux salées du Bas-Escaut aux moments des migrations. Il s'y arrête cependant davantage en mars et avril, et ne paraît pas alors pressé de regagner le nord.

Nageur et plongeur émérite, il ne quitte qu'à regret ses lieux de stationnements, une fois qu'après bien des hésitations et des essais répétés, il s'est abattu définitivement sur un étang ou sur les eaux du royal fleuve, comme s'il avait conscience de son impuissance à soutenir un long vol, et de la difficulté qu'il éprouve à s'enlever promptement en l'air.

C'est un rusé compère qui donne du fil à retordre aux chasseurs, et fait le désespoir des canardiers, qui ne parviennent presque jamais à l'attirer au bout du fatal tunnel. Ils viennent manger le blé avec les autres et même malgré les autres jusque sous les arcades, mais ils plongent tout à coup et réapparaissent à l'entrée de la fameuse corne.

Quand ils nagent en grande bande devant le puntsman, ils vont de çi de là, tournent et retournent en se dispersant en petits groupes. Ceux-ci, au fur et à mesure de l'approche, qui doit être énergique et tenace pour pouvoir les suivre à la nage, se subdivisent encore en plus petites bandes, et quand arrive le moment de lâcher le coup, ils ne sont plus que cinq ou six.

Le mieux est de crier, ils se rassemblent alors, et

c'est l'instant propice de presser la détente de la canardière, surtout si l'on parvient à les faire lever.

Le vol est horizontal au sortir de l'eau, et l'on voit
que l'oiseau joue des pattes et des ailes pour se tirer
d'affaire, puis il s'élève ensuite graduellement. Ils
plongent très rarement avant le coup de feu, à l'inverse
du garrot. Si la chasse se répète, ils ont compris,
détalent pour tout de bon, et deviennent inabordables.
Ce manège, fait qu'on en tue peu à la fois, et comme ils
sont très très durs aux coups, la plupart ne sont que
blessés ou feignent même de l'être pour ne pas se déranger s'ils sont en train de festoyer. On croit qu'ils sont
morts ou fortement entrepris, et pas du tout, ils n'ont
presque rien, et alors que le puntsman croyait en avoir
mis sept ou huit hors de combat, il ne lui en reste que
deux ou trois.

J'en ai vu un qui avait la tête traversée de part en
part par un plomb n° o de la canardière, l'œil et la substance cérébrale lui sortaient du crâne, et au moment
où j'étendis la main pour le saisir, il voulut encore
plonger, dans un effort héroïque et suprême, mais il
demeura inerte, le corps à moitié submergé dans l'eau
et je dûs m'emparer de la noble bête par l'appendice
caudale. C'était un mâle superbe, je l'ai fait empailler
parce que sa belle défense, méritait qu'il passât à la
postérité.

J'ai remarqué qu'on fait plus de victimes parmi les
jeunes et les mâles, que parmi les femelles. Les bandes
sur le Bas-Escaut sont de dix à quarante individus, ils
volent en tas sans ordre bien défini. Sur les côtes de la
Grande-Bretagne où il niche, surtout en Angleterre, on
en voit des troupes de plusieurs centaines et jusqu'à un
millier à la fois. Payne-Gallway (ouv. cité) dit que le
Milouin est incapable de se nourrir à de grandes profondeurs. Ils ne recherchent leur nourriture qu'en
plongeant, et ne vont pas aux marais, aux ajoncs
comme les autres canards. Ainsi quand des banquises

recouvrent les eaux à de grandes distances des bords, ils maigrissent plutôt que d'aller aux gagnages, à moins qu'en plongeant ils ne se noient sous les glaces en voulant remonter.

J'ai dit que le milouin, avait pendant longtemps fait le désespoir des exploiteurs de canardières, mais cet état de choses a cessé, et la malice de l'homme a trouvé moyen d'inventer un piège tout spécial pour capturer cet oiseau.

Le truc nous vient d'Angleterre, pays de tous les sports dit-on, si sport il y a. On le désigne là-bas sous le nom de *Flight-Fond*, (vol d'étang) ou Étang à filet. Il est basé sur la réelle difficulté qu'éprouve le milouin à s'enlever subitement ou rapidement en l'air comme les vrais canards. Si cet oiseau possède les avantages du plongeur au plus haut degré, il en a aussi les désavantages.

La conséquence de la petitesse de ses ailes et de la position arriérée de ses jambes articulées au bassin, le forcent à raser d'abord la surface de l'eau et à parcourir ainsi pas mal de mètres, en un vol lourd et bas avant de s'élever, et il monte en l'air graduellement et de plus en plus haut à mesure qu'il s'éloigne de son point de départ. Le défaut de la cuirasse connu, l'homme rumina son plan et le réussit de la façon suivante : L'appareil pour capturer le milouin à l'étang, consiste en un filet de quarante-cinq mètres de long sur six à dix mètres de hauteur en forme de parallélogramme. Il est tendu entre deux forts mats pesamment chargés à leur base. L'oiseleur caché, le fait subitement basculer en l'air à la face des canards, au moment, où après s'être enlevés de l'étang, prudemment chassés par des aides, ils vont venir buter en masse contre le rideau. Ils tombent dans une étroite rigole semée de pieux au pied du filet, d'où il leur est impossible de se dépétrer et s'envoler encore. Des aides postés en bon endroit surgissent et leur tordent adroitement le cou.

Des centaines de milouins se capturent ainsi en une seule rafle au moyen de ces filets à l'étang.

Folkard (ouv. cité) en a vu fonctionner un à Mersée dans le comté d'Essex, et il y en avait un autre à Brantham dans le Suffolk, où on les prenait par milliers. On avait combiné là les deux systèmes de piège à la fois, l'étang à canardière pour les canards sauvages, et le filet à l'étang pour les milouins récalcitrants au premier piège.

Les comtés de Suffolk et d'Essex paraissent avoir toujours été les lieux de réfection et de stationnement favoris de ces oiseaux d'eau.

Mais n'allez pas croire que les choses fussent si simples que cela. Comme à toute tenderie, il y avait évidemment beaucoup de précautions à prendre et de mise en scène pour réussir les beaux coups. Les aides doivent être bien dressés, il faut qu'ils connaissent bien les habitudes et les allures du milouin pour les tourner, les faire mettre à l'essor tous ensemble à la distance voulue, etc. etc., et la machine infernale doit basculer dans toutes les règles de l'art au moment où le plus gros de la masse va franchir le filet.

Croirait-on que parfois malgré les clameurs des rabatteurs, l'agitation de leurs chapeaux et d'autre signaux d'alarme, les milouins soupçonnant le danger, ou pressentant les intentions de leurs ennemis, s'obstinaient à demeurer sur l'étang? Ils se mettent alors à nager en corps avec rage tout autour de l'étang, ils s'ébrouent dans l'eau avec l'agitation d'une hélice, et les rabatteurs sont obligés de les pourchasser, à force de rames en canot, vers la baie ouverte, mais trompeuse, de la pièce d'eau.

Croirait-on encore (pour donner une idée des vols immenses de milouins qu'on capture dans ces filets-volants à Mersée et Goldhanger en Essex) que leur nombre ait pu être si considérable à la fois, que le poids de leur masse sur le filet le fit basculer de l'autre côté, malgré l'énorme charge mise aux pieds des mats? Le coup fut raté évidemment.

Folkard raconte qu'il a encore présent à la mémoire, quelques coups de filet extraordinaires, où il fallut un chariot à quatre chevaux pour enlever les victimes du champ de bataille. Faire un coup de filet de cinq à six cents plongeurs était considéré aux étangs d'Essex, comme une capture ordinaire (a moderate capture, s'il vous plaît) et en vingt minutes de temps, trois hommes expérimentés avaient brisé le cou à chacun de ces cinq cents malheureux canards!!

Quel ignoble massacre pour des sportsmen anglais!

Il est vrai que leurs ancêtres avaient brûlé Jeanne d'Arc en rigolant, s'il faut en croire Casimir, et que Lothaire leur a pendu Stokes!

Consolez-vous, chasseurs, mes frères, la ligne de chemin de fer du Great-Eastern est venue bouleverser cette contrée pittoresque et solitaire, en passant par Brantham au beau milieu de l'étang à canardière et à filet. Il ne reste plus aujourd'hui aucun vestige de tunnels, de mats, de filets, et de toute cette machinerie infernale ; et ce qui servait de basse-cour aux plongeurs est devenu un champs cultivé, et la carpe, la tanche, l'anguille et le gibier de marais sont à peu près les seuls occupants des eaux profondes de cet étang saccagé. Mais la situation de cette pièce d'eau était si exceptionnelle, qu'aujourd'hui encore, malgré le chemin de fer, il ne se passe pas d'hiver, sans que de petites bandes de sauvagines ne viennent rendre visite à ce qui fut le rendez-vous célèbre de leurs aïeux, et c'est le fermier qui les tire au fusil, — à la bonne heure.

Ce qui prouve une fois de plus que les bêtes ont aussi leur Versailles et leur Rambouillet, et que tout évolue et se transforme ici bas.

Le Canard milouinan

--

Lat. : FULIGULA MARILA.
Flamand : VELD DUIKER.

Taille : 0ᵐ47 ; *ailes :* 0ᵐ23.

Le vieux mâle a la taille du canard sauvage. Bec large
bleu tendre avec onglet noirâtre, iris d'un jaune brillant.
Tête et partie supérieure du col d'un noir à reflets
verdâtre, pélérine et plastron d'un noir profond, taillés
en rond sur la poitrine. Dos, épaules d'un cendré clair
avec des zigzags noirs très déliés. Ventre et flancs d'un
blanc pur. Petit miroir blanc. Tarses et doigts cendrés
à palmures brunes, queue très petite noirâtre, carrée.

La vieille femelle porte la base du bec encadrée d'une
bande blanche assez large. Tête, cou, poitrine, croupion,
abdomen d'un brun roussâtre foncé, épaules et dos à
plumes piquetées de blanc et de noir très fins. Ventre
blanchâtre, flancs roussâtres. Miroir blanc.

Le jeune mâle de l'année porte encore à la racine du
bec, la bande blanche caractéristique de la femelle,
quoique légèrement envahie par le noir brillant des
plumes de la tête et du cou, qui commencent aussi à se
couvrir de pâles reflets bronzés. Le haut du dos est
roux-noirâtre avec des zigzags plus nombreux que chez
la femelle. La poitrine rousse, virant au noir.

Pour le naturaliste, le milouinan, par la disposition
générale du plumage se rapproche du milouin, mais s'en
éloigne par son régime, son habitat et ses mœurs.

D'abord son aire géographique s'étend beaucoup plus
vers les régions arctiques des deux continents, et tandis

que le milouin, ne se montre qu'accidentellement en Islande, et aux îles Féroé, celui-ci y niche, ainsi que dans la zone polaire arctique jusqu'au 70° latitude Nord.

En hiver, dit Dubois (ouv. cité) il est surtout abon-

dant sur les côtes allemandes de la Baltique, et en plongeant ces oiseaux s'embarrassent dans les filets des pêcheurs qui en prennent ainsi par centaines. Au cap Gris-Nez on les capture aussi de cette façon. Un immense filet quadrangulaire est tendu dans une position horizontale au fond de la mer à marée basse, au moyen d'une série de piquets fortement plantés dans le sable.

Les milouinans plongent à la recherche de leur nourriture, et un certain nombre d'entre-eux ne remontent plus à la surface, ils sont retenus et noyés dans les mailles du filet.

Dubois déclare, à tort, selon nous, que le milouinan hiverne également en grand nombre sur les cotes de la Grande-Bretagne, de l'Irlande, de la Hollande, du nord de la France et de la Belgique, mais qu'il est moins abondant sur l'Escaut, près d'Anvers, et rare sur les eaux de l'intérieur du pays.

Dire que le milouinan *hiverne en grand nombre* sur les côtes de ces derniers pays me parait fort osé. Voyons ce qu'en pensent les autorités compétentes de ces régions. Folkard, grand chasseur anglais, (ouv. cité) dit qu'on ne les voit que par petites bandes de six à huit individus, pendant les forts hivers, aux bras de mer et aux fleuves. Wildfowler du Field, autre chasseur d'Outre-Manche (ouv. cité), écrit qu'ils ne sont jamais en grand nombre; ils arrivent, et on les trouve en petites bandes de cinq à six aux estuaires solitaires où ils sont en train de plonger continuellement à la recherche de leur nourriture. Payne-Gallway (ouv. cité), chasseur irlandais, dit qu'on les rencontre en petit nombre aux côtes d'Irlande, mais pas au sud et qu'il n'y niche jamais. Voilà pour la Grande-Bretagne.

D'autre part Buffon déclare qu'il doit la connaissance de cet oiseau à M. Baillon, qui l'avait tué sur la côte de Picardie et ne paraissait sans doute que rarement sur les côtes françaises.

Le marquis de Cherville (liv. *Les oiseaux de chasse*) n'en parle même pas, il parait l'ignorer.

M. Buissenard, autre chasseur français, est muet sur cet oiseau; Toussenel se contente d'en écrire quatre lignes et le déclare moins connu que le milouin.

De la Blanchère (liv. *Les Oiseaux-Gibier*) avoue également qu'il est moins commun en France que le milouin, qu'il y arrive tous les ans vers la fin octobre et y passe l'hiver quand il le faut. Voilà pour la France.

Enfin, après dix années consécutives de chasse sur le Bas-Escaut nous n'avons jamais rencontré le milouinan hivernant en Zélande ni sur les rives du grand fleuve, et si Temminck dit qu'il est très nombreux à *ses passages* d'automne et de printemps en Hollande, il ne nous dit pas qu'il hiverne sur les côtes de ce pays.

En somme donc, c'est un oiseau assez rare en hiver sur

le Bas-Escaut et nos côtes, où il n'hiverne pas plus que dans les pays cités plus haut. Il vagabonde d'un rivage à l'autre.

Pour le chasseur, le milouinan, au point de vue du tir, offre, à peu près, les mêmes particularités que le milouin. Il le rencontrera surtout en eau salée, aux bras de mer, aux estuaires du fleuve, là où le fond est boueux et peu sablonneux.

Sauvages en grand nombre, confiants lorsqu'ils sont deux ou trois, le bruit ne paraît guère les émouvoir.

Une fois, à vingt-cinq pas de l'avant de notre steam-yacht, qui courait à toute vapeur sur un couple à la nage en pleine passe navigable, j'en blessai un, le second ne s'envola pas, mais se mit à nager autour de son compagnon éclopé. Pan... pan, avec du plomb n°4, et l'instant d'après mâle et femelle reposaient sur le deck.

Touché par tant de fidélité, je les ai fait empailler et sous le nom de Paul et Virginie ils reposent en paix dans ma petite galerie.

J'ai observé maintes fois que les oiseaux d'eau, quand ils ne sont que deux ou trois, ne quittent pas un camarade mis à mal par le chasseur, mais s'ils sont nombreux ils ne s'attardent pas autour des victimes et tous décampent au plus vite. Les avocettes, les huitriers, les bécasseaux variables et quelques autres semblent faire exception à cette dernière remarque, et lorsque leurs frères se débattent sur le sable, toute la troupe exécute un mouvement de retour et d'ensemble au-dessus des blessés, en poussant des cris d'appel ou de colère et peut-être de vengeance.

Image parfaite des agissements de l'homme envers ses pareils en semblables circonstances. S'il arrive quelqu'accident ou malheur en cours de route à quelqu'un de nous, nous nous empressons de le secourir, nous ne le quittons plus avant qu'il ne soit réconforté et à l'abri de tout danger, même au péril de nos jours.

C'est le dévouement quotidien, isolé, auquel nous

assistons tous les jours. Mais réunis en masses, rués les uns contre les autres, en temps de guerre, les hommes passent et jettent à peine un regard aux blessés et aux mourants, leurs frères d'armes, qui gisent sur le champ de bataille. Ainsi agissent aussi les grandes bandes d'oiseaux qui voient leurs rangs disséminés par le plomb du chasseur, elles s'enfuient à tire d'aile sans s'inquiéter autrement des traînards et des éclopés. C'est toujours le *vœ victis*...

Nous eûmes encore l'occasion de vérifier ce fait dans les circonstances suivantes :

Le 5 janvier 1896, par vent S.-E. très faible, ciel couvert à température de 1° au-dessus de zéro, la *Sarcelle* sortait en grande tenue de chasse du chenal d'Hansweert vers 8 1/2 heures du matin, lorsqu'elle ne fut pas peu étonnée de trouver l'Escaut s'étendant vers Walsoorden littéralement couvert de canards. Ils parraissaient très heureux de leur sort et s'en allaient à la dérive en jouant, plongeant, voletant de ci de là.

La marée descendait depuis six heures du matin, je sautai en punt et descendit le fleuve derrière une énorme bande de ces oiseaux qui, à mon approche, se mirent à nager avec rage vers le banc d'Ossenissen. La troupe, en route se disloqua, prit le vol sans mot dire et je ne pus tirer. Le bateau me rejoignit vers le Biezelin-schen-Ham ou des nouvelles volées de canards venaient sans cesse s'ajouter à celles qui avaient fui devant moi.

Les cohortes successives formaient maintenant tout au bout de cet « Ham », ou cirque, un immense cordon noir s'étendant sur une seule ligne droite de plus de 300 mètres de longueur, un vrai régiment rangé en ligne de bataille.

J'acceptai le défi et m'en approchai une seconde fois en punt dans le plus grand silence. Me voici à 100 mètres et l'armée aquatique commence à serrer les rangs et à se masser encore d'avantage. Il y a de l'inquiétude dans leurs chefs de file, ils se tâtent les coudes. Déjà je vois

se dessiner devant mes yeux des rangées et des rangées
de poitrails noirs et des têtes houffues à reflets métalliques, et j'approche toujours sans savoir à quels
ennemis j'ai à faire. Mon cœur bat à se rompre dans ma
poitrine, une muraille de canards est là, devant moi, à
soixante mètres maintenant, et chaque seconde qui
s'écoule encore avant de presser la détente me parait un
siècle...

Soudain, un immense bruissement d'ailes papilliotantes
emplit les airs... Bangg... (au loin l'écho le redit).
Bang..., puis devant moi de la fumée et un nuage épais,
compacte, d'oiseaux qui s'enfuient à tire d'aile.

J'estime honnêtement de cinq à sept cents pièces, ce
vol insensé d'oiseaux aquatiques dans lequel je venais
de lâcher un coup de canardière. O surprise amère, une
dizaine de victimes seulement s'étalaient sur le champ
de carnage, parmi lesquelles une ou deux seulement
raides mortes ; mais au fur et à mesure que le vol s'éloi-
gnait, des blessés se détachaient de la grappe volante et
tombaient lourdement dans le fleuve.

Je vis alors seulement que j'avais affaire à des canards
milouinans, et que la partie la plus difficile allait commencer. Mes huit blessés plongeaient avec une énergie
et une furia incroyables, demeurant jusque 2 1/2 minutes
sous l'eau — ça paraissait une éternité.

Après vingt minutes de lutte, qui mirent Franz, mon
pédaleur puntsman en complète transpitation, je parvins
à en achever six, les deux autres m'échappèrent.

Je revins furieux, désolé au bateau avec mes huit
milouinans, alors que je comptais certainement en
abattre deux douzaines. Pourquoi n'ai-je pas mieux
réussi ?

Pour plusieurs motifs, dont les deux principaux suivants : la distance et le numéro du plomb. La distance
de 60 mètres à laquelle je crois avoir tiré avec du plomb
n° 0, est trop grande pour tuer raide des oiseaux de mer,
aussi résistants, aussi emplumés et duvetés que l'étaient

les milouinans. Le double zéro, le triple zéro eussent
bien fait d'autres ravages, mais nous n'en avions pas à
bord, et personne ne s'attendait pas à rencontrer ces
canards de mer sur l'Escaut, par un temps aussi doux,
aussi calme.

Le même fait se répéta bientôt, mon ami Senaud, une
heure après rejoignit la bande, et son coup de feu en
abattit quatre sans qu'il put s'emparer d'un seul. Ils
plongèrent et replongèrent et disparurent à tout jamais.
Et ainsi, pendant deux jours durant, nous poursuivîmes
ces bandes insensées de noires volatiles qui semblaient
avoir fixé leur lieu de réfection entre Hansweert et
Terneuzen, car nous n'en vimes que dans ces parages-là.

Nous en rapportâmes une vingtaine, après avoir
perdu une douzaine de blessés, et choses étrange, singulière, c'étaient *tous des sujets mâles.*

Et nous pouvons certifier que tous les individus que
nous vimes de très près en punt pendant ces deux jours
étaient également mâles. Ceux-ci ont peut-être une
nature plus vagabonde que les femelles qui séjournent
vers le pays natal; peut-être aussi les mâles ne
recherchent-ils les femelles qu'à l'époque des amours ou
bien encore sont-ils plus nombreux que les femelles à
l'inverse de ce qui se passe chez le garrot. Je crois
pouvoir tirer, de la rencontre extraordinaire de ces
oiseaux, en somme assez rares sur l'Escaut en plein
hiver, et des particularités que leur chasse présentât, les
conclusions suivantes :

Il faut tirer le milouinan à très petite portée pour le
tuer raide, car il a une résistance vitale incroyable. Il
faut donner la préférence au très gros plomb, car un
milouinan blessé et traqué, plonge et demeure plus de
2 1/2 minutes sous l'eau en parcourant d'énormes distances, et il matera ainsi le puntsman le plus habile s'il
est seul à la besogne.

Mais dès qu'il a une aile fracturée, au bras ou à l'avant-
bras, 'est un oiseau à la merci du chasseur, il ne peut

plus s'immerger et se débat en vains efforts à la surface de l'eau. Cet oiseau, a besoin d'un vigoureux coup de ses ailes agissant ensemble et à l'unisson, pour plonger en même temps qu'il s'aide des rames de ses pattes. Comme celles-ci ont leur point d'attache à la partie la plus postérieure du bassin, elles sont impuissantes à faire basculer en avant et en bas, dans une direction presque verticale, le poids considérable du corps de l'oiseau, et il a besoin d'un brusque et violent effort musculaire des ailes pour se donner le premier élan d'immersion.

J'ai assisté à un mètre de distance et pendant longtemps aux vains efforts tentés par un milouinan, pour plonger avec l'aile gauche cassée à la hauteur de l'humerus.

Il s'appuyait fortement sur ses deux pattes en train de pagayer, piquait la tête dans l'eau en même temps qu'il donnait un vigoureux coup d'aile, mais comme le bras droit seul agissait, exerçant une forte pression sur la surface liquide, l'oiseau pivotait tout entier sur son flanc droit et se retrouvait sur le dos, gigotant des deux pattes en l'air.

Il est problable que tous les canards plongeurs s'immergent de cette façon, et sont réduits à cette impuissance lorsqu'ils ont l'aile cassée au cubitus et à l'humerus mais pas à l'aileron. Le plongeon du milouinan offre encore cette particularité, qu'il fait jaillir l'eau en éclaboussures au moment précis de la disparition de l'oiseau, à la manière d'un pavé tombant dans l'eau, tandis que la sarcelle, le siffleur, le grèbe, le guillemot et d'autres, laissent à peine un cercle ou deux à la surface liquide, ils s'évanouissent, s'escamotent pour ainsi dire, sans laisser trace du point de leur immersion. Enfin une dernière particularité que nous offrit cette immense bande de canards, est cette habitude de se reposer sur l'eau en une seule ligne droite, les uns à côté des autres, comme une armée rangée en bataille.

Ils se tinrent de préférence dans l'eau claire à fond

vaseux et pas un ne fit entendre un cri, une plainte, un gémissement quelconque.

Ils se mettent facilement à l'essor, mais le vol n'est jamais de longue haleine, du moins sur l'Escaut. Leur estomac avait le volume d'une brique de savon, c'est une masse musculaire à fibres très résistantes et capable de broyer d'assez gros coquillages dont ils font, du reste leur principale nourriture, et dont les débris, broyés comme par une meule, se retrouvaient pulvérisés dans l'estomac de chacun d'eux.

Nous revînmes quinze jours après, mais les cohortes vagabondes de nos milouinans mâles avaient levé le camp et n'étaient déjà plus sur le Bas-Escaut.

Nous en mangeâmes quelques uns et ma foi, malgré quelque prévention basée à priori sur leur genre de nourriture, nous les déclarons très mangeables.

La Brante roussâtre.

—

Lat. : FULIGULA RUFINA.

Flamand : DE KRONENEEND.

Taille : 0ᵐ44; *ailes :* 0ᵐ22.

Ce qui distingue, à première vue, cette espèce, c'est une huppe large de longues plumes soyeuses et rousses sur la tête, et un long bec d'un beau rouge, aminci vers la pointe avec onglet blanc. Le reste de la tête, gorge, col supérieur sont roux aussi.

Le col inférieur, la poitrine et tout le dessous d'un noir mat. Miroir des ailes et base des remiges de couleur blanche. Dos gris brun, tarses et doigts rouges.

Le femelle : vertex, occiput et nuque bruns; gorge, cou blancs; poitrine, flancs jaunâtres; tarses et doigts d'un brun rougeâtre; miroir moitié blanc, moitié brun clair.

Jusqu'ici, nous n'avons pas encore eu l'honneur de faire la connaissance de ce bel oiseau sur les rives du Bas-Escaut. D'autres amateurs et même des professionnels, qui sont nuit et jour sur le fleuve pendant six mois de l'année nous ont avoué que ce volatile avait complètement négligé jusqu'ici de se faire présenter à eux par un confrère ou dans une circonstance quelconque.

C'est donc un oiseau très rare sur notre territoire de chasse. Il est probable qu'il ne passe jamais sur les côtes de l'Océan.

Dubois (ouvrage cité) dit que l'aire géographique de cette espèce est fort peu étendue : l'Europe méridionale et centrale, jusqu'au 50° L. N., puis le N. de l'Afrique et le S. O. de l'Asie.

H. de la Blanchère *(Oiseaux-gibier)* nous dit qu'il est rare en France, négligeable comme rôti, et que sa voix est aiguë et sifflante comme celle du pluvier.

Il serait facile à apprivoiser, mais les essais faits pour l'élever en domesticité n'auraient pas réussis jusqu'ici. Amateur des marais, lacs, étangs à eau saumâtre. Nourriture : végétaux, coquillages.

Les chasseurs anglais n'en soufflent mot; Henry Scharp (*Practical Wild-fowling*) se borne à écrire que c'est un rare visiteur des Iles-Britanniques. Payne Gallwey n'en possède qu'un seul exemplaire tué près de la ville de Tralee, en Irlande, le 20 janvier 1881. L'oiseau représenté ici provient de la collection de M. Warocqué, château de Mariemont et fut tué sur le Bas-Escaut.

Le Morillon à Iris blanc.

—

Lat. : FULIGULA NYROCA.

Flamand : DE WITOOGEEND.

Taille : 0ᵐ37.

Caractères distinctifs : iris et miroir blancs.

Le mâle adulte porte une tache sous le bec qui est long, bleu noirâtre. Tête, cou, poitrine et flancs d'un brun rougeâtre, dessus du corps et un collier d'un brun noirâtre; dos, ailes d'un brun noirâtre à reflets pourprés, semés de pointillés roux. Ventre blanc pur, tarses et doigts cendrés bleuâtres, palmures noires.

La femelle : tête, cou, poitrine et flancs d'un brun-roussâtre, parties supérieures noirâtres. Le reste comme le mâle.

Encore un original et joli canard que les chasseurs du Bas-Escaut n'ont guère la chance de rencontrer. Très rare en Angleterre et un peu plus commun en France, où il passe régulièrement dans les départements de la Manche. Commun en Italie, sédentaire au sud de ce pays. Hiverne en Turquie, en Égypte, où il suit le Nil jusqu'en Nubie (de Heuglin), hiverne aussi en Chine.

Fréquente les eaux douces de préférence, vit en petites bandes, se nourrit surtout de substances végétales et se comporte pour le reste comme ses congénères. Bon en rôti, meilleur en salmis.

Le Canard de Miclon.

—

Lat. : ANAS GLACIALIS.

Flamand : DE YSEEND.

Taille : Mâle 0^m5o ; Femelle 0^m33.

Tout le plumage du *vieux mâle*, en hiver, est blanchâtre ; il porte une grande tâche brune sur le côté du cou, et le dos, le croupion, les ailes et les deux longues plumes du milieu de la queue sont d'un noir fumée. Iris jaune, bec très court, noir, coupé en travers par une

bande orange. Pattes jaunâtres avec palmures noirâtres.

En été, il porte une livrée plus foncée, toutes les parties blanches ont des teintes brunâtres, hormis l'abdomen et la queue qui restent blancs.

La vieille femelle : pas de longue queue, espace sur le côté, brun, ainsi que la nuque, ventre blanc pur, dos et épaules noirs cendrés, pattes plombées.

Le Miclon glacial habite la zone circumpolaire entre le 60° et le 80° L. N. Il se reproduit au Labrador, en Laponie.

Très commun au Groenland, en Islande, à la Nouvelle-Zemble, Nouvelle-Écosse, au Nouveau-Brunswick, etc. Dubois nous dit qu'en novembre-décembre, ces oiseaux, obligés d'émigrer, viennent peupler par centaines et par milliers certaines baies de la Baltique, et que c'est alors l'espèce la plus commune des côtes allemandes et danoises. Cette espèce se rencontre de temps en temps au nord de l'Irlande et de l'Écosse, même plus souvent que l'Eider. Il est probable, d'après lui, que par les froids rigoureux, il descendrait sur nos côtes et jusque sur le Bas-Escaut. C'est possible, mais jusqu'à présent, nous n'avons ni aperçu, ni tiré le moindre Miclon. Ça ne veut pas dire que cette espèce qui pousse une pointe annuelle en Écosse, aux Orcades et jusqu'en Angleterre, ne puisse faire une incursion sur notre territoire de chasse avec plus de raisons et de motifs que les deux précédents. Il paraît que feu M. Kets tua un individu de cette espèce sur l'Escaut, il y a une cinquantaine d'années (Croegaerts).

L'oiseau représenté ici fut tué sur le Bas-Escaut, il est pris de la collection du château de Mariemont.

Il fréquente aussi bien l'eau douce que l'eau salée, et se tient de préférence sur la mer et les fleuves en hiver. Il se comporte, pour le reste, comme les bons fuligulés.

Je compte bien le rencontrer un de ces hivers sur l'Escaut Oriental, à l'estuaire de Veere, histoire de lui demander si le hasard de ces excursions circumpolaires ne lui aurait pas fait rencontrer en 1897, l'expédition du navigateur suédois Nansen au milieu des glaces éternelles du Pôle Nord. Ce ne sera point une capture banale, celle-là, et ce soir-là aussi il y aura grande fête et illumination à bord de *la Sarcelle*. Trois fois heureux ceux qui auront la chance d'y être.

La Macreuse noire.

—

Lat. : OIDEMIA-NIGRA.

Flamand : DE ZWARTE ZEE ËEND.

Taille : 0^m48; *ailes :* 0^m24.

Caractère distinctif du *vieux mâle* : une protubérance sphérique sur la base du bec qui est tout noir, les narines oranges ainsi que le sillon qui coupe la bosse du bec.

Tout le costume d'un noir brillant, quelques reflets violets bleutés à la tête et au cou. Pas de miroir, pattes brunes, queue conique très dure.

La femelle : base du bec assez haut, mais sans gibbosité, narines jaunâtres. L'ensemble de la livrée est un mélange de brun noirâtre et de brun cendré, d'une teinte générale fuligineuse.

Les jeunes mâles sont à peu près comme les femelles.

Les jeunes femelles sont plus pâles encore que les vieilles, et l'on a même voulu en faire une espèce différente sous le nom de Macreuse grisette.

En réalité il y a trois espèces de macreuses, dont deux communes aux deux continents, et une espèce américaine. Elles se ressemblent par les habitudes et les mœurs et par la disposition générale du plumage, et ne se différencient que par la taille et quelques accessoires de coloration au bec et aux plumes de la tête et des ailes, que nous ferons connaître à chacune de ces espèces afin de pouvoir en faire le diagnostic au premier coup d'œil.

On dirait que la nature a voulu placer aux régions extrêmes circumpolaires, deux moules de canards excentriques et tout en opposition de plumage. Le contraste des Miquelons à la livrée presque complètement blanche, est frappant d'avec les Macreuses qui portent un complet d'un noir profond. Celles-ci ont l'air de porter le deuil perpétuel, ceux-là d'être parés sans cesse de leurs

habits de noce. C'est le jour et la nuit ayant leurs représentants aux extrêmes limites habitables du globe, dans la gent volatile. L'un est le symbole des neiges éternelles et de la blancheur fulgurante des glaces du Pôle, l'autre symbolise la nuit des longs hivers, le noir inconnu des abîmes de ces régions redoutables. Mais ces oiseaux des anciens jours, quittent en même temps ces parages inexplorés, et viennent dès l'automne jusque chez nous chercher un rayon de lumière et de vie. Voyageurs partis ensemble des rivages de la nuit, les Macreuses laissent leurs frères les Miquelons, stationner aux rives du pays d'Hamlet, tandis qu'elles continuent leurs pérégrinations aux côtes de France et d'Albion.

Filles des mers et des océans, elles en suivent les plages, dédaignent les fleuves et se laissent bercer sur le flot quand leur aile est fatiguée. On dirait qu'elles ne quittent qu'à regret leurs plaines liquides, et ne viennent

23

aux estuaires et à terre qu'à la veille des tempêtes, ou pour y abriter leurs amours.

Ces oiseaux d'ébène, jambés court et très en arrière, rasent au vol la surface des eaux, et semblent appuyer leurs pieds palmés sur la crête des vagues pour aider à la locomotion de leurs ailes aiguës. C'est assez dire que leur marche sur le sol est lourde, lente et dandinante, tandis que leur nage est merveilleuse, aussi bien sous les flots qu'à leur surface.

Les Macreuses, comme les moutons de Panurge, sont douées d'un grand esprit d'imitation, dès que l'une d'entre elles plonge, toute la bande fait comme elle et reparaît en même temps. Elles plongent avec rage à six mètres de profondeur à la recherche des coquillages et des mollusques dont elles font leurs délices. Et l'homme en profite pour leur faire une chasse acharnée au moyen de filets tendus au dessus de ces bancs de coquillages, où elles viennent s'enmailler comme nous l'avons dit à propos des milouinans.

Les Macreuses prennent déjà leurs ébats chez nous en face d'Ostende, de Mariakerke ou de Nieuport à partir du mois de septembre. Un peu plus tard leurs bandes innombrables couvrent ces parages, tantôt près des côtes, Flessingue, Terneuzen, tantôt en haute mer. Nous les avons souvent poursuivies le long de nos côtes à toute vapeur, mais nous les avons toujours trouvées défiantes et farouches en grande bande, en sorte que nous ne parvenions qu'à grande peine à en abattre quelques unes au petit fusil.

La macreuse noire est rare sur le Bas-Escaut occidental; nous l'avons rencontrée sur l'Escaut oriental, seule et toujours par d'assez gros temps.

Un jour près de Zierickzée, en chasse avec un remorqueur, je m'avançai en barquette sur un oiseau tout noir qui se laissait balotter sur la vague comme un vrai bouchon. Comme l'embarcation bondissait sur les lames, par une jolie brise, je tentai l'approche au plus près, me réservant pour le tir au vol qui était plus facile et plus sûr dans ces conditions. Mais l'oiseau se laissa approcher à vingt-cinq mètres, et je visai juste au moment où il se laissait balancer sur le sommet d'une vague. Pan... l'oiseau laissât retomber la tête et le cou dans l'eau, continua à flotter, mais ne remua plus. Un plomb n° 3 avait transpercé la cervelle. C'était un beau mâle de macreuse noire, qui était là absolument seul et comme perdu dans ces lointains parages de l'Escaut. Le lendemain le vent soufflait en tempête, nous n'étions plus là, heureusement... mais peut-être les macreuses y étaient-elles réfugiées en troupes nombreuses, à l'abri des grandes vagues déferlantes de la mer.

Leur chasse en troupe est donc difficile, du moins sur nos côtes, mais les oiseaux isolés se laissent approcher.

Le marquis de Cherville (oiseaux de chasse) écrit ce qui suit à l'article Foulque : « Il nous est quelquefois » arrivé d'être sévère pour les naturalistes, c'est bien le » moins qu'à l'occasion nous ne marchandions pas aux » chasseurs leurs vérités. Si les premiers s'en tiennent » trop exclusivement au signalement scientifique des » animaux, s'ils ne s'occupent que très insuffisamment » de leurs mœurs, les seconds ne laissent pas que de se » livrer à d'étranges confusions d'étiquette. Une des plus » fréquentes consiste à qualifier de macreuse, c'est-à-dire » à ranger parmi les palmipèdes la foulque, judelle ou » morelle, qui n'est, à vrai dire, qu'une variété de poule » d'eau ». Puis l'auteur donne les caractères du bec et des pattes, qui sont caractéristiques et suffisent à eux seuls à distinguer ces deux espèces d'oiseaux d'un noir profond.

C'est parfait. Nous, petits chasseurs, nous n'aurons garde de les confondre. Mais quel nom faut-il donner à son illustre compatriote, M. Louis Figuier, qui, dans son livre *Les Oiseaux* (page 67, à l'usage de la jeunesse, s'il vous plaît) commet l'étrange confusion signalée ci-dessus. M. Louis Figuier nous raconte là, par le menu des chasses aux macreuses, *appelées à tort foulques dans le pays,*, dit-il, (il insiste, le savant), faites dans le département du midi de la France, à Montpellier, à Hyères et dans l'étang de Berre, près de Marseille, alors que ces chasses nationales, qui affectent les proportions de batailles navales se font en réalité sur de vrais foulques, au moyen de barquettes.

M. Figuier termine en disant : « Voilà ce que j'ai vu » bien souvent dans ma jeunesse ».

Faut-il appeler M. L. Figuier chasseur ou naturaliste? Ni l'un, ni l'autre, n'est-ce pas? C'est un savant factotum, et les savants factotum sont sujets à errer, en vertu du vieux principe : qui trop embrasse, mal étreint.

Pour dédommager ce Pic de la Mirambole de sa bévue à l'égard des macreuses et des foulques, je vais lui, emprunter ici l'historique très amusant de la tolérance de la chair des macreuses en carême chez nos ancêtres. Aussi bien, ces lignes nous donneront-elles une idée des connaissances des anciens en histoire naturelle.

La macreuse fait mauvaise figure sur une table aristocratique. Sa chair, qui n'est pas toujours tendre, conserve un goût de marais très prononcé. Elle était autrefois très recherchée, mais ce n'était pas précisément pour ses qualités culinaires.

La macreuse était alors en grande faveur, par la raison qu'il était permis de la manger en carême, comme le poisson.

Voici sur quelles considérations assez singulières l'église catholique avait fondé cette tolérance qui, d'ailleurs, subsiste encore et reçoit sa pleine exécution de nos jours.

Les conciles du xii° siècle permirent, aux laïcs comme aux religieux, de manger des macreuses en carême, parce qu'on admettait généralement alors, sur la foi d'Aristote, que ces oiseaux ne sortaient pas d'un œuf, mais qu'ils tiraient leur origine des végétaux. Les savants du moyen âge et de la Renaissance, voyant paraître subitement des quantités considérables de ces oiseaux, dont on ne connaissait ni les nids, ni les œufs, s'étaient livrés à toutes sortes de conjectures pour expliquer ce fait mystérieux. Ils prêtèrent à la macreuse des modes de générations tout à fait inusités.

Les uns voyant une apparence de plumes dans les tentacules ciliés du mollusque qui habite la coquille appelée *Anatife*, voulaient que ce coquillage se changeât en macreuse. D'autres s'imaginaient que les macreuses provenaient du bois de sapin pourri, qui avait longtemps flotté dans la mer, ou bien des champignons et des mousses marines qui se développent sur des débris des navires.

Quelques-uns même soutenaient qu'en Angleterre il existe un arbre dont les fruits, quand ils tombaient dans la mer, se changeaient en un oiseau qu'on appelait, pour rappeler son origine, *Anser Arboreus*, et que l'on croyait être la macreuse.

A la vérité, le pape Innocent III, mieux avisé qu'Aristote sur le chapitre de l'histoire naturelle des macreuses, avait fait justice de tous ces contes en interdisant l'usage de ce gibier pendant le carême; mais personne, ni dans les monastères, ni dans les châteaux, ni dans les tavernes, n'avait voulu prendre au sérieux l'interdiction du Souverain Pontife.

Il arriva pourtant sur cette question controversée un éclaircissement inattendu.

Un navigateur hollandais, Gérard Veer (1) trouva, dans un de ses voyages au nord de l'Europe, des œufs de macreuses. Il les rapporta, les fit couver par une poule et en vit sortir des macreuses, en tout semblables à celles que les anciens déclaraient provenir de la pourriture des plantes.

Gérard Veer annonçait que ces oiseaux nichent dans le Groenland, ce qui expliquait l'absence complète de leurs œufs dans nos contrées. Cette découverte du navigateur

---

(1) Gérard de Veere, près de Middelbourg.

hollandais fut assez mal accueillie. L'usage était depuis longtemps établi de manger des macreuses en carême, l'Église l'autorisait et tout le monde s'en trouvait bien. On renvoya donc Gérard Veer à ses galiotes et l'on chercha toutes sortes d'autres raisons pour dégager les consciences et les estomacs également alarmés.

Ces raisons, d'ailleurs, ne manquèrent pas. On prétendit que les plumes des macreuses sont d'une nature bien différente de celle des autres oiseaux, que leur sang est froid, qu'il ne se coagule pas quand on le répand, que leur graisse a, comme celle des poissons, la propriété de ne jamais se figer, etc.

L'analogie entre les macreuses et les poissons étant ainsi mise en lumière, la permission des conciles persista et l'on mangea plus que jamais des macreuses en carême.

Enfin, comme les écrivains du moyen âge et de la Renaissance, assez mauvais naturalistes, avaient très vaguement défini la macreuse, il s'ensuivit que l'on étendit à plusieurs autres oiseaux des marais le même mode fabuleux de reproduction et, par conséquent, la même tolérance en temps de carême. Si bien que l'on mangeait, sous le nom usurpé de *macreuses*, différents oiseaux d'eau, tel que l'*oie cravan* et l'*oie bernache*.

Personne ne songea à réclamer contre une assimilation qui mettait d'accord la dévotion et la gourmandise. Et depuis que le beurre a détrôné l'huile en art culinaire, la sarcelle remplace la macreuse en carême.

La Macreuse lugubre

—

Lat. : OIDEMIA FUSCA

Flamand : DE GROOTE ZEE-EEND

Taille du mâle : 0^m47; *ailes :* 0^m29; *femelle :* 0^m45.

Ce qui distingue à première vue, la macreuse lugubre des deux autres, c'est un *miroir blanc sur l'aile*, puis les tarses et les doigts sont rouges, peu de gibbosité au bec.

Outre une taille plus forte, le *mâle adulte* porte encore

une tache blanche sous l'œil, l'onglet du bec d'un rouge jaunâtre, le reste orange et l'iris blanc. Tout le costume noir velouté.

La femelle, comme signe distinctif, a deux tâches blanchâtres, l'une entre les yeux et le bec, l'autre sur la région de l'oreille. Tout le plumage couleur suie sur le dessus, et gris-blanchâtre rayé et taché de brun noirâtre en dessous. *Bec sans bosse* cendré noirâtre. Tarses et doigts rouges sales, membranes grisâtres.

Les jeunes mâles, comme les femelles adultes la première année, avec les pieds plus rouges, et moins de blanc autour du bec. Quand on doute sur le sexe de l'individu capturé, on pourra palper la consistance de la trachée, qui est molle, flexible, cartilagineuse chez les jeunes mâles de l'année, et osseuse chez le vieux mâle.

Cette remarque trouvera son application chez bien des espèces, et s'observera également à la dureté du bec et du sternum. Mêmes allures, mœurs et habitat que la macreuse noire. Comme elle, très sociable, voyageuse nocturne volant en ligne ou à la file, lourdement.

Rare sur les côtes britanniques, françaises ou belges très rare sur le Bas-Escaut.

. Le 23 novembre 1895 à 11 heures du matin, entre les deux Ducs d'Albe du Nauw de Bath, nageaient à cinquante mètres de la rive deux canards plongeurs. *La Sarcelle* piqua droit dessus, tandis que mon ami Senaud et moi, à genoux en position de tir sur l'avant, nous nous préparions à les saluer au passage. A 100 mètres du bateau, les deux oiseaux plongèrent pour reparaître quelques instants après. Ils répétèrent ce manège deux ou trois fois, toujours à l'unisson, aussi bien pour s'immerger que pour faire leur réapparition. La durée des plongeons était assez courte, c'était donc une feinte, une ruse de la part de ces volatiles en même temps qu'une précaution. Comme nous approchions du bord par marée descendante, Franz notre pilote, cria stop, je courus à l'arrière, mais les deux plongeurs surgirent de nouveau à vingt-cinq mètres de notre étrave. Senaud fit feu avec du n° 3, l'un des oiseaux se débattit sur l'eau déjà rougie, mortellement frappé, tandis que l'autre, au lieu de prendre la fuite en l'air ou sous l'eau, regardait stupéfait son camarade mis à mal et nageait vers lui. Un second coup de feu retentit et réunit les deux frères dans la mort. C'étaient deux macreuses lugubres, dont une femelle et un jeune mâle.

— Bravo Senaud, belle capture m'écriai-je, ça promet, nous n'en avons jamais tiré de cette espèce, faut rafraîchir le doublé!

Yann nous versa une vieille rasade de la composition d'Alexandre, dont le secret vous sera plus tard dévoilé, et comme il tenait la gourde à une trop grande distance au-dessus du verre, un souffle formidable passa tout-à-coup en rafale et balaya le liquide à côté du verre sur le deck. Surprise générale, le vent sautait du Nord au Nord-Est!!

— De wind komt-op, Mijnheer, s'écria Franz, laet ons naar Weerde loopen, — fool speed Yann!!

La Sarcelle s'ébroua et nous filâmes au Schaar de Weerde nous mettre sous le vent, tandis que déjà la chevauchée de lourds nuages passait sur nos têtes avec une rapidité sans cesse grandissante. Le *Dolphyn* et le *Wulp*, deux yachts à voile de nos camarades, s'étaient également refugiés à Weerde. Comme la marée descendait toujours, bateaux à fond plat, ils s'échouèrent volontiers vers midi, et se mirent à narguer les aquilons, pendant que leurs maîtres déjeunaient. Notre bateau, lui, s'acheminait lentement en chassant le long de la rive de Weerde, dans l'intention de gagner Hansweert.

Vers 1 heure, j'abattis trois siffleurs en punt, dans une bande d'une vingtaine, remise sur la vase, nez au vent, et tandis que Franz ramassait mes victimes, j'eus toutes les peines du monde à me maintenir en punt, près du bord, et à n'être pas entraîné au large, tant le vent rageait maintenant.

A 3 heures un tube de notre chaudière se creva et nous força à gagner au plus vite le chenal d'Hansweert avec le peu de feu et de vapeur qui nous restaient. Nous

y arrivâmes à 4 heures, avec une seule atmosphère de
pression, poussés heureusement à l'arrière par les vents
déchaînés. Quelle chance, mes amis, encore une fois
sauvés ! !

Maintenant la marée montait, le vent soufflait en tempête et l'Escaut allait bientôt prendre un aspect de petite
mer démontée. Au large, vers Walsoorde ou Terneuzen
plus rien, évanouis les voiliers, tout le monde avait fui.

Les deux yachts, *Dolphyn* et *Wulp*, durent se réfugier
non sans peine et sans émotions grandes, au fin fond de
l'Hondegat, où ils demeurèrent échoués pendant trois
jours consécutifs, sans même avoir l'occasion ou le pouvoir de lâcher un coup de feu.

La tempête alla grandissant toujours par vent N.-E.
et les côtes de Hollande, de Belgique et d'Angleterre
furent secouées de terrible façon pendant ces trois longs
jours.

Les journeaux furent remplis du récit des naufrages,
rupture de digues, inondations et autres calamités
occasionnées par cet ouragan du diable.

Mais je raconte tout ceci à seule fin de bien faire
comprendre que nous n'avons pas dû au hasard la
visite de nos deux macreuses doubles sur l'Escaut
occidental. Il est absolument certain que ces vaillantes
petites bêtes, arrivées là, la nuit ou le matin du jour où
devaient se déchaîner les éléments, avaient prévu et fui
la tempête, et c'est à cette circonstance accidentelle que
nous devions la chance de les avoir rencontrées à Bath
dix heures avant la tourmente.

Aucun observatoire n'avait signalé cette bourrasque
obstinée, il avait plû pendant toute la nuit précédente
par vent S.-O., le matin le vent avait passé au Nord,
l'Escaut, à 8 heures du matin, à Anvers, était plat
comme un vulgaire canal, et c'est sous ces auspices, en
apparence rassurante, que nous avions quitté la métropole.

On a vu ce qu'il arriva quelques heures plus tard,

alors seulement les baromètres et autres instruments enregistreurs, sortirent de leur engourdissement, tandis que les macreuses étaient déjà en route vingt-quatre heures d'avance, précédant de douze heures au moins les vents en furie.

Pour conclure, je désire émettre l'expression d'un vœu au nom de l'équipe de *la Sarcelle*, tout comme une simple Académie Royale quelconque, dont la principale fonction et utilité est, on le sait, d'émettre de temps en temps un vœu, le voici : Il serait à désirer que les gouvernements qui ont charge d'âmes et de peuples, cherchâssent par tous moyens possibles et impossibles à attacher quelques vieilles macreuses expérimentées aux stations météorologiques des deux mondes.

Ça nous éviterait bien des catastrophes !

Mais vous verrez qu'on n'en fera rien, et que ma proposition aura un succès de mépris. On lui a tant de fois dit et répété, à l'homme, qu'il était le roi de la création et le plus perfectionné des animaux, qu'il a fini par le croire obstinément et pour tout de bon. Et son orgueil ne voudra jamais s'abaisser à reconnaître la supériorité d'un oiseau, d'un canard, d'un lugubre et augural oiseau des anciens jours cependant, en matière de sciences *d'observatoire*.

Ah ! si les bêtes pouvaient parler comme au bon temps du bon La Fontaine qui s'entretenait parfaitement avec elles ! Elles parlent encore, mais nous ne les comprenons plus ou feignons de ne plus les comprendre.

La Macreuse à lunettes.

—

Lat. : OIDEMIA PERSPICILLATA.

Flamand : THE BRILLEN-ZEE ËENDE.

Taille : 0^m45.

Les caractères distinctifs de cette espèce, gisent en deux taches blanches, l'une sur le devant de la tête et l'autre sur toute la longueur de la nuque; absence de miroir sur l'aile.

La femelle est semblable à la femelle de la macreuse lugubre, mais le miroir blanc sur l'aile sert à distinguer celle-ci de la macreuse à lunettes.

Espèce quasi exclusivement américaine, habitant l'été les grands lacs de ce pays au Nord, et l'hiver les États du Sud jusqu'en Californie où elle a soin d'émigrer.

Cet oiseau fait de rares apparitions aux parties nord-ouest de l'Europe. L'Angleterre compte une douzaine de captures seulement jusqu'aujourd'hui, la France deux ou trois et la Belgique une seule, annoncée par feu M. Dubois en 1845.

L'Eider vulgaire.

—

Lat. : SOMATERIA MOLLISSIMA.

Flamand : DE EIDER-EEND.

Taille du mâle : 0ᵐ57 ; *femelle :* 0ᵐ45.

Signes distinctifs : la base du bec, d'un vert mat, s'avance de chaque côté sur le front, et les plumes blanches de l'épaule sont courbées en faucille.

Robe noire en dessous, jaune devant, blanche au-dessus avec une bande très large d'un noir violet au-dessus de

l'œil, et du blanc glacé de vert pâle sur les joues. Pieds cendrés verdâtres. Tel est le costume original d'un *vieux mâle à 4 ans et plus.*

La *vieille femelle* porte tout le plumage roux rayé noir, sur l'aile deux raies blanches, parties inférieures cendré foncé avec des bandes noires.

Encore un habitant des mers glaciales du Pôle, dont l'aire géographique s'étend depuis le 53° L. N. jusqu'au 81°.

Sédentaire et très abondant en Islande, Laponie, Spitzberg et Groenland, tant que les eaux ne se congèlent pas complètement. Moins commun déjà aux Hébrides, aux Orcades, rare en Suède et au Danemarck, très rare en Angleterre, en Irlande, en France, Hollande et Belgique.

En somme, quand on capture un de ces oiseaux en Belgique ou sur l'Escaut, on peut dire que c'est un *égaré*.

Ce fait accidentel arrive de temps en temps, mais nous avons remarqué que les captures des *mâles adultes* sont infiniment plus rares, et que se sont généralement les jeunes mâles de l'année, des aventuriers sans doute, que la curiosité poussent sur nos plages ou nos fleuves.

Car l'eider a le pied et les goûts absolument marins, il n'aime que les plages pélagiennes et quand il se rapproche des eaux douces, c'est ordinairement aux estuaires des fleuves. Nous eûmes la bonne fortune de rencontrer et de tirer un jeune eider dans les eaux du Zandcreek (Escaut oriental) en Zélande en l'hiver 1893.

Il se balladait seul, nageant le corps submergé, en pleine passe navigable. De loin nous le prîmes pour un grand grèbe parce que nous venions d'en tuer deux, puis il nous parût être un cormoran. Au fur et à mesure que le bateau s'approchait, il plongeait et essayait de nous éviter à la nage, jamais au vol. Il essuya quatre coups de feu nᵒˢ 4 et 3, avant de se rendre définitivement, soit qu'il s'enfonçât trop rapidement au moment du tir, soit qu'il eut la vie dure. Ce ne fut que lorsque l'épuisette le déposa sur le pont de la *Sarcelle* que nous pûmes en déterminer exactement l'espèce et l'âge.

C'était un jeune mâle eider de l'année.

Comme cette importante et rare capture fait honneur à l'équipe de la *Sarcelle* d'abord, et que le diagnostic de cet oiseau aux différents âges est assez compliqué, d'autant que l'eider n'est adulte qu'à l'âge de quatre

ans, nous croyons devoir le décrire avec un peu plus de
soin et de détail, que les autres. Voici le portrait de
notre *eider de l'année* tué au Zandcreek :

Bec haut et convexe à la base avec onglet blanchâtre,
fort, large comme un ongle humain.

Mandibule inférieure et lamelle cachées. Plumes fron-
tales s'étendant en pointe sur la base du bec, et plumes
des joues se prolongeant de la même façon jusqu'au
milieu des narines qui occupent le centre du bec. Comme
on le voit cette conformation est particulière à l'eider.

Il porte depuis la racine du bec jusque derrière les
yeux, une légère bande blanchâtre semée de points noirs,
et sur le côté de la tête et haut du cou, une plaque noirâtre finement cendrée.

La partie antérieure du cou est duvetée, d'un cendré
brun, ainsi que le sommet de la tête strié de brun-noirâtre.
Bas du cou, poitrine, rayés en travers de bandes blanches et noires, mêlées de roux cendré. Épaules et dos
à plumes noirâtres bordés de brun. Queue, brun cendré.
Parties inférieures brunâtres avec les plumes liserées
de blanc et de cendré. Pieds verts noirâtres. Voilà le
signalement de notre oiseau.

A deux ans. Des espaces blancs se montrent sur le
cou, la poitrine, le dos, les ailes. Le noir devient profond et sans tâches sur la plus grande partie du dos,
les parties inférieures sont variées de tâches et raies
rousses, blanchâtres et noires (Temminck).

A trois ans : Le plumage se dessine plus régulièrement, le blanc devient pur, la tête et les joues se colo-
rent en verdâtre clair.

Pour le reste, il partage les qualités et les défauts des
fuligules, dont il est le premier par la taille, la beauté
l'utilité. Grande sociabilité et fécondité, vol et marche
pénibles, nage étonnante, régime animal, et chair détestable. Il niche de préférence sur des promontoires, en

juin, ainsi que dans les dunes, les marais et jusque dans les écuries et les fours à pain. Les femelles ont alors la familiarité de nos poules et se laissent enlever au nid, le précieux duvet qu'elles se sont arrachées au ventre pour protéger leurs œufs pendant leur absence. Ce duvet est si élastique, si léger et si chaud que nous en faisons des édredons (corruption d'eider) et c'est à cause de la grande valeur de ce duvet que cet oiseau est si recherché dans tous les pays qu'il fréquente.

Mais tandis qu'en Laponie, au Spitzberg et au Groenland on décime ces malheureux oiseaux, que l'on chasse toute l'année, en Norwège et surtout en Islande on les entoure d'une sage protection, et la loi vient même à leur secours.

En Islande, le respect de l'eider est poussé très loin. En ce pays dit le Dr Henri Labonne (l'Islande et l'Archipel des Faeroer) on ne signale jamais l'arrivée des navires au moyen du canon, pour deux motifs, le premier c'est que le bruit effaroucherait l'eider, le second est celui que donne le bailli si connu à son seigneur, il n'avait pu tirer le canon pour dix-sept raisons, dont la première était de n'avoir jamais eu de canon.

Heureux pays, va !

Les chasseurs d'Outre-Manche ne disent pas grand chose de ce canard. Payne-Gallway (ouv. cité) constate que c'est un rare visiteur des côtes d'Irlande, et dit en avoir tué une jeune femelle en décembre 1878, et un mâle en 1877 à Belfast.

Un autre fut tiré par M. Warren en 1870, et le captain Kinsey-Dover en tua un beau mâle quelque temps après et l'a offert au Musée de Dublin. Le colonel Hawker avoue n'en avoir vu que trois en sa longue carrière de chasseur: c'était en 1838 sur une des côtes de Hampshire, il n'en tua qu'un malgré qu'il les touchât tous les trois, les deux autres s'échappèrent en mer (1).

(1) M. Pike tua six mâles adultes au Zandcreek (Escaut oriental) en l'hiver 1897.

Dans toutes ces rencontres avec l'homme, loin de son pays, jamais l'eider n'a cherché à s'envoler à l'approche du bateau.

Enfin l'*eider royal*, est une autre variété polaire Asiatique et Américaine, qui n'a jamais été capturée en Belgique ou en Hollande, et dont quelques exemplaires ont été tués en Angleterre, en Ecosse et en Irlande (Seebohm).

Les Harles (Mergus)

—

Ces oiseaux forment une espèce de sous-famille de la grande famille des canards, dont ils ont conservé le principal attribut, les lamelles du bec (Lamellirostre) qu'ils portent dentelées en scie et dirigées en arrière pour mieux retenir le poisson dont ils font leur principale nourriture.

Par les allures et les mœurs ils se rapprochent des fuligulés et surtout par la chaussure, mais par la physionomie ils ressemblent au cormoran. Ils en ont le bec droit, grêle, presque cylindrique, très recourbé à l'onglet, et ils aiment comme ceux-ci à se parer d'un toupet, d'un cimier ou d'une huppe.

C'est un type de transition, un moule ambigu.

L'insertion des pattes, très en arrière, et l'articulation du genou disposée de telle façon que la jambe puisse se mouvoir non seulement d'avant en arrière, mais encore latéralement en font des nageurs et des plongeurs émérites. Ils passent les trois quarts de leur vie sur les eaux, nagent tout le corp immergé, la tête seule hors de l'eau. De là, le nom de mergus (latin de mergere, submerger) qui leur a été donné, et qui est aussi bien trouvé que porté.

Ils nagent entre deux eaux avec une grande rapidité en s'aidant de leurs ailes, ils poursuivent ainsi le poisson dans tous les sens, comme s'ils volaient sous l'eau.

Ils ont l'habitude d'avaler leur proie par la tête, quand elle est trop grosse, ils l'avalent peu à peu, et parfois la digestion de la tête du poisson est commencée dans l'estomac de l'oiseau, quand la queue entre à peine dans l'œsophage.

Ils sont pêcheurs de mer et de rivière, et leur

voracité rendrait des points aux grands grèbes, aux plongeons et à la loutre même. Quoique les ailes soient médiocres, leur vol est rapide et soutenu sans être trop bruyant.

Ils habitent, l'été, les couches boréales des deux mondes, où ils vont nicher, et émigrent l'hiver vers les contrées tempérées.

Ils ne muent qu'une fois l'an, les vieux mâles au printemps, les jeunes et les femelles en automne.

Ils posent leur nid à terre ou sur des arbres, ou même dans des caisses placées là par l'homme, et la femelle transporte à terre les jeunes, un par un, en le tenant serré entre son menton et sa poitrine en abaissant fortement le bec, méthode généralement en usage chez les porteurs de la tribu des Anatidés. Comme chez les sauvages, les femelles sont les porteuses!!

Les harles ne sont guère comestibles.

Le Harle blanc ou Nonnette.

—

Lat. : MERGUS ALBELLUS.

Flamand : HET NONETJE.

Taille : 0^m37 ; *ailes* : 0^m21.

Comme nous venons de donner les principaux caractères du groupe des harles, nous ne nous arrêterons pas
davantage à l'histoire de chacun d'eux, parce qu'elle se
répète dans les grandes lignes.

Au point de vue spécial qui nous occupe ici, la chasse,
nous n'en avons pas grand chose à dire non plus, d'autant

que comme gibier leur chair est détestable, et qu'en
somme leur présence sur le Bas-Escaut est assez rare.
Ce sont des oiseaux qu'on tire pour la beauté de leur
plumage et l'empaillage, ou la difficulté du coup de feu.
C'est au cours des longs hivers et des grands froids que
les chasseurs les rencontreront sur le Bas-Escaut.

Le harle blanc est un gracieux petit oiseau de la taille du canard souchet. Sa livrée est d'un blanc pur, soyeux, vivement rehaussée d'une décoration très harmonieuse de taches et de lignes d'un noir verdâtre ou profond. Bec cendré bleuâtre, huppe blanche, touffue ; les deux bandeaux du chignon, noirs verdâtres, cordon noir en cerceau sur les épaules. Iris rouge encadré d'une tache noire jusque sur le bec. Épaules noires, queue cendrée, tarses et pieds cendrés bleuâtres.

La femelle : pas de toupet, capuchon roux, manteau gris, ailes variées de blanc, de cendré et de noir. Parties inférieures blanches.

Les jeunes comme les femelles la première année, puis les jeunes mâles tendent de plus en plus à se parer du costume de noce des vieux mâles.

Cet oiseau recherche surtout les eaux douces. Dubois dit qu'il est assez abondant pendant les hivers froids dans les marais du nord de la Campine, dans les polders, sur l'Escaut, sur la Nèthe et qu'on le voit même parfois sur les eaux des environs de Bruxelles.

Nos excursions et renseignements nous permettent d'affirmer qu'à partir d'Anvers, vers l'embouchure du fleuve, la présence de cet oiseau est rare.

Il paraît qu'il aime beaucoup la société du canard garrot, même en captivité. Les harles chassent de compagnie comme la macreuse, ils plongent tous ensemble pour se remballer le poisson, et s'ils reparaissent séparés à la surface de l'eau, ils se rapprochent d'abord et recommencent leurs manœuvres d'ensemble. Alarmé, il s'enlève perpendiculairement. Son cri est : « Crow... crow ».

Toussenel déclare qu'il est très commun dans les environs de Paris, qu'il est un peu plus gros que le grèbe castagneux et que les chasseurs ignorants confondent parfois les deux espèces. Si c'est pour les chasseurs parisiens et français qu'il dit cela, pas flatteur le Maître, et pas forts les nemrods de son pays !

Payne-Gallway dit qu'il est rare, en Irlande, qu'on le tire cependant dans l'extrême nord de ce pays et qu'il n'a jamais tué de vieux mâles, qui paraissent encore plus rares. Scharp (ouv. cité) le déclare un visiteur exceptionnel des îles Britanniques.

En décembre 1896 nous tirâmes mâle et femelle dans une bande de sept individus, à l'embouchure de l'Hondegat. Nous en tuons chaque année au Bas-Escaut.

Le Harle Bièvre ou Grand.

—

Lat. : MERGUS MERGANSER.

Flamand : DE GROOTE ZAAGBECK.

Taille : 0^m54.

Le vieux mâle : Tête et cou noirs verdâtres, avec huppe courte et touffue, sans bandes transversales. Miroir blanc, plastron, couverture des ailes, ventre d'un jaune beurre tendre qui s'évanouit après l'empaillage

comme le rose-saumon du poitrail de la mouette rieuse en plumage de noce. Dos noir, iris et bec rouge sang, pieds d'un rouge vermillon.

La femelle diffère complètement du mâle : Tête et cou d'un roux foncé, dos gris, devant blanc, avec un peu de roussâtre sur la poitrine. Une longue huppe effilée sur la tête, iris et pieds bruns.

Les jeunes mâles de l'année à peu près comme les femelles, à deux ans le roux du cou commence à poindre.

C'est le plus grand et le plus beau des mergénés, et si le plus petit du groupe (le Harle-Nonnette) a su se donner un air guilleret et gouailleur en portant un œil au beurre noir, celui-ci se paie un air d'importance en étalant sa poitrine et son abdomen au beurre crême durant sa vie seulement, car ce vaniteux volatile n'emporte pas même dans la tombe ce qui fut son triomphe ici bas. Tout passe... hélas !

Il visite peu, et toujours en petit nombre, six ou sept ensemble, les rives du Bas-Escaut.

Nos confrères d'Outre-Manche le rencontrent rarement également. Il déroute absolument les plus forts puntsmen par ses plongeons déconcertants, et combinés avec une rare perspicacité pour déjouer les atteintes du chasseur.

Rare en France, dit Toussenel, dans les années ordinaires, abondant, au contraire, dans les eaux vives par les hivers rigoureux et débordants comme ceux de 1836 et 1838.

Mon ami Senaud en tua deux sur cinq en punt au Schaar de Weerde (1897). Le mâle, blessé, courut pendant dix minutes sur l'eau, en la frappant des pieds et des ailes, avec une vitesse presqu'égale à celle de notre steam-yacht; à la fin, fatigué, sans doute, il plongea et nous fit dépenser une dizaine de cartouches avant de se rendre.

Le Harle Huppé.

—

Lat. : MERGUS SERRATOR.

Flamand : DE MIDDELSTE ZAAGBECK.

Taille : 0ᵐ47.

Un miroir blanc sur l'aile coupé par deux bandes transversales noires, distingue, à première vue, le *mâle*

de cette espèce du Harle Grand, qui porte le miroir blanc sans bande.

La femelle, de son côté, — sa moitié — ne porte qu'une seule bande transversale cendrée, par une heureuse application de la justice distributive.

La huppe du mâle, qu'il a longue et effilée, sur une tête

supportée d'un long cou, sont d'un noir verdâtre à reflets métalliques. Plastron roussâtre à tâches noires, ventre blanc. Épaules et dos d'un noir profond, bec et iris rouges, pieds idem.

La femelle adulte : petite huppe, tête et cou bruns roussâtres, gorge blanche. Plastron cendré blanchâtre, ventre blanc. Bec, pieds oranges, iris brun.

Les jeunes mâles de l'année ont le bec d'un rouge clair, l'iris jaunâtre, la tête d'un brun foncé et la gorge d'un cendré blanc (Temminck).

La différence de taille des femelles de cette espèce, servira de diagnostic, d'avec les femelles et jeunes mâles du harle grand, ainsi que la présence de bandes sur le miroir.

Le harle huppé a un aire de dispersion géographique plus étendu dans les deux mondes que le harle grand. Mais comme presque toujours, chez les oiseaux et même chez tous les êtres vivants, il y a une espèce de loi de compensation ou de balancement qui régit non seulement les rapports anatomiques de leur organisme, mais encore leurs phénomènes physiologiques. En vertu de cette loi, si une espèce remonte plus vers le Nord en été, elle ne descendra pas aussi bas en hiver. Et remarquez en outre, que cette espèce sera douée de qualités nécessaires et supérieures à l'espèce voisine pour en agir ainsi et obéir à la règle générale.

Nous verrons donc ici, le harle huppé ne faire sa migration des contrées situées au-dessus de la Baltique que contraint et forcé, c'est-à-dire lorsque la glace aura envahi et recouvert les eaux libres qu'il fréquentait.

Il sera donc moins frileux que les autres espèces, et visitera plus rarement les contrées méridionales. Il arrivera plus tard chez nous, soit fin novembre ou décembre et janvier. Ensuite, il possédera à un plus haut degré que ses congénères voisins, les qualités maîtresses qui distinguent tout le groupe.

Nageur et plongeur de toute première force, il déploie plus d'agileté, vire de bord sous l'eau avec plus de prestesse, et y séjourne plus longtemps qu'aucune autre variété de harles. Payne-Gallway dit qu'il est plus ou moins commun sur les côtes d'Irlande, et qu'en l'hiver 1878-79 «in Cork harbour » il en a vu une bande de deux cents à six cents.

Rare au Sud de l'Angleterre, il est abondant en Écosse. Dubois estime que le harle huppé est commun en Belgique, aussi bien sur les côtes que sur l'Escaut, où on le rencontre par grandes troupes (croegaert).

Nous avouons humblement n'avoir jamais eu le bonheur de rencontrer des bandes de harles huppés sur le Bas-Escaut. Des chasseurs professionnels, qui ont 30 ans de vie de chasse à la sauvagine sur ce grand fleuve, interrogés par nous à cet égard, ont confirmé nos observations personnelles.

En règle générale, bon an mal an, on ne les voit qu'en très petit nombre, 2 ou 3 individus, entre Anvers et Terneuzen, quoiqu'ils préfèrent les eaux salines. Ils ont pour habitude de se laisser dériver avec la marée, puis ils s'enlèvent en criant : kerr, kerr, et lorsque la marée change il font la manœuvre inverse Ils sont inquiets, remuants et très instables, et nous avons toutes les peines du monde à les joindre et les tirer en punt ou autrement. Ils font le désespoir et l'éreintement du vieux puntsman, la joie toujours inassouvie du novice qui croit les atteindre et les voit disparaître au moment où il les met en joue, puis il assiste avec ravissement et extase à leur réapparition fugace 60 mètres plus loin... et ainsi de suite jusqu'à extinction de force physique... de la part du chasseur bien entendu, car les oiseaux semblent s'en amuser énormément et jouer au tonneau des Danaïdes, ou mieux aux oranges des Hespérides.

Le 10 janvier 1897 entre les bancs d'Ossenisse et de

Meule-Plaat, nous déchargeâmes notre canardière en punt, sur une petite bande de ces oiseaux, qui après avoir fui devant nous jusqu'à ce qu'ils fussent acculés au banc de sable, s'enlevèrent proprement. Un seul mâle fut blessé à l'aile, et il se défendit avec acharnement jusqu'à extinction de force vitale par des plongeons merveilleux. Il repose dans notre galerie.

Les Oies.

—

L'oiseau-gibier que le naturaliste et le chasseur rencontreront le plus communément sur le Bas-Escaut après les canards, à partir de septembre jusqu'en mars, est l'oie sauvage. Le genre oie (anser) forme une tribu désignée aujourd'hui sous le nom d'Ansérinés, ou sous-famille des Lamellirostres.

Les espèces qui rentrent dans le cadre de cette tribu sont surtout caractérisées par leur bec médiocre et court, plus étroit à la pointe qu'à la base, et plus haut que large à cette base; en somme, un bec en forme de nez humain.

Leurs ailes atteignent le plus souvent, ou dépassent l'extrémité de la queue qui est courte et arrondie. Leurs jambes plus élevées que celles des canards et plus rapprochées du milieu du corps, facilitent leur marche. Leur trachée ne présente ni renflements, ni replis comme chez les canards, mais deux membranes juxtaposées au bas de la trachée artère produisent le son nasillard de leur voix.

Les oies n'ont plus la livrée multicolore et brillante des canards, elles se contentent, comme des personnes bien pensantes et utilitaires, d'un costume plus uniforme et plus terne, et les deux sexes n'ont pas cru se différencier autrement que par la taille plus petite de la femelle. Ces oiseaux moins aquatiques que leurs cousins germains les cygnes et les canards, ne se mettent pas à la nage de gaieté de cœur, et à l'instar des cygnes, ne plongent plus que du bec dans les circonstances ordinaires de la vie. Mais blessés et traqués par le chasseur, ils plongent avec facilité, et donnent du fil à retordre à l'agresseur. D'une façon générale, on peut dire que les

oies fréquentent pendant le jour, les champs, les terrains
bas, les prairies marécageuses, et se nourrissent presqu'exclusivement de céréales, de graines, de végétaux
aquatiques, de racines bulbeuses; elles pâturent et ton-
dent l'herbe comme les moutons, et se rendent aux
ablutions après le coucher du soleil, habitudes tout à fait
opposées à celles des canards qui fuient les eaux à
l'heure où s'en rapprochent les oies. Attaquées, elles
sifflent à la façon des reptiles.

Très sociables entre elles lors des migrations, elles
vivent alors en troupes, et oublient les combats que les
mâles se sont livrés entre eux pour la possession des
femelles à l'époque des amours. Les mères s'associent
pour l'éducation de leurs couvées, dit Toussenel, et
quoique vivant sous les lois de la polygamie, les mâles
ne demandent pas mieux que de se mettre à la tête de
ces associations, comme font les étalons dans les steppes.

D'un autre côté, Brehm, dit que le mâle témoigne à sa
femelle une fidélité inébranlable, et que les unions ne
sont dissoutes que par la mort de l'un des conjoints.

De sorte que l'oie serait, d'après ces maîtres ornithologistes, polygame en domesticité, et monogame en liberté.

Et l'on dit que la civilisation adoucit les mœurs! Ne
serait-ce pas à cause de cette fidélité inébranlable à son
épouse, que les hommes disent d'un honnête garçon qui
ne larde pas son contrat de mariage de coups de canif :
qu'il est bête comme une oie?

Nous avons vainement cherché ailleurs l'explication
de cette légende de stupidité attribuée à cet oiseau; il ne
la mérite certainement pas, et les chasseurs plus encore
que les naturalistes, sont souvent à même d'apprécier à
leurs dépens, les malices extraordinaires et les ruses
qu'il déploie.

Douées d'un caractère très vigilant, comme nous le
verrons plus loin, les oies ont le sommeil si léger que le
moindre bruit les éveille, et provoque leurs criailleries.

Du reste, qu'elles veillent, mangent ou dorment, il y a

toujours une sentinelle qui a l'œil au guet, fait son quart comme un vieux loup de mer, et avertit la troupe du danger imminent. Aussi, les anciens les considéraient-ils comme plus vigilantes que les chiens, et les légendes romaines leur attribuent le salut de Rome. On connaît l'histoire des oies du Capitole qui sauvèrent les Romains de l'assaut tenté par les Gaulois. Les Gaulois, dit L. Figuier, n'ont jamais pardonné aux oies d'avoir fait avorter leur attaque. « Nous-mêmes, les descendants des fiers compagnons de Brennus, paraissons avoir hérité de la haine de nos ancêtres. Dans beaucoup de fêtes de village, on attache quelques oies par les pattes pour leur couper le cou avec un sabre, ou pour les abattre en leur lançant à la tête des pierres ou des bâtons. L'animal éprouve à chaque coup de terribles angoisses et pourtant on le laisse souffrir jusqu'à ce qu'il ait rendu le dernier soupir. Alors le vainqueur l'emporte triomphalement à sa table pour dévorer avec ses compagnons ce corps affreusement mutilé.

» L'Assemblée nationale, à la fin du siècle dernier, avait proscrit cette coutume sanguinaire comme déshonorante pour une nation civilisée. » *Le jeu de l'oie* est encore pratiqué de nos jours dans beaucoup de villages en Belgique.

Les oies sauvages sont douées de sens d'une acuité remarquable, qui devraient les placer hors pair, parmi les oiseaux d'eau et de rivage, alors que leur bonne figure placide et nigaude a toujours passé pour le symbole de la stupidité.

Nous croyons, nous, qui les avons étudiées de près à l'état sauvage, dans toutes espèces de circonstances, qu'elles reflètent plutôt l'image du paysan rusé et fin matois.

Si le cygne est mieux doué physiquement, l'oie lui est bien supérieure en intelligence.

Elles possèdent une vue perçante, un odorat extraordinaire et une finesse d'ouïe étonnante, toutes qualités qui rendent leur approche fort difficile sur terre ou sur l'eau. Nous verrons plus loin comment s'exercent les consignes des sentinelles placées en vedette. Il est bien certain que les oies sauvages ont entre elles des conversations qui nous paraissent compliquées, embrouillées, diffuses, mais qu'elles déchiffrent parfaitement et rapidement. Malheur à celui qui irait soutenir aux chasseurs puntsmen que les oies sauvages ne parlent pas entre elles et n'ont pas un langage tout aussi bien compris, sinon aussi beau que le nôtre! Je crois qu'il serait rudement rabroué, et que les distinctions philosophiques et sophistiquées de l'instinct et de l'intelligence sur l'esprit des bêtes, sombreraient bien vite au récit de mille traits de haute intelligence observés par les chasseurs chez les oies sauvages. Et il paraît que la domestication n'a pas amoindri ces facultés, car les auteurs anciens, Buffon entre autres, citent des traits d'attachement très vif, d'amitié passionnée et de reconnaissance profonde, de la part de ces intéressants volatiles.

Il n'y a pas jusqu'à leur vol, qui ne dénote leur intelligence, parce qu'elles savent qu'elles ne sauraient voler en tourbillon comme l'étourneau, en masse serrée et confuse comme les bécasseaux, ou encore moins en crochets ou en culbutes, à l'instar de la bécassine ou du vanneau.

Elles volent le jour sans bruit, sans effort, fort haut en temps sec et plus bas en temps humide, selon les conditions de la pression atmosphérique qui leur donne plus ou moins de facilité d'élever ou d'abaisser leur allure d'après l'état hygrométrique de l'air. Afin de ne pas se gêner mutuellement, elles se rangent sur une ligne à la queue leuleu, si la bande est peu considérable, et si elle est nombreuse, sur deux lignes formant un angle à peu près comme un V. Cet arrangement permet à chacune d'elle de suivre la troupe avec le moins de fatigue possible, tout en gardant son rang. Quand le chef de file est fatigué, il le fait comprendre, et immédiatement les autres, chacune à leur tour, viennent prendre la tête de la colonne.

Les oies construisent leur nid à terre, à peu près comme les canards. Elles sont répandues dans toutes les parties du monde, mais chaque partie du globe a ses espèces particulières.

Nous n'aurons à nous occuper que des espèces qui visitent le Bas-Escaut. Il y en a six ou sept, et aucune de ces espèces n'est indigène de nos pays.

Quoique l'oie produise un duvet en général plus fin que celui du canard, des plumes pour les écrivains, et que sa chair, tout en n'ayant pas l'onctuosité et la finesse du col-vert et de la sarcelle, fournisse par son foie gras, le foie de Strasbourg qui lutte victorieusement contre la terrine de Nérac (foie de canard), je ne puis m'arrêter ici à des considérations d'économie rurale ou d'esthétique, et je me vois forcé, bien à regret, de me taire sur l'éducation de l'oie, — le plus utile et le plus productif de nos oiseaux de basse-cour, — sur les méthodes d'engraissement des anciens, et l'invention plus moderne des pâtés de foie gras (1780) par le maître d'hôtel du maréchal de Contodes, à Strasbourg, le nommé Close, — qui était Normand.

La chair des espèces sauvages est de beaucoup inférieure, en général, à celle de l'oie domestique chargée d'embonpoint.

On sait, dit Toussenel, que les riches romains, qui avaient abandonné l'oie pour le paon, au temps de Lucullus, firent mine de revenir à leurs premières amours, quand les principes austères du spiritualisme chrétien eurent décidément prévalu contre la morale relâchée du sensualisme païen.

Comme il était devenu de bon air, en ce temps là, de faire semblant de pratiquer l'abstinence et le jeûne, le nombre était grand des tartufes, très amis de l'oie en public et du paon en particulier. Mais le pieux Saint-Jérôme n'est pas dupe de l'hypocrisie des faux dévôts,

25

et il leur reproche leurs mensonges avec une énergie dont la pudeur de la langue française ne permet pas la traduction littérale :

Anserem comedunt, écrit-il, *pavonem éructant...* Dans le même ordre d'idées, mon ami de B..., pour bien indiquer le peu d'estime qu'il fait du vin de Bordeaux, en comparaison des autres, dit : Quand j'ai trop bu de bourgogne je dég... orge du bordeaux ! !

Mais revenons à la chasse de ces défiants palmipèdes, contre lesquels, l'homme de tous les pays du monde a usé et abusé de tous les stratagèmes imaginables. Pauvres bêtes, bien traquées aussi celles-là ! !

Il ne leur suffisait pas d'avoir, pendant le jour, à leurs trousses le pygargue à tête blanche, leur ennemi le plus redoutable qui les suit et les harcèle lors de leurs migrations, pendant la nuit l'immonde sangsue qui s'attache à leurs palmes et les saigne à blanc, l'homme, sous toutes les latitudes, les guette à toute heure du jour et de la nuit, en l'air, sur terre et sur l'onde. Il ne dédaigne pas, lui, l'être intellectuel par excellence, de s'affubler des guenilles de l'homme des champs ou des dépouilles d'animaux inférieurs, renne, cheval ou vache, pour surprendre leur bonne foi et les faire tomber dans quelque piège diabolique ou grossier !

C'est contre elles que la malice des hommes a déployé ses ressources les plus ingénieuses et ses trucs les plus inattendus, depuis l'agression lâche à coups de bâtons des peuplades de l'extrême nord, lorsque ces pauvres bêtes sont en mue et sans défense, jusqu'aux filets cachés sous l'eau, au milieu desquels pataugent de faux-frères, inconscients, sans doute, de leur infamie.

Parfois encore, ce sont les chasseurs enfarinés dans un tonneau enlisé, ou coulés avec des ruses d'Apaches dans des crevasses, des goulets, derrière des glaçons, ou enfin des puntsmen avec la complicité mystérieuse de la lune, qui ensanglantent leur lieu de repos !

Après ces quelques considérations sur l'anatomie, la

physiologie et la place qu'occupent parmi nous ces intéressants volatiles, nous ne nous attarderons plus guère à décrire en détail les espèces que nous rencontrerons en chasse.

Nous nous contenterons de quelques points de repère bien définis, bien marqués pour pouvoir reconnaître rapidement l'espèce d'oie que le chasseur aura tuée.

Oie cendrée
Anser cinereus.

- Taille : 0m80, ailes 0m46, bec 0m066 fort et gros.
- Bec et pattes couleur chair livide.
- Les ailes pliées n'atteignent point à l'extrémité de la queue.

Oie sauvage
Anser sylvestris.

- Taille : 0m75, ailes 0m45, bec 0m0062 long déprimé.
- Bec noir avec anneau jaune ou rosé au milieu.
- Pattes jaune orange.
- Les ailes pliées dépassent l'extrémité de la queue.
- Les jeunes ont trois taches blanches à la racine du bec.

2 Variétés.

Variété Serrirostris.

- Bec plus long, taille plus forte 0m87, tête et nuque d'une couleur roussâtre.

V. Brachyrhynchus. ou l'oie à bec court.

- Bec noir avec anneau rosé (0,04) au milieu.
- Pattes rosées ou vineuses.

Oie rieuse
Anser Albifrons.

- Taille 0m67, ailes 0m41.
- Bec jaune (couleur chair) à onglon blanchâtre, front largement blanc.
- Pattes jaune orange.
- Jeunes, absence plus ou moins complète du front blanc et de taches noires sur les parties inférieures.

Variété.

Erytropus ou Oie de Temminck

- Taille 0m55, ailes Cm38.
- Bec plus court, couleur chair pâle.
- Front blanc jusqu'au dessus de la tête.

Ces caractères, nous les trouvons surtout dans diverses colorations du bec et des pattes, et dans quelques signes accessoires de longueur et couleur de plumes, taille, etc. Nous laisserons d'abord de côté la distinction des zoologistes entre les *oies proprement dites* et les *bernaches*, sous prétexte que le bec est plus court chez ces dernières, et ne laisse pas paraître au dehors les extrémités de ses lamelles, tandis que chez les vraies oies le bout de ces lamelles dépassent et ressemblent à des dents pointues.

NOTA. — Temminck dit qu'il soupçonne que l'oie rieuse mue deux fois dans l'année, et qu'en été tout le ventre et la poitrine sont d'un noir profond, tandis que ces parties seront d'un blanc pur au milieu de l'hiver. C'est par les naturalistes du Nord (74° L.-N. dans l'Alaska par exemple) qui peuvent observer cette oie dans le temps de la ponte, que la chose devra être décidée.

L'oie bernache
Branta Leucopsis

- Taille 0m64, ailes 0m44.
- Bec noir.
- Pieds noirs.
- Ventre et abdomen blanc pur.

L'oie cravan
Branta-Brenta

- Taille 0m50, ailes 0m33.
- Bec noir.
- Pieds noirs brunâtres.
- Cravatée de blanc aux côtés du cou.

L'Oie cendrée

—

Lat. : ANSER CINEREUS

Flamand : DE WILDE GANS

Taille : 0^m80 à 0^m85.

C'est la souche de toutes les races d'oies domestiques, et toutes celles qui sont originaires de cette espèce se multiplient dans tous les pays. C'est donc une de ses ancêtres qui a sauvé le Capitole !

Passe l'été sur les côtes, les marais et les mers des pays du Nord de l'Europe, surtout en Laponie, très commune aussi en Asie, Sibérie, en Chine et jusque dans l'Inde. Hiverne dans les contrées du Midi, France,

Espagne, Italie, Grèce, Algérie, etc. Tous les climats leur conviennent, elles passent des régions glaciales aux pays des tropiques. Elles sont non seulement de passage

annuel chez nous, mais quelques bandes passent l'hiver aux environs de l'Escaut, au-delà d'Anvers, et surtout aux polders de la Hollande, sans doute quelques familles réunies ensemble. Nous n'en rencontrons pas des masses sur l'eau, cette espèce a plutôt les habitudes des oies domestiques. Elle passe toute la journée à brouter aux champs, ne nage pas volontiers, plonge encore moins, sauf en cas de détresse, mais elle court beaucoup mieux que l'oie domestique. C'est surtout dans l'intérieur des terres qu'on y fait quelques petits coups de temps en temps.

Quand il gèle, elles viennent aux schorres, et aux bancs du Bas-Escaut en bandes. Elles volent alors assez bas, sans ordre ou en ligne, mais lors des migrations elles rament au contraire très haut, avec aisance, tantôt en triangle, tantôt dans un autre ordre.

L'oie cendrée ne se mêle pas volontiers aux bandes d'oies d'espèce étrangère à la sienne, sauf aux oies privées.

S'il faut en croire Naumann, l'oie des moissons lui serait particulièrement antipathique, et elle fuirait plutôt vers d'autres contrées en lui cédant la place, lorsque celle-ci la rencontre en ses lieux de stationnement et de réfection.

Quoique méfiante par nature, elle n'est pas inabordable en punt, au début de son arrivée, mais elle devient extrêmement farouche par la suite, et bien malin et chanceux est le chasseur qui parvient à la joindre. Si on les laissait tranquilles pendant quelque temps après qu'elles ont choisi leur cantonnement, elles y passeraient toute la saison d'hiver. J'en ai connues, qui passaient toute leur journée aux schorres d'Arenberg, et qui a l'heure du crépuscule, au moment où nous allions à l'affût du soir aux canards, prenaient leur vol et s'enfonçaient bien loin à l'intérieur des terres à la recherche d'un bois, polder à prairies, ou d'un champ de verdure pour y passer la nuit, et s'empiffrer à loisir et en toute sécurité.

Elles passent généralement à soixante-dix mètres au-dessus de vos têtes, de sorte qu'avec du plomb zéro ou des ballettes, on peut avoir la chance d'en décrocher quelques-unes, et le coup est très joli à réussir, quoique fort aléatoire.

Quand une bande de ces oies s'abat dans un champ de blé, dont elles sont très friandes des petites feuilles, elle a toujours soin de mettre pied à terre vers le beau milieu de la pièce, hors portée d'un fusil ordinaire. C'est alors que les fermiers-chasseurs, dont elles ravagent les champs, s'ingénient à les approcher et à les remercier de leur désastreuse visite, par un doublé bien senti de leurs plus gros plombs.

Elles viennent aussi passer leur nuit à l'île de Saef-tingen, paradis terrestre et aquatique des oies sauvages en général.

Muettes, si on les laisse tranquilles, elles emplissent au contraire les airs de leur caquetage bruyant, si l'on vient les déranger. Leur cri d'alarme est un appel sonore ressemblant à des aunk, anvunck, lang, kah kah, kot, kikli! C'est là, — un peu avant le coucher du soleil, — qu'un affût bien dirigé, bien conduit par un homme qui connait les places où elles ont l'habitude de se can-tonner, ne peut manquer d'offrir, à ceux qui ont la patience et le feu sacré, l'occasion d'en descendre quelques unes à bonne portée. Chaque chasseur à son poste, dans la plus grande immobilité, se tiendra dans un goulet ou un trou préparé d'avance, prêt à faire feu à la première alerte. Elles présentent une surface de tir énorme. Au départ elles prennent leur élan en étendant le cou, sautent quelques pas pour se mettre à l'essor, puis elles rasent le sol à quelques dix mètres de hauteur pour gagner insensiblement l'espace, après avoir par-couru un bon bout de chemin. Elles ne sauraient s'enlever plus verticalement, et c'est le moment de viser juste.

Après plusieurs jours de tempête par vent d'est,

accompagnés de neige et de grêle, aucun gibier d'eau ne se laisse affronter par le punt avec autant d'indifférence que l'oie cendrée, sans doute alors exténuée de fatigue et de faim.

Mais leur habitude la plus régulière est de passer la nuit aux gagnages à l'intérieur des terres jusqu'au matin, et de venir aux bancs du fleuve ou aux côtes de la mer, le jour, dès l'aurore, contrairement à ce que fait la Bernache. L'oie des moissons aussi quitte la mer, ou les jonchères où elle a passé sa journée pour aller pâturer en campagne la nuit. Par conséquent, à l'affût aux environs des schorres du Vieux Doel ou de l'île de Saeftingen, on peut ainsi avoir l'occasion de tirer sur des oies sauvages, des cols-verts, sarcelles, pilets, milouins qui vont aux polders, et sur des bernaches, des garrots et d'autres espèces qui arrivent aux eaux du grand fleuve. Chasseurs à vos pièces, si le passage est bon !

Si l'oie est lancée en plein vol, tirez au moins deux mètres en avant de la tête, si vous voulez la toucher en plein, car la vitesse avec laquelle elle fuit ou passe, est très grande, et l'on tire le plus souvent trop tard ou derrière. Elle n'est pas très dure à abattre, et sa résistance vitale est en tout cas bien moindre que celle de la bernache.

Nous conseillons un bon calibre 12 chargé de fortes cartouches de plomb zéro. Les calibres 10, 8 et 4 alourdissent les armes, et leur maniement à l'affût dans la vase est fort malaisé. En yacht ou en barquette, ces forts calibres seront mieux à leur place, et feront merveille à l'occasion.

Une jeune oie est délicieuse à table!!

L'Oie des Moissons.

—

Lat.: ANSER SEGETUM.

Flamand : DE RIETGANS.

Taille : 0^m70 à 0^m75.

C'est l'oie sauvage ordinaire, dont l'habitat est à peu près le même que celui de l'oie cendrée, et si elle niche encore plus au nord, en revanche s'arrête-t-elle dans les contrées plus tempérées. Elle nous arrive déjà au Bas-Escaut vers la mi-septembre et continue sa migration à

travers notre pays pendant le mois d'octobre. C'est cette variété d'oie sauvage qui passe alors par bandes considé-rables au-dessus de nos villes et villages, où elles font

dresser toutes les têtes en l'air par leurs clameurs et
leurs lignes géométriques admirables. Ce tableau aérien
provoque invariablement le petit fait divers suivant dans
nos gazettes :

« Hier, dans la matinée, on a vu des vols considérables
d'oies sauvages se dirigeant vers les contrées du Midi,
malgré la douceur de la température dont nous jouissons
encore actuellement. C'est un signe précurseur presque
certain d'un hiver précoce, long et rigoureux. Qu'on se
le dise. »

Pardon, mais le cliché est abusif à la fin. La vérité
vraie la voici : l'heure de la migration à cette époque a
tout simplement sonné pour l'oie sauvage, aussi bien que
pour les autres migrateurs, et comme la montre de ces
bêtes-là ne retarde jamais, et rendrait des points au
chronomètre du martinet, sans tenir compte des fantaisies fallacieuses du soleil, elles se sont mises en route à
leur aise, pour s'arrêter vers le soir, près des cours d'eau,
des lacs, grands marécages à proximité de champs bien
verdoyants, qu'elles visiteront la nuit et jours suivants,
si le cantonnement leur plaît et convient à leur sécurité.

Et leur passage, au début de l'automne, ne nous présage absolument rien des rigueurs ou des douceurs de
l'hiver. Comme la plupart des Anatidés, elles feront la
navette, durant cette saison, entre les contrées du Nord
et celles du Midi, d'après les circonstances qui se présenteront plus tard jusqu'au moment de remonter au
pays natal en mars, vers le cercle polaire. Elles sont
esclaves du temps, c'est vrai, mais pas de la température. C'est, au contraire, un oiseau qui supporte de grands
froids, des intempéries de neige et de glace, avant de se
résoudre à quitter nos contrées pour gagner un climat
plus doux, et l'oie sauvage reviendra à ses stationnements primitifs dès qu'elle sera certaine d'y retrouver
bon gîte et bonne nourriture, quitte à les fuir encore si
le gel ou la neige met leur existence en danger, faute de
subsistance.

L'oie des moissons est la plus commune de toutes celles que nous rencontrons sur le Bas-Escaut. Dès à partir du fort Philippe jusqu'à la mer, leurs bandes tapageuses traversent le fleuve soir et matin, passent au-dessus des villages riverains, s'installent aux polders, aux schorres, et surtout à l'île de Saeftingen et aux environs de Walsoorden pendant toute la saison de chasse. On les rencontre nuit et jour sur le grand fleuve et ses bancs, et leurs babillages sont encore plus sonores, plus nasillards, plus bruyants que ceux de leurs congénères. On peut rendre ce verbiage par : « Wad-wad-wad-wad..... »

Et quand toute la troupe s'envole à la vue des chasseurs, elles se mettent à grogner toutes ensemble : « Teiac, daingak, kaiakak, querra, fusik, fusik!! »

Cette espèce d'oie dissimule, du reste, fort peu sa présence, car elle caquette tout le temps du nez, surtout au vol, et pendant la nuit sur les îlots ou sur les bancs de sable où elle est venue se remiser. Elle se réfugie de préférence dans les vases de l'île de Saeftingen, vers le Nord-Schaar, parce qu'elle craint l'homme, les chiens, les bestiaux dans l'intérieur des terres. A l'aurore, comme l'oie cendrée, elle déguerpit aux champs et passe la journée dans un lieu solitaire.

Elle n'aime pas le temps humide, venteux, et s'abstient alors de venir à l'Escaut, les vents d'Est, N.-E., nous la ramènent de nouveau et les vents d'Ouest l'en éloignent encore.

C'est donc un oiseau très mobile, dont il ne faut pas trop vite escompter la présence à date fixe, quoiqu'il semble river aux rives du Bas-Escaut pendant six mois de l'année.

Il ne faut guère songer à les approcher à bonne portée, en punt, pendant le jour sur les bancs du fleuve; elles détaleront presque toujours avant que vous puissiez tirer avec quelque chance de succès. Il faut avoir recours aux embuscades, mais parfois cependant l'on réussit, et même en yacht, en mer ou aux estuaires, avec une bonne canardière à l'avant, on pourra faire quelques jolis coups.

C'est cette espèce d'oie qui a soin de placer des sentinelles pour veiller à sa sécurité pendant son sommeil et ses repas, c'est elle aussi qui engage des conversations qui n'en finissent pas, avec ses pareilles. Nous eûmes plusieurs fois l'occasion, avec mon puntsman, de voir et d'entendre ces choses là, et c'est un spectacle vraiment curieux et du plus haut intérêt auquel il nous a été donné d'assister, lorsque nous étions couchés à plat ventre, dissimulés dans notre punt.

Un soir, en novembre 1893, aux Schorres, près de l'île, une bande d'oies sauvages tenait ses assises, la sentinelle était postée un peu à l'écart, l'oreille au guet pendant que les autres mangeaient gloutonnement et s'empiffraient à bec que veux-tu. L'oiseau en faction poussait continuellement de petits grognements de satisfaction — à l'instar des étudiants avant la gaindaille, à deux doigts de la grande gargouillette — comme s'il eut voulu dire aux autres :

Bâfrez, bâfrez, as pas peur, allez-y gaiement !

Nous attendions la marée montante pour tenter l'approche, la lune venait de se lever.

Tout-à-coup la sentinelle se tut subitement, nous osions à peine respirer, sachant fort bien qu'elle venait d'avertir, par son silence, la troupe des noceuses. Un frémissement de crainte parcourut toute la bande, qui se déplaça un peu, allongea le cou de tous côtés, échangea quelques paroles gutturales, incompréhensibles pour nous, puis se remit à manger... le silence et rien que cela. La sentinelle reprit ses grognements, mais ils étaient plus espacés, comme si elle hésitait et aurait voulu avoir l'avis de quelque camarade sur le cas insolite qui se présentait à son flair.

Nous vimes bien tout de suite que ces interruptions, dans la consigne de l'oiseau, consigne qui était évidemment de caqueter pendant tout le temps qu'il n'y aurait pas de danger, voulait dire qu'il n'était plus en complète sécurité, et qu'il nous avait flairés ou vus. Malheureusement, la lune maintenant montait, montait toujours, et tout en tournant lentement découvrait le flanc du punt qui, soulevé à l'arrière par la marée croissante, nous fit faire doucement demi-tour. Ah! sale rotation.

Nous étions en train de redresser l'embarcation face à la lune lorsqu'un grand diable de courlis — un surveillant de l'île, sans doute, — qui avait vu le mouvement, nous rasa au vol en lançant deux cris d'alarme terribles, déchirants, monstrueux, épouvantables, qui jettèrent le désarroi dans la gent volatile à deux milles à la ronde : *Errloïp, errloïp...* Et je me souviens très bien qu'il appuyait très fort sur l'err... le gredin...

La sentinelle s'était tue subitement et à son silence succéda un grand bruissement d'ailes... Froumm pen, pen. Envolée ma bande d'oies sauvages !

Depuis lors, j'ai voué une haine mortelle à tous les courlis des Escaut, et ils me la rendent bien... On dirait qu'ils me connaissent, car ces façons d'Ibis de l'enfer prennent un malin plaisir à faire fuir le gibier chaque fois qu'ils nous rencontrent en punt. Coup manqué, nous dûmes revenir à bord.

D'autres fois la sentinelle a un autre mot de passe, elle donne le signal d'alarme sans bruit, et emmène la bande en prenant le vol la première pour leur servir de guide du côté opposé au danger. D'autres chasseurs affirment avoir vu relever la sentinelle.

Les oies sauvages ne sont pas aussi peureuses la nuit que le jour, et les beaux coups se font au clair de lune. En Angleterre, les chasseurs ont l'habitude de faire servir l'oie blessée comme appât pour attirer les autres. On l'attache en un endroit que l'on sait être fréquenté par ces oiseaux, et l'on attend caché dans un trou à bonne distance, qu'une bande d'oies veuillent bien s'en approcher, pour la mitrailler. Avis à ceux qui ont de la patience !

Le meilleur moment pour faire le coup se présentera au crépuscule. Si la bande daigne descendre, elle a soin de se tenir d'abord à distance respectable de l'oie qui sert de piège. Puis un vieux roublard de la troupe, engage une grande conversation avec la prisonnière que l'on a laissé sans manger depuis la veille ou le matin. Mais celle-ci plus préoccupée de faire honneur au festin qu'on lui a préparé, que de donner des éclaircissements aux voyageurs, répond à peine et mange gloutonnement pour apaiser sa faim. Les autres n'en reviennent pas d'étonnement et finissent par se dire, que cela doit être extraordinairement bon et délicat, elles se rapprochent insensiblement et se mettent timidement à manger, à tâter de la bonne aubaine. Mais bientôt elles soupçonnent le truc, sentent l'embuscade et lèvent toutes la tête. C'est le moment que choisit le chasseur, bangg..., et il peut en ramasser quatre ou cinq et plus d'un doublé de son calibre 12.

Pieter, une nuit en punt au clair de lune au Saeftingen en tua sept d'un coup de ma canardière calibre 33 1/2 millimètres chargée de 250 grammes plombs zéro.

Il y va souvent à l'affût et revient rarement bredouille. Ce naturel de Doel, a eu souvent aussi l'occasion d'assister aux conférences et aux conversations des oies sauvages, et il traduit en langue flamande d'une façon fort amusante et pleine de bon sens — tout en conservant l'harmonie initiative — les propos qu'elles tiennent lorsqu'elles soupçonnent l'approche de l'homme, leur éternel ennemi.

Ainsi dès que la sentinelle aperçoit la forme humaine elle avertit la bande à mi-voix en disant :

Er komt ne man aan! er komt ne man aan! (un homme arrive, *bis*). Puis trois ou quatre d'entre elles, s'avancent hors des rangs, la tête haute, et dressées sur leurs pattes ajoutent ensemble, si le renseignement est exact :

Ne stok, ne stok in zijn hand! bis (il porte un bâton en main). Et immédiatement toute la bande s'enlève en

criant à tuetête : *gauw, gauw, gauw !!* (en avant, vite-
filons) et elles s'élèvent, s'élèvent toujours plus haut,
plus haut, pour prendre alors leur vol favori en forme
de V, commandé et approuvé par toute la troupe,
clamant toujours *gauw, gauw, gauw !!!*

Si non e vero, e bene trovato, d'autant plus qu'elles
se souviennent que les Lapons et autres peuplades de
l'extrême Nord leur font la guerre et les assomment à
coups de bâtons à l'époque de leur mue, réduites alors à
l'impuissance par la chute simultanée de toutes les
pennes de leurs ailes, *en une seule nuit,* absolument
comme le mâle du canard sauvage ou col-vert.

Ces onomatopées, dites par Pieter Cammerman avec
la sonorité nasillarde et le timbre exact de la voix des
oies, est la chose la plus drôle, et l'imitation la plus parfaite qu'on puisse entendre du verbiage de ces oiseaux.
J'ajouterai que la coïncidence et la concordance de
signification de ces mots flamands : *Er komt ne man aan!*
inventées par cet homme simple, illettré, qui ne peut
avoir lu nulle part, que ses pareils, les naturels de
l'extrême Nord, s'embusquent avec des bâtons pour
chasser les oies, et qui leur fait précisément dire ce
qu'il suppose qu'elles disent, pour s'avertir de la
présence de l'homme armé, sont fort curieuses et non
moins amusantes...

A Tholen, en Zélande, on capture les oies sauvages au
filet, comme nous prenons les alouettes. On lâche des
oies privées, affamées, au moment où une belle bande de
sauvages se dessine en l'air à l'horizon. Elles courent
droit au milieu de l'espace libre du grand filet où l'on a
mis de quoi les repaître. Les oies sauvages les aperçoivent, la conversation s'engage, elles finissent par descendre et le tendeur, enfoncé dans un trou et la tête
cachée par de la bruyère ou de la tourbe, ferme le filet et
opère la capture.

Les pièges, les nœuds coulants et les autres lacets ne
sont guère recommandables. Les victimes se mettent à

crier et le troupeau d'oies s'envole pour longtemps, sinon pour toujours.

D'autres font des trous coniques dans le sol aux lieux de réfection ordinaires des oies, en forme de pot de fleur et d'une profondeur telle, que l'oiseau ne puisse atteindre du bec le sommet du cône rempli de nourriture alléchante et trop étroit pour qu'il puisse y descendre de plein pied et y loger son corps. L'oie tend donc fortement le cou vers l'appât, pique une tête, tombe dans la cavité en entonnoir et ne peut se dépétrer, les ailes étant serrées à la fois contre le corps et les parois du puits. Elle y demeure plongée la queue en l'air, et il paraît qu'elle se tait tandis que les autres mangent.

On prend les rossignols de cette façon, dans un verre conique enfoncé au ras de terre et contenant des vers de farine comme appât.

Enfin, je n'en finirais pas si je voulais citer ici tous les pièges et traquenards employés par les diverses nations du globe pour s'emparer de ces rusés volatiles.

L'Oie à bec court.

Lat. : ANSER BRACHYRHYNCHUS.

Anglais : THE PINK-FOOTED GOOSE.

Nous signalons cet oiseau, qu'on rencontre parfois sur le Bas-Escaut, comme une variété ou une espèce distincte de l'oie des moissons. Nous n'avons pas personnellement souvenance de l'avoir tuée, mais M. Crocgaert, d'Anvers, dit qu'on en tire tous les ans quelques-unes aux environs de Kieldrecht et de Walsoorden. (*Bul. Mus. Royal d'Hist. nat. de Belgique*, v. p. 150.)

Dubois lui attribue les caractères suivants : Taille plus petite que celle de l'oie des moissons, bec beaucoup plus court, tarses moins longs, pattes roses et non jaunes et les couvertures des ailes plus grises.

Distribution géographique et mœurs à peu près comme la précédente. Commune aux parties orientales des Iles Britanniques (East Yorkhire), où l'on peut les rencontrer par milliers. Rien de particulier pour le chasseur. Elle raffole de grain d'orge.

L'Oie rieuse, ou à front blanc

—

Lat. : ANSER ALBIFRONS

Flamand : DE KOLGANS

Taille : 0^m68.

Cette espèce d'oie, et sa variété plus petite, l'oie de Temminck (*Anser Erythropus*) au bec encore plus court, au front plus blanc et aux couleurs plus foncées surtout vers le bas du dos qui est noir, sont les deux dernières

et les deux plus petites du genre à plumage cendré. L'oie rieuse, est commune à l'Europe, l'Asie et l'Amérique du Nord. Il est probable qu'elle passe d'un pays à l'autre quand ça lui plaît ainsi. La baie d'Hudson est le rendez-vous général de cette espèce. Niche dans toute la zone arctique jusqu'au 76° longitude nord, et opère ses migrations dans nos contrées tempérées jusqu'au nord de la France. Accidentelle en Espagne et Portugal.

Hiverne en grand nombre en Angleterre, en Irlande où on les rencontre par petites troupes de 10 à 20, surtout vers l'extrême N.-O. de l'Irlande.

Le colonel Hawker (ouv. cité) déclare que l'oie rieuse était encore inconnue en 1830 dans le Hampshire, et qu'il n'en vit pas plus de trois depuis (1844). Mais Folkard fait observer que ce fait signifie, que cet oiseau ne visite la côte Sud de l'Angleterre que par les hivers les plus rigoureux, et qu'il l'a rencontré, lui chasseur aussi, chaque année, sur la côte Est de ce pays. M. Booth en vit une centaine en 1856, en un seul jour, à Pevensey-Level (Sussex).

C'est un très bel oiseau qui nous visite presque chaque année sur le Bas-Escaut, vers les bancs d'Ossenissen et ailleurs. Il porte sur un plastron blanc, des bandes noires transversales, disposées comme les brandebourgs de certains costumes militaires, et sa livrée se complète d'un casque blanc. Ces caractères ainsi que la *couleur chair de son bec* serviront à la diagnostiquer d'avec l'oie cendrée, avec laquelle cependant on pourra parfaitement la confondre, si l'on ne tient pas bien compte de tous ces détails et surtout de la grandeur.

Ces oies volent en ligne plus régulière que les bernaches, mais moins régulière que les oies sauvages. Très farouches et très dures à tuer, elles font semblant de tomber pour voir si on les suit, puis reprennent leur vol. Cette espèce d'oie ne s'aventure guère à l'intérieur des terres, elle préfère les estuaires, les marais salins situés près des côtes maritimes. C'est là qu'on pourra le mieux les approcher en punt ou en yacht armé d'une bonne canardière à l'avant. Après avoir pâturé le jour aux marécages, elle vient passer la nuit au fleuve. Son cri est kirrit, et Naumann le rend par kling, kling ou encore klaeng, klaeng. Les tons différents d'une bande de ces oiseaux en train de crier, donne à l'ensemble de leurs clameurs quelqu'analogie avec le rire humain, ce qui leur a valu le nom d'oie rieuse.

Leur chair a plus de valeur et de finesse que celle de l'oie sauvage, mais elle est inférieure à celle des bernaches.

*L'oie de Temminck (*variété *Erythropus)* fut tirée en Belgique en novembre 1856, d'après Dubois, et il en trouva un second sujet au marché de Bruxelles pendant l'hiver 1858.

Un seul exemplaire en Angleterre, a été tué par Alfred Chapman des côtes du Northumbrian, il y a quelques années (H. SCHARP *practical wild fowling)*.

Dans le Field (20 mai 1893) Lord Lilford mentionne l'accouplement pendant deux ou trois ans d'une femelle d'oie rieuse avec un mâle d'oie sauvage ou des moissons, elle eut trois jeunes sur quatre œufs, et un des survivants de cette nichée avait la couleur du bec et des pattes du mâle et le front blanc de la femelle.

Le chasseur peut donc s'attendre à rencontrer des oiseaux hybrides comme celui-ci, et d'autres encore, qui mettront son diagnostic aux prises avec les difficultés de certains croisements.

J'ignore absolument pourquoi l'on a donné à cette variété le nom d'*oie de Temminck*, ornithologiste hollandais qui, dans son manuel d'ornithologie, ou tableau systématique des oiseaux qui se trouvent en Europe, n'en parle même pas, et va jusqu'à déclarer qu'il lui a fallu proscrire le nom d'*Anas Erythropus* donné par Linné et par Latham à l'oie bernache qui a toujours les pieds noirs.

C'est peut être parce qu'il n'en a jamais parlé, et même parce qu'il n'a pas voulu en entendre parler, de cette variété *Erythropus*, que ses collègues, savants en *us*, la lui ont endossée. C'est un chançard de passer ainsi à l'immortalité malgré lui, mais c'est se ficher du monde, de Temminck et de ses œuvres, que de donner son nom à un oiseau qu'il n'a jamais ni d'écrit, ni vu, ni connu. C'est un peu l'histoire des décorations!!

La Bernache Cravan

—

Lat. : BRANTA BRENTA

Flamand : DE ROTGANS

Tailes : 0^m5o, *ailes* 0^m33.

Signalement : oiseau noir-grisatre à queue blanche, et qui porte une cravate formée par deux tâches blanches au haut du cou, ce qui lui a valu le nom d'*oie à collier* ou *cravan*. L'adulte porte le collier complet à trois ans.

Niche dans la zone polaire, surtout au Spitzberg, à la Nouvelle Zemble et à la baie d'Hudson, puis vient passer l'hiver sur les côtes de la Baltique et de la Mer du Nord jusqu'en France. Elle est très commune aux Iles Britanniques et en Hollande, elle l'est moins en Belgique et sur l'Escaut ou elle se montre cependant de temps en temps en grande bande ou isolée. C'est la plus petite et la plus timide de toutes les oies, c'est aussi celle dont la chair est la plus délicate, quoique ce soit un oiseau essentiellement marin.

En effet l'oie cravan ne recherche jamais les pâturages d'eau douce, ne s'éloigne pas à l'intérieur des terres et ne s'abat jamais sur les rivières. Ses goûts sont absolument salins, elle aime les marais salins visités par la marée, et elle choisit de préférence les endroits vaseux herbacés des fleuves, des lacs, des estuaires ou elle s'empresse d'arriver dès que le jusant a laissé à nu, la place choisie pour se repaître. Sa nourriture se compose surtout de zostères, algues, annélides, graines, etc. Ses lieux de réfection sont ordinairement des endroits bien ouverts, un point culminant sans baie, ni crique à surprise, d'où la sentinelle pourra facilement surveiller les abords, et si rien ne vient troubler le festin, elle restera à table jusqu'au moment du flux. Elle s'envole alors, vers le soir, en pleine mer, ou sur les côtes où elle passe la nuit, à moins que la tempête ne la force à chercher un refuge vers les bras de mer ou les eaux à hauts fonds.

Le côté de l'île de Saeftingen qui touche au Noord-Schaar est une place admirablement choisie par ces petites rusées.

Très sociables entres elles, elles ne se mèlent guère aux bernaches nonnettes, qui ont cependant les mêmes habitudes et fréquentent les mêmes plages et places. Elles font bandes à part, et leurs cohortes se composent parfois de milliers d'individus.

C'est un oiseau très bien doué, qui par ses qualités de marcheur, de plongeur et de nageur, autant que par l'élégance de ses formes, l'acuité de ses sens, se place entre le canard et l'oie proprement dite

Les cravans au vol, ont encore le bruyant bruissement d'ailes des canards, et leurs cris dans les airs, ressemblent aux aboiements d'une meute de chiens lancés en chasse. En grand nombre, elles dédaignent le vol

linéaire ou angulaire, parce qu'elles rament avec beaucoup d'aisance et bien mieux que les oies sauvages, mais
par forte brise et en petite troupe, elles marchent en
ligne de bataille ou en angle.

Nous avons dit que l'oie cravan avait la réputation
parfaitement méritée d'être non seulement un fin gibier,
mais un oiseau farouche, rusé et très difficile à approcher. Ce sont ces deux qualités qui lui ont valu chez nos
voisins d'Outre-Manche, l'honneur d'être traquée avec
acharnement en yacht et en punt durant des journées
entières. Les côtes britanniques, surtout les côtes de
l'Est, du S.-E , et parfois la côte Nord d'Essex, en sont
littéralement couvertes pendant les hivers rigoureux.
Mais cette chasse n'est guère couronnée de succès, qu'à
la veille, ou à la suite d'une tempête.

En autre temps, le puntsman perdra sa poudre et son
temps à vouloir les joindre à portée, sauf peut-être un
oiseau égaré, ou blessé. Entre autres qualités, la cravan
possède au plus haut degré, celle de pressentir le mauvais temps, et chose cruelle à constater, cette faculté
qui devrait lui être profitable tourne au contraire à son
détriment, voici pourquoi et comment :

A la veille d'une tempête, on les aperçoit au large,
immobiles, au repos, la tête sous l'aile, comme si leur
expérience leur avait démontré, qu'elles doivent se
préparer, par un sommeil réparateur, à supporter les
fatigues et la lutte contre les éléments qui vont se
déchaîner. Il est rare qu'elles se trompent, leur appareil
météorologique n'est jamais en défaut, et leur pronostic
est certain. Et c'est, dans ces circonstances surtout, que
le chasseur aura l'occasion de surprendre toute la bande
et de faire un grand coup. Ou bien encore, si le mauvais
temps a perduré plusieurs jours, elles se sentent alors
tenaillées par la faim, n'ont pas le courage et la force de
s'envoler, et se laissent approcher, soit pendant qu'elles
se repaissent, soit immédiatement après le repas, alour-
dies alors par le sommeil et la béatitude de la digestion.

Mais en thèse générale, le meilleur moment de l'approche en punt, est, sans contre-dit, lorsqu'elles sont en train de *bâfrer* au marais au moment du jusant, ou vers le crépuscule.

J'emploie à dessein le mot *bâfrer* pour indiquer combien elles mangent alors goulûment et gloutonnement, sans doute préfèrent-elles se confier la nuit aux flots capricieux de la mer, avec un estomac bien chargé. Les Anglais ont trouvé que le mot « guzzle » (bafre) représentait très-bien le bruit euphonique de leurs becs, lorsqu'elles se mettent ainsi à dévorer, et le puntsman qui s'approche en silence des affamées, entend ce « guzzle, guzzle » de fort loin et s'en réjouit autant et plus que les oies même, parce qu'il sait que bon nombre d'entre elles passeront de la table au tombeau. Ça s'appelle faire le coup de la bâfrée !

Une excellente méthode encore d'atteindre ces oiseaux, c'est de les pourchasser en yacht armé d'une bonne canardière à l'avant. Il faut les tirer avec du plomb n° o, ou double zéro, parce qu'elles ont la plume épaisse et la vie dure.

Blessée, la cravan plonge parfaitement bien, et se dérobe longtemps aux coups des chasseurs. Elle fuit à contre-marée, et vers les lames les plus fortes pour mieux se dérober et fatiguer le chasseur. Par forte brise et forte marée, c'est inutile d'essayer de les joindre, elles sont agitées, plus dispersées au large, et le roulis et le tangage du bateau rendent le tir fort problématique pour ne pas dire plus.

On rencontrera parfois sur l'Escaut une seule de ces oies cravans, qui paraît alors égarée ou plutôt blessée, car généralement elle se laisse approcher par le yacht.

Je me suis déjà demandé quels pourraient bien être les motifs de cet isolement, ou de cet abandon ? Il est bien certain, n'est-ce pas, que ce n'est point, parce que cet oiseau est isolé, qu'il a perdu tous ses moyens de défense, au point de se laisser ainsi servir de point de mire aux plombs du chasseur?

La bande aurait-elle dit racca? C'est ce que prétendent les vieux puntsmen, qui ont vu, pendant qu'ils attendaient le moment de l'approche, couchés dans leur punt au milieu des roseaux, ces oiseaux chasser de leur société, leurs compagnons porteurs de blessures. Le pauvre estropié, aurait-il été chassé des rangs de l'armée, soit parce que son impuissance ou l'odeur de sa plaie seraient une cause d'attirance pour les oiseaux de proie, les faucons par exemple ou les goëlands qui sont leurs ennemis les plus redoutables, soit parce qu'il ne peut plus suivre la troupe dans ses pérégrinations diurnes et nocturnes, entravant ainsi les moyens de ravitaillement et de sécurité des autres? A moins qu'il n'ait été banni par jugement longuement motivé pour cause d'indignité ou de félonie. Les paris sont ouverts sur cette grave question !...

Elles ont aussi la sentinelle qui avertit la bande par un petit grognement significatif, elles s'envolent avec fracas et éclatent en bruit de trompette strident dans les airs. Adieu alors pour toute la journée, elles gagnent la mer, et ne reviennent plus jamais dans ces parages là sans manifester une grande frayeur, et sans prendre les précautions les plus minutieuses à leur sécurité. On pourrait peut-être essayer alors de les prendre entre deux feux, c'est-à-dire de les contourner à deux punts, pour donner à l'un la chance de tirer au vol dans la grande bande.

Comme on le voit si l'hiver est doux, l'approche de ces oiseaux en punt est fort problématique, et il faut réellement les circonstances de la tempête ou de la faim pour réussir les beaux coups.

Ainsi encore, après de fortes gelées, au moment du dégel, il faudra savoir profiter de leur jeûne forcé pour semer la mitraille dans leurs rangs épais. Dans ces moments critiques, leur sauvagerie naturelle semble

avoir disparu, elles deviennent familières et beaucoup
d'entre elles se laissent même crever de faim. Si on les
chasse en punt, il faut tâcher de tirer au cul-levé en
travers, au moment où elles piquent dans le vent.

Le tir ainsi, sera beaucoup plus meutrier qu'au rassis.
Ayez soin de les achever avec du plomb n° 4 ou 3 jusqu'à
extinction, sinon elles vous échapperont, et cet oiseau
blessé sera bientôt en butte aux attaques impétueuses
des goëlands. Lorsque le manteau-noir aperçoit une oie
blessée, il fond dessus comme un éclair, par vent arrière,
et s'il ne la tue pas de ce premier choc terrible, il l'a met
dans un tel piteux état qu'elle devient ensuite une proie
facile pour lui.

En somme, la véritable grande chasse aux bernaches,
se pratique en mer avec steam-yachts ou yachts à
voile d'une vingtaine de tonnes, gréés en yawl ou en
côtre, d'un faible tirant d'eau de 5 à 7 pieds, et portant
canardière de fort calibre à l'avant (voir au chapitre
chasse en yacht). Et l'on en revient souvent bredouille,
voilà notre avis.

Nous avons parlé, à l'article macreuse, de l'origine
stupéfiante que les anciens auteurs attribuaient à cet
oiseau, ainsi qu'aux bernaches; de nos jours encore, il
ne manque pas de populations riveraines des côtes, et de
marins, qui croient à cette fable.

La Bernache Nonnette.

—

Lat. : BRANTA LEUCOPSIS.

Flamand : DE BRANGANS.

Taille : 0^m66; *ailes* : 0^m44.

Facile à reconnaître à ses joues blanches, ainsi qu'à sa poitrine et son abdomen également blancs, tandis que les parties supérieures sont noires et blanches.

Encore une espèce polaire, qui fréquente les mêmes latitudes et contrées en été et en hiver que la cracan. Toutes deux quittent le Nord en septembre pour y retourner en avril, mais sans jamais se mêler ensemble au moment des repas. Chaque espèce se retire à ses gagnages favoris. Celle-ci se nourrit surtout de plantes grasses qui abondent dans les marais à marée, et les vases sablonneuses; elle mange aussi des graines diverses, larves aquatiques, vers, etc. Mêmes mœurs et habitudes que l'oie cracan; passe sa journée aux bancs de sable ou aux marais herbacés, et la nuit en mer. On la rencontre très rarement à l'intérieur des terres, à moins qu'elle ne s'y laisse entraîner par d'autres oies sauvages.

Pas commune du tout sur l'Escaut, surtout en grande bande, le plus souvent nous avons à faire à de petites bandes ou à des sujets isolés. Voyage en plein jour, et lance de temps en temps un cri rauque ressemblant à celui du corbeau : « Kâa-kae-kâa »,

Délicieux rôti, dont je n'ai jamais mangé jusqu'ici, mais je compte bien me rattraper et m'en payer une tranche à la première belle occasion.

Pour en finir avec les oies et pour allécher le jeune chasseur, je rapporterai quelques coups fameux cités par Payne-Gallway et qui ont été exécutés par des chasseurs d'Outre-Manche : M. Grimes, chasseur à Limerick, en janvier 1886, tua d'un coup de canardière quarante-trois oies sauvages. Le canon était chargé de 2 1/2 livres de plomb n° o et d'une 1/2 livre de poudre.

M. Graves, fort chasseur, tua en 1855, à Traled-Bay, quarante oies bernaches avec une canardière de 12 pieds, du poids de 300 livres, 3/4 livre de poudre et 3 3/4 livres de plomb; ce canon éclata, brisant les parois du punt et faillit noyer le chasseur. C'est la plus forte canardière double connue jusqu'alors. Elle était vraiment trop forte et trop dangereuse, en effet.

Sir Fréderic Hughes de Wesefort a tué quarante-sept oies bernaches, la nuit, en novembre 1881, avec une canardière qui chargeait un kilo de plomb. Ce coup est connu aux îles Britanniques de tous les puntsmen, on l'appelle « *the great schot* » le grand coup! Henri Saeys d'Anvers tua 18 grandes oies sauvages d'un coup de canardière au Bas-Escaut.

Ces coups fameux n'arrivent qu'une fois dans la vie d'un chasseur, et il faut un tas de circonstances exceptionnelles pour les réussir. Les beaux coups ordinaires sont de dix à douze, et la moitié est encore une fort belle chasse. Je souhaite à tout chasseur de mon pays de battre le record du « great schot » des îles Britanniques !

Cygnes.

—

Les cygnes, en zoologie, ont pour caractères distinctifs la blancheur immaculée de leur plumage, un cou très long, les lorumes nus, le corps pesant et les tarses courts.

Ils nichent dans les contrées du nord de l'Europe et de l'Asie, et émigrent dans la zone tempérée par les forts hivers jusqu'au nord de l'Afrique. D'autres nichent au nord et au sud de l'Amérique et en Australie, ces derniers sont noirs et se domestiquent aisément.

Surnommés les monarques des eaux, pour bien indiquer que la plaine liquide est leur véritable empire. Autant leur marche est lourde et gauche, autant leur nage avec leurs ailes au vent, leur col en S, est empreinte d'un suprême cachet d'élégance, surtout chez le cygne domestique.

Nous ne pouvons résister au plaisir de transcrire ici, tout au long, le morceau superbe que la plume autorisée de l'analogiste Toussenel a consacré au cygne des jardins. Ces pages, pleines de gaieté, d'ironie, de vérités et d'érudition ont toujours été pour nous un véritable régal artistique que nous voulons faire savourer à ceux qui liront ce chapitre.

Nous considérons cette reproduction d'un article des œuvres du grand maître ornithologiste qu'était Toussenel, comme un témoignage de notre admiration profonde pour son immense labeur et son génie fécond.

« Le cygne est la plus magnifique expression de la Rémipédie; la navigation mixte, c'est-à-dire à hélice et à voile, n'a pas de plus parfait modèle. Le col de l'oiseau de Léda, qui sert d'ornement obligé à tant de fontaines publiques, a été consacré par l'usage comme un type souverain de grâce. L'élévation morale du cygne est au niveau de sa blancheur immaculée et de son élégance suprême.

L'histoire des bêtes mentionnera un jour, à la honte de ce temps, qu'en plein xixe siècle, le Français civilisé n'avait à son service, dans tout l'ordre des oiseaux, que le cygne ; et, bien mieux, que cet *auxiliaire* unique servait l'homme, sans que celui-ci s'en doutât. On ne voudrait pas ajouter foi à cette affirmation, si je n'avais pour la corroborer, hélas ! une preuve irréfragable.

Le *dictionnaire d'Histoire naturelle*, ouvrage récemment imprimé, a osé faire un crime à Buffon et à une foule d'autres poètes de l'antiquité et de l'âge moderne de leur admiration pour le cygne, *animal*, a-t-il dit, *propre à faire l'ornement de nos pièces d'eau, mais à qui l'on ne peut rien demander au delà.*

J'avoue volontiers que les anciens ont été un peu loin dans leur engouement pour le cygne qui ne chante pas, en lui prêtant une voix mélodieuse pour chanter sa chanson de mort, préjugé que Martial a délicieusement traduit dans ce distique :

> Molia defecta modulatur carmina lingua
> Cantator cycnus funeris ipse sui.

Et puisque la prémisse est fausse, je conviens que la conséquence l'est aussi à l'endroit de Virgile et de Fénelon, que leurs contemporains ont décorés tous deux de l'épithète de cygne, en raison de la douceur et de la suavité de leurs chants.

Mais j'aimerais mieux, pour la tranquilité de ma conscience, avoir péché par adulation et par prodigalité envers le cygne, comme les Grecs, que péché par injustice et par parcimonie comme les auteurs de l'ouvrage ci-dessus.

Car la phrase précitée, qui a le tort de blâmer chez Buffon et ses complices une faiblesse charmante, renferme un déni de justice à l'égard du cygne.

Il est dit que le cygne n'est propre qu'à faire l'ornement de nos pièces d'eau, ce qui est inexact. Le cygne
est un oiseau intelligent et qui s'entend admirablement,
au contraire, à marier l'agréable à l'utile. Il ne serait
propre qu'à embellir les jardins publics, que je lui voue-
rais déjà et rien qu'à ce seul titre une très-haute-estime;
mais il vaut mieux que cela. Il a des droits sacrés à la
reconnaissance des hommes. Le cygne a été chargé par
Dieu de détruire tous les foyers d'infection contagieuse
provenant de la putréfaction des herbes aquatiques.

Le cygne est le guérisseur-né de la fièvre des marécages : son rêve est de la détruire. Il sait que cette
épouvantable peste, qui est absolument la même que la
fièvre jaune et celle de nos marais d'Algérie et de France
a pour cause la putréfaction des herbes qui embarrassent le cours de nos pièces d'eau, de nos rigoles
d'irrigation, des fossés de nos citadelles, etc.; il n'a
d'autre occupation et d'autre souci que d'extirper ces
herbes vénéneuses.

Placez des cygnes en quantité suffisante dans toutes
les eaux dormantes où croupissent des plantes aquatiques, au bout de quelques mois ils auront nettoyé la
place et transformé en limpides miroirs les ondes les
plus fétides, les plus troubles, les plus obstruées de
végétaux fébrifères.

Le grand bassin des Tuileries et celui du Luxembourg
sont tous deux habités par un couple de cygnes, et jamais
la lentille d'eau n'a eu le temps d'étendre son manteau de
pustules verdâtres sur leurs ondes immobiles. Mais au
jardin du Palais-Royal, où la pièce d'eau est beaucoup
plus petite, où sa surface est constamment agitée par
l'action de la grande gerbe, agitation qui devrait s'op-
poser puissamment à la formation de la croûte herbacée,
la végétation aquatique a cependant réussi à s'implanter
et à déshonorer le bassin.

Une bête qui veut tuer la fièvre jaune et prévenir les
exhalaisons pestilentielles de tous les marais du globe;

une bête qui métamorphose à vue d'œil les vases infectes en eau potable, est donc ce que ces infortunés savants appellent une bête inutile et propre tout au plus à charmer les regards dans une promenade publique. J'en suis peiné pour Messieurs les auteurs du *Dictionnaire d'Histoire naturelle*, mais l'erreur des poètes de l'antiquité est plus respectable que la leur, et j'approuve Buffon de ses sympathies rationnelles pour l'oiseau de Léda.

Il y aurait cependant un moyen bien simple d'éviter toute erreur en histoire naturelle ; mais j'ai beau en indiquer le secret à tout le monde et gratis, personne ne veut l'employer.

Ce moyen consisterait à s'abstenir de tout propos sur le compte d'une bête avant d'avoir découvert pour quelle cause Dieu a pu créer cette bête et lui assigner tels ou tels attributs... ; car chaque animal est un sphinx qui présente à deviner son énigme, et le vrai savant est l'Œdipe qui déchiffre le mieux ces rébus. Mais les esprits superficiels estiment qu'il est plus commode de se moquer des débrouilleurs d'énigmes que de s'échauffer la cervelle à en chercher le mot avec eux, et on les voit jeter leur langue aux chiens dès le premier insuccès.

Le zoologiste officiel a le tort de singer l'économiste politique, qui veut bien rendre compte de la manière dont se produisent les richesses, mais qui n'ose pas dire pourquoi elles se répartissent quelquefois si inéquitablement. Le zoologiste officiel veut bien convenir que la queue de la Cigogne est décorée de trente pennes, tandis que celle de l'Aigle et celle du Faucon n'en ont que douze, et que celle du Pivert n'en a que dix ; mais il n'aime pas qu'on le pousse plus loin et qu'on l'interroge sur les causes de cette *inéquité* de répartition. C'est un fait, répond-il, et l'unique office de la science est de constater les faits.

C'est un fait aussi que le Cygne a vingt-trois vertèbres au cou, c'est-à-dire beaucoup plus de vertèbres qu'aucune autre bête à plume. Mais cette explication ne me suffit pas ; je demande le pourquoi de ce chiffre exorbitant. Si

27

Messieurs les auteurs du *Dictionnaire d'Histoire naturelle* avaient eu l'excellente idée de s'adresser à eux-
mêmes la question que je me pose, au lieu de s'en tenir
servilement à constater le fait, il est probable qu'ils
eussent mis d'emblée la main sur la clef du rébus du
Cygne et qu'ils se fussent, par conséquent, épargné le
désagrément du petit rappel à la vérité que j'ai été obligé
de leur infliger en passant.

Le Cygne des jardins, celui dont j'écris l'histoire, est
un magnifique oiseau blanc, qui n'a de noir dans tout son
costume que les yeux et les pieds et les entournures du
bec. Son corps pèse vingt-cinq livres ; ses ailes ont une
envergure de plus de deux mètres ; elles sont concaves
comme celles de la Cigogne et semblent se gonfler
comme des voiles de navire sous le souffle du vent. Son
long col onduleux s'arrondit en une courbe serpentine
plus souple, plus caressante encore que celle de l'enco-
lure de l'étalon arabe. Son bec, taillé dans d'heureuses
proportions, réunit toutes les conditions de l'élégance,
de la dextérité, de la force. Les mandibules sont armées

de scies tranchantes, la supérieure se termine par un onglet corné de solide consistance.

Il y a des cygnes noirs d'Australie et des cygnes d'Islande à bec jaune, car Dieu avait primitivement répandu l'espèce sur tous les points du globe pour qu'il n'y eût point de jaloux. Il fut même un temps où les eaux de la Seine, au-dessous de Paris, étaient couvertes d'une si grande quantité de cygnes qu'une île de ces parages en avait pris son nom. Aujourd'hui encore, presque tous les fossés de nos citadelles du Nord sont gardés par des cygnes ; on y voit aussi des canons et des soldats de ligne ; mais j'aimerais mieux des cygnes tout seuls, les cygnes étant les meilleurs gardiens de forteresses et de propriétés que je connaisse. J'ai toujours été tenté de leur attribuer le salut du Capitole.

Le cygne ne vit pas de poisson, à proprement parler, et ne plonge pas comme le canard, ce qui aurait dû naturellement induire les savants à penser que ce long col, armé d'un bec tranchant, ne devait avoir été donné au cygne que comme instrument d'extirpation à l'usage des bulbes et des racines des végétaux sous-marins. Et une fois en possession de cette donnée lumineuse, qui confère à l'oiseau les hautes fonctions de préservateur d'infection, de destructeur de grenouillières et de sauvegarde des narines, lesdits savants se fussent abstenus forcément de cette affirmation téméraire que le cygne n'est bon que pour le plaisir des yeux.

Tout concourt à l'effet de beauté dans ce moule d'élite, et le cygne, qui a conscience de sa mission hygiénique et ornementale, ajoute à la nature autant qu'il peut par l'art. C'est le plus coquet de tous les volatiles, y compris le paon et l'oiseau-mouche. Il passe encore plus de temps à sa toilette que la chatte ; il se mire sans cesse dans le cristal des ondes comme le beau Narcisse. Si j'avais intérêt à calomnier le cygne, je ne dirais pas qu'il n'est bon qu'à décorer les jardins publics, mais bien qu'il

n'aime les eaux limpides que comme des miroirs qui
réflètent son image.

Le cygne est plus glorieux de sa race que le cheval de
sang. Il arriva une fois qu'une jeune femelle de cygne,
en proie à la tristesse et à la solitude, écouta trop facilement les propos de son cœur qui la priait d'amour en
faveur d'un jeune jars (le jars est le mâle de l'oie ; l'oie
est au cygne ce que l'âne est au cheval). Or, cette conversation criminelle ayant eu des suites, la grande dame
refusa de reconnaître ses bâtards, et même s'oublia jusqu'à les traiter d'*espèces*.

Il ne manquera pas de gens pour penser mal du cygne,
d'après ce premier aperçu, et pour l'accuser de tendances aristocratiques . C'est à tort , croyez-m'en ;
l'amour du luxe et de la distinction et le respect exagéré
de soi-même ne sont pas des tendances blâmables, mais
bien des manifestations d'un titre caractériel supérieur.
Je vais plus loin : je dis que la réunion de ces qualités
ou plutôt de ces défauts, qui valent plus que des qualités,
est ce qui constitue le bon goût, l'atticisme, ce qui a fait
dans l'antiquité la gloire du peuple athénien, et dans
l'âge moderne celle du peuple français. Au compte des
détracteurs du cygne, en effet, tous les ouvriers et tous
les écrivains distingués de la France mériteraient également d'être traités d'aristocrates, car leurs produits se
distinguent des produits similaires de l'étranger par un
cachet spécial de distinction et d'élégance, qui n'est pas
autre chose que la marque de fabrique de bon goût.

Au même titre, les jolies femmes de Paris seraient des
aristocrates et des raffinées pour toutes les autres jolies
femmes d'ailleurs, parce qu'elles donnent le ton à la
mode et qu'elles ont au plus haut degré l'*atticisme* de la
parure. Il n'y a pas jusqu'aux vins de France à qui l'on
ne pourrait adresser ce reproche banal de tendances
aristocratiques, à raison de la finesse du bouquet qu'ils
exhalent. Mais j'ai hâte de le répéter, à la justification
du Cygne et des produits les plus enchanteurs de ma

belle patrie, ces prétendues tendances aristocratiques ne sont que des aspirations légitimes vers l'idéal de richesse, de beauté, d'harmonie après lequel nous soupirons tous...; et la supériorité des hommes et des bêtes se mesure précisément au degré de tension d'un chacun vers cet idéal radieux.

Admettons que l'amour exagéré de soi-même et le besoin de voir se refléter dans les eaux la blancheur immaculée de sa robe, soient les deux seuls mobiles du Cygne en ses travaux d'assainissement et d'hygiène publique, n'en voilà pas moins par le fait un péché capital (l'orgueil), qui contribue plus efficacement que toutes les vertus du monde au triomphe des *saines* doctrines. Et que m'importe à moi sceptique, à moi indifférent, l'essence du mobile intéressé qui pousse le Cygne à la démolition des herbes vénéneuses et des reptiles croassants ! L'air n'est plus empoisonné de miasmes fétides, la grenouille ne trouble plus le repos de mes nuits... Voilà tout ce que je sais, et j'en sais assez pour avoir le droit de m'écrier : Gloire au Cygne, qui m'a fait cet air pur et ces nuits silencieuses !

Mais si je ne suis pas sceptique, si je suis analogiste, si je suis convaincu que chaque moule de bête est chargé de symboliser un caractère humain, comme la scène va s'agrandir aux regards de mon intellect ! Ainsi le Cygne ne sera plus un simple palmipède qui préfère les eaux limpides par l'effet du hasard, comme un autre palmipède, le Canard, préfère les eaux troubles. Le Cygne va se métamorphoser en Edile des eaux et emporter mon imagination sur ses ailes à travers les nappes fantastiques des cascades irisées et les paraboles sans fin des gerbes phosphorescentes et les mille accidents des bassins de Neptune, qui sont nos féeries d'aujourd'hui, qui ne seront bientôt plus que les décorations vulgaires des plus humbles cités, quand le génie scientifique aura définitivement racheté l'homme de sa misère originelle et transformé le travail en plaisir.

Le Cygne, j'ai dit son nom, c'est l'Edile des eaux qui cumule la fonction de Directeur du génie hydraulique avec celle de Conservateur de la salubrité générale. Ce double office, qui ressort de la Grande Maîtrise des plaisirs publics, n'existant pas encore, les savants sont, pour ainsi dire, excusables de n'avoir pas compris la destinée du Cygne et le mobile de ses attractions. Les anciens cependant l'avaient presque deviné, lorsqu'ils avaient consacré cet oiseau à Apollon, le dieu des beaux-arts, et à Vénus, déesse de la beauté, c'est-à-dire aux deux plus charmantes personnalités de l'Olympe.

La Grèce a chanté le Cygne comme elle a chanté le Rossignol, la Colombe, l'Hirondelle et toutes les créations gracieuses. Elle aimait à peupler de ces blancs palmipèdes toutes les eaux de ses fleuves, notamment celles de l'Eurotas, baignoir favori de Léda. Parce que Léda fut mère de la belle Hélène *au col de Cygne*, la poésie imagina que Jupiter s'était métamorphosé en Cygne pour séduire la jolie baigneuse. Je préfère, quoi qu'on en dise, comme moyen de séduction, cette forme élégante à la forme hideuse du Serpent. Je ne connais pas de plus terrible calomniateur de la femme et des espèces animales innocentes que ce farouche rédacteur de la Genèse, qui fit séduire notre première mère par un affreux boa, et qui prohiba la chair du Cygne comme impure, ni plus ni moins que celle du Griffon et de l'Ixion, deux espèces volatiles qui me sont aussi étrangères que l'Onocrotale et le Nictycorax.

Le cygne, heureusement, a trouvé dans toutes les littératures des écrivains consciencieux qui l'ont vengé des calomnies de la Bible et des injustices du *Dictionnaire d'Histoire naturelle*. Ces écrivains ont posé le cygne comme le modèle des amants, des époux et des pères, et la blancheur sans tache de sa robe a été considérée par eux comme l'emblème de la pureté de ses mœurs. L'Église catholique et l'Église protestante elle-même ont fait de prodigieux efforts d'intelligence et forcé l'analogie pour associer le cygne à leurs intérêts religieux. Je ne sais pas pourquoi le clergé des deux Églises, qui est généralement vêtu de noir, couleur de l'égoïsme, a cru retrouver son image dans un oiseau vêtu de blanc, couleur de l'unitéisme.

Les uns ont dit que les larges pieds palmés du cygne figuraient admirablement la base inébranlable sur laquelle la foi catholique est assise.

Comme on croyait alors que le cygne avait recours au régime de l'ortie pour refroidir les ardeurs de son tempérament, les prêtres célibataires prétendirent aussi que l'oiseau leur avait volé cette pratique. Le cygne combat avec ses ailes; les deux ailes de l'Église, disent les Pères de la foi, sont le verbe et la prière, avec le secours desquels l'homme pieux vient à bout des plus dangereux ennemis.

En l'an d'iniquité 1415, quand les évêques du concile de Constance firent brûler Jean Huss au mépris de la foi jurée, la victime, montant au bûcher, fit entendre à ses bourreaux cette parole prophétique : « L'innocent que vous allez mettre à mort n'est que l'*Oie* de la Réforme, mais dans cent ans d'ici viendra le *Cygne* qui tuera l'imposture et vous fera expier tous vos crimes. » Cent ans après le martyre de Jean Huss vint, en effet, Luther, qui fit beaucoup de mal à l'Église catholique.

Ces témoignages de considération et d'estime accordés au Cygne de toutes parts disent l'immense intérêt qui plana de tout temps sur ce majestueux palmipède, le plus noble des oiseaux d'eau. J'ai passé souvent de longues heures à contempler le cygne en ses fonctions de père de famille, courant sous toutes ses voiles à l'avant du convoi de sa couvée joueuse, les ailes amoureusement tendues au souffle du zéphyr, traçant le sillage sur la surface du lac et inspectant l'espace, le front haut, l'œil ardent et la menace au bec..., pendant que la mère surveillait l'arrière-garde dans une attitude non moins fière, et que les petits folâtraient entre eux deux avec toute l'insouciance et la gaieté naturelles à leur âge. O mon Dieu, que je vous remercie de m'avoir accordé tant de grâces et d'avoir attaché pour mes regards tant de charme à ces spectacles que vous donnez gratis! Que je vous remercie de m'avoir fait dans ma pauvreté tant de jouissances interdites aux heureux!

Le cygne, qui glisse sur l'onde sans que l'œil aperçoive le travail de ses rames, est l'image parfaite du navire à hélice, une des plus magnifiques conceptions de la haute industrie. La science nautique, qui a déjà fait adapter au vaisseau le système de voilure du cygne, n'aura dit son dernier mot que lorsqu'elle aura trouvé pour le jeu de sa machine une palette qui se replie en faisceau comme les palmes du cygne, pour se reporter en avant et prendre un nouveau point d'appui en se développant. Dieu a toujours soin de tenir à la portée de l'homme le modèle des procédés merveilleux qu'il veut que celui-ci découvre pour entrer dans la voie des destinées heureuses.

Le cygne est considéré à juste titre comme le modèle des pères; mais sa fidélité est moins longue que sa vie, c'est-à-dire que l'union du mâle et de la femelle ne dure quelquefois qu'une saison d'amour. Peut-être ces amours, pour être moins durables, n'en sont-elles que plus vives. On n'imagine pas plus de délicatesse, de gracieuse courtoisie, d'ardeur, que le mâle n'en met dans les soins empressées dont il entoure sa femelle. C'est de la galanterie raffinée et de la passion vraie, chauffée à des degrés de pyromètre impossibles. L'homme n'a jamais aimé à cette puissance-là. Et comme, chez les bêtes, l'affection des pères pour leurs enfants est toujours proportionnelle à l'amour qui a engendré ceux-ci, la tendresse paternelle et maternelle du cygne a droit d'être citée comme l'idéal du genre. Le père et la mère portent leurs petits sur leur dos dans leur première enfance et leur ménagent un abri sûr et chaud sous le dôme élégant de leurs ailes. Ils ne calculent jamais ni le nombre ni la force des ennemis qui menacent la sécurité de leur jeune famille, et se ruent sur eux avec rage. Le cygne attaque avec une égale fureur l'homme, le chien, le cheval; il attend l'aigle de pied ferme, le bec en arrêt et tendu comme un ressort, et le frappant d'estoc et de taille à la fois, il l'étourdit promptement et finit par le chasser honteusement de ses eaux. Il ne cache son nid à personne, étant là pour le défendre, et le renard rusé, si affamé de la chair des jeunes volatiles, n'ose pas même approcher de sa progéniture.

Malheureusement, son humeur changeante en amour l'expose à de sanglants tournois pour la possession des femelles. Un combat de cygnes est presque toujours un duel à mort, et le différend ne se vide pas en un jour, car ces animaux ont la vie dure, et la force et la rage ne leur suffissent pas pour se tuer. Il faut de plus, pour cela, une haute dose d'adresse, et d'adresse de lutteur. Le coup de merci consiste à enrouler le col de son adversaire dans l'étau de ses vertèbres et à le tenir ployé et enfoncé sous l'eau jusqu'à ce que la victime expire d'asphyxie. *J'embrasse mon rival, mais c'est pour l'étouffer*, disent les cygnes, parodiant sans s'en douter le fameux vers de Néron.

Si ces drames échevelés ensanglantent rarement les eaux de nos bassins, c'est que le cygne domestique mâle est presque toujours condamné à la fidélité conjugale par la rareté des femelles, et qu'il se résigne à être sage par impossibilité de pécher. Mais dans les eaux du Nord, dans les lacs de l'Islande et de la Laponie, où vivent en liberté un grand nombre de cygnes sauvages, ces oiseaux se livrent avec fureur à la manie sanguinaire du duel, qui lève chaque printemps, sur l'espèce, son tribut de victimes. La sagesse apparente du cygne domestique est cause qu'on l'a considéré autrefois comme un parangon de fidélité, et qu'on l'a attelé à ce titre au char de la déesse d'amour; mais cette gloire était usurpée. Ajouterai-je que la violence des passions jalouses du cygne atteint au diapason des fureurs médéennes et le pousse à l'infanticide, en lui faisant voir un rival dans chacun

de ses fils? Le père dans cette famille, renie sa progéniture masculine et la tue quelquefois, quand elle a revêtu
la robe blanche de l'adulte.

Il était bien difficile de ne pas prêter à qui était si
riche. C'est pour cela que les Grecs, qui étaient fort
généreux de leur nature, voulurent à toute force douer
le cygne d'une voix mélancolique et tendre, plus suave
et plus flûtée que celle du rossignol. Le mensonge des
Grecs était excusable, comme provenant de leur amour
pour la perfection et l'idéal. En vue de l'atténuer, ils
publièrent que la voix mélodieuse dont ils avaient fait
don au cygne ne s'entendait qu'une seule fois dans la
vie de l'oiseau, à l'heure qui précédait sa mort. Le mensonge a réussi, parce qu'il était joli comme tout ce qu'a
menti la Grèce. Les poëtes lui ont donné force de vérité
par leurs vers, et le chant du cygne a reçu droit éternel
de cité dans la langue des peuples, tant la fable a d'at-
traits pour les faibles mortels.

Je ne vois plus la nécessité de dissimuler la vérité,
aujourd'hui que nous avons le bénéfice du mensonge. Le
Cygne n'a pas une voix plus harmonieuse que celle du
Rossignol; il craquette comme la Cigogne et cancane,
comme l'Oie, sa plus proche parente, et l'heure où il fait
le plus de bruit n'est pas celle qui précède sa mort, mais
bien celle qui suit l'éclosion de ses petits. Du reste, les
anciens eux-mêmes avaient déjà réfuté victorieusement
la fable (1).

Pythagore, qui était géomètre, avait naturellement
admis la version du chant de mort; même il avait fait
mieux. Il avait prouvé que la douceur de ce chant
funèbre était due à la grandeur du circuit que l'âme de
l'oiseau était obligée de faire pour s'échapper de son
corps à travers son long col. Mais Pline avait combattu
avec succès l'opinion du géomètre; et l'explication
ingénieuse relative à l'influence de la dimension de la

---

(1) L'auteur se trompe, le chant du cygne est en réalité, non une
fable. Voir plus loin.

trachée-artère du Cygne sur la suavité de ses cordes vocales, avait dû tomber devant l'argument que l'oiseau ne chantait pas.

Antérieurement à Pline, Aristote avait déjà fait une concession louable à la vérité. Il soutenait bien encore que les Cygnes de la mer d'Afrique chantaient d'une façon agréable, mais il affirmait en même temps que cet exercice n'était aucunement défavorable à leur santé et n'annonçait pas leur fin.

Je n'aurai accompli que la moitié de ma tâche, si je me bornais à démontrer la légitimité de l'engouement des anciens pour le Cygne. Pour l'achever, j'ai besoin de réduire à néant les attaques dont le noble oiseau a été l'objet de la part des modernes.

Toutes les attaques des ennemis du Cygne se réduisent à une seule, à savoir que le Cygne, surtout quand il est vieux, est très-mauvais coucheur. On a vu des Cygnes, disent-ils, prendre en grippe des vétérans et des gardiens du Luxembourg, s'élancer hors de leur bassin pour les poursuivre à coups de bec, frapper lâchement des enfants sans défense, casser la jambe à des poulains innocents qui venaient paisiblement s'abreuver à leurs ondes... Le Cygne est un être insociable qui ne peut vivre en paix avec personne, et qui maltraite impitoyablement les Oies et les Canards qui lui offrent leur amitié...

Triste exemple des égarements où peut conduire la privation du sens analogique! Voici une bête qui symbolise l'Édile des eaux, qui doit être un miroir de pureté, de distinction, d'élégance, d'atticisme, et à qui l'on ose faire un crime de ne pas savoir se plaire dans la société des lourdauds!

Ces gardiens des jardins publics ont généralement si bon air, sont gens si bien appris! En vérité, messieurs les Cygnes sont tout à fait impardonnables de ne pas comprendre le charme de leurs belles manières et de leur beau langage!

Des Cygnes ont frappé des enfants, dites-vous; mais

où, quand et comment, et dans quelles circonstances?
Et si les Cygnes avaient des petits à défendre, et si ces
enfants les avaient provoqués par une foule de vexations
et d'espiégleries dont les gamins sont généralement pro-
digues? Je n'ai jamais soutenu que les Cygnes ne fussent
pas des animaux très-méchants, qui se défendent quand
on les attaque; mais où serait le mal quand des enfants
sans cœur, qui se plaisent si souvent à torturer les pauvres petits oiseaux, trouveraient à qui parler une fois
dans leur vie?

Des Cygnes ont fait défense à des chevaux d'entrer
dans leurs eaux pour s'y baigner ou pour y boire, et ils
se sont portés à des actes de violence contre les contre-
venants. Et pourquoi, s'il vous plaît, n'agiraient-ils pas
de la sorte? Comment, voilà de pauvres oiseaux qui
n'aiment qu'une chose en ce monde, la propreté luxueuse.
Ils travaillent sans relâche, le col incliné vers la terre,
à clarifier les eaux du bassin où ils vivent. Ils tiennent
à honneur à ce que le ciel s'y mire dans son éclat et sa
sérénité. Et vous voulez que ces fanatiques amis de la
limpidité demeurent impassibles devant l'invasion d'une
cavalcade poudreuse, boueuse, mal peignée le plus souvent, et crottée jusqu'à l'échine, qui va gratter de ses
sabots toute la vase du fond pour la faire remonter à la
surface, qui va ternir pour une semaine entière la face
du miroir poli à si grands frais, et détruire en quelques
minutes l'ouvrage de quelques mois peut-être!

Oh! mais alors, pardon, puisque vous ne comprenez
pas en pareil cas la légitime irritation de ces bêtes frois-
sées dans leurs attractions les plus chères, vous ne devez
pas être moins impitoyables envers la susceptibilité de
la ménagère hollandaise qui prend son balai à deux
mains pour frapper à tort et à travers sur la bande de
pourceaux, de poules ou de canards qui menace de
forcer son domicile; ce domicile si soigneusement entre-
tenu, où chaque meuble ciré, verni, lustré, reluit comme
une glace, et dont l'éblouissante propreté fait tout son

orgueil et sa gloire. Le luxe de propreté des ménagères de Hollande, de Flandre et d'Angleterre vous blesse-t-il? Avouez-le franchement, qu'on sache à quoi s'en tenir ; mais si vous le considérez ainsi que moi comme un échantillon du luxe universel de l'avenir, si vous trouvez comme moi que c'est une belle et bonne chose, tâchez d'être conséquents avec vous-mêmes, et louez comme moi le Cygne de son horreur pour les eaux troubles, et n'appelez plus insociabilité de caractère ce qui n'est que l'amour de la propreté idéale. N'ayez pas deux poids ni deux mesures.

Par la même raison que nous ne voulons pas des hommes mal embouchés et butors, des enfants disgracieux et débraillés, des bêtes qui se roulent dans la vase, les Cygnes ont le droit de repousser la compagnie des canards et des oies qui salissent tout. Les Oies, disent-ils, n'ont pas mission comme nous de détruire les foyers de peste herbacée sur toute la surface de la terre. Les canards aiment les eaux vaseuses et nous les eaux limpides. A chacun son poste et son rang.

Les savants du *Dictionnaire* ont beau dire, je ne trouve rien que de parfaitement digne et de parfaitement convenable dans ces façons de penser, de parler et d'agir. Et plus je considère le peu de fondement de ces attaques, plus je suis tenté de les attribuer à une vieille pensée de rancune de gens trop peu soigneux de leur personne contre des bêtes trop amies de la parure, et qui passent au bain les trois quarts de leur vie.

En attendant, on dit que les lords d'Angleterre, qui méritèrent toujours mieux des bêtes que des hommes, ont reconnu depuis peu la haute valeur du Cygne, non pas simplement comme objet de luxe et de décoration aquatique, mais encore comme agent de salubrité publique. On dit que c'est la raison qui leur a fait distribuer avec profusion cette espèce dans les eaux de leurs parcs, où chaque famille a son bassin particulier et son canton ou sa fraction de canal à défendre contre l'invasion des plantes aquatiques. On dit que depuis que ces Cygnes se sont multipliés à l'infini en Angleterre, ce pays a fait peau neuve, et presque tous les foyers de fièvre marécageuse s'y sont éclipsés peu à peu.

On dit que la Hollande est, à l'heure qu'il est, en train de copier l'Angleterre. Je demande au gouvernement de ma patrie, si riche de contrées fiévreuses, de ma patrie où le percement d'un canal de navigation quelconque est toujours l'ère de l'invasion de la mortalité; je demande au gouvernement, dis-je, d'appliquer à ce mal terrible le spécifique infaillible que l'expérience et l'analogie lui signalent.

Le Cygne sera un jour pour l'homme le plus précieux de ses auxiliaires, quand l'homme entreprendra la grande œuvre de l'assainissement intégral de son globe ; mais rien n'empêche un pays sage de commencer chez lui l'entreprise, de la tenter en petit. »

Après cela, il nous reste à parler des cygnes sauvages proprement dits, de leurs caractères distinctifs et de leur chasse. Il y a trois espèces de cygnes sauvages qui viennent visiter les rives de l'Escaut par les hivers rigoureux. Comme ces oiseaux sont entièrement blancs, il est bien difficile au chasseur de faire le diagnostic de l'espèce avant de l'avoir mise hors combat. Mais une fois en possession de l'oiseau, il le distinguera surtout aux caractères du bec.

Voici ces caractères :

Cygnus Ferus (Musicus)
Le Cygne Sauvage
Flamand : De Wilde Zwaan

Taille : 1m50 - 55.

Bec jaune-orange jusqu'au delà des narines.

Cygnus Bewikii ou d'Islande
Le Cygne de Bewick
Flamand : De Kleine Zwaan

Taille : 1m20 à 28.

Bec jaune-orange jusqu'en deçà des narines.

Cygnus Mansuetus ou Olor
Le Cygne à bec Tuberkuleux
Flamand : De Gewone Zwaan

Taille : 1m45 - 55.

Bec noir à la base avec tubercule noir charnu.

Un auteur anglais, Yarrel, décrit une quatrième espèce,

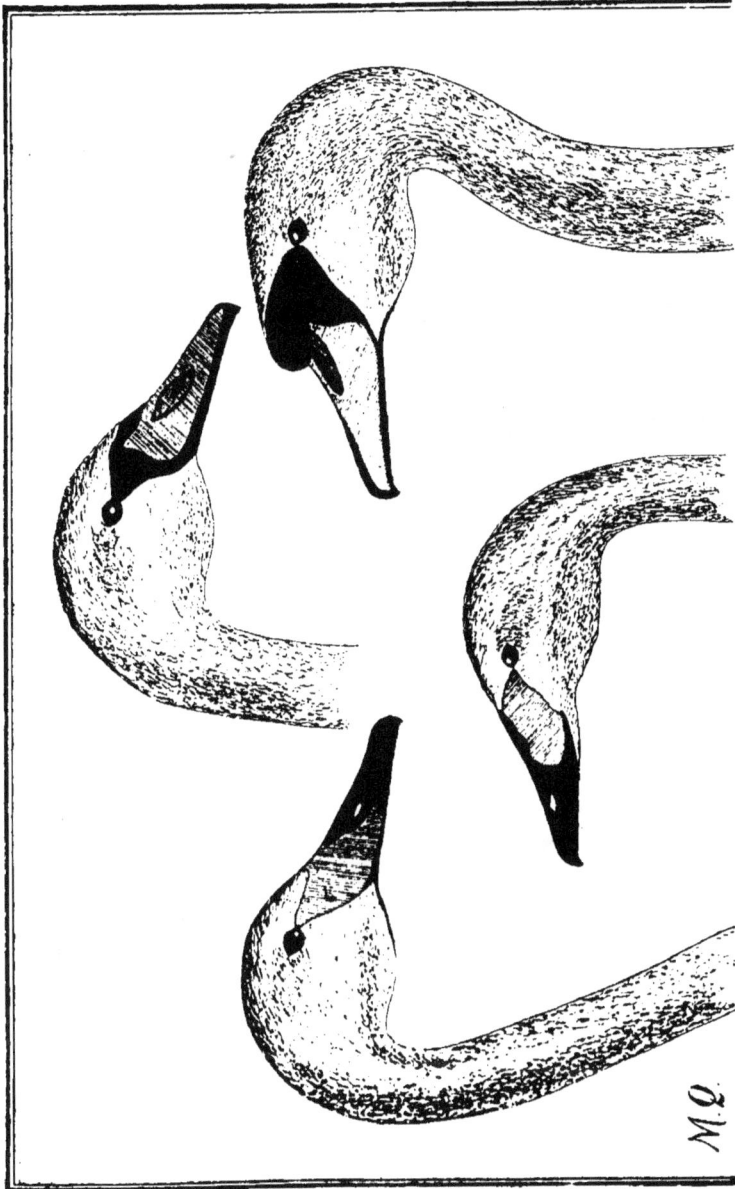

C. A BEC TUBERCULEUX.

C. DE BEWICK.

C. INVARIABLE

C. SAUVAGE.

tout à fait semblable au cygne domestique sous le nom
de *Cygnus Immutabilis* ou cygne invariable (Polish

Zwan). Il a les pattes gris plomb dans le jeune âge, et les jeunes ont alors un duvet d'un blanc pur qui fait place ensuite à une livrée blanche, tandis que chez le cygne domestique ordinaire, les jeunes en bas âge portent un duvet cendré qui est remplacé par des plumes de même couleur à la première mue, et ce n'est que plus tard, à la deuxième année, que les oiseaux deviennent blancs.

Voilà pour le naturaliste; maintenant, au point de vue du chasseur, le cygne sauvage en général est le plus grand, le plus majestueux, le plus royal gibier qu'il puisse rencontrer sur le Bas-Escaut.

Abattre un cygne, quel plus beau rêve pour un chasseur !

Un coup de canardière en plein sur une bande de cygnes à bonne portée est un de ces régals, une de ces suprêmes jouissances intensives dont on conserve toujours le palpitant souvenir.

L'occasion de ces hauts faits d'armes, en Belgique, est tellement rare que rien que le fait de voir passer une troupe de cygnes sauvages à la queue leu-leu, en un vol placide et bas (c'est ainsi que nous les avons vus plusieurs fois sur le grand fleuve) vous émotionne au plus haut degré. Car l'hiver peut parfois sévir avec la plus grande rigueur et cependant ne pas nous amener de cygnes du tout. C'est qu'alors ils se tiennent loin des côtes en pleine mer jusqu'à ce qu'une succession de fortes brises, de gros temps, les poussent à chercher un refuge vers des eaux plus tranquilles, moins agitées. Ils s'aventurent alors aux estuaires des fleuves, dans l'intérieur des terres, où ils pourront rencontrer de l'eau non congelée et y stationner jusqu'à ce que le mauvais temps soit passé et que la mer ait repris son aspect ordinaire.

C'est ainsi qu'on les rencontre sur nos côtes, sur l'Escaut qu'ils remontent jusqu'au delà d'Anvers et jusqu'au centre de la Belgique.

Sur le Bas-Escaut, les parages de l'île de Saeftingen et la vallée de Bath ont leurs préférences, mais il y en a qui se risquent jusque près des docks de la Métropole. Ce sont cependant des oiseaux prudents et intelligents, voyageant le jour et se complaisant tout aussi bien en eau douce qu'en eau salée, mais ils l'aiment et la choisissent peu profonde, afin de pouvoir atteindre du bec les herbages du fond.

Au début, ils ne connaissent pas le punt, ils s'en défient peu ou prou, et le chasseur peut les approcher en prenant les précautions ordinaires. Dès que les cygnes sont signalés sur le grand fleuve, la nouvelle se transmet de bouche en bouche et bien des chasseurs s'embarquent dans l'intention de leur envoyer leur mitraille, si l'Escaut n'est pas trop couvert de glaçons. Mais dès que cette magnifique proie a fait connaissance d'un puntsman, si elle en réchappe, elle devient le plus défiant gibier d'eau qui soit.

On rencontre aussi sur le fleuve des cygnes domestiques, qui ont quitté leurs étangs gelés, ils sont seuls ou mêlés aux sauvages. Dans le premier cas, malheur à eux s'ils n'ont pu se mêler à ceux-ci et s'ils sont aperçus par le chasseur ou le puntsman. Je présume que nos Nemrod ne résisteraient pas — malgré le signalement d'ornementiste de pièces d'eau, que ces oiseaux privés, portent en noisette charnue noire sur le bec — à l'envie de leur envoyer une bordée de double zéro, ne fut-ce que pour voir s'ils n'auraient pas l'occasion d'entendre le chant du cygne à son heure dernière!

Les autres sont généralement farouches, mais avec de la patience, des précautions et un habile puntsman qui saura ménager ses efforts pour lutter de vitesse de nage avec eux aux derniers moments, on pourra arriver à bonne portée.

De son côté, le tireur se souviendra que cet oiseau ne s'enlève pas sans difficulté en pleine eau, mais qu'avant de prendre son vol, il tend le cou en avant, joue des

23

ailes, bat la surface liquide de ses larges palmes et rase
l'eau sur une distance de 25 mètres au moins avant de
pouvoir enlever le lourd poids de son corps au-dessus du
niveau du punt qui le guette et court sus. Il ne perdra
pas de vue que l'oiseau fait toujours *face au vent* avant
de prendre son essor et de *piquer dans le vent*. Il est parfois nécessaire de faire virer l'embarcation de manière
à braquer le canon sur l'oiseau pour le tirer en flanc. Il
faut alors rassembler tout son calme, toute son énergie
pour ne lâcher la détente qu'au moment précis du début
des efforts que font les cygnes pour quitter l'eau, c'est
alors le moment psychologique de pointer à la tête et de
lâcher le coup. Il va sans dire, n'est-ce pas, qu'il faut
tenter l'approche au plus près possible, quand on a
affaire à des oiseaux de cette envergure. Ils ne sont pas
difficiles à tuer une fois à portée, vu la lenteur du départ,
mais détalés, le vol est très rapide en raison de leur
immense voilure.

En l'hiver 1894, par un froid très vif, un pilote Anversois, F. T..., me mena sur une bande de six cygnes sauvages qui étaient venus s'abattre en pleine eau, marée
presqu'étale vers 4 heures du soir, entre le vieux Doel
et l'île de Saeftingen. Partis du yacht en punt, mon
homme dénageait vigoureusement des deux avirons, à
l'arrière de l'esquif.

A 200 mètres des oiseaux, je lui enjoignis de se coucher et de pagayer, mais il n'en fit rien, prétexta toutes
espèces de mauvaises raisons pour continuer sa manœuvre insensée à la rame, et malgré mes objurgations,
voulut tenter ainsi l'approche de ce royal gibier.

J'étais dans une rage indicible, et au fur et à mesure
que nous approchions, je voyais parfaitement bien que
les cygnes nous avaient aperçus et fuyaient à la nage
devant nous.

Que faire? Me relever? Je dus me taire à la fin, nous
gagnions du terrain sur eux et je dévorai ma honte en
silence de devoir marcher sur une bande de cygnes à la

rame, par beau temps, et contrairement à tous les principes de la chasse en punt.

Les oiseaux s'enlevèrent à la distance de 100 mètres, horizontalement, face au vent, après s'être rapprochés et groupés comme pour se consulter sur le dernier parti à prendre, je lâchai le coup de canardière tout de même, mais bien inutilement, à cette distance.

Mon bougre de pilote méritait un coup de fusil, il l'a toujours bon, et je ne lui pardonnerai jamais cette *gaffe*. Voilà à quoi on s'expose quand on chasse avec des faux puntsmen qui prétendent tout connaître, et ne savent pas pagayer, car le véritable motif de son obstination était tout simplement son impuissance à marcher à la pagaie. Et depuis lors j'ai réalisé le punt à hélice, actionnée par des pédales, et je me flatte d'avoir pleinement réussi et de pouvoir ainsi chasser sur l'Escaut avec le premier venu. Dieu sait si jamais coup pareil se représentera encore dans d'aussi belles conditions !

Quand on s'aperçoit que les cygnes sont inabordables, on peut avoir recours au truc de la glace ou de la neige, qu'on place sur l'avant pont, afin de leur donner l'illusion de glaçons flottants, mais si la canardière est repérée, n'oubliez pas que ce poids à l'avant change le point de mire de l'arme.

Folkard estime que la meilleure manière de chasser le cygne pendant le jour, est d'avoir recours au punt à voile. On tâchera alors de les joindre par vent de travers, de façon, à pouvoir tirer au vent au moment indiqué plus haut, et à lâcher le coup dans le creux des ailes à l'instant où ils croisent l'avant du punt.

Si vous avez la malchance de les toucher en pleine poitrine, c'est comme si vous tiriez dans un matelas de laine.

Parfois ils se font tuer au petit fusil, à l'intérieur des terres, ce sont des coups de pur hazard. En dix ans de vie forestière dit H. de la Blanchère, nous n'en avons tiré qu'un à terre... et sans l'avoir.

Les mêmes principes du tir en punt, seront alors observés, et l'on pourra encore tirer dans le dos, après qu'ils sont passés. Cette partie moins garnie de plumes et de duvet est plus vulnérable que la poitrine.

C'est du reste, une règle générale à toute chasse au gibier-plume, de ne jamais tirer *vers lui, sur lui,* mais de le laisser passer pour lui envoyer le plomb meurtrier dans les parties plus tendres et plus dangereuses.

Ne ramenez jamais un cygne blessé en punt, il pourrait vous en cuire. Je ne crois pas, comme certains auteurs l'ont affirmé qu'il pourrait fracasser le bras ou la jambe d'un homme d'un coup d'aile bien appliqué, mais il est certain qu'il se défendra contre lui, et lui portera de forts vilains coups à la tête, aux yeux, etc. Le baron d'Hamonville (1) dit avoir été témoin du fait d'un cygne cassant la jambe à un homme, d'un seul coup d'ailes !

Blessé il ne tente jamais de se sauver en plongeant, et à terre il lutterait avantageusement contre un fort chien.

Parfois ils séjournent jusqu'au printemps sur les rivières, où le hasard de leurs pérégrinations les a amenés, si on les laisse tranquilles. Mais sur l'Escaut l'ardeur des professionnels et des amateurs à les poursuivre, a bientôt fait de les rendre très méfiants, et ils partent à trois cents mètres de leur embarcation.

Les cygnes sauvages qui ont quitté les parages de l'extrême Nord, y retournent en avril et même en mai. Mais là aussi ils sont pourchassés, et d'une façon un peu plus barbare que chez nous, au moment où la mue les a privés de leurs plumes, et a rendu leur vol impossible. Au mois d'août, les indigènes de ces contrées du septentrion, les harcèlent en barquette à voile, jusqu'à ce qu'ils les capturent exténués.

Ils sont tellement communs au Kamtschatka, qu'on les sert à toute table, hiver et été, au moindre évènement.

(1) B. D'HAMONVILLE, *La Vie des oiseaux*, p. 345.

On s'en empare au moyen de pièges, lacets, collets et autres trucs dans les rivières qui ne gèlent pas, et au moment de la mue on les tue à coups de bâtons et de massues.

En Islande on s'en empare de la même façon, et leur chair chez ces peuplades est fort estimée.

Les jeunes cygnes domestiques sont paraît-il un bon plat, et le colonel Hawker raconte qu'il y avait un homme dans le Nordwich qui les engraissait pour une guinée, et les servait à toute la gentry de la contrée.

Chez nous les chasseurs les font empailler, ou en font des trophées ou des édredons.

Hawker en tua un jour huit d'un coup de canardière, sept vieux et un jeune, et l'un deux soutint une lutte homérique contre Read son puntsman qui n'en vint à bout qu'en l'assommant à coups de bâton.

H. Saeys en abattit sept au Willemsrecht près d'Anvers d'un coup de canardière, et une autrefois, trois près de Bath.

Le cygne tuberculé, est celui qui a fourni la race de cygnes qui ornent nos pièces d'eau. Niche en grand nombre tous les ans aux marais de Weseford, là où la marée ne se fait sentir que de quelques centimètres. On les voit par bandes de 40 à 50 par temps calme. A l'état sauvage au Danemark, Centre et Sud de la Russie, bords de la mer Noire et Caspienne.

Le cygne de Bewick qui est beaucoup plus rare chez nous que les deux autres, est au contraire plus commun, et se rassemble en plus grande troupe, aux Iles Britanniques. Il fut découvert par Pallas en Sibérie au début de ce siècle (Dubois). Le colonel Hawker, tua un des premiers le cygne de Bewick (1822), et en fit don à William Jarrel, Esq. F. L. S., qui le premier en fit une bonne description, et l'érigea en espèce nouvelle sous le nom de cygne de Bewick, du nom d'un graveur sans rival de sujets ornithologiques. Son cri est : tong ou kloung répété rapidement et modulé en plusieurs tons qui ressemblent à des notes de musique.

Dubois dit, qu'on en a tués assez bien en Belgique pendant les hivers 1831, 1838, 1855; le musée de Bruxelles possède trois sujets pris dans le pays.

M. Croegaert d'Anvers mentionne un exemplaire tué en 1880 dans le polder d'Austruweel. Le comte Ch. Della Faille de Leverghem, en possède un tué sur le Bas-Escaut, il fut à l'exposition des Eaux et Forêts à Tervueren 1897.

Mais c'est surtout une espèce asiatique qui hiverne près de la mer Caspienne, en Mongolie, en Chine, au Japon, etc.

Chant du Cygne

—

Nous étonnerons sans doute beaucoup de monde en déclarant ici que le *chant du cygne* n'est pas un mythe. J'ai eu le rare bonheur d'assister à un concert de cygnes sauvages sur l'Escaut en face de l'île de Saeftingen (frontière hollando-belge), et je certifie absolument l'authenticité du fait. Que la chanson mélodieuse du cygne expirant, si souvent mise à contribution par les poètes anciens et modernes, soit une fable, c'est possible, je n'en ai cure ici; mais si c'est sur cette fiction que la plupart des ornithologistes se sont basés pour dénier au monarque des eaux une voix harmonieuse et ne lui accorder qu'un cri raoque, une espèce de grognement pareil à celui de l'oie, ils se sont trompés. L'oiseau de Léda émet des sons vraiment musicaux, suaves et flûtés,

non pas à l'heure qui précède sa mort, mais quand il est
de bonne humeur et bien en vie. Du reste, le chant si
doux du cygne mourant a été bien souvent contredit
même par les anciens. Pline écrit : *Olorum (Cygnus
olor) morte narratur flebilis cantus falso ut arbitror
aliquot experimentis.*

J'ignore si d'autres chasseurs ou naturalistes ont
tenté quelques expériences pour s'assurer si cet oiseau
pleure réellement des sons harmonieux à l'article de la
mort; mais ce que je puis affirmer, c'est qu'en l'an de
grâce 1893, le 5 février, vers 5 heures du soir, j'ai assisté
à un véritable concert de cygnes sauvages.

Nous étions à bord de notre steam-yacht *Sarcelle*,
alors affourché sur son ancre, et nous nous préparions, après une journée de chasse à la sauvagine sur
l'Escaut, à l'affut du soir dans les goulets de l'île de
Saeftingen, lorsque tout à coup des voix harmonieuses
s'élevèrent d'un point culminant du banc de sable. Aussitôt de braquer nos jumelles sur le point d'où partait
cette mélodie, et nous pûmes compter jusqu'à vingt
cygnes réunis en congrès artistique, et saluant de leur
chant le coucher d'un soleil d'hiver. Nous étions quatre
chasseurs à bord, parmi lesquels M. l'avocat Van Doorslaer qui raconte comme suit ce fait mémorable dans son
livre : *Sur l'Escaut* (page 61, éditeur Paul Lacomblez,
Bruxelles), auquel je renvoie les incrédules : « Nous
» comptâmes tous ensemble, et l'on variait de 19 à 22.
» Ils étaient disséminés dans l'île par un beau soir de
» gel intense. Tu me croiras si tu veux, mais du pont de
» notre bateau nous pûmes ouïr ce soir-là le plus étrange
» et le moins banal des concerts : un concert de cygnes!
» Dans l'air pur et calme c'étaient des modulations, des
» fioritures flûtées ou graves, étonnantes : on eût dit
» d'instruments en bois, bassons, flageolets et clari-
» nettes. C'était prodigieux. L'antique «Chant du cygne»
» dont on nous bassinait naguère au collège, n'était donc
» pas une plaisanterie mythologique? Car ces oiseaux

» chantaient, je te le jure... » Or, pendant que mon compagnon de chasse décrivait l'ensemble de leurs modulations, je notai séance tenante le thème principal de leur chant, qui formait une sorte de mélodie avec deux notes et la tierce mineure en *mi* bémol.

Le timbre de la clarinette en *fa* est celui qui, après des essais avec divers instruments, se rapproche le plus du timbre de la voix du cygne.

A côté de notre témoignage, je citerai celui d'Aristote qui soutenait que les cygnes de la mer d'Afrique chantaient d'une façon très agréable, et celui, plus moderne, du colonel Hawker, qui déclare s'être fort amusé à écouter un soir d'été le chant d'un cygne domestique, dans le Regent's Park de Londres; c'était le 27 avril 1834, à 8 heures du soir. L'oiseau nageait et plongeait, et paraissait s'en amuser beaucoup lui-même, et le professeur Aug. Bertini nota la chose sur place, comme nous. Il n'y a donc encore une fois rien de neuf sous le soleil, et le brave colonel ajoute qu'il est ainsi prouvé que le gosier des cygnes est doué de mouvements plus rapides que leurs ailes.

Enfin un autre observateur, Schilling, déclare avoir entendu, dans les longues soirées d'hiver et pendant des nuits entières, les cris plaintifs de centaines de cygnes, rassemblés sur les points où les courants maintenaient la mer libre, congelée partout dans les hauts fonds.

« On croit, dit-il, entendre tantôt des sons de cloches,
» tantôt des sons d'instruments à vent, ces notes sont
» même plus harmonieuses; provenant d'êtres animés,
» elles frappent nos sens bien plus que des sons pro-
» duits par un métal inerte. C'est bien là, la réalisation
» de la fameuse légende du chant du cygne; c'est en effet

» souvent le chant de mort de ces superbes oiseaux.
» Dans les eaux profondes où ils ont dû chercher un
» refuge, ils ne trouvent plus de nourriture suffisante;
» affamés, épuisés, ils n'ont plus la force d'émigrer vers
» des contrées plus propices, et souvent on les trouve
» sur la glace, morts ou à moitié morts de froid et de
» faim. Jusqu'à leur trépas ils poussent leurs cris mélan-
» coliques. Voilà donc l'explication de la légende : l'oi-
» seau ne chante pas en expirant, mais son dernier râle
» a encore le timbre harmonieux qui caractérise sa voix
» (Dubois). »

On dit que le cygne peut atteindre cent ans, brave
lecteur je vous en souhaite autant!

Ici finit le groupe des becs lamellés.

Le Cormoran ordinaire

—

Lat. : PHALACROCORAX CARBO

Flamand : DE AALSCHOLVER

Taille : 0^m79.

Cet oiseau appartient à la famille des totipalmes, c'est-à-dire dont les quatre doigts sont réunis par une large palmature. C'est le signe distinctif de ce sous-ordre, qui comprend cinq familles : les frégates, les phaétons, les pélicans, les cormorans et les photidés.

LE FOU DE BASSAN.

Le cormoran seul est représenté en Belgique, car les fous de Bassan qui font partie des pélicanidés sont si rares, qu'il ne faut pas les compter. Leur présence chez

nous est réellement accidentel, on en tue un de temps
temps près d'Ostende. En revanche le cormoran, dont
les espèces sont répandues dans quatre parties du
monde, est un fidèle adorateur des Escaut, où il ne
manque jamais de venir passer les trois quarts de
l'année.

Il y séjourne depuis le mois d'avril jusque bien tard
en novembre. Compagnon assidu et inséparable des
pêcheurs du vieux fleuve, il entre en campagne avec
eux au printemps, et finit sa saison à l'entrée de l'hiver.
Il serait peut-être difficile de dire, lequel des deux, de
l'homme ou de l'oiseau, est le plus âpre à la curée des
poissons, et je crois bien que c'est l'homme. Car, après
avoir peiné, trimé toute la semaine à développer et
ramasser leurs immenses filets à la pêche aux Flets,
petites plies, anguilles et autre menu fretin, il leur
arrive souvent en été, de ne pas rentrer au logis le
dimanche, pour jouir d'un repos bien mérité — le repos
dominical fort en honneur chez nos populations des
Flandres — mais de continuer à pêcher pour augmenter
leur butin et leur gain.

Nos pêcheurs d'Escaut manquent ainsi aux offices du
culte, la messe et le prêche, mais ils s'en consolent
aisément en disant qu'ils ont leurs curés tout de même
au milieu d'eux, les cormorans. En effet ceux-ci ont

l'habitude de venir se percher gravement sur les ducs d'Albe qui balisent le fleuve et leur servent en même temps d'observatoire, et là, sèchant leurs ailes grandes ouvertes, dans une attitude aussi solennelle que verticale et bizarre, ils ont vraiment l'air en leur costume moiré, d'un pasteur en prêche dans sa chaire, dite de vérité, en train de se lamenter les bras au ciel, sur les abominations des temps modernes.

Et les pêcheurs, observateurs et roublards appellent cet oiseau le *Domine* (pasteur)!

Les ongles acérés qui ornent leurs doigts palmés permettent aux cormorans de se tenir sur les tringles de fer des ducs d'Albe et sur les branches des arbres, où ils vont se reposer après leurs travaux de Schafhandriers, ou nicher à la saison des amours.

Cet oiseau est, du reste, doué de moyens de locomotions fort remarquables. Excellent voilier, piètre marcheur, mais plongeur incomparable, grâce sans doute au bout de rame supplémentaire qui orne son pouce, il évolue sûr et dans l'eau surtout, avec une étonnante vélocité. Il vole littéralement entre deux eaux, les ailes ouvertes, à la poursuite du poisson dont il fait sa nourriture exclusive à la façon des grèbes et des harles dont il emprunte la coiffure, et navigue comme eux, la tête seule hors de l'eau afin d'échapper plus rapidement aux coups de ses ennemis.

D'un autre côté, le cormoran vole parfaitement bien, tantôt comme un canard, le cou tendu en avant, battant vigoureusement l'air de ses ailes, comme si elles couraient après la tête, et en cette allure extrêmement rapide, il affecte la forme d'une bouteille de Porter, ce qui lui a valu derechef de la part des marins le nom de *Swarte-flesch* ou *Black-Bottel* (noire bouteille). Tantôt, il plane en cercle, après quelques coups d'avirons, comme un oiseau de proie ou un sterne, tantôt encore il se laisse tomber d'un bond dans l'eau pour y disparaître instantanément, tantôt enfin par des battements laborieux, il imite le vol du corbeau, ce qui lui a peut-être fait donner son nom français, Cormoran, étant dérivé de *Corvus maritimus* (corbeau marin), à moins que ce ne

LE CORMORAN.

soit à cause de son cri rauque : « Kra, kraw, kra » qui ressemble à celui du corbeau.

Cette faculté d'imitation de ces diverses variétés de

locomotions dans l'air et dans l'eau, nous indique de
suite un moule privilégié dont les facultés intellectuelles
correspondent aux facultés physiques. En effet, le cormoran s'est fait raser et porte le visage bistré, bien à nu,
n'ayant rien à cacher dans sa barbe. Il aime l'attitude
franche, verticale, qui laisse voir son col effilé ; son long
bec crochu à l'extrémité et fendu jusqu'au delà de ses
petits yeux verts, joint à une gorge blanche dénudée, lui
donne un air incroyable de finesse et de roublardise.

Le mâle adulte se pare, en outre, d'une huppe tom-
bante, de minces filets de blanc argenté sa tête et le
haut du cou qui sont mordorés et à reflets verdâtres,
comme le reste du costume. Cette parure de noce tombe
à la mue d'été, la seule mue, et l'oiseau redevient ensuite
noirâtre. Ces couleurs varient, du reste, avec l'âge, et
l'on trouve des cormorans grisâtres et noirs profonds.

Deux autres caractères étranges chez les cormorans
sont : la longueur ·et la rigidité élastique des quatorze
pennes de la queue, puis l'étroitesse, l'absence presque,
de narines chez l'oiseau adulte.

Si cet appendice caudal, rudimentaire chez les autres
oiseaux, nageurs et plongeurs, lui est de quelque utilité
grande, pour virer dans ses manœuvres de chasse ou
pour lui fournir un point d'appui dans la station verticale à terre, et l'aider ainsi à s'envoler malgré la brièveté
de ses jambes, l'étroitesse de ses fosses nasales, au contraire, lui est très défavorable quand il est harcelé par
des ennemis qui l'obligent à faire plongeons sur plongeons pour garantir sa vie.

Nous avons dit que le cormoran possédait le secret de
nager le corps submergé, la tête seule hors de l'eau, afin
de conserver plus longtemps les grandes provisions d'air
inhalées pour entretenir une hématose oxigénée favorable, nécessaire même, pendant ses incursions sous-
ondiennes prolongées, mais chaque fois qu'il remonte à
la surface, il a besoin d'un temps d'aspiration d'air plus
prolongé que d'autres plongeurs pour remplir ses sacs

aériens à cause de ses narines invisibles et presque bouchées. Il en résultera que, s'il est forcé de s'immerger rapidement plusieurs fois de suite, pour se dérober au plomb du chasseur qui le harcèle de près, alors qu'il est démonté, il se verra bientôt obligé, de rapprocher ses réapparitions à la surface pour respirer, et d'exposer sa tête et son cou à une pluie de mitraille dans un rayon de plus en plus restreint, puisqu'il n'a plus le temps ni assez d'air emmagasiné pour fuir sous l'eau à 5o mètres et plus, comme il le faisait lorsqu'il avait le loisir de respirer et possédait encore tous ses moyens d'action.

Le chasseur alors est tout étonné de voir le cormoran réapparaître le bec ouvert, comme si l'oiseau se riait de sa maladresse. Et en effet, ce bec ouvert jusqu'aux oreilles, jointe à la mobilité de la tête, ajoute à sa physionomie un nouveau cachet de suprême ironie et de ruse. Mais ici cependant le masque est trompeur, car en réalité ce sourire méphistofélique indique sa détresse. L'oiseau ouvre le bec pour engouffrer l'air par la cavité buccale directement dans les bronches et les réservoirs, parce que ses fosses nasales ont une trop petite ouverture, que la fente externe est presqu'oblitérée, et que le canal osseux qui communique avec la bronche ou le pharynx est d'une ténuité extrême.

C'est donc cette disposition anatomique, et le peu d'air qui entre dans leurs os, qui expliquent, qu'on les rencontre ainsi avec le bec béant lorsqu'ils exécutent une nage ou un long vol fatigants. Ils ont l'air de rire, en réalité ils sont hâletants. Plus leur rictus sardonique s'accentue, plus ils sont aux abois et sur leur fin. C'est le moment le plus favorable de leur envoyer votre meilleur plomb dans les gencives, comme le dit alors l'ami Senaud. Pas plus que les canards plongeurs, le cormoran ne marche sur le fond pour chercher sa nourriture, comme eux il s'élance sous l'eau, nous le répétons, le cou et les pattes tendues, les ailes demi-ouvertes comme dans l'air. Au fur et à mesure qu'il séjourne sous l'eau, il rejette l'air dont les bulles remontent à la surface, puis à la fin quand la provision est épuisée, il remonte d'un vigoureux coup d'aile. Il possède donc le pouvoir de retenir et de rejeter l'air, ce qui lui permet de nager entre deux eaux, selon ses fantaisies.

Le cormoran est l'ennemi implacable des anguilles qu'il va chercher jusque sur les vases, où elles rampent à loisir; il la saisit dans son bec rugueux, revient à la surface, jongle avec le reptile, le lance en l'air et le rattrape dans son bec la tête en avant sans jamais manquer son coup. Il mange également d'autres poissons, c'est un goinfre qui rendrait des points au pélican à sac.

Il rejette en pelote, comme les hiboux, les harles, le martin-pêcheur, etc., les arêtes et les écailles des poissons digérés.

Cet oiseau est aussi prudent que vorace, et se laisse rarement surprendre par le chasseur, du moins sur l'Escaut. Il est cependant une de ses habitudes, dont il faut savoir profiter pour en tenter l'approche : C'est lorsqu'il sèche ses plumes sur un banc de sable. On l'aperçoit alors de loin, debout, les ailes largement ouvertes au vent, ou au soleil, et sa noire silhouette apparaît alors grandie dans la pleine lumière des grands espaces. En tas on dirait d'immenses chauve-souris préhistoriques ou des petits gnômes du vieux Rhin, qui se seraient trompés de fleuve. Ils se complaisent dans cette attitude singulière et personnelle, et souvent se laissent approcher par le bateau.

Envoyez leur du plomb n° 3 ou n° 2, car ils sont très durs à tirer et s'ils ne sont que blessés, préparez-vous à leur consacrer une demi-douzaine de cartouches pour les achever.

Il paraît que le Chinois, plus malin que le Français, pourtant né malin, a fait du cormoran un auxiliaire de sa pêche. Les sujets nés en captivité, bien dressés, sautent à l'eau sur l'ordre de leur maître, plongent et rapportent le poisson attrapé... parce qu'il le faut bien, car le propriétaire a eu soin de leur passer un anneau de cuivre au col pour les empêcher de s'approprier le produit de leur chasse. Brehm dit, que dans le jardin zoologique de Vienne, on remarqua que les cormorans s'exerçaient à la chasse des hirondelles rasant l'eau au vol. Pas dégoûtés ces goulus glaucopis !

Les Lapons et les Arabes trouvent sa chair délicieuse et Pieter accommode le « domine » de l'Escaut aux petits oignons rôtis, et le trouve excellent. Après cela chacun son goût et faute de grives... on mange des merles.

Il y a encore le cormoran *nigaud* et le cormoran *pygmée* de la taille de la corneille.

Mais ces espèces sont tout à fait accidentelles sur notre territoire de chasse. Le nigaud est une espèce à la fois méditerranéenne et islandaise où il est sédentaire, et le pygmée est un pêcheur très connu sur tous les fleuves de la Russie.

Nous n'avons jamais rencontré ces deux dernières espèces chez nous.

Groupes des grandes ailes ou Longipennes

Les mouettes ou goëlands et les hirondelles de mer ou sternes, forment deux familles d'oiseaux caractérisés par leur plumage à fond blanc sur les parties inférieures et d'un *cendré bleuâtre* sur les parties supérieures. A cette règle, à peu près générale, font exception seulement les hydrochélidons ou guiffettes.

Leurs ailes et leurs pattes sont presque toujours dans un rapport inverse, et obéissent à la loi de Geoffroy-Saint-Hilaire sur le balancement des organes. Ainsi plus les ailes seront longues, plus les jambes seront courtes, en d'autres termes les Longipennes sont grandiptères et minimitarses.

Et cette conformation nous indique de suite qu'ils sont tous des voiliers de premier ordre, que l'air est leur élément favori, qu'ils sont essentiellement marins et peuvent défier les vents et les flots. Ils nagent moins bien qu'ils ne marchent et ne plongent jamais. Très sociables entre eux, ils voyagent de compagnie, pêchent en troupes, et nichent en colonie, à terre, au marais, sur des rochers, dans des cavités, etc. Ils ne se reposent que peu ou point à terre. Leur nourriture, qu'ils saisissent à la surface des eaux ou en l'air, consiste surtout en petits poissons vivants, insectes, débris d'animaux reje-tés sur le rivage ou ballotés par les flots.

Les jeunes après la première mue, ressemblent tout a fait aux adultes et aux vieux chez les sternes.

La livrée d'hiver diffère de leur plumage de noces; chez quelques espèces la mue n'a lieu qu'une fois l'an, chez d'autres elle est double, dans ce dernier cas, une partie seulement du plumage change de couleur, et dans le genre sterne la mue du printemps change les couleurs de la tête seulement.

Dans le genre Larus (mouettes) au contraire, les jeunes ne prennent le plumage définitif que la deuxième ou la troisième année de leur existence.

Leur mue est double, mais la mue du printemps ne change les couleurs que sur la tête et le cou, parfois un peu aussi sur le corps.

Il n'existe pas de différence dans les sexes, les jeunes sont presque toujours d'un brun mêlé de roux et de blanchâtre.

Les plupart sont des oiseaux migrateurs, ils émigrent surtout la nuit, ou parfois la nuit et le jour.

Les Sternes ou Hirondelles de mer

—

Nous croyons devoir nous borner dans un livre de chasse aux caractères généraux qui différencient les Sternidés des Laridés, et sans nous attarder à la description même sommaire des individus qu'on rencontrera

MOUETTE CENDRÉE.   STERNE CAUGEK.

sur l'Escaut, nous nous contenterons de donner les tableaux analytiques des espèces indigènes, et quelques indications supplémentaires suffisantes au naturaliste ou au chasseur pour reconnaître l'oiseau capturé.

Caractères généraux : Bec plus long que la tête, effilé, pointu à la pointe, tarses courts, quatre doigts, pieds étroits semi-palmés à l'avant, ongles aigus, ailes très grandes, étroites, suraiguës se croisant à l'arrière, la première rémige la plus longue *queue fourchue*.

Ce sont les plus gracieux volatiles qu'on puisse voir au vol, et leurs allures générales leur ont mérité le nom d'*hirondelles de mer*. Elles se jouent toute la journée dans les airs avec une vivacité merveilleuse, et passent ainsi leur vie sur les côtes maritimes ou fluviales, à folâtrer et à pêcher. Elles saisissent leur proie en plongeant ou en fondant sur elle. S'il leur arrive de toucher terre, ce n'est que pour un instant, leur station est horizontale, et elles trottinent assez gauchement. Aussi préfèrent-elles se reposer sur les flots, ou elles se laissent alors balancer comme un paquet de plumes. qu'elles sont en réalité, car elles ont peu de chair, et comme elles sont piscivores avant tout, elles forment un très médiocre rôti.

Les chasseurs en général, se font un scrupule, et ils ont mille fois raison, de tuer ces charmantes petites créatures, qui sont l'ornement de nos côtes et de nos fleuves, les animent de leurs vols blancs et capricieux, et font retentir les airs de leurs cris d'allégresse et de leur joie de vivre.

Mais parfois le chasseur-naturaliste, désire se procurer pour ses études, quelques exemplaires de ces oiseaux, et quand une hirondelle de mer tombe à l'eau blessée par le plomb meurtrier, on voit toute sa famille et ses amies venir voltiger et tournoyer au-dessus de la malheureuse éclopée, en poussant des cris de détresse; alors le tireur a beau jeu et pourrait en abattre des douzaines en quelques instants.

Tableau analytique des espèces indigènes (1)

—

A. **Queue fourchue** (genre Sterna) **La Sterne.**

a) Taille forte, bec rouge, pieds noirs (ailes 0,40) S. $\Big\}$ Caspia
Caspienne

b) Taille moyenne.

1. Pieds noirs

Bec entièrement noir. Ailes 0,33. Taille 0,31. S. $\Big\}$ Anglica ou Hansel

Bec noire à pointe jaune. Ailes 0,31. Taille 0,34. S. $\Big\}$ Cantiaca ou Caugek

2. Pieds rouges

Bec rouge à extrém. brun foncé Ailes 0,27. Taille 0,28. S. $\Big\}$ Hirundo Pierre Gar

Bec entièrement rouge Ailes 0,275. Taille 0,32. S. $\Big\}$ Paradisea Arctique

3. Pieds oranges, bec noir, ailes 0,23, taille 0,33 S. $\Big\}$ Dougalli de Dougal

c) Taille petite, pieds oranges, bec jaune à pointe noirâtre.

Ailes 0.18, taille 0,20. S. $\Big\}$ Minuta petite

---

(1) Ce tableau de Dubois facilite la détermination des sujets adultes; pour les jeunes dont le bec et les pattes n'ont pas encore leur couleur définitive, la dimension des ailes est un bon guide, quoique les ailes soient toujours un peu plus courtes chez les jeunes que chez les adultes.

B. **Queue peu fourchue, membranes très échancrées**
(genre Hydrochélidon) **La Guifette.**

Couvertures du dessous de l'aile.

Noires (ailes 0,215).   H. Leucoptera (rare sur l'Escaut).

Blanches ou gris pâle

Bec rouge.
    Ailes 0,23.   H.   Hybrida
    Taille 0.22.   Moustac (rare)

Bec noir.
    Ailes 0,21.   H.   Nigra
    Taille 0,20   (commune)

Maintenant les espèces les plus communes et les plus répandues aux rives de l'Escaut sont : La sterne caugek, le Pierre-Garin et la guifette ou hydrochelidon épouvantail.

Nous leur consacrerons quelques lignes pour donner plus de certitude au diagnostic du chasseur.

La Sterne Caugek.

—

Lat. : STERNA CANTINEA.

Flamand : DE GROOTE ZEEZWALUW.

Taille : 0^m43 ; *ailes :* 0^m31.

En été, mâle et femelle ont le dessus de la tête et le haut du cou noirs, un espace blanc le sépare du gris cendré clair qui couvre tout le dessus du corps et s'étend aux ailes, queue et tout le reste du corps blancs, les plus grandes plumes des ailes d'un gris brun vers l'extrémité. *Bec long, noir avec la pointe jaune,* pattes noires au dessus, brune jaunâtre en dessous, iris noir.

En hiver : Le front est blanc et le dessus de la tête est mélangé de plumes blanches, le reste comme en été.

Les jeunes ont le dos et le scapulaire rayés de bandes d'un brun noirâtre, queue cendrée.

Très répandue sur toutes les côtes ouest de l'Europe, est très commune au printemps, et en été sur nos côtes et sur l'Escaut. Niche en colonie à l'île de Sylt. Elle aime les voyages, vole sans discontinuer, et ne se laisse pousser aux eaux douces que par les plus formidables tempêtes. C'est une espèce plus méfiante que les autres sternes, mais elle se mêle cependant et s'associe aux autres oiseaux de mer, comme les mouettes. Elle pousse des cris perçants, qu'elle répète à chaque instant, et qui ressemblent tantôt à scranick, tantôt à kirrek, kerrek, keik keik !!

On la rencontre souvent en train de pêcher près de Bath, vers le Pael, Walsoorden, etc. Elle se nourrit de petits poissons qu'elle saisit au vol en fondant dessus comme une flèche.

Sterne Pierre Garin.

—

Lat. : STERNA FLUVIATILIS.

Flamand : HET VISCHDIEFJE.

Taille : 0^m3o ; *ailes* : 0^m27.

Le mâle et la femelle adultes portent la calotte noir profond, le dos, les ailes gris cendrés, tout le dessous blanc pur, excepté la poitrine légèrement cendrée. Les grandes plumes des ailes sont d'un cendré noirâtre vers l'extrémité, les autres cendrées terminées de blanc, queue blanche *très fourchue* avec les deux pennes latérales d'un brun noirâtre sur leurs barbes extérieures. Bec médiocre *rouge cramoisi* surtout noirâtre vers la pointe, pieds rouges, iris brun rougeâtre.

En hiver : le front est blanc, et quelques plumes blanches aussi se mêlent au noir de la calotte. Les jeunes ont les pieds oranges.

C'est l'espèce la plus répandue sur notre hémisphère, c'est aussi la plus commune en Belgique et sur l'Escaut où elle nous arrive fin avril pour nous quitter en septembre.

Elle émigre vers le soir, et semble se complaire aussi bien aux eaux douces qu'aux plages maritimes.

Très sociable, elle voyage en petite troupe et pêche en compagnie. Nous les voyons en été sur l'Escaut voltiger au-dessus des lames, planer un instant sur place, la tête enfoncée entre les épaules et même un peu plus bas que le reste du corps pour apercevoir la proie qui se trémousse dans l'onde, puis soudain l'oiseau pique une tête et se laisse tomber d'aplomb sur le butin, comme un caillou, en faisant jaillir l'eau autour de lui.

L'instant d'après, toujours papillonnant des ailes, il est déjà remonté à son observatoire à dix mètres au-dessus du niveau, pendant qu'un de ses compagnons vient de fondre à son tour avec la rapidité d'une flèche sur une autre victime, puis un autre et un autre de la bande joyeuse et folâtre, c'est à qui aura son tour, et exécutera le plongeon avec le plus de brio et de succès. Il est bien certain que le procédé ne leur réussit pas à tout coup, et qu'elles saisissent autre chose que de petits poissons dans la lame. Tantôt ce sont des insectes, des tétards, des larves aquatiques de diverses espèces dont elles s'emparent en s'abattant au ras des eaux. Ces tournois incessants, où le vol le plus capricieux et le plus déconcertant se donne libre cours, s'accompagnent de rires et de cris variés qui peuvent se traduire par kee, kee, kri, kiri, kri, kri !!

Ces gracieuses petites bêtes sont pleines de confiance et se laissent aisément approcher là, où elles prennent leurs ébats. Il serait facile d'en faire des hécatombes, si ce n'était un crime de tuer ces élégantes créatures autrement que pour l'étude et les collections, quoique dans ces derniers temps, elles aient beaucoup servi à garnir les chapeaux de ces dames.

Nichent en colonies sur un sol à gravier.

Sterne épouvantail — La Guifette noirâtre.

Lat. : HYDROCHELIDON FISSIPES.

Flamand : DE SWARTE ZEEZWALUW.

Taille : 0^m20 ; *ailes :* 0^m22.

Tête, cou, gorge d'un noir cendré, les rémiges encore plus cendrées. Bec noir, rouge à la commissure, pieds rouge-brique, iris noir.

En hiver, les plumes qui entourent la gorge et le devant du cou sont blanches, ainsi que celles du bec supérieur, le dessous plus cendré.

Espèce répandue dans toute l'Europe, le nord de l'Afrique, l'Asie et l'Amérique centrale.

Commune sur l'Escaut, niche dans les marais de la Campine sur le Stappersven près de Calmphout, visite les bords de la Meuse et même les environs de Bruxelles.

La guifette épouvantail nous revient en mai pour nous quitter en septembre. Elle donne la préférence aux eaux troubles et sales ainsi qu'aux endroits couverts de végétations. Vol facile et des plus gracieux que la guifette varie à l'infini.

Cet oiseau chasse toute la journée dans les airs et de la même façon que le Pierre-garin, mais surtout en rasant l'eau. Très sociables entre eux, et très dévoués les uns aux autres, exposant leur vie pour porter secours à un compagnon, mis à mal par leurs ennemis. Se nourrissent principalement d'insectes et de larves aquatiques et terrestres, têtards, vers, etc.

Leur voix est douce et ressemble à tick, tick, pyrra. Brehm dit, qu'on prend ces oiseaux au passage sur les étangs en Italie; on les attire en agitant un lambeau d'étoffe blanche, la plupart sont vendues vivantes à des enfants qui s'amusent à les faire voler avec un fil à la patte, les autres sont tuées, plumées, détaillées et apportées en cet état au marché.

Famille des Laridés ou Goëlands

Caractères généraux : Bec tantôt long, tantôt moyen, comprimé sur les côtés, solide, crochu à la pointe, mandibule inférieure anguleuse, carrénée. Tarses moyens, pieds fortement palmés, trois doigts à l'avant, le pouce assez élevé, libre. Ailes aigües à l'extrémité, mais longues et larges, croisées au repos. Queue à rectrices égales, très rarement fourchue.

Leur taille varie entre celle d'une tourterelle et celle d'un aigle. Leur plumage très étoffé cache une charpente délicate quoique solide ; ils portent une grosse tête sur un cou assez court qui s'emmanche sur une large poitrine.

Nous l'avons déjà dit ailleurs, ces oiseaux sont les croque-morts aquatiques, leur voracité est extrême, leur appétit aussi insatiable que peu déliéat.

Omnivores, ils poursuivent aussi bien le poisson que le canard ou l'oie, et se contentent au besoin des détritus et des restes de cuisine jetés à la mer par les navires qu'ils suivent au vol à un jour ou deux des côtes. Ils pullulent sur toutes les plages maritimes et certaines espèces remontent le cours des fleuves et des rivières.

A l'approche d'une tempête ils fuient la haute mer et se réfugient parfois très loin à l'intérieur des terres où ils séjournent aux prairies inondées jusqu'à ce que les éléments se soient apaisés. Ce sont les Juifs errants de la Volatilie, voyageant tantôt en migrateurs, tantôt n'ayant pour but et pour limite de leurs excursions que leur curiosité ou leur fantaisie.

Leur vol puissant, soutenu, leur permet de se transporter des zones septentrionales qu'ils préfèrent en général, jusqu'aux zones tropicales. Tantôt ils planent à la façon des rapaces, tantôt ils rasent la surface des flots et saisissent leur proie à la cime des lames avec

une adresse incroyable. Quand ils suivent un grand
navire leur vol est circulaire, ils ont soin de présenter
ainsi leur poitrail garni d'un grand luxe de plumes aux
plombs du tireur. Ils nagent, mais ne plongent pas, ils
se reposent souvent sur leur élément favori et tiennent
la queue relevée hors de l'eau. A ce signe seul, le chasseur distinguera de bien loin, une bande de mouettes au
repos sur l'eau, de toute autre espèce d'oiseaux aquatiques.

On a divisé cette grande famille en goëlands et en
mouettes, mais il est convenu qu'on appelle mouette,
tout oiseau de cette espèce dont la grosseur ne dépasse
pas celle d'un canard ordinaire, et goëland celui qui la
dépasse, ou bien encore les mouettes sont les espèces
dont les ailes mesurent moins de 40 centimètres.

Les mouettes ont pour habitude particulière de se
rassembler en bande considérable sur l'eau ou sur un
banc de sable, et tandis qu'une partie d'entre elles se

GOËLANDS. MANTEAU NOIR.

tient alignée côte à côte, les autres voltigent au-dessus
en cercles infinis, en poussant des cris étourdissants.
Celles-ci à leur tour viennent se rasseoir et prendre la
place occupée par les premières, au fur et à mesure

qu'elles quittent cette place, et ces dernières, à leur tour, viennent exécuter les manœuvres aériennes de leurs remplaçantes. Elles se jouent ainsi longtemps au soleil sur les bancs de sable fraîchement mis à nu du Bas-Escaut, et c'est un spectacle ravissant qu'on ne se lasse pas de contempler par une belle matinée d'hiver.

Je crois qu'à l'instar des races nègres, ces oiseaux tiennent des palabres, ou se livrent à des jeux dont la complication m'a échappé jusqu'ici, à moins que les mâles ne s'amusent à dévisager leurs fiancées pour les noces prochaines, à montrer leurs grâces, et faire le beau pour les séduire et les fixer, car ce sont des oiseaux très coquets et qui apportent un soin extrême à leur toilette.

Ils sont très sociables entre eux à cette époque de l'année, mais ils sont aussi querelleurs, jaloux et cruels à l'époque des amours.

G. MANTEAU BLEU.

Ces colères et ces luttes ne sont du reste que passagères, car il vont ensuite nicher en sociétés nombreuses aux îles marécageuses, aux rochers et aux falaises.

J'ignore si leur union amoureuse est de bien longue durée, mais les conjoints couvent à tour de rôle, et se partagent les soins de l'éducation de leurs petits, ordinairement au nombre de deux à quatre.

Leurs cris sont très variés, depuis la crécelle jusqu'au bourdon, et depuis le rire jusqu'aux aboiements du chien. Il y a de grandes différences entre les jeunes et les vieux, et la plupart n'entrent en plumage parfait qu'à la 2e et la 3e année. Ils subissent tous la *double mue*, mais la mue du printemps est partielle et bornée à la tête et au cou.

Pas de différence dans les sexes, et les femelles sont un peu plus petites que les mâles. Temminck dit que les marques auxquelles on peut reconnaître les individus dans leur livrée parfaite sont la couleur uniforme de la queue et aucune trace de tâches noires au bec.

Nous nous bornerons donc au tableau analytique des espèces indigènes, comme pour les sternes, et nous renvoyons le lecteur qui désire plus de détails aux ouvrages classiques.

Le tableau-ci joint sera un guide suffisant pour le chasseur-naturaliste, qui dédaignera ces espèces parce qu'elles sont immangeables, et sont le plus bel ornement de nos plages et de notre royal fleuve.

Les riverains de la mer et du fleuve les prennent à l'hameçon amorcé d'un petit poisson. Ils placent les pièges sur les bancs de sable ou les laissent dériver avec une longue ficelle. Jeu cruel. Aujourd'hui la loi belge défend, avec raison, de capturer les laridés.

Tableau analytique des espèces indigènes.
—

I. — Ailes mesurant au moins 40 centimètres.

A. — Rémiges noires ou noirâtres au moins à leur extrémité, à pointe plus ou moins blanche (adultes).
1. Manteau couleur ardoise ou noirâtre :

a) Doigt médian, ongle compris, ne dépassant pas 52 millimètres. **L. Fuscus.**
Le **goëland à pieds jaunes**, pèche le hareng et la sardine. Cosmopolite, | Taille, 0ᵐ40, ailes 0ᵐ41.
répandu sur toutes les côte N.-O. de l'Europe. Commun aux plages belges. | Doigt médian, ongle compris 0ᵐ051
Rare sur l'Escaut.

b) Doigt médian, ongle compris, dépassant 52 millimètres. **L. Marinus.** Le | Taille 0ᵐ52, ailes 0ᵐ47.
goëland à manteau noir. Chevalier-Errant, habite l'Europe, l'Asie et | *Commun sur le Bas-Escaut* tout
l'Amérique. Aime les cadavres, les charognes, pillard et vorace. | l'hiver.

2. Manteau et base des rémiges gris-bleuâtre, les dernières noires à leur extrémité, mais à pointe blanche.

Un des plus communs de l'Europe. **L'Argentatus.** Le **goëland argenté**, | Taille 0ᵐ51.
habite aussi l'Amérique jusqu'au cercle polaire. *Rare sur l'Escaut* en temps | Ailes 0ᵐ47.
ordinaire.

B. — Rémiges brunes ou noires.

3. Manteau d'un brun plus ou moins foncé, mais les plumes bordées de blanc ou blanchâtres (jeunes).
a' Doigt médian, ongle compris, ne dépassant pas 52 millimètres. **L. Fuscus.**
b' Doigt médian, ongle compris, dépassant 52 millimètres.
c Hauteur du bec à la base des narines.
c' Ne dépassant pas 17 millimètres. **L'Argentatus.**
c" Dépassant 17 millimètres. **L. Marinus.**

C. — Rémiges blanches ou blanchâtres.

1. Manteau gris pâle (adultes) ou rayé de brunâtre (jeunes).

a) Ailes mesurant 40 à 41 centim. **L. Leucopterus.** Le **Goël Leucoptère.** | Taille 0ᵐ47, ailes 0ᵐ40.
Sa patrie est l'Amérique boréale. Accidentel chez nous. *Très très rare sur*
l'Escaut.

b. Ailes mesurant de 42 à 44 centimètres. **L. Glaucus. Le Goëland glauque.** Espèce circumpolaire. Dépasse rarement la mer Baltique. *Très très rare sur l'Escaut.* } Taille 0m60, ailes 0m42.

N. B. — J'ai complété ce tableau de Dubois, par les détails intercalés aux caractères anatomiques.

II. — Ailes mesurant moins de 40 centimètres.

A. — Pouce bien distinct :

1. Rémiges en partie noire

Ailes 33 à 35 centimètres.
L. Canus. **Mouette cendrée.** Très commune dans le nord de l'Europe et de l'Asie.
Taille 0m36. Ailes 0m35. *Abondante sur l'Escaut.*

Ailes 28 à 31 centimètres.
L. Ridibundus. **La Mouette rieuse.** Commune aux régions tempérées de l'Europe et de l'Asie.
Taille 0m31. Ailes 0m35. *Très abondante sur l'Escaut.*

2. Rémiges gris pâle, terminées de blanc, ailes 23 centimètres.
L. Minutus. **La Mouette pygmée.** Taille 0m24. Habite la Russie l'hiver et le Midi de l'Europe et le Nord de l'Afrique l'été. *Très très rare sur l'Escaut.*

3. Rémiges blanches ou avec une tache subterminale noirâtre. L. Eburneus, **La Mouette sénateur.**

B. — Pouce réduit à un simple tubercule.

Larus tridactylus. **La mouette tridactyle.** Espèce circumpolaire. Abondantes aux passages sur toute la côte Ouest de l'Europe. Forme des *Montagnes d'oiseaux* en Islande. Ce sont les Risses.
Taille 0m32, ailes 0m29. *Abondante sur l'Escaut* après certaines tempêtes, sinon rare chez nous, en temps ordinaire.

Le genre Labbe ou Stercoraire

—

Voici maintenant les oiseaux de haut vol, que les tempêtes, les ouragans et les tourmentes de l'Océan peuvent égarer sur nos plages, à l'intérieur des terres et jusqu'aux rives des Escaut. On peut les appeler des *égarés* ou des *réfugiés*, comme on voudra; leur présence sur notre territoire de chasse n'est pas impossible, mais elle est tout à fait accidentelle.

Il n'entre pas dans notre cadre de décrire ces espèces, et nous suivrons la même règle vis-à-vis du dernier groupe des longipennes, les procellariens ou pétrels.

Nous nous bornerons ici, à quelques considérations générales sur ces tribus hétéroclites à tous égards, et surtout peu dignes d'intérêt pour le chasseur.

Le genre labbe, doit faire suite au genre goëland, parce qu'il s'en rapproche beaucoup anatomiquement, mais les espèces qui le composent s'en éloignent considérablement au point de vue des mœurs et des habitudes. Le bec est moins aplati, mais plus recourbé et revêtu d'une espèce de cire sur plus de la moitié de sa longueur, les narines sont plus grandes et s'étendent plus bas. La queue est pointue, et les pennes médianes souvent très allongées chez l'adulte, enfin leur teinte dominante est fuligineuse, contrairement aux mauves qui sont cendrées-bleuâtres.

Les labbes quoique cosmopolites et errants, fréquentent surtout les régions arctiques. Ce sont des voiliers extraordinaires, des nageurs intrépides, sur l'eau ils ont les allures des goëlands, au vol ils simulent celles des rapaces dont ils ont la voracité et la cruauté. Ce sont les forbans des mers. Autant les laridés sont des oiseaux lâches et amateurs de charogne, autant les stercoraires sont courageux et affamés de proie vivante.

Bêtes voraces, jamais rassasiées, race de voleurs et de pillards. Ils poursuivent les oiseaux pêcheurs pour s'emparer de leur butin, ils s'accagent les nids, dévorent les œufs et les poussins, et à défaut de ces victimes, ils se rattrapent sur les vers, les larves, les mulots et sur tout ce qui vit et respire.

Ces tyrans fondent sur les mouettes et autres goélands avec toute l'impétuosité que leur donnent leurs ailes grandissimes, et d'un coup de bec appliqué au bon endroit leur font régurgiter le poisson dont ils s'emparent prestement. On croyait autrefois que c'était pour dévorer leur fiente, de là le nom vulgaire de *stercoraire* qui leur a été donné.

Voici les noms de ces écumeurs de mer qui attaquent même l'homme, et jettent l'épouvante et la consternation parmi les tribus de la volatilie qui peuplent les montagnes d'oiseaux vers le Pôle Nord.

Le Stercoraire brun (Stercorarius Catarractes).

Anglais : The Great Skua	Taille 0.60.
Flamand : De Groote Jager	Ailes 0,43.

Le Stercoraire Pomarin (S. Pomarinus).

Anglais : The Pomarine Skua	Taille 0,55.
Flamand : De Middelste Jager	Ailes 0,36.

Le Stercoraire Parasite (S. Parasiticus).

Anglais : The Richardson's Skua	Taille 0,42. Celui qu'on rencontre le plus souvent sur les côtes Ouest de l'Allemagne.
Flamand : De Kleine Jager	

Le Stercoraire à Longue queue (S. Longicaudus).

Anglais : The Buffon's Skua	Taille 0,34.
Flamand : De Kleinste Jager	Ailes 0,31.

Famille des Procellaridés

La dénomination de procellaire, mot à mot *oiseau des tempêtes*, convient parfaitement à ces espèces noctambules qui préfèrent pêcher en eau trouble, et ne semblent sortir et se réjouir qu'à la vue des épaves et des cadavres huileux. Au fond il est probable que c'est la faim et le jeûne forcé par les mers démontées, qui les poussent à venir mendier autour des navires en détresse. Ils sont caractérisés par un bec articulé, très crochu et des narines réunies en un tube couché sur la mandibule supérieure. Le pouce est nul et remplacé par un ongle crochu, les doigts de devant largement palmés.

Espèce pélagienne par excellence. Doués d'une organisation très robuste, ces oiseaux parcourent à l'aide d'un vol puissant et rapide des trajets immenses en peu d'heures, et s'avancent au large à plusieurs centaines de lieues. Compagnons des marins pendant les longues traversées, on les voit tournoyer autour des vaisseaux et ne les abandonner que lorsque le calme renait. Si les pétrels fréquentent les mers tourmentées et se tiennent dans les tourbillons que forme le sillage des navires, c'est parceque l'agitation des flots ramène à leur surface les proies vivantes ou mortes dont ils font leur nourriture, ou bien qu'ils savent par expérience qu'ils pourront ramasser les résidus, détritus ou restes de cuisine qu'on jettera par-dessus bord. Ils se nourrissent surtout de mollusques, crustacés, cadavres de poissons et corps gras. L'espèce a cependant dû se perpétuer avant que les mers ne soient sillonnées par les vaisseaux, on peut donc penser que, contrairement aux autres oiseaux qui fuient la tempête, ceux-ci semblent la chercher. Vents, orages, bourrasques, déchaînements des flots, ils bravent tout, rien ne peut les arrêter ni les fatiguer. Ils ont la faculté de se soutenir sur les vagues, d'y marcher et d'y courir en frappant l'eau de leurs pieds avec une extrême vitesse.

C'est à cette faculté que ces oiseaux doivent leur nom de Pétrels, de Peter, Pierre, parceque les matelots les comparent à St-Pierre marchant sur les flots. Mais St-Pierre qui se balladait sur le lac de Génézareth, et les inventeurs de montagnes russes ne sont que des plagiaires et de pâles imitateurs des Procellariens.

Ils ne se rendent à terre que la nuit et au temps de la ponte.

Ils font leur nid dans les trous de rocher, et nourrissent leurs petits en leur dégorgeant dans le bec des aliments à demi digérés. Pour se défendre, ils éternuent sur l'envahisseur de leur nid une substance huileuse, fétide, repoussante.

Ils aiment le lard des baleines crevées et des phoques dépecés, et cette espèce ignoble, au plumage fuligineux, d'aspect assez lugubre, représente bien les sinistres messagers de la mort. Peu sociables et peu farouches, chacun travaille pour son compte personnel et se fait souvent tuer dans le sillage des navires qu'il suit avec une audace voisine de la stupidité.

Voici les noms des principaux :

L'Albatros Hurleur (Diomedia Exulans).

Flamand : De Huilende Albatros.　　} 　　Taille 1^{m}05.　Ailes 0^{m}68.

Habite les mers australes entre le 60° et le 30° de latitude sud. Les captures en Europe sont très peu nombreuses. Un sujet a été abattu à coups de rames sur l'Escaut près d'Anvers en septembre 1833 (Drapiez) et plus récemment, le 27 avril 1887, un albatros endormi sur un brise-lames de la côte de Blankenberghe, fut tué à coups de bâton par un ouvrier du port, voilà donc deux captures faites en Belgique (Dubois).

Le Pétrel Glacial (Fulmarus Glacialus).

Flamand : De Noordsche Stormvogel   }   Taille 0^{m}41. Ailes 0^{m}35.

Niche au Spitzberg, au Groenland. Très accidentel chez nous.

Le Thalassidrome Tempête (Procellaria Pelagica).

Flamand : Het Stormvogelje   }   Taille 0^{m}13. Ailes 0^{m}18.

Habite surtout l'océan Atlantique. C'est le plus petit oiseau de l'ordre des Palmipèdes. Se voit parfois en grand nombre en Belgique et sur l'Escaut après les tempêtes. On en a pris un sujet en 1854, près de Bruxelles, deux sujets se seraient aussi laissés prendre à la main après la tempête du 31 octobre 1835, l'un à Namur sur les bords de la Meuse, l'autre en Ardenne sur un étang (Sélis-Longchamps). Quelques autres ont été capturés depuis lors. M. Alexandre Della Faille de Leverghem en possède un tué a Hoboken (Anvers).

Le Thalassidrome de Leach (Procellaria Leachi).

Flamand : Het Vale Stormvogelje   }   Taille 0^{m}16. Ailes 0^{m}15.

Le Piffin des Anglais (Puffinus Anglorum).

Flamand : De Noorsche Pylstormvogel   }   Taille 0^{m}29. Ailes 0^{m}22

Deux diables sur l'Escaut

—

Comment il se fit que les 19 et 20 décembre de la fin d'année 1896, l'on vit tout à coup apparaître au milieu du Bas-Escaut deux diables étranges et hétéroclites, l'un la terreur des chasseurs, l'autre l'épouvante des marins, c'est ce que la suite de ce très véridique récit vous apprendra.

Voyons d'abord les acteurs.

D'une part, ils étaient quatre qui voulaient s'esbattre et s'esbaudir quelques jours en une excursion cynégétique sur les eaux glauques du grand fleuve, portés par le *Dolphyn*, grand botter d'une vingtaine de tonneaux, qui devait réunir dans ses flancs et à sa table, après la première journée de chasse, l'équipe du steam-yacht *Sarcelle* d'autre part, composée de deux chasseurs seulement. Ainsi en avait-il été formellement décidé avant le départ et le rendez-vous fixé en pleine eau au Vieux-Doel.

En réalité, l'équipe du *Dolphyn*, se proposait d'aller essayer la grande canardière The London, de la maison Holland and Holland, et le punt anglais de M. Ward, grand ghazi d'un coup de canardière fameux de dix-sept canards, tués l'an passé, coup qui doit lui revenir d'après mon honnête estimation, à 17 mille francs, soit à mille francs le canard, avant qu'il n'en fasse encore autant.

Et ça va bien. Voyez, jusqu'ici il en est à son huitième billet de mille francs pour frais d'équipement, et n'a tiré depuis qu'un seul col-vert, et au milieu de quelles angoisses, bon Dieu ! vous allez voir. C'est dans son sein que le propriétaire du beau botter, M. Donies, qui ne doute de rien, se consolait des tribulations et des tintoins que lui avait donnés son punt à vapeur, merveille de grâce et de légèreté, qui doit épater Bruxelles-port de mer. Puis le grand maître-queue du *Dolphyn*, M. op de B., dont l'art culinaire et les moustaches en croc relèvent de l'art de Vatel et de l'officier français, avait promis de se surpasser ce soir-là, et de faire voir à l'équipe de la *Sarcelle* que le secrétaire de l'Hippo Yachting Club bruxellois (président Thibault-j'achète un bateau) possédait, en sa personne, un monteur de transatlantique hors ligne, doublé d'un fin gourmet. Le quatrième personnage, enfin, de cette mirabolante équipe, fut un de nos meilleurs artistes peintres, M. V., auteur d'une nouvelle théorie sur la vitesse des vagues ; il a déjà beaucoup voyagé, le cher maître, et ses connaissances nautiques et artistiques ont des envergures et des envolée superbes.

Pas moyen de s'embêter une minute, à bord d'un bateau monté par pareils bons drilles !

La *Sarcelle*, plus modeste, comme il convient à un petit bateau qui va sur l'eau, au moyen d'un peu d'eau à 100 degrés et même un peu plus, et non au moyen d'immense pièces de toile qui ombrent la moitié d'un fleuve, avait à son bord M. Félix de Baré de Comogne, grand tueur de coqs de bruyère et d'alouettes au cul levé, et le Cousis, né tendeur et inventeur du punt à pédales et à hélice-gouvernail, chef-d'œuvre de simplicité pour la chasse au gibier d'eau, et à la portée du premier imbécile venu.

Le *Dolphyn*, ayant quitté Anvers le 19 décembre, à 5 heures du matin, par très petite brise nord-Est, avait pris les devants, tandis que la *Sarcelle* s'ébrouait au ponton à 7 1/2 heures.

Tout marcha bien jusque Bath, quoique déjà au Frédéric une houle sans vent, comme si quelque chose enflait les lames par en dessous, nous annonçât que le souffle des aquilons allait entrer en scène.

Je dis à Félix : le baromètre baisse joliment, ça se gâtera.

Il avait un peu froid, l'ami et il alla s'ajouter une pelure.

L'Escaut présentait à ce moment un aspect désolé, lamentable : pas un vol de canards ou d'oies sauvages pour réjouir les yeux, pas une palabre de mouettes pour égayer le paysage ; les courlis et les pies de mer, toujours si bruyants et si nombreux en ces parages, avaient fui, et les armées de bécasseaux au vol fou et kaléidoscopique, s'étaient retirées en bon ordre, aux schorres de Santvliet, prévoyant la tempête. Nous allions vers le schaar de Weerde (Hollande), lorsque tout à coup nous aperçûmes le *Dolphyn* qui en sortait toutes voiles dehors, à l'allure grand largue, il était superbe ainsi. Il piqua droit sur nous, alla au lof, et tandis que ses voiles fasiaient au vent, nous étant approchés à toute vapeur, le Coq-Officier nous cria dans la tourmente :

« L'*Argus* est là, il est venu demander nos ports-
» d'armes, nous n'en avions pas : nous avons expliqué
» que s'était pour essayer la nouvelle canardière, il a
» coupé dans le pont ; n'allez pas à Weerde, il vous
» guette : On a écrit que les Belges venaient chasser
» les samedi, dimanche et lundi en Zélande, jour où
» l'*Argus* ne navigue pas, et il a ordre de sévir. Nous
» fuyons, fuyez aussi, car il confisquera votre canar-
» dière, etc., etc. »

Faut vous dire que l'*Argus* est le noir steam-yacht hollandais chargé spécialement de surveiller les pêcheries et les chasses, et il est redouté à l'égal du diable par tous ceux qui ne sont pas en règle, professionnels et amateurs.

Nous répondîmes du deck de la *Sarcelle* :

« Nous avons un permis de chasse au petit fusil, nous
» restons, mais comme il fait trop mauvais pour chasser,
» venez dîner à Bath sous le vent... comme il a été con-
» venu à Bruxelles. »

Alors, le commodore du *Dolphyn*, un peu pâle, mais toujours souriant, nous déclara qu'ils allaient se réfu-gier à l'*Hondegat* pour tenter l'affût aux oies sauvages, le soir au clair de lune, et il nous engagea à monter à son bord pour aller ripailler avec eux derrière l'île de

Saeftingen, là où l'*Argus* ne pourrait les dénicher, ou du moins aller les relancer. Nous refusâmes évidemment de quitter notre bateau, et nous nous éloignâmes vers Bath en faisant des réflexions amères sur l'inconstance des hommes, des vents et des flots.

L'homme propose, Dieu dispose, la femme s'indispose et ce diable d'*Argus* s'interpose!!

Le vocable de lâcheurs nous vint aux lèvres, mais vu les circonstances, nous le fîmes rentrer dans une lippée énorme de Beste Schiedam, en plaignant la déveine de nos amis.

Evidemment les marins de leur bord avaient pesé sur leur détermination, par un tas de bonnes raisons, dont ils sont toujours abondamment pourvus, quand il s'agit de faire partager leur manière de voir aux patrons. Tous les malheurs vont toujours arriver et fondre sur vous, si vous n'êtes pas de leur avis, avis qui est toujours le meilleur et s'accommode le mieux du monde avec leurs petites combinaisons. Véritablement ils en abusent; et, il est grand temps que tous les yachtmen le leur fassent sentir à l'occasion.

Bref, ils en furent bien punis, nos pauvres compagnons, car en fuyant l'*Argus* au fond de l'Hondegat, ils durent y rester échoués jusqu'au lendemain après-midi, terme prochain de leur excursion, sans pouvoir naviguer, ni voir de gibier, ni même se débarrasser de l'idée obsédante d'un protocole possible.

Quant à la *Sarcelle*, elle demeura affourchée sur son ancre sous le vent, pendant la rafale, et après un dîner select, où le caviar se rencontra avec le pâté de grives, le Hummel et les abricots de Californie, Félix et moi, dans une dernière bouffée de mousseux, clamâmes aux éléments déchaînés : Hurle, tempête du diable, la *Sarcelle* ne te craint pas!!

Et l'équipe du petit bateau s'endormit dans le Seigneur, mollement bercée par le clapotis du flot et la chanson du vent...

Le lendemain, dimanche 20 décembre, à 9 heures du matin, quatre beaux col-verts, tués en punt, gisaient déjà sur notre rouffe; le vent, épuisé d'avoir tant soufflé toute la nuit, s'était apaisé pour passer au S.-S.-O. le matin, et un temps splendide et glorieux se préparait pour nous.

Nous nous dirigeâmes vers le Schaar de Weerde à 11 heures et nous aperçûmes dans le lointain, près d'Hansweert, l'*Argus* guettant les chasseurs. En route, Félix me dit avoir aperçu pendant mon absence en punt un petit oiseau tout noir, qui se posait sur les lames et continuait ainsi son chemin, les ailes grandes ouvertes comme un esprit infernal.

— Si tu as bien vu, lui dis-je, ça ne peut être que le Thalassidrome tempête !

— Qu'est-ce que c'est que cela? fit-il.

— Je te l'expliquerai tantôt, répliquai-je, car voilà l'*Argus* qui vire, et s'élance à fond de train sur nous; c'est dimanche, et l'on ne peut chasser le dimanche en Hollande, même sur l'eau; nous sommes armés jusqu'aux dents : trois canardières, trois fusils, c'est beaucoup pour un seul homme. Or, quoique j'aie un permis de chasse, nous sommes sur son territoire. Attirons-le en Belgique, il ne pourra nous rattraper , nous avons une belle avance. Nous nous expliquerons à la frontière, ce sera plus sûr, et après sa course folle, nous lui exhiberons nos papiers et il fera un nez, le noir diable, je ne te dis que cela. Puis nous chasserons aux Schorres de Santvliet, à sa barbe et sous son grand œil d'*Argus*.

— Bonne farce à faire, adopta Félix, j'ai trop chaud, j'ôte une pelure, je prends la barre, et verse-moi un petit verre là-dessus. Il dit, tourna les yeux vers le ciel bleu, leva vivement le coude, fit claquer son intarissable langue et cria : Fool speed, Louis!!

Et ce fut une course folle entre les deux steamers du fond de Weerde à la frontière belge, et le noir *Argus*, aux plaques dorées, ne put rattraper la *Sarcelle* au front blanc.

Stop, Louis! et nous jetâmes l'ancre juste à la bouée frontière. Cinq minutes après, l'*Argus* en fit autant.

Le fonctionnaire hollandais, la pipe aux dents, vint en canot accoster notre bord, et avec une politesse à laquelle je m'empresse de rendre hommage, et des détours infinis, nous demanda (quoiqu'il n'en eût pas le droit, et il eut soin de le dire) si nous étions en ordre pour chasser en Hollande. J'exhibai mes papiers pour en finir, il les examina, puis demanda à voir notre fusil. On lui présenta un fort joli calibre quatre, qu'il épaula, et finit par déclarer que j'étais parfaitement en règle avec la loi hollandaise. Toutefois, il nous avertit que si nous nous servions d'une arme plus grosse, qui ne s'épaule pas, il faudrait payer un supplément. Parbleu, nous le savions aussi bien que lui, et l'argousin fit semblant de croire à notre ahurissement simulé... Quoiqu'il en soit, il nous quitta d'une façon charmante. Nous lui promîmes d'aller le lendemain, lundi, chasser à Hansweert, où il y avait beaucoup de canards, et il remonta à son bord, où il ne cessa de braquer ses jumelles sur le haut mât du *Dolphyn*, perdu dans la brume de l'Hondegat. Joué par la *Sarcelle*, peut-être méditait-il une vengeance !

Le *Dolphyn* à marée haute, vers 3 heures, sortit enfin de sa léthargie et de son chien de trou, et comme son équipage avait observé nos rapports avec l'*Argus* qui avait fait fuir vers Anvers le botter de M. H., autre chasseur belge, son commodore nous proposa de dissiper ses émotions et d'écouter le récit de notre entrevue en un petit banquet à son bord.

L'équipage de la *Sarcelle*, toujours bon enfant, accepta de grand cœur et feignit même de croire que l'oie sauvage étalée sur le rouffe du *Dolphyn* avait été occise à l'affût de la veille —pièce de justification — tandis qu'un rapide examen des pattes séchées de la bête me prouva de suite qu'elle était tuée depuis 5 ou 6 jours déjà! La *Sarcelle* ne rama pas. Cette oie a dû être bien à point pour la Noël!

Le repas fut charmant, mais le maître-queue du bord ne parvint point à secouer la pénible impression qu'avait laissée dans son esprit la malencontreuse rencontre de l'*Argus* et la sequestration du Kis-Kas.

Il y eut un laisser aller dans la préparation des plats, comme dans sa conduite de la veille, et sa réputation, en cette circonstance, ne sut se maintenir au niveau qu'elle s'était acquise à l'Hippo-Yachting Club. On se sépara vers minuit, et le lendemain matin, tandis que nos voiliers filaient sur Anvers, *par le vicinal de Lillo*, la *Sarcelle* fendait les flots vers Hansweert.

Le brouillard se dissipa vers huit heures; après une nuit splendide, un souffle imperceptible ridait la surface des eaux, et au milieu d'une lactescence indécise, le punt à hélice faisait merveille.

A neuf heures, nous avions tiré neuf canards, dont deux harles-nonnettes, mâle et femelle, oiseaux venus du cercle polaire.

Nous passâmes la journée à Weerde, où nous ne revîmes plus l'*Argus*; vers deux heures après-midi, nous aperçûmes sur l'eau, près de la bouée rouge qui fait face à la sortie de cette passe, un petit oiseau couleur suie, qui avait l'air de se promener tranquillement sur la cime des lames à 200 mètres environ de notre bord.

— Le voilà, mon oiseau d'hier, s'écria mon ami Félix de B., le voilà, crédieu, c'est bien lui; comment l'appelles-tu encore?

— Tais-toi, ne g...erie pas ainsi, lui dis-je; et l'ayant examiné à la jumelle, je confirmai mon diagnostic de la veille, c'était bien l'*oiseau des tempêtes*; et comme notre mécanicien Louis et notre pilote Franz s'étaient vivement approchés pour entendre ce que j'allais répondre, sachant les marins quelque peu superstitieux, je leur déclarai que ce volatile extraordinaire était le *diable*, l'épouvantail des matelots, le précurseur des naufragés dont il déchiquetait les cadavres et emportait l'âme au fond des gouffres ! Et lorsque je leur dis que le petit diable était invulnérable, que nous n'en viendrions pas à bout avec tous nos fusils et nos plombs, qu'il faudrait tâcher de le blesser au « spiritus » et s'en emparer au filet, à l'épuisette, puis le prendre avec des gants et le tenir bien loin des yeux pour ne pas être aveuglé par le jet d'huile infernale qu'il cracherait sur celui qui serait à sa portée, leur étonnement fut prodigieux... Ils ébauchèrent un signe de croix en retournant à leur poste, et je vis l'instant où ils nous auraient demandé de nous détourner de cette proie, afin de nous éviter quelque malheur.

Cependant nous approchions de l'oiseau noir qui marchait sur les flots dont il suivait les sinuosités, les ailes déployées au vent, comme un petit diable de féerie. Il était superbe et sinistre à voir, et mon cœur battait violemment à la pensée de cette capture extraordinaire, — *raare vogel*.

Félix avait mis quatre cartouches n° 4 sur son fusil à répétition, tandis que je coulais deux cartouches n° 8 sur mon calibre 16.

— Puisque c'est toi qui l'as vu le premier hier et aujourd'hui, lui dis-je, à toi l'honneur de le tirer, vise bien surtout.

Nous n'étions plus qu'à 50 mètres lorsque l'oiseau s'enleva. Il fit quelques courbes d'une forme elliptique charmante devant le bateau sans le fuir, et se posa de nouveau sur la lame avec une grâce et une délicatesse infinies. Ce temps de repos fut accompagné de rapides battements d'ailes qu'il maintint grandes ouvertes presque verticalement en l'air. (Voir cliché).

À ce moment, la *Sarcelle* piqua droit dessus, et à 30 mètres l'oiseau prit l'essor... Pan... pan... pan... pan...; et chacun des quatre coups de Félix cribla littéralement l'étrange et hétéroclite démon, qui, après quelques nouvelles courbes, alla se remettre à 60 mètres de la proue, comme s'il était sourd au bruit des détonations et inconscient du danger.

THALASSIDROME DE LEACH.

La stupéfaction de nos hommes, et je crois aussi un peu celle du chasseur, fut énorme ; ils crurent réellement qu'il était ensorcelé. Les choses se passaient comme je l'avais annoncé ; comment était-ce possible qu'un oiseau, gros comme une alouette, ne fut pas émietté par quatre coups de feu bien ajustés, à bonne portée, dont on avait vu les plombs couvrir chaque fois le corps entier ? Cela tenait du prodige, et comme de l'avant du pont où j'étais agenouillé, j'avais seul vu qu'il était blessé à l'aile, et que l'une d'elles, au lieu d'être en l'air, maintenant pendait vers l'eau, je m'emparai de l'épuisette et commandai de marcher tout doucement, dans le plus grand silence, vers l'oiseau. Tandis que Félix tenait nos deux fusils en croix inclinés au-dessus des eaux vers le petit diable (l'œil sur le calibre 16 en cas de surprise), je fis quelques salamalecs et chantai comme dans *Faust :*

C'est une croix qui de l'enfer nous garde (*bis*)...

Chip laâ, fit l'épuisette, et le diable fut pris vivant. Je le saisis avec un gant de laine ; il n'était que démonté et je le tins sur le dos dans la paume de la main, pour ne pas montrer son aile endommagée aux marins de plus en plus perplexes. Il becquetait sans force mon doigt de son bec crochu, surmonté d'un petit tube noir, tandis qu'il étalait les palmes noires de ses trois doigts, dans un mouvement nerveux, et sa gorge bien rosée exécutait dés mouvements spasmodiques, comme quelqu'un qui va vomir. Je compris, et pour compléter le tableau que j'avais prévu, et achever l'épatement de nos hommes, je redressai l'oiseau sur les pattes, le tendis vivement vers l'un d'eux, et le petit diable lui lança un jet d'huile infecte vers la figure...

Ils pâlirent affreusement, se reculèrent bien loin, et déclarèrent que ce n'était pas des farces à faire et qu'il fallait en finir avec cet être dangereux et extraordinaire (wonderlijk beestje).

Nous l'emportâmes dans notre cabine pour l'examiner à notre aise.

Là, il fit encore quelques efforts d'expectoration de son huile jaune fluide, et nous fûmes étonnés qu'un si petit oiseau eût un estomac qui contint bien un petit verre à goutte de cette liqueur nauséabonde. Elle était d'un gras extraordinaire, sentait la baleine crevée ; ce doit être une substance lubréfiante de premier ordre. C'était bien, je le répète, un *thalassidrome tempête* de Leach (het vale stormvogeltje). Nulle goutte de sang ne souillait son plumage fuligineux des pieds à la tête, avec un peu de blanc au croupion et aux confins des petites couvertures des ailes, *la queue fourchue.* Il mesurait 16 centimètres de long, 36 d'envergure et sa longue aile d'hirondelle, dont la troisième rémige est la plus étendue, était de 13 centimètres. Le plomb n° 4 avait glissé sur son plumage huilé doublé d'un fort duvet ouaté, surtout sur le dos. Il ne fit entendre ni cris, ni plaintes, et sa témérité, ou surdité, le tint constamment à quelques encâblures du bateau.

Maintenant, on peut se demander quand cet oiseau *égaré* et *désorienté* est arrivé sur l'Escaut?

Je crois devoir rattacher sa présence sur notre territoire de chasse aux tempêtes qui ont sévi, il y a huit jours, sur l'Atlantique et les côtes d'Espagne, où tant de navires ont sombré.

Cet oiseau, en effet, fréquente constamment l'Océan Atlantique, tient toujours la haute mer et ne vient à terre qu'une fois l'an pour couver.

Je ne puis admettre qu'il soit arrivé sur l'Escaut, la veille du jour où nous le vîmes pour la première fois, alors qu'un vent N.-E. très fort souffla toute l'après-midi et la nuit suivante, quoique cette espèce pélagienne, noctambule, douée d'une organisation très robuste, puisse parcourir, à l'aide d'un vol puissant et rapide, comparable à celui du martinet, des trajets immenses en peu d'heures, s'avançant au large à plusieurs centaines de lieues.

L'oiseau dépouillé n'était pas gras, en ce sens que nulle couche de graisse n'enveloppait ses muscles, qui étaient très rouges et très développés à la poitrine et aux ailes, et l'on peut dire qu'il était tout nerfs et tout muscles, agents actifs de la locomotion, car l'oiseau ainsi mis à nu, ne pesait que 21 grammes, sans la tête.

Il niche dans des trous de muraille, ou, comme le canard tadorne, dans des trous qu'il creuse en terre. En Europe, il ne niche que sur les rochers du groupe de St-Kilda et de l'Ile Rona, sur la côte occidentale de l'Ecosse (Seebohm). En Amérique, on rencontre cet oiseau au Sud du Groënland jusqu'au 65°, il est commun sur les côtes du Nouveau Brunswick et sur les bancs de Terre-Neuve (Dubois). Cet auteur dit qu'un sujet a été pris aux environs de Louvain en février 1837, un autre sur l'Escaut à Anvers, un troisième à Namur, un quatrième à Liége en 1840 (de Sélys-Longchamps). En 1853, on prit vivant, un oiseau de cette espèce dans un champ de blé près de Vilvorde (C.-F. Dubois). Enfin, un autre sujet fut capturé en décembre 1885 à Saint-Gilles (Bruxelles).

Les captures du *thalassidrome* de Leach en Belgique sont donc très rares.

La *Sarcelle* clôtura son expédition cynégétique par un bilan d'une bonne vingtaine de *col-verts*, deux harles-nonnettes, et la curieuse et très rare capture dont je viens de parler, le plus petit de tous les palmipèdes, après le thalassidrome tempête.

Il y eut grande illumination dans les cabines ce soir-là à bord, et nous entendîmes nos marins, en dégustant leur cigare, se raconter des histoires de revenants, de sorcières, de chiens noirs et de feux follets...

Et voilà comment il se fit que le 19 et le 20 décembre de cette fin d'année 1896, l'on vit tout-à-coup apparaître, au milieu de l'Escaut, deux diables étranges et hétéroclites, l'un la terreur des chasseurs, l'autre l'épouvantail des marins, et c'est ce que ce très véridique récit vous a appris.

Groupe des plongeurs.

—

D'une façon générale, ce groupe est surtout caracté-
risé par la brièveté des ailes, et l'insertion des pattes très
en arrière au bassin. Il sont brachyptères, pygopodes
et tridactiles à l'exception des grèbes et des plongeons.
Deyrolle résume ainsi ce groupe :

Pattes avec une palmature complète . . A
Doigts libres élargis par une membrane. Grèbe
A. Bec déprimé. . . . . B.
Bec long et pointu. . . . . C.
Bec court arrondi . . . . Mergule
B. Bec aussi haut que long chez les adultes Macareux
Bec deux fois plus long que haut . . . . Pingouin
C. Plumage noir uni sur le dos, blanc au
ventre. . . . . Guillemot
Plumage varié, dos gris ou noir à reflets
avec points blancs . . . . Plongeons

Tous ces oiseaux sont des nageurs de premier ordre,
et d'incomparables plongeurs. Ils ont l'attitude verticale,
à cause de l'insertion très postérieure de leurs tarses,
amincis par devant en lame de couteau pour favoriser
leurs courses folles entre deux eaux. La plupart sont
pêcheurs, piscivores avant tout, et se contentent d'ajouter quelques insectes et quelques mollusques à leur
régime, comme dessert. Mais tandis que le groupe des
longues ailes pêche à la surface et vole le poisson dans
la lame, le groupe des petites ailes, pêche à la ligne de
fond, se submerge pendant deux et trois minutes, et
vole le poisson sous l'eau.

Chose curieuse à constater, l'appareil natatoire des
diverses espèces qui constituent ce groupe et dont le
régime diététique et les habitudes aquatiques sont presque identiques, se différencie cependant de trois façons

différentes : les uns sont tridactyles, d'autres tétradactyles avec une rame au talon (plongeon) et d'autres
comme les grêbes ont chacun des quatre doigts armé d'une
large palette.

Il serait cependant bien difficile de dire, qu'elle est
l'espèce plongeuse la plus habile, de ces oiseaux. Mais si
la nature semble les avoir dotés d'un instrument différent pour remplir la même fonction, c'est que d'autres
éléments de structure ou de conformation entrent aussi
en jeu pour aider à l'accomplissement parfait de cette
fonction.

Encore une fois conformément à la loi de balancement
des organes, le dévoloppement exagéré de l'appareil
natatoire a eu pour corrélatif la diminution du système
alaire.

Les ailes sont devenues elles-mêmes de véritables
rames qui aident les pattes excessivement palmées à la
natation sous-ondienne.

Tous ces grandissimes plongeurs, volent littéralement
sous l'eau, les ailes entr'ouvertes, avec une vitesse
incroyable. De plus, leurs sacs aériens sont beaucoup
plus développés que chez les palmipèdes herbivores, et
il y a probablement encore une relation étroite et en sens
inverse, entre la quantité d'air dont ils peuvent se gonfler et la puissance de leurs rames, d'après les espèces.

Ils ont le pouvoir de s'immerger pendant plusieurs
minutes (de 2 à 3 1/2 minutes), et de toutes sortes de
manières.

Tantôt ils flottent à la façon des canards à moitié
hors de l'eau, tantôt le col et la tête sont seuls hors de
l'eau dans une position horizontale ou verticale, et tantôt
ils fuient à de très grandes profondeurs ou distances,
entre deux eaux.

Ils ont donc la faculté de changer la pesanteur spécifique de leur corps, en variant la quantité d'air dans
leurs sacs aériens, et en s'aidant des ailes et des pieds.

Quelques uns d'entre eux vont jusqu'à se gonfler la

peau comme une outre, quand pressés par le plomb du chasseur, ils rusent et veulent demeurer plus longtemps sous l'eau sans être obligés de remonter à la surface.

Mais cette curieuse faculté a tourné à leur désavantage, leur peau se détache facilement et se dépouille comme chez les animaux à fourrures, de sorte que l'on recherche la plupart de ces espèces, non pour leur chair qui est détestable, mais pour leur robe qui est soyeuse, duvetée, et nous fournit des vêtements, et des ornements.

Beaucoup de ces espèces sont voyageuses, et quelques unes fournissent d'assez longues traites au vol, mais en face de l'ennemi, elles ont plus de confiance en leur nage dans l'eau, qui est leur véritable élément.

Très sociables entre eux, et paisibles avec les autres nageurs, ces oiseaux ne cherchent querelle à personne, et l'on ne sait si l'on doit attribuer à leur innocence ou à leur stupidité, l'étrange manie qu'ils ont de se faire tuer quasi à bout portant par les chasseurs. Leurs facultés intellectuelles à vrai dire ne nous ont jamais paru bien brillantes. Ce sont les moules primitifs de la création, les ébauches de la volatilie, ils occupent donc le dernier échelon de la Rémipédie et sont cousins-germains du manchot quasi aptère et l'un des premiers nés de l'ordre des oiseaux.

Quand la saison des amours approche, dit Brehm, (1) les plongeurs gagnent les places choisies chaque année pour la reproduction, c'est-à-dire, des pans de rochers sur des brisants ou des îles rocheuses. On voit alors une multitude confuse et indescriptible nager, ramer, voler en nombreux essaims. C'est par centaine de mille qu'ils se réunissent sous l'influence d'un même désir. Cette innombrable multitude voltige et bourdonne autour des rochers, sans trêve ni repos, se presse sur les saillies, et sur les corniches et couvre entièrement l'île. Chaque petite place est utilisée, chaque fissure habitée, chaque crevasse occupée, la tourbe et les pierres friables fouillées

(1) Brehm. V. Merveilles de la nature. — Les oiseaux, page 862.

et creusées. Une agitation indescriptible s'élève, et cependant une paix continuelle règne dans la circonscription dont la population dépasse celle de nos plus grandes villes. Ici, l'homme passe froidement à côté de ses frères qui ont faim, tandis que là les oiseaux malheureux trouvent des centaines de compagnons qui n'attendent que l'occasion de se montrer généreux à leur égard. Le jeune oiseau qui perd ses parents n'est point abandonné. La société pourvoit au besoin de chacun. Les rochers incultes de la mer, nous donnent des leçons de sociabilité. Les parents s'oublient eux-mêmes pour ne penser qu'à leurs petits. »

Le Guillemot troïle ou à capuchon.

—

Lat. : URIA TROILE.

Flamand : DE ZEEKOET.

Taille : 0^m40; *ailes :* 0^m19.

Le guillemot est tridactyle, Tête, cou et tout le manteau, d'un noir de suie, dessous blanc pur avec flancs tachés de noir. Il porte un trait noir de l'œil au cou. Bec plus long que la tête, un tantinet crochu à son extrémité supérieure et garni de plumes à sa base inférieure. Pattes brunes olivâtres. L'aile noire, mais les pennes secondaires terminées de blanc; cette aile ouverte est coupée en forme de sifflet sur le modèle d'un habit de cérémonie.

Les *jeunes de l'année* portent du brun et du cendré sur les parties supérieures, une bande longitudinale noirâtre se prolonge sous les yeux et le côté du cou. On dirait qu'on a fait une suture à la peau, tant l'insertion de ces petites plumes noires tranchent sur le fond blanc. Le devant du cou est aussi cendré.

La *variété Ringwia* se caractérise par un cercle blanc autour des yeux prolongé en arrière jusque la région de l'oreille; j'ai tué un spécimen de cette variété au Schaar de Weerde en 1895.

Ils viennent des régions nord de l'Atlantique et parcourent les côtes anglaises, françaises, hollandaises et belges. Ils se balladent en grandes troupes entre Ostende et Douvres vers la fin juillet, et nous les rencontrons régulièrement chaque hiver sur le Bas-Escaut, mais principalement sur l'Escaut Oriental. Là ils sont toujours isolés, ou par couple. jamais plus ensemble.

Ils s'approchent près d'Anvers, j'en ai tirés jusque dans le Willems-Recht. Quand ils sentent le bateau à leurs trousses, ils plongent, mais s'ils l'aperçoivent venir de loin, ou s'ils jugent par leurs plongeons avoir mis une distance respectable suffisante entre eux et le chasseur, ils s'enlèvent à une faible hauteur, et vont se remettre à cinq cents ou mille mètres plus loin tout au plus. Le vol alors est bas, pas sibilant du tout malgré l'étroitesse de leurs ailes et la rapidité de leurs battements. Ils nagent la tête seule hors de l'eau, et défendent vaillamment leur vie par d'habiles disparitions et réapparitions, là où l'on ne s'attend guère à les voir revenir à la surface de l'eau. Il faut un bateau à vapeur pour poursuivre les guillemots avec succès, ainsi que les grèbes et toute cette tribu de plongeurs.

GUILLEMOT. PINGOUIN TORDA.

La rame ou la voile n'en viendraient souvent pas à bout car ils nagent volontiers contre vent et marée, et il n'est pas rare de devoir leur consacrer une demi-douzaine de cartouches avant d'en avoir raison. Vous les couvrez littéralement de mitraille, et ils replongent quand même jusqu'à extinction de force vitale. Ils ne faut pas oublier, qu'ils ne vous laissent voir qu'une fine tête plantée sur un cou grêle, et qu'à la distance de trente-cinq à quarante mètres ils voient le coup sortir du fusil, et sont précisément disparus au moment où le plomb frappe l'eau. Vous les touchez certainement, mais ils ont la vie très dure et aussi longtemps que le coup n'est pas mortel ils luttent et cherchent leur salut dans l'immersion finale. C'est un très bon exercice de tir que ces espèces plongeuses, elles vous donnent la notion des distances sur l'eau, et le coup d'œil nécessaire à jeter rapidement le coup de feu. Les plombs nos 5, 6, 7 sont tout indiqués pour tuer proprement ces oiseaux à petite distance.

Pendant tout le temps qu'on les traque ainsi, ils sont muets, jamais un cri, ni une plainte!

Ce sont du reste des oiseaux très sociables et très doux, et ils se caressent comme des tourterelles. La femelle couve un seul œuf dans les fissures des falaises qu'elle regagne en sautant de pierre en pierre. En France, et surtout aux îles Féroé les indigènes dénichent cet œuf en se laissant descendre au moyen de cordes à nœuds, et ces exercices très périlleux, à plus de vingt mètres au-dessus des précipices, exigent beaucoup d'audace et de sang-froid. Plus d'un de ces oiseleurs s'est brisé les os à cette dangereuse industrie, et malgré l'homme et les rapaces de toutes sortes acharnés à leur destruction, les rangs épais des guillemots ne semblent pas avoir diminué depuis des siècles.

Le Guillemot grylle.

—

Lat. : URIA GRYLLE.

Flamand : DE ZWARTE ZEEKOET.

Taille : 0^m35.

D'un noir uniforme avec un espace blanc formé par les couvertures des ailes. Bec noir, pieds rouges, iris brun.

Femelle plus petite, moins noire.

Très rare sur l'Escaut. Nous ne l'avons jamais rencontré. Fréquente les régions boréales. Espèce plus ou moins sédentaire.

Le Mergule nain.

—

Lat. : MERGULLUS ALLE.

Flamand : DE KLEIN NEK.

Taille : 0^m22.

Il porte à peu près le même costume que le guillemot, son attitude est également verticale, et il passe les trois quarts de son existence sur les eaux.

Mais son bec est petit, renflé, convexe.

PINGOUIN TORDA.   MERGULE NAIN.

Il habite le Pôle nord, et se répand en hiver sur les côtes de l'Atlantique. Accidentel sur l'Escaut, en novembre 1866 un sujet fut tué dans les polders près d'Anvers (Croegaert).

Le Pingouin torda.

—

Lat. : ALCA TORDA.

Flamand : DE ALK

Taille : 0^m33.

Encore une espèce qui porte la livrée et partage les habitudes du guillemot. En diffère surtout, outre la taille, par le bec qui est court, plus haut que large, déprimé, recourbé à son extrémité, noir avec des sillons profonds, et une ligne blanche transversale sinueuse souvent invisible en hiver. Un miroir blanc sur l'aile.

Il habite le nord de l'Atlantique, et suit les guillemots dans leurs migrations aux contrées tempérées. Cette espèce est commune en hiver sur l'Escaut Oriental, depuis Wemeldinge jusque Tholen et Zeerickzee.

Si vous avez un sac de cartouches à gaspiller, je vous conseille fort d'y aller par beau temps, vous aurez vite fait de les avoir brûlées sur ces petits pingouins, les grèbes huppés, les guillemots et les phoques qui abondent en ces parages.

Il y aura une compensation si vous tirez bien, vous pourrez vous faire faire un costume complet avec leurs dépouilles.

Le Macareux moine

—

Lat. : FRATERCULA ARCTICA

Flamand : THE ZEEPAPEGAAI

Taille : 0ᵐ28.

Cet oiseau au profil de perroquet est très facile à reconnaître à son bec, noir à la base, rouge à la pointe avec trois bourrelets, un jaune en haut, deux en bas, et un gris coudré à sa base, plus un autre bourrelet jaune à la commissure. Pieds rouges, iris blanc. Adulte à 3 ans.

En hiver, tout cela s'affaiblit beaucoup et disparait. Cet oiseau singulier mue plus du bec que des plumes. Ainsi, il nait avec le bec presque droit, puis il prend un développement ridicule qui embrasse toute la partie antérieure de la tête, enfin la partie postérieure d'après le Dʳ Louis Bureau serait sujette à la mue, tandis que l'antérieure serait persistante.

Ce phénomène plus apparent chez cet oiseau que chez d'autres n'est pas unique. A l'époque des amours beaucoup d'oiseaux ont les couleurs du bec plus vives ou changeantes.

Je citerai le pinson, connu de tout le monde, qui troque la couleur de son bec gris-jaunâtre en un bec bleuâtre au moment du plein chant. Quand le pinson a perdu son feu il ne chante plus, son bec devient terne. Les lamelles cornées se désagrègent et tombent comme chez le macareux.

La similitude d'origine de ces organes explique du reste le plus simplement du monde ces transmutations. Le tissu corné du bec appartient au tissu épidermique, au même titre que la plume, le poil et l'ongle, et un arrêt de développement, un état stationnaire d'un de ces tissus peut provoquer un accroissement ou un changement corrélatif dans un organe similaire ou analogue.

Le macareux a le même habitat et les mêmes allures que les autres plongeurs, il est peut être plus dégourdi, et meilleur nageur si c'est possible que ces congénères.

Cet oiseau à figure carnavalesque est très rare sur l'Escaut.

Les Plongeons (Colymbi)

Un seul genre. — Trois espèces.

Après les grands plongeurs de mer, voici les plongeurs des lacs, ou mixtes, qui descendent sur nos côtes maritimes et vont faire la transition insensible, aux

plongeurs tout à fait fluviatiles, les grèbes, qui termineront la série.

Ce sont les rois du plongeon. Ils font tout ce qu'ils veulent et comme ils veulent sur l'eau. De loin, on pourrait les confondre avec le cormoran, mais celui-ci lève toujours la tête et le bec en l'air, et le plongeon le tient horizontalement. Ils ont des cris gutturaux et un rire diabolique.

Voici leurs caractères généraux : Tétradactyles, pouce ramé, col et bec longs, étroits, ailes aiguës et petites, tarses tranchants couverts par la peau du ventre jusqu'au ras du pied.

Habitent la zone polaire, et viennent parfois sur nos côtes.

Ils ne marchent qu'en rampant, en s'aidant des pattes, du bec et des ailes, mais ils peuvent voler à des distances considérables. Ils fréquentent les eaux douces à l'époque des amours, et se montrent très amoureux d'eau salée en d'autres moments.

Ils sont prudents, bruyants, courageux et peu sociables.

On peut faire une belle casquette et un joli veston pour puntsman avec leur fourrure !

Le Plongeon Imbrin

Lat : COLYMBUS GLACIALIS

Flamand : DE IJSDUIKER

Taille : 0ᵐ70 ; *ailes* : 0ᵐ35.

De grande taille, il porte un costume à reflets verts métalliques.

Excessivement rare sur l'Escaut.

Le Plongeon Lumme

—

Lat : COLYMBUS ARCTICUS

Flamand : DE PARELDUIKER (Dubois

Taille : 0^m61 ; *ailes* : 0^m30.

D'une taille plus petite, et portant une livrée à peu près identique à celle de l'imbrin. Non moins rare chez nous que le premier.

———

Le Plongeon Catmarin

—

Lat : COLYMBUS SEPTENTRIONALIS

Flamand : DE ROODKELLIGE ZEEDUIKER

Taille : 0^m50 ; *ailes* : 0^m28.

Cette espèce est beaucoup plus commune sur toutes les côtes ouest de l'Europe. Elle n'est pas rare sur l'Escaut, le Krammer et l'Hollandsche Diep.

Il porte à la gorge une cravate roux-marron en été, ce qui le distingue de tous les autres plongeons. En hiver, pas de gorge rousse, mais les caractères des pattes ne permettront pas de le confondre, avec les guillemots par exemple.

Il se comporte comme les autres plongeurs au point de vue chasse. Peut être sont-ils plus difficiles à se laisser approcher à portée, parce qu'ils sont mieux armés pour le vol.

Ils plongent si naturellement, que c'est la tête qui disparait en dernier lieu.

Les Grêbes (Podicipes)

—

Ce sont les plongeurs à palettes.

Ces oiseaux se distinguent à première vue de tous les autres plongeurs, par la forme de leurs pieds, dont les doigts ne sont pas réunis par une palmature dans toute leur longueur, mais chacun d'eux est entouré d'une membrane libre qui dépasse des deux côtés. Les tarses, le bec et les ailes se rapprochent de ceux des plongeons, mais les plumes des parties inférieures sont d'un blanc nacré à reflets satinés, qui leur donnent la plus riche fourrure qui soit. Ailes médiocres, queue dépourvue de rectrices.

Ils recherchent les eaux tranquilles des étangs, canaux, criques et fleuves et se rencontrent rarement en mer.

Ils opèrent leurs migrations, des zones tempérées qu'ils habitent, plutôt à la nage qu'au vol, et plus souvent la nuit que le jour.

Ils s'enlèvent assez difficilement de terre ou de l'eau, et leurs pattes rasent la surface liquide et semblent s'appuyer dessus pour aider à la propulsion de leurs pauvres ailes. Ils virent avec leurs pattes pour remplacer la queue absente. Les grandes espèces nagent le plus souvent le corps immergé, ne laissant dépasser qu'un long col effilé et une tête gracieuse et fine.

Au repos absolu, leur corps flotte comme un morceau de bouchon, les jambes relevées et supportées par les ailes.

Ils plongent avec la plus grande aisance à la recherche de leur nourriture composée de petits poissons, insectes, mollusques, algues, têtards ou batraciens, etc.

Ils muent deux fois l'an, et raffolent de collerettes et de parures à la tête. Ils sont peu sociables entre eux, hormis à l'époque des migrations, mais vivent par couples étroitement unis, et donnent l'exemple de ménages modèles.

Le mâle et la femelle se partagent les soins de la construction d'un nid flottant, de l'incubation, de la nutrition et de l'éducation des petits. Ceux-ci nagent dès leur naissance et en quelques jours deviennent d'habiles plongeurs sous la direction et à l'exemple de leurs parents.

Leur plumage épais, uni, et satiné constitue une véritable fourrure qui sert à fabriquer des manchons, à border des manteaux, pélerines, etc. C'est ce qui leur a valu la guerre acharnée qu'on leur fait, aussi bien aux rivages de la Méditerranée que dans les contrées septentrionales. M. Burry estimait à 40,000 le nombre de dépouilles de grèbes huppés et oreillards, qui avaient été, en deux années, exportés d'Algérie en France, et de là en Russie (la Croix-Danliard, *La plume des oiseaux*).

Certains grèbes avalent leurs plumes et les rejettent sous forme de pelotes.

Le Grèbe huppé

—

Lat.: PODICEPS CRISTATUS.

Flamand: DE KUIFDUIKER.

Taille: o^m5o.

Calotte noire avec deux huppes de même couleur, du blanc sur les côtés de la tête et en-dessous. Manteau gris brun luisant, tout le dessous du corps d'un blanc nacré. Bec brun-verdâtre au-dessus et rouge en dessous, pieds verdâtres, iris rouge. Voilà en peu de mots le plumage d'automne et d'hiver pour les deux sexes adultes.

Le plumage de noces en été, s'agrémente d'une superbe collerette de plumes soyeuses, rousses et noires, relevée par des cornes, et encadrant la face à l'instar d'un collier de barbe de vieux marin. L'oiseau ne la porte qu'à la troisième année.

Les jeunes ont la tête et le cou blancs avec des stries longitudinales.

C'est le plus beau et le plus grand de tous les grèbes; il habite l'Europe, depuis la Suède jusqu'au fond de l'Afrique, et l'Asie jusqu'au Japon.

Il est commun sur l'Escaut oriental en hiver, depuis fin novembre jusque fin mars. De Wemeldinge au Zandcreek, on peut en tirer une demi-douzaine en une heure de temps, mais ils sont plus rares sur l'Escaut occidental. Cette espèce n'est pas farouche et se laisse facilement approcher par le bateau, et on le manque souvent parce qu'il n'offre comme point de mire au tireur, que son col évidé, et sa fine tête sans cesse en mouvements. Après chaque plongeon qui dure 2 à 3 minutes il remonte à la surface à plus de 8o à 1oo mètres de son point d'immersion. Nous les rencontrons là, en

train de pêcher nuit et jour, car ils ne vont jamais à
terre à cette époque de l'année. Ils se balladent par couples ou isolés, avec leurs voisins les guillemots qui
aiment aussi à fréquenter ces parages.

G. HUPPÉS.   GRÈBE CASTAGNIEUX.

En pressant sur leur long cou, je leur ai fait dégorger
plus d'une douzaine de sardines, les unes à la suite des
autres, et l'équipe de la *Sarcelle* de s'écrier au passage
de chacune d'elle : et c'est pas fini...i...i... il en faut pour
notre déjeuner!!

Qu'ils soient harcelés par le bateau, ou capturés à
moitié démontés, mais bien vivants, ils ne font entendre
aucune plainte, aucun cri quoiqu'ils aient la voix reten-
tissante et sonore à deux mille de distance.

Ils se défendent très faiblement, sur le deck, au
moyen de coups de bec assez inoffensifs. Rien de
méchant en ces gracieux plongeurs, même contre leurs
bourreaux à l'article de la mort.

Les petits plombs les abîment moins et en ont plus
vite raison.

Leur chair est détestable, mais leur fourrure fort
précieuse.

Le Grèbe castagnieux

—

Lat. : PODICEPS MINOR.

Flamand : DE DODAARS.

Taille : 0^m25.

Tout le dessus noir, foncé à la tête et au cou, verdâtre sur le corps, gorge noire, devant du cou roux de rouille, poitrine et flanc brun-roux, ventre gris luisant. Bec noir, jaune à la pointe, pieds d'un noir-verdâtre, iris brun-rouge en été (Deyrolle).

En hiver les deux sexes ont la gorge et le ventre presque blancs, les côtés du cou brun-roux ainsi que les flancs.

C'est le plus commun et le plus petit de cette famille. On le rencontre souvent aux rives de l'Escaut, près des bords, mais plus souvent encore sur le canal d'Hansweert à Wemeldinge et le canal de Veere à Middelbourg, et jusque sur les bassins désolés et solitaires du nouveau port de Flessingue, où l'on peut les voir se livrer à leurs ébats, et à leurs prouesses aquatiques devant tous les passants.

Mêmes allures et mœurs que le précédent.

Enfin les *grèbes jougris* et *oreillard*, closent la série des vrais palmipèdes. Ils sont beaucoup plus rares que les deux variétés citées plus haut, surtout le *grèbe jougris*, qui habite le cercle arctique ainsi que le *grèbe cornu*. Ces espèces portent la livrée habituelle du genre en été, et ne présentent rien de particulier pour le chasseur-naturaliste. Inutile donc de nous attarder à des descriptions qui se répètent, à la taille près, pour chacun d'eux.

Genre Avocette

—

Lat. : RECURVIROSTRA AVOCETTA.

Flamand : DE KLUIT (de Sabelbek).

Taille : 0ᵐ35.

Espèce unique et type excentrique qui fait la transition des rémipèdes aux échassiers. Certains auteurs se basant sur la palmature des trois doigts de devant en ont fait un palmipède, le pouce est rudimentaire et ne touche pas le sol dans la station ou la marche de l'oiseau. D'autres, ne considérant que ses hautes jambes, ses tarses aigus et nus, le placent parmi les grallipèdes ou échassiers avec le Flamant et l'Échasse.

La vérité est, que ce moule bizarre, doit servir de trait d'union entre ces deux grands ordres, dont il porte à la fois les caractères principaux. C'est même un des exemples les plus frappants et les plus parfaits dans le monde des oiseaux, choisit par la nature, pour nous montrer comment elle s'y prend pour faire la transition d'une classe à l'autre. Nous conformant à ce sage enseignement, nous plaçons ici ce témoin immuable du transformisme aux confins des deux ordres.

Il appartient donc à la *rémigrallie*, au même titre et plus encore que la Foulque et le Phalarope.

L'Avocette récurvirostre, porte sur ses longues pattes d'aluminium aux ongles noires, un corps frêle au blanc corsage et au manteau noir. Son bec est phénoménal, long, mince avec la pointe dirigée vers le ciel, on dirait un sabre turc.

Il est composé de deux lamelles, noires, aplaties, souples, canelées à leur face interne, lisses et polies à la

face externe, semblable en un mot à un morceau de
baleine affeuillée en deux.

Pas de différence en les deux sexes, et les jeunes ont

le bec plus court et les parties noires sont un peu roussâtres, surtout aux scapulaires. C'est un de ces oiseaux
qu'on n'oublie plus une fois qu'on l'a vu.

Il habite les parties tempérées ou plutôt chaudes du
globe entier. C'est un de nos plus fidèles et de nos plus
élégants « gibiers » du Bas-Escaut, car l'avocette au bec
fin, qui se nourrit surtout d'insectes, larves, vers et
autres bestioles marines, est très comestible et fournit
un rôti fort recommandable.

Elle nous arrive vers la fin mars, passe tout l'été aux
rives du Bas-Escaut, niche quelque part aux environs de
Bath et nous quitte fin septembre. Si vous voulez
admirer, étudier ou vous procurer des avocettes, allez au
« Nauw van Bath », elles y passent là leur journée en
nombreuse compagnie, vermillent, picorent et font leurs
ablutions entre le premier Duc-d'Albe et la digue du feu
de Riland. C'est là leur place de prédilection sur le fleuve,
ainsi qu'au cirque du schaar de Weerde, près d'Hansweert. Ces oiseaux recherchent ces plages-là parce

qu'elles sont limoneuses, leurs chaussures palmées facilitent leurs allées et venues sur les vases, et leur bec
mou peut fouiller de son crochet les boues les plus
molles.

Comment s'en sert-elle de ce bec étrange?

De la façon la plus naturelle du monde, quoi qu'en
dise certains auteurs. Nous avons eu plus de cent fois
l'occasion de les contempler et de les étudier en punt,
à 6o mètres de distance, jumelle en main et à l'œil.

Le plus souvent, l'avocette arpente doucement, lentement le ras du bord de l'eau et saisit, à droite et à gauche
de la pointe du bec, absolument comme une poule ou un
courlis, les animalcules les plus frais qu'elle rencontre.
Elle vade ainsi tout à son aise, en quête de bestioles, et
remue de temps en temps l'eau ou la vase par des mouvements de latéralité, avec sa longue aiguille de caoutchouc, quand elle s'aperçoit que les petites bêtes se font
rares.

En somme, elle remue l'eau au fond pour faire revenir
les animalcules à la surface, et les happer ensuite,
comme la poule gratte la terre des pattes, ou [le courlis
la sonde de sa pioche pour y faire sortir les vers. Mais
à aucun moment de ce mode de préhension de ses
aliments, l'oiseau n'ouvre le bec.

L'avocette, dit Brehm, est toujours craintive et fuit
l'homme partout; nous avons toujours trouvé le contraire.
La preuve est qu'elle s'installe près de Bath, où il passe
des bateaux et des gens sur la digue toute la journée, à
quelque cent mètres de leur stationnement favori. De
plus, ce sont les oiseaux les moins farouches à approcher
en punt, et les plus faciles à tirer, qui soient.

Ils vivent en grande compagnie sur les eaux du fleuve
et paraissent s'aimer beaucoup, car après le coup de feu,
ils viennent tournoyer autour de leurs compagnons blessés ou morts, en poussant des cris de détresse ou d'appel,
et il est rare que quelques-uns d'entre eux ne viennent
même s'abattre près des éclopés. Ne vous pressez pas

d'aller relever les morts et vous aurez l'occasion de lâcher un second coup au petit fusil.

Blessée à l'aile, l'avocette coure avec une rapidité étonnante sur ses longues échasses, pendant que le tireur s'embourbe jusqu'aux mollets. N'essayez pas de la joindre, mais envoyez-lui un second coup, sinon elle vous échappera.

Démontée sur l'eau, elle nage et plonge parfaitement bien, mais pas longtemps. Nous avons fait des coups de sept à dix de ces oiseaux en punt, et des coups de quatre et cinq au petit fusil, en barquette. Le plomb n° 4 suffit amplement à en avoir raison.

Leurs cris au vol ou après le coup de feu peuvent se traduire par : « Wip, wip, philip, philip, philip, philip », rapidement répétés. L'amour familial est donc très développé chez ces oiseaux, qui vivent en paix avec toutes les autres espèces, sans s'y mêler cependant.

Ils sont le plus bel et le plus gracieux ornement du grand fleuve au printemps et en été. Respectez-les à leur arrivée au mois d'avril.

L'avocette voyage la nuit et le jour, et prend ses quartiers d'hiver en Afrique. Elle se rallie facilement à l'homme et vit parfaitement en domesticité.

Il y a du japonisme dans cet innocent, faible, paisible et charmant oiseau; aussi, les fils du Soleil nous le représentent-ils souvent sur leurs paravents ou leurs porcelaines, preuve indéniable que cet oiseau visite ces contrées lointaines ou y est stationnaire.

L'Échasse Blanche.

—

Un oiseau très voisin de l'avocette, par l'habitat, les
mœurs, la conformation des jambes, tarses, pieds, etc.
Je ne l'ai pas encore rencontré jusqu'ici sur l'Escaut. Sa
présence doit y être très accidentelle.

La Foulque.

—

Lat. : FULICA ATRA.

Flamand : DE MEERKOOT.

Taille : 0ᵐ37.

Cet oiseau, qui porte encore les noms de judelle,
macroule, morelle de Lorraine, macreuse, a été confondu
par quelques auteurs avec la vraie macreuse, qui est un
canard fuligulé. Il suffit de jeter un coup d'œil sur les
pattes et le bec pour éviter toute méprise.

La foulque, en effet, a le bec droit, comprimé sur les
côtés, blanc rosé et bleuâtre à la pointe, prolongé en une
plaque frontale cornée également blanche, qui le coiffe
comme d'une petite casquette; c'est très coquet. Tandis
que la macreuse lamellirostre porte nos couleurs nationales, noire-jaune-rouge sur son large bec.

Les tarses sont plus élevés que chez les canards et les
doigts sont garnis d'une membrane verdâtre, découpée

en festons, dont les lobes correspondent en nombre à celui des articulations. Costume complet noir, fuligineux, iris rouge vif.

Cet oiseau forme aussi un type ambigu entre les échassiers et les rémipèdes, et, comme l'avocette, appartient à la *Rémigrallie*, c'est-à-dire qu'il a les tarses nus des premiers et les pieds ramés des seconds.

Il habite toute l'Europe, est assez commun sur l'Escaut aux époques de migration, quoique l'eau douce soit son véritable domaine. Nous les rencontrons régulièrement en petit nombre ou isolés dès novembre et au retour du printemps dès le mois de mars, et même plutôt si l'hiver n'est pas rigoureux.

Isolé, il se laisse surprendre et tirer à 3o mètres du haut du bateau ; en nombre, ils paraissent plus défiants et plus rusés. Au départ, tirez bien en avant et sous les ailes le plus possible. Poursuivis en punt, ils tiendront d'abord le chasseur hors portée et s'esquiveront à la nage au fur et à mesure de son approche, de manière à se tenir à distance respectueuse les uns des autres, couvrant plutôt un large espace qu'une place restreinte et laissant le tireur fort perplexe et désappointé de leur petite malice de dispersion.

Ils filent ainsi la tête baissée et la queue raide en l'air.

Blessés, ils donnent souvent beaucoup de tintouins au chasseur, ils plongent comme un fuligulé et sont durs à tuer comme un corbeau. On ne saurait les suivre en punt lorsqu'ils fuient à la nage, et ils sont assez astucieux pour avoir plus de confiance en leurs rames qu'en leurs ailes.

Si dans cette fuite, la foulque rencontre une crique, un bout de schorre, elle s'y réfugiera plutôt que de prendre le vol et y déjouera toutes les recherches du chasseur, immergée jusqu'aux narines et ne laissant dépasser que l'ivoire de son bec.

Un canard agit autrement, il reste en pleine eau et cherche son salut surtout dans la natation sous-ondienne lorsqu'il est démonté.

Enfin, lorsque blessée, la foulque se sentira entre les
mains de l'homme, elle fera un dernier effort pour
s'échapper en égratignant ses mains et en imprimant
ses doigts lobés dans sa chair, elle luttera ainsi jusqu'au
dernier souffle. Pas d'oiseau qui ait la vie plus dure et
fort peu qui la dépasse en vigilance quand elle n'est pas
isolée. Les col-verts, les siffleurs et d'autres recherchent la société des foulques, parce qu'ils savent que ces
oiseaux sont des gardiens fidèles, des sentinelles sans
cesse en éveil pendant le jour, alors que ces noctambules
voudraient sommeiller.

La foulque, en effet, à des habitudes à certains égards
absolument opposées, à ces espèces, elle se nourrit le
jour et se repose la nuit, sauf au temps des migrations,
qu'elle exécute de préférence la nuit. Elle dort aux
roseaux de l'île de Saeftingen, aux schorres du vieux
Doel, aux herbages du Pael. Elle alterne le régime
végétal avec le régime animal, préférant le frai de pois-

son, les insectes, les mollusques en été et les plantes
aquatiques en hiver.

Son vol est pesant et l'oiseau ne quitte l'eau, son vrai
domaine, que contraint et forcé. Il s'enlève alors en voletant à la surface de l'eau, qu'il frappe de ses palettes,

s'éloigne graduellement, sans bruissement d'ailes pour aller s'abattre à 1,000 ou 2,000 mètres plus loin. Sur l'Esaut, il est rare qu'il puisse échapper au steam-yacht qui le poursuit.

La foulque voyage dans le vent, de sorte qu'un vent d'est les amène à l'est. Elle aime les eaux dormantes en partie garnies d'herbages, où elle puisse se livrer à tous ses ébats. Elle a des habitudes locales et choisit de préférence certains étangs, certains lacs, sans qu'on puisse expliquer les motifs de cette prédilection pour telle ou telle pièce d'eau. Question de sécurité et de nutrition sans doute, en vertu du principe *ubi bene, ibi patria.* Alors, là, les foulques réunies se tiennent ensemble en rangs serrés, contrairement à ce qu'elles font sur le Bas-Escaut. Et quand elles sont ainsi rassemblées en hiver sur certains étangs du nord-est ou du midi de la France, on leur fait une chasse qui, en certains endroits, s'élève à la hauteur d'un plaisir national. « Tous les bateaux » disponibles, dit le marquis de Cherville *(Les Oiseaux* » *de chasse)* sont réunis quelquefois au nombre d'une » centaine, montés par les tireurs; ils forment deux » lignes qui, partant des deux rives opposées, marchent » l'une sur l'autre de façon à entourer l'armée des oiseaux. » Lorsque celle-ci se décide à s'envoler, elle passe néces- » sairement sur l'une ou l'autre des deux flottilles, qui » la salue de véritables bordées. Lorsque c'est fini, on » recommence, et, comme les foulques ne se décident » point à quitter l'étang, cela se poursuit jusqu'à ce que » les exterminateurs soient las. »

Plus de trois mille foulques tomberaient ainsi dans l'espace de quelques heures sous le plomb meurtrier de ces cinq cents chasseurs d'occasion, réunis pour la petite fête, annoncée du reste à coups d'affiches placardées dans les petites villes de l'Hérault, à Montpellier, à Cette, à Adge.

C'est le cas de dire : Chaque pays, chaque mode!

Folkard (ouvrage cité) dit que la rivière Stour qui coule

à marée basse et haute entre les comtés d'Essex et de Suffolk, baignant l'intérieur des terres à plusieurs kilomètres, était aussi un refuge, un lieu de rendez-vous très fréquenté par les foulques, à tel point que la ville de Manningtrée, située sur le côté sud de la rivière, était renommée pour l'approvisionnement abondant de ces oiseaux. On les vendait six pence pièce.

Mais il n'y a pas que l'homme qui ait juré l'extermination de cette espèce, leur ennemi le plus implacable est le buzard, auquel elle oppose, en nombre, une stratégie admirable. Dès que le forban est signalé par les sentinelles, les foulques se groupent en masse compacte et se rangent en ordre de bataille pour former un rempart solide qui défiera la serre du féroce ravisseur. Lorsque le buzard les voit ainsi rangées militairement en colonne serrée, il hasarde rarement le combat; s'il s'apprête à leur livrer bataille, ou continue à planer au-dessus d'elles, elles se mettent à nager rapidement en cercle, avec des battements d'ailes rapides, fouettant l'eau, éclaboussant tout, formant ainsi des espèces d'embruns qui éblouissent les yeux du rapace, le font décamper et remettre à une autre occasion plus propice, le moment où il pourra s'emparer d'une de ces proies tant convoitées, et dont la chair lui semble si délicieuse.

Il n'y a pas d'oiseau, qui soit plus pourchassé, mais heureusement qu'il se reproduit par milliers, surtout sur la côte est de la Grande-Bretagne. On pille aussi leurs nids, et l'on expédie leurs œufs sur nos marchés, sous le nom d'œufs de pluviers pour ceux qui ne les connaissent pas.

La chair de la foulque est-elle mangeable?

Parfaitement, surtout en automne, époque où le régime végétal de la foulque est substitué au régime animal de l'été, et grâce à certaines précautions culinaires qu'il importe de ne pas négliger. Les chasseurs anglais en raffolent.

Voici la recette du colonel Hawker. Après l'avoir

plumée, on enlève tout le noir au moyen de l'eau bouil-
lante, puis on la laisse tremper toute la nuit sous un
courant d'eau froide, la chair devient aussi tendre que
celle du poulet, sinon la peau en rotissant produit une
espèce d'huile d'un goût fortement marécageux, et si l'on
enlève la peau, l'oiseau devient sec et n'est plus bon à
rien.

Folkard la considère comme un gibier délicieux !

Pour enlever son duvet, opération très ennuyeuse et
laborieuse, on plonge la foulque dans l'eau chaude, et en
enduisant la main de résine, de colophane par exemple,
on arrive à l'ôter très facilement.

J'ai essayé la recette, et sans être aussi enthousiaste
que Sir Folkard, je dois à la vérité de déclarer, que c'est
un rôti fort passable.

Ici se termine l'histoire des oiseaux d'eau du Bas-
Escaut. Il nous reste à aborder celle des oiseaux de
rivage qui feront l'objet du chapitre suivant.

PIED DE LA FOULQUE.

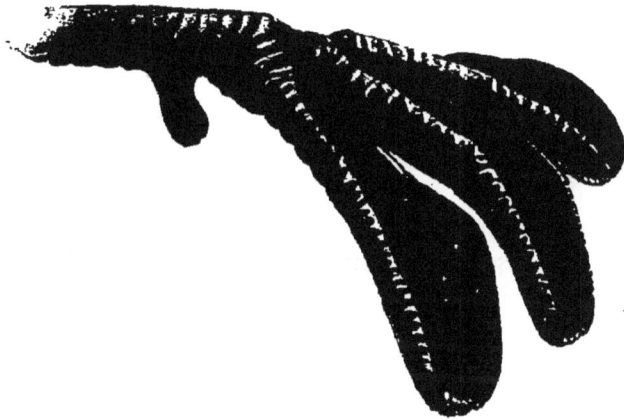

PIED DU GRÈBE.

LE SANS-SOUCI (1).

Les Échassiers (Oiseaux de Rivage). (2)

CHAPITRE II

« Nous devons, dit Buffon, diviser en deux grandes
» familles la nombreuse tribu des oiseaux aquatiques;
» car, à côté de ceux qui sont navigateurs et à pieds
» palmés, la nature a placé les oiseaux de rivage et à
» pieds divisés, qui, quoique différents par les formes,
» ont néanmoins plusieurs rapports et quelques habi-
» tudes communes avec les premiers; ils sont taillés sur
» un autre modèle; leur corps grêle et de figure élancée,
» leurs pieds dénués de membranes ne leur permettent
» ni de plonger, ni de se soutenir sur l'eau, ils ne peuvent

---

(1) Le Sans-Souci-Côtre, 12 tonnes, propriétaire M. Léon Mineur,
Bruxelles.

(2) Nous employons souvent le mot *Vadeur* synonyme d'Échassier.

» qu'en suivre les rives, montés sur de très longues
» jambes, avec un cou tout aussi long, ils n'entrent
» que dans les eaux basses où ils peuvent marcher; ils
» cherchent dans la vase la pâture qui leur convient; ils
» sont pour ainsi dire amphibies, attachés aux limites
» de la terre et de l'eau, comme pour en faire le com-
» merce vivant, ou plutôt pour former en ce genre les
» degrés et les nuances des différentes habitudes qui
» résultent de la diversité des formes dans toute nature
» organisée.

» Ainsi dans l'immense population des habitants de
» l'air, il y a trois états ou plutôt trois parties, trois
» séjours différents : aux uns la nature a donné la terre
» pour domicile, elle a envoyé les autres cingler sur les
» eaux; en même temps qu'elle a placé aux confins de
» ces deux éléments, afin que la vie produite en tous
» lieux, et variée sous toutes les formes possibles, ne
» laissât rien à ajouter à la richesse de la création,
» ni rien à désirer à notre admiration sur les merveilles
» de l'existence. »

Les oiseaux de rivage en général se caractérisent
donc par une organisation en rapport avec leurs mœurs
et habitudes; leurs pattes sont si longues qu'ils ont
l'air d'être montés sur des *échasses*, d'où leur nom
d'*échassiers*, admis aujourd'hui par presque tous les
auteurs.

Mais tous les oiseaux rangés dans cette catégorie par
les ornithologistes sont loin d'avoir des échasses, et
n'ont pas pour habitude de fréquenter le rivage des mers
ou des rivières : la Bécasse, par exemple, et bien d'autres;
il n'y a pas de trait absolument saillant applicable à tous,
et l'on ne peut guère indiquer comme trait commun que
la nudité des jambes jusqu'à l'articulation tibio-tar-
sienne.

Natura non fecit saltum, a dit un philosophe pour
peindre l'enchaînement qui semble exister dans toute la
création et pour exprimer que, chez les animaux comme

chez les végétaux, les différences d'organisation ne se
montrent pas tout à coup à l'observateur, mais sont en
quelque sorte amenées par une foule de degrés intermédiaires à l'aide desquels tel ou tel genre de conformation
se trouve transformée en un mode de structure tout différent. Ces passages, plus ou moins graduels, d'un type
à un autre, si intéressants à étudier pour l'anatomiste et
le physiologiste, sont souvent pour les classificateurs la
source de grandes difficultés et sont la cause principale
des changements que les auteurs proposent sans cesse
dans certaines parties de nos méthodes, car elles nous
obligent souvent à fixer un peu arbitrairement les
limites des groupes naturels formés par les animaux;
ici, comme en toutes choses, ce qui est arbitraire est
instable (Milne-Edwards).

Ceci dit, nous sommes tout à fait à l'aise pour la classification des oiseaux de rivage du Bas-Escaut, qui, à
part l'Avocette, la Foulque, que nous avons eu soin de
placer aux confins des deux ordres, — et c'est bien là
leur place, — rentrent le plus naturellement du monde
dans la classe des Échassiers, quelque grand ou petit
qu'en soit le modèle. Les difficultés et le désaccord des
savants se rapportent bien plus aux grandes espèces
exotiques, comme le Serpentaire du Cap, le Cariama,
l'Agami, l'Aptérix et même l'Outarde, qu'aux espèces
dont nous aurons à nous occuper ici.

Aux caractères généraux indiqués plus haut, nous
ajouterons les considérations suivantes : d'abord, au
point de vue de l'époque d'apparition de ces espèces sur
ce globe, il est certain qu'elle remonte à la même création que celle des palmipèdes; ceux-ci n'ont pu se perpétuer qu'après que le retrait des eaux primitives, qui
couvraient alors le monde, leur eut assuré un coin de
terre ferme pour le soutien de leurs nids et l'incubation
de leurs œufs.

A l'époque crétacée, la classe des oiseaux n'était pas
encore entièrement dégagée de celle des reptiles.

L'ordre des Dinosauriens, auquel appartiennent les Iguanodons, dont le musée d'histoire naturelle de Bruxelles possède les spécimens les plus beaux et les plus complets du monde entier, nous offre les premières traces de l'organisation des véritables oiseaux, par les phalanges des pieds qui se multiplient par rang, par la forme générale du bassin, et par de nombreuses affinités qui existent entre les oiseaux et les reptiles (oviparie par exemple).

Mais les transformations organiques ont été longues, et comme on devait s'y attendre, on retrouve à l'état fossile, très peu de restes d'oiseaux dont l'air fut l'élément naturel, et dont les dépouilles après leur mort durent bien rarement se trouver dans des conditions favorables pour être entraînées par les eaux et conservées dans les couches sédimentaires.

Puis les découvertes d'oiseaux véritables ont été relativement nombreuses dans les couches tertiaires. Ce ne sont plus seulement des empreintes de pas, dit Briart (1) qui servent de guide au naturaliste comme pour le terrain secondaire, mais de nombreux ossements trouvés jusque dans les couches les plus anciennes. Le gypse de Montmartre entre autres, renferme de belles empreintes d'un énorme échassier qui pouvait avoir la taille de l'autruche actuelle. On connaissait déjà un autre oiseau par quelques ossements trouvés dans l'argile plastique de Meudon. M. Alph. Milne-Edwards lui a donné le nom de *Gastornis parisiennis* et a reconnu qu'il appartenait également à l'ordre des échassiers-palmipèdes et ne pas le céder en hauteur à l'oiseau des plâtrières de Montmartre. Récemment M. Lemoine a produit de nombreux ossements d'une autre espèce du même genre, à laquelle il a donné le nom de *Gastornis Edwardisii*.

Aux époques plus récentes, il sont devenus beaucoup plus nombreux. Dans les calcaires d'eau douce d'Auvergne, appartenant au Miocène inférieur, presque tous

(1) BRIART ALP, (*Principes élémentaires de paléontologie*).

les ordres d'oiseaux aujourd'hui existants sont représentés. On y trouve des Aigles, des Perroquets, des Chouettes, des Pigeons. Comme ces calcaires se déposent dans un lac, ce sont encore les oiseaux aquatiques qui dominent. On a retiré des Canards, des Mouettes, des Cigognes, des Chevaliers, et surtout des Flamants qui y sont représentés par six espèces, tandis que la nature actuelle n'en offre plus que deux, l'une en Afrique, l'autre en Amérique. M. P. Van Beneden a indiqué plusieurs échassiers et palmipèdes, dont les espèces ont été établies par lui d'après les ossements trouvés principalement dans l'argile rupelienne (oligocène).

Argile du Rupel, dont l'embouchure se jette aujourd'hui dans le Bas-Escaut, notre théâtre d'observation, vous avez peut-être connu les ancêtres du Courlis et du Canard sauvage, les plus fidèles adorateurs de leurs eaux et de leurs rives actuelles !!

Et vous, vases limoneuses du Vieil Escaut, qui n'étiez en ce temps là qu'un ruisseau qu'un chien franchissait d'un bond (de Hond), vous nous cachez peut-être des débris d'oiseaux fossiles, dont la découverte apporterait un nouveau chaînon à quelque race disparue, et jetterait dans notre âme les plus vives émotions ! Car j'ai compté, parmi les plus belles heures de mon existence, celles que j'ai passées en punt au Nauw de Bath, à contempler les bataillons ailés qui fréquentent aujourd'hui les parages de votre ancien lit, et me transportant alors par la pensée à ces périodes éloignées, où le chasseur, votre ennemi éternel, n'était point né, oiseaux du Vieil Escaut, vous deviez former de sublimes spectacles !

Volatiles géants et apocalyptiques, la pensée de vos étranges cohortes a souvent transporté mon esprit, et avec Albert Gaudry aux fouilles de Pikermi, (Grèce) je ne peux songer à vous sans m'élever jusqu'à l'artiste infini dont vous êtes l'ouvrage, et sans lui dire merci de m'avoir fait assister aux grandes scènes qui semblaient réservées pour lui seul, jusqu'au jour où a été soulevé le voile sous lequel la paléontologie était cachée!!

Mais laissons ce lyrisme, on nous reprocherait de monter sur des échasses, disons que probablement cette époque des palmipèdes et des échassiers, précéda de quelques révolutions géologiques, l'arrivée des oiseaux plus parfaits, c'est-à-dire des percheurs, habiles dans l'art architectural et l'art du chant

Et nous venons de voir que la preuve de la contemporanéité de ces deux classes d'oiseaux, résulte non seulement d'un raisonnement fondé sur l'apparition successive des milieux lors de ces époques lointaines, mais repose surtout sur les faits paléontologiques.

Si leurs nids, qu'ils posent le plus souvent par terre, ou sur des édifices et des arbres, ne relèvent pas encore d'un cachet architectural bien avancé, si leurs chants ne sont encore que des vagissements, des sons articulés monosyllabiques, les manifestations amoureuses sont plus touchantes, plus compliquées, et en tout cas très curieuses à observer chez certaines espèces.

Au chant des Cygnes coryphées des oiseaux d'eau, les oiseaux de rivage opposent les trilles des Pluviers, le chant de la Bécassine amoureuse et le vol fou du Vanneau enflammé. Et si quelques espèces sont muettes, la plupart ont la voix criarde, perçante, sifflante ou grinçante et bien faite pour retentir au loin, s'appeler la nuit lors de leurs migrations, ou s'avertir des dangers qui les menacent.

La polygamie, malgré quelques beaux exemples de fidélité conjugale que compte cet ordre, est encore fort en honneur chez eux. Les femelles étant plus nombreuses que les mâles, ceux-ci à l'époque des amours au printemps, leur font une cour assidue et autoritaire, ils se parent de leurs plus beaux atours, revêtent des costumes de noces flamboyants et se livrent des combats homériques pour gagner leurs bonnes grâces et former leur harem. Ces demoiselles, avant de passer sous le joug de l'esclavage, se donnent le malin plaisir d'assister à la bataille et d'exciter les vainqueurs. Plus tard elles iront couver avec une ferveur touchante sur le sol, repliant leurs longs supports sous elle, accroupies ainsi dans une position des plus pénibles, et mèneront à bien une nichée de petits, bien duvetés et capables de vader dès leur sortie de la coquille. Puis, pour se délasser des fatigues des combats, et des ennuis de l'incubation, ils iront se reposer sur leur *raquette*, pêcher, ou se livrer au sommeil debout sur une seule patte, grâce à un mode d'articulation tout particulier, qui les supporte sans effort apparent, grâce aussi à l'évidement perfectionné de leurs os tubulés, et à la légèreté de leur corps.

Toussenel dit qu'aucune autre espèce d'oiseau, sinon peut être le Vautour ne partage avec l'*échassier,* le bizarre privilège de s'*asseoir* sur ses tarses, et que cette singulière habitude est encore un des attributs distinctifs de la grallipédie. Ils sont *sédilarses.*

L'expression est pittoresque sans doute, mais nous ne saurions partager cette manière de voir; nous avons observé des Goëlands dans cette jolie position, les Fauvettes, les Rossignols ne se gênent guère pour gazouiller et chanter à plein gozier, perchés sur une patte et assis sur leurs tarses.

A l'exemple du Héron du bon la Fontaine, qui dédaigna un jour la tanche et le goujon, et fut cependant tout aise de rencontrer un limaçon, chaque espèce à ses gouts particuliers et ses préférences marquées, mais sait être omnivore à l'occasion, et au hasard de la fourchette. Les uns sont quelque peu piscivores, la plupart vermivores et insectivores, d'autres choisissent les coquillages, les mollusques, les batraciens et jusqu'aux mulots. Nous savons déjà, mais nous le répétons volontiers, que le genre de régime, influe beaucoup sur la délicatesse de la chair des epèces, et que l'insecte surtout, leur donne un fumet et un arome tout particuliers. Nous ajouterons que l'instrument qui sert à la préhension de leurs aliments habituels, c'est-à-dire le bec, décèle de suite et à première vue, le rang que l'oiseau doit occuper dans les échelons de la gastronomie.

Cet ordre nous présente les becs les plus divers, mais les becs durs, forts, indiquent un régime plus animalisé, ou à coquilles, à écailles etc., les becs mous, annoncent un ordinaire plus tendre, les vers, les larves, les insectes, à tel point qu'on peut dire en ornithologie (1) montrez-moi votre bec et je vous dirai qui vous êtes. Entre les deux, que votre cœur ne balance pas, et choisissez toujours les plus fins et les plus mous.

Les Bécassines rôties ou en salmis, disputent la palme aux Grives, aux Beguinettes, à la Caille, à l'Ortolan qui ne sera jamais qu'un dur bec malgré l'*esculence* de sa pelote de graisse fondante. Puis viennent les Bécasseaux, les Chevaliers, les Pluviers, Vanneaux qu'une sauce savante saura élever parfois à la hauteur des premières. Les autres, moins bons sans doute, ont encore leurs amateurs et sont dignes d'une casserole qui se respecte, dans leur jeune âge surtout, et si les Courlis et d'autres sont moins estimés, c'est uniquement, déclare Pieter, qu'on leur a fait une mauvaise réputation, ils ne sont plus à la mode, au goût du jour. Il est de fait qu'autrefois, le Héron était un gibier exclusivement royal en Angleterre ; c'est sur le héron que se prêtaient les serments les plus solennels ; le roi Canut raffolait du Bécasseau Canut qui porte son nom, et Louis XIII, en France, ne permettait à personne de tirer le Râle, son gibier préféré. Les goûts ont bien changé depuis lors !

Enfin ceux qui ne peuvent briguer l'honneur d'être disputés aux enchères — privilège peu enviable pour l'espèce du reste — ont la joie posthume de se savoir admirer pour la beauté de leur plumage aux vitrines des

---

(1) Brillat-Savarin l'appliquait à l'homme : dis moi ce que tu manges, je te dirai qui tu es, variante de cette autre pensée profonde : l'homme mange, l'homme d'esprit seul sait manger.

naturalistes, ou sur les chapeaux des guerriers, ainsi que sur la coiffure de la plus belle moitié du genre humain. Consolez-vous gentille Aigrette, mélancolique Héron et vous mon vieux Marabout, vos dépouilles, à l'instar des os du poète Piron, servent au moins à quelque chose après votre mort!

Les Échassiers sont donc des oiseaux qu'on rencontrera le plus souvent aux prairies inondées, aux marais, à la lisiére humide des bois, aux bordures des rivières, aux rives des fleuves et surtout aux vases et aux sables de la mer, sans cesse recouverts et découverts par le flot. Les fleuves à marée et les océans sont les grands pourvoyeurs de ces espèces remuantes et vagabondes.

Le Bas-Escaut surtout, le majestueux Escaut qui déborde en toute liberté sur les terres émergées des schorres, et semble menacer les terres voisines d'un envahissement, voit ses rives fréquentées par les oiseaux de cet ordre. Il faut dire qu'elles leur offrent une variété de situations exceptionnelles, propices à leurs ébats et à leur conservation. Ici des eaux stagnantes et répandues près et loin de leurs cours, là des plages alternativement sèches et noyées, où la terre et l'eau semblent se disputer des étendues illimitées, tantôt des sables mouvants où pullulent les annélides, tantôt des vases molles où des myriades d'insectes et de crustacés rampent avec toute cette vermine dont fourmille le sol et l'eau, plus loin des plantes grasses qui croissent sur les confins indécis de ces deux éléments, des îlots, des criques, des goulets, des goëmons, enfin tout ce qu'il faut pour attirer et retenir leurs bataillons vadeurs et barbotteurs. Terres d'ailleurs presqu'impratiquables, sinon en punt, et bien faites pour rappeler au chasseur les temps préhistoriques invoqués plus haut.

Et au milieu de ces solitudes des terres submergées du vieux Saeftingen, s'élèvent les cris joyeux des Pluviers, des Chevaliers et des Courlis et de bien d'autres, aux époques des migrations automnale et printanière. Car les oiseaux qui font partie de ce groupe appartiennent essentiellement à l'espèce voyageuse et cosmopolite, et quelques uns d'entre eux se transportent annuellement *d'un pôle à l'autre.*

Pour accomplir ces longs et périleux voyages, ils revêtent un costume spécial selon la saison, quasi adapté aux milieux qu'ils fréquentent. Après la période des amours, ils échangent leurs habits de noces contre la petite tenue de voyage, et s'élancent ainsi dans l'espace, à *contre-vent* toujours, et dans la direction N.-E. au S.-O. à l'automne, et inversement au retour de la belle saison. Nous comptons exposer ailleurs que dans ce livre, les lois qui régissent les migrations des oiseaux, vaste sujet d'étonnement, de joie et d'admiration pour tous ceux qui les ignorent comme pour ceux qui en ont pénétré le secret.

Le Courlis arqué

—

Lat. : NUMENIUS ARQUATUS

Flamand : DE GROOTE WULP

Taille : 0^m40; *ailes* : 0^m29; *bec* : depuis 0^m12 jusqu'à
0^m19.

Voici l'oiseau du Bas-Escaut par excellence; il y siége,
il y règne en maître pendant presque toute l'année. C'est
aussi le plus commun, le plus couru, le plus connu, le

plus farouche et le plus rusé des hôtes de ses rives. Ce
grand diable d'oiseau à la face emplumée, au long bec
brunâtre, arqué en faucille, aux pieds plombés et nus
jusqu'au genou, ne se met guère en frais de toilette. Il
porte invariablement et sempiternellement un complet
cendré-clair accentué de lignes fauves qui nous dispense

de le décrire autrement. La Bécasse, l'Œdicnème, les Courlis ont un plumage d'une seule nuance, dans les tons variés de la terre glaise (jaune terreux), mais leur bec seul est tout un poème, et suffit à les distinguer de tous les autres.

Il adore, avons-nous dit, l'eau, les sables, les *schorres* et les vases de l'Escaut, qu'il ne quitte qu'en mai pour aller nicher dans les toundras des pays du Nord. Mais il nous revient déjà fin juillet et août en petites bandes de 15 à 20, puis il y séjourne l'automne et l'hiver entiers.

Les Courlis accomplissent leur migration nuit et jour, d'un vol facile et rapide, ils voyagent en compagnie et s'inquiètent fort peu de suivre la grève, mais s'arrêtent aux eaux tranquilles à l'intérieur des terres pour se réconforter et tenter le chasseur au marais, dont le plus souvent ils se moquent comme d'une figue.

Car il se sait très rusé, le gredin, et l'on dirait qu'il a parfaitement conscience, que ses longues pattes et son haut col le servent admirablement pour surveiller les mouvements de ses ennemis.

Aussi, foule de petits vadeurs recherchent-ils sa société, comme pour se mettre sous sa protection, et s'en donner ensuite tout à leur aise.

Les Courlis ont des habitudes fort régulières, et leur instinct ne les trompe jamais quand il s'agit de savoir l'heure exacte de la marée descendante ou montante. Ils ont un flair étonnant pour quitter les terres, et venir aux rivages, juste au moment de la marée descendante, alors que leurs pattes plongent encore un tantinet dans l'eau. Il en est de même à marée montante, ils quittent tel ou tel lieu de réfection déjà envahi par le flot pour se porter sur tel autre qu'ils savent encore à découvert. Et nous les voyons ainsi arriver tour à tour par petites bandes, au rendez-vous donné par les anciens, et former des masses compactes d'oiseaux roux sur les sables ou à la limite extrême des schorres, avant de prendre leur volée vers un dernier refuge.

Cet oiseau est très difficile à approcher le jour en punt, et l'on réussit mieux à la brune ou au lever du jour; souvent même, il se défie moins de la barquette ou du bateau. Un jour, au Nauw de Bath, par une splendide matinée d'hiver, plusieurs centaines de Courlis massés les uns contre les autres en ordre de bataille, humaient le frais, le bec au vent, la face en plein soleil. Du haut d'un remorqueur énorme, sur lequel nous chassions, nous ouvrîmes sur cette muraille vivante toutes nos batteries, et au commandement de trois, une salve de plusieurs coups de fusils et canardière, les rappela à la réalité, et en coucha une vingtaine dans la vase.

Ils s'étaient laissés surprendre cette fois, habitués sans doute qu'ils étaient à voir passer les remorqueurs sans intentions hostiles, et la force de l'habitude avait émoussé leur vigilance et finit par endormir leur défiance. Il n'en est pas moins vrai, qu'au moindre soupçon d'un danger quelconque, cet oiseau s'alarme et prend le vol en lâchant quelques cris rauques et bien sentis pour entraîner le reste de la bande, qui généralement ne se le fait pas dire deux fois. Combien souvent n'a-t-il pas été maudit par les puntsmen, quand, après bien des efforts, sur le point d'arriver à portée d'une belle bande de Canards, cet échassier s'élance tout-à-coup, et s'en vient hurler courlis, courlis, courlis en rasant les palmipèdes assoupis. Ceux-ci connaissent l'avertissement et décampent au plus vite, au nez et à la barbe du chasseur ahuri, furieux, apoplectique. Au fond cependant, nous croyons que le Canard déteste ce trop bruyant compagnon, car jamais, jamais nous n'avons vu des Canards venir s'abattre près de lui, mais cet importun personnage vient au contraire se mêler à leurs bandes. Et ce truc du Courlis d'avertir les Canards de l'approche du puntsman a quelque chose de si narquois, de si horriblement déconcertant que tous les chasseurs lui ont voué une haine mortelle!

Aussi, ils le lui font bien voir, quand il n'y a rien

d'autre à tirer, ou quand ils se laissent surprendre dans leurs grandes assises. Car les Courlis entre-eux sont très sociables et vous les verrez vermiller au vieux Doel, aux Schorres de Santvliet, à Bath, à Balloeck et surtout aux Schorres du Pael en bandes immenses. Ils s'y promènent là, et vaquent à leurs petites affaires, tantôt près de l'eau, car ils nagent volontiers, tantôt bien loin des rives sur les sables vasards, tantôt aux limons au milieu des Aster.

Tout en se promenant, les uns happent à la surface à droite et à gauche, les larves, insectes, vers, mollusques et autres animalcules dont ils se nourrissent à la façon des Gallinacés, d'autres en vrais fodirostres et comme les Pies de mer, plongent leur long bec dans le sol, et l'y secouent pour faire sortir les vers, qu'ils aspirent avec leur sonde tactile pourvue de fibrilles nerveuses.

La longueur de leur bec varie beaucoup avec l'âge, aux anciens les plus longs et les plus recourbés. Nous en avons tirés, dont le bec atteignait la dimension de 19 centimètres, et l'on dirait que plus long est cet organe, plus formidable est leur cri.

Ils sont très durs à achever lorsqu'ils sont démontés, et ils luttent jusqu'au dernier souffle. Ils courent alors avec une telle rapidité sur les vases du fleuve, que l'homme embotté et embourbé, ne saurait songer à les atteindre à la course, et se voit souvent obligé de les abandonner, ou de leur envoyer le coup de grâce à longue portée. Un Courlis blessé peut servir d'appât, attaché à un piquet il appelle les autres, et l'on pourra parfois tenter un joli coup par ce stratagème.

On peut parfaitement imiter le cri qui lui a valu son nom français, avec un appeau métallique ou autre. C'est un simple tube cylindrique de 4 à 5 centimètres, percé d'un trou en son milieu, et muni d'une bouche de clarinette à l'un de ses bouts. En bouchant plus ou moins du doigt, l'ouverture centrale ou terminale, on arrive de suite au timbre exact du cri de l'oiseau. Un os de mouton muni d'un bouchon taillé en bec de flute est un appeau parfait pour dire Courlis, Courlis. Ceci pour les tendeurs surtout.

Mais cet oiseau singulier possède tout un répertoire de sonorités étranges. Aussi, quand vers le soir, il déambule pacifiquement à la recherche de sa nourriture, il émet une succession de cris qui ressemblent à ceux d'une poule ordinaire lorsqu'elle prend la même allure : Kwaak (une longue) suivie de kwak, kwak, kwak, kwak, kwak (brèves) finissant par une plus longue kwââk, et il se répète ainsi longtemps comme nos oiseaux de basse-cour. Parfois encore il pousse de véritables grognements qui ont le timbre et le son strident des cris d'un cochon qu'on égorge, d'autrefois au contraire, il émet des trilles pas trop discordantes comme s'il voulait imiter d'autres animaux. Il possède ainsi toute une gamme de cris sonores, pleins, stridents qu'il égrène, nuit et jour pendant qu'il rôde, inquiet, remuant, instable et sans cesse en éveil. Nous croyons qu'il ne dort guère la nuit et laisse encore moins dormir les autres. Lorsque le chasseur, sur son bateau à l'ancre dans une crique quelconque du grand fleuve, après la soirée du bord, s'en vient piquer une tête sur le pont pour jeter un dernier coup d'œil à la lune, aux nuages, et consulter le vent pour le lendemain, il est rare que le Courlis ne fasse encore entendre ses mélopées qui retentissent au loin et se répercutent aux solitudes des grandes eaux, et si parfois vers le milieu de la nuit, sa fantaisie ou un bruit insolite attire l'homme au dehors de sa cabine, c'est encore et toujours la voix du sempiternel Courlis qui mêle alors ses notes mélancoliques aux murmures du vent et au clapotis de la lame.

Si le Nil a eu son Ibis sacré, l'Escaut a son sacré Courlis, et cette nouvelle façon d'Ibis n'est pas prête à s'éteindre. Non pas qu'il soit immangeable, les jeunes tués en eau salée sont parfaitement comestibles lorsqu'ils sont préparés selon les règles de l'art. comme la

Bécasse par exemple, mais ceux qui fréquentent les marais et les eaux douces sont moins recommandables et peu dignes d'un gourmet.

Valent-ils le coup de canardière? Comme difficulté d'approche et cible splendide, oui, comme plat, la question est fort discutable. Autrefois au xive siècle, le Courlis avait la réputation de la Bécasse auprès des friands de cette époque encore primitive de l'art de la gueule, et le Héron était le mets principal de toutes les fêtes, du moins en Angleterre!

Les Anglais se sont tellement délectés de

IBIS FALCINELLE (1).

ces deux étranges, funèbres, infatigables et héraldiques volatiles, que la loi de l'hérédité a comme déteint, et imprimé sur la plupart des fils d'Albion, les principales qualités de ces oiseaux : Tous trois aujourd'hui, moules excentriques, échassiers infatigables et pince-sans-rire!!

---

(1) Ibis Falcinelle. — Espèce cosmopolite, très très rare en Belgique. Exemplaire tué sur la Meuse, de la collection de M. Visart de Bocarmé.

Le Courlis corlieu

—

Lat. : NUMENIUS PHEOPUS

Flamand : DE REGENWULP ou MEI-WULP

Taille : 0^m^4o à 0^m^45 ; *bec* : 0^m^o8 à 0^m^1o ; *ailes* : 0^m^3o.

Cette espèce plus petite, aux allures et aux habitudes semblables à la précédente n'est pas sédentaire sur le Bas-Escaut. C'est un oiseau de passage très régulier, que nous rencontrons surtout en août-septembre et en avril.

Espèce frileuse et pélagienne en ces migrations, mais qui va nicher assez haut au nord de l'Europe, jusqu'au 65° L.-N. pour redescendre l'hiver jusqu'aux côtes extrêmes de l'Afrique.

Moins farouches au chasseur, et moins sociables entre eux et les autres échassiers, on ne les rencontre qu'en petite bande, et presque jamais mêlés au grand Courlis, dont il diffère surtout par le *bec qui est droit*, avec la mandibule supérieure dépassant un peu l'inférieure, noir à l'extrémité, rougeâtre à la base, presque cylindrique, assez dur, quoique ne pouvant supporter le poids de l'oiseau sans se ployer. Comme son congénère, il a le doigt externe relié au médian par une palmature jusqu'à la première phalange, ce qui lui permet de nager à l'occasion.

Il porte la calotte de la tête tachetée de brun-roussâtre, croupion blanc avec quelques taches brunâtres, queue à stries transversales brunâtres. Gorge et poitrail gris-clair piqueté de noir, ventre blanc, ailes aiguës, etc.

En somme l'ensemble du costume est calqué sur celui du Courlis arqué, et cette doublure, miniature du premier, dont elle a emprunté jusqu'à la voix haussée au soprano, s'empiffre comme l'autre, nuit et jour d'animaux marins. Mais le Corlieu recherche ces espèces de sauterelles de mer, dites talitres sauteurs que le flot dépose sur la vase à chaque marée. Ces petits crustacés, croque-morts minuscules des bords de la mer, sautent sur le sable avec beaucoup d'agilité, au moyen du mouvement de ressort qu'elles donnent a leur queue, et les Courlis les happent, à terre ou au vol avec délice. Ces crevettines communiquent à la chair du Corlieu, un fumet particulier qui en fait un oiseau fort délectable, et que nous recommandons aux amateurs de gibier d'eau. Par le Corlieu s'ouvre du reste la série des rôtis délicats qui appartiennent à cette famille éminemment intéressante des becs grèles des marais, qui occupent les plus hauts échelons de l'art culinaire, dont les rangs suprèmes sont dévolus aux becs les plus mous, ainsi que nous l'avons dit déjà, et dont le sceptre est tenu par la Bécassine.

Saluons, mes frères, et allons méditer aux schorres d'Arenberg!

Le Courlis à bec grêle.

—

Lat. : NUMENIUS TÉNUIROSTRIS.

Flamand : DE DUNBEK. — WULP.

Cet oiseau a pour aire géographique le bassin de la Méditerranée, et on ne le rencontre que très rarement chez nous, et presque jamais sur l'Escaut. On compte à peine trois à quatre captures en Belgique depuis quarante ans. Beaucoup de Courlis me sont déjà passés par les mains, et j'avoue n'avoir jamais eu l'occasion de rencontrer cette espèce, très facile à confondre, du reste, avec le Corlieu (1). M. Dubois donne les caractères suivants, distinctifs à première vue.

Courlis à bec grêle	Courlis Corlieu
Bec grêle. — Couvertures inférieures des ailes et plumes axillaires d'un blanc pur sans tache. — Abdomen et flancs blancs avec de grandes taches brunes en forme de fer de lance. Tarses mesurant 0,067.	Bec relativement robuste. — Couvertures inférieures des ailes et les plumes axillaires blanc pur avec des taches et des raies transversales brunes. — Abdomen blanc pur avec des raies transversales sur les flancs. Tarses mesurant 0,076.

---

(1) M. Alexandre Della Faille de Léverghem (Anvers) en exposait un exemplaire tué sur l'Escaut, à Tervueren au Pavillon des Eaux et Forêts.

La Barge à queue noire.

—

Lat. : LIMOSA MELANURA.

Flamand : DE GRUTTO.

Taille : 0ᵐ40 ; bec : 9 à 10 centimètres ; tarses : 0ᵐ,081.

Quand, dans vos excursions cynégétiques, vous aurez
la bonne fortune d'abattre un Échassier, que vous seriez
tenté de prendre au premier coup d'œil pour une belle

grosse Bécasse, mais dont la taille plus forte, le costume
moins riche, le bec plus long et les tarses surtout plus
hauts et plus dénudés vous diront ensuite que vous
faites erreur, il vous suffira de rectifier légèrement en
disant : *Bécasse de mer* pour compléter votre diagnostic.

Les Barges, en effet, sont les Bécasses de mer, taillées
sur le même patron ; long bec mou tactile, pieds, envergure, costume roussâtre et gibier de tout premier ordre,

seulement l'habitat a donné à la Barge qui fréquente les bords de la mer, les estuaires, les marais, de hautes jambes dénudées, et à la Bécasse qui affectionne les clairières et les forêts, des tarses beaucoup plus courts et la jambe couverte d'un soupçon de plumules.

Si vous tenez compte des différences esquissées ici, la confusion est impossible, et nul Chevalier ou Bécasseau ne saurait désormais vous induire en erreur. Celles qu'on tue au printemps portent un mélange de plumes de la livrée de noce et de la livrée d'hiver, ce qui fait que le roux vif du cou, le noir roux du dos, les parties de la poitrine et des flancs sont variés de plumes cendrées.

Mais là se borne l'analogie, car les habitudes et les mœurs diffèrent essentiellement. L'espèce à queue noire vient nous visiter deux fois l'an, avec la plupart des petits Échassiers, dont elle a plutôt les allures générales. Oiseau diurne et vivant en troupes, tantôt aux bords de la mer, tantôt à l'intérieur des terres, d'après que la marée monte ou descend ; nous le rencontrons au retour du printemps et dès le début de l'automne, aux schorres de Pael, en société des Vanneaux Suisse et des Chevaliers gambette. Il y a d'autres petits vadeurs auxquels la barge n'aime pas de se mêler. Elle semble plus farouche que ces espèces, et veille sur elles avec beaucoup de sollicitude. C'est un magnifique coup de feu à tenter et à réussir, en raison du volume et de la finesse de la chair.

Les Barges ne sont jamais en nombreuse compagnie aux rives de l'Escaut, on voit qu'elles ne sont que de passage ; elles semblent plutôt se cacher et se blottir pendant le jour, soit par timidité de caractère, soit par excès de prudence.

Il est certain qu'elles font leur migration la nuit, subissent partiellement la double mue qui leur donne un plumage plus grisâtre l'hiver, et plus roux l'été, et s'en vont passer l'hiver dans le midi de l'Europe et le nord de l'Afrique.

La Barge se nourrit comme le Courlis, tout en se promenant à son aise dans les vases ou dans l'eau jusqu'à la ceinture, car elle nage et plonge avec aisance et facilité, elle fouille du bec les boues et les sables où grouillent toute la faune aquatique des vers, mollusques, crustacés à peine visibles pour nous.

Intelligente et défiante, la Barge jette des cris assez sombres pour avertir ses pareils, ces cris peuvent se traduire par kari, kari, quïou, piaektiac.

La Barge à queue barrée

—

Lat. : LIMOSA RUFA.

Flamand : DE ROSSE GRUTTO.

Taille : 0^m35; *bec* : 0^m08; *tarses* : 0^m05.

Ce qui distingue celle-ci de la précédente, outre sa taille qui est plus petite, c'est surtout sa queue : blanche, barrée d'environ dix traits noirs brunâtres, mais terminée par du blanc, tandis que la Barge à queue noire porte du blanc à la base, le blanc dominant sur les rectrices latérales et s'atténuant sur les suivantes.

Dans les deux espèces, les femelles sont plus grosses que les mâles. Mêmes mœurs, habitudes et habitat que la précédente, elle niche peut-être plus au Nord jusqu'aux toundras de la Sibérie occidentale, et vient hiverner en Afrique.

« Des myriades de barges, dit Naumann, arrivent comme une nuée d'au delà de la mer, et s'abattent sur les prairies; la côte du Jutland en est couverte sur une grande étendue, la bande s'avance tranquillement, chaque oiseau cherchant sa nourriture; elle forme une surface que l'œil ne peut embrasser d'un seul regard. Ce spectacle est presque indescriptible; une bande pareille, vue de loin au moment où elle s'envole, ressemble à une fumée qui s'élève. »

Avis aux chasseurs intrépides.

D'où l'on voit que si l'Escaut a ses Courlis, les bouches de l'Elbe ont leurs Barges qui y séjournent jusque fin mai pour y revenir déjà en juillet tout comme notre Courlis sur les rives de notre fleuve. Changeons, voulez-vous? Quel rêve, des Barges tout le temps! Jutlandais, nous donnons — avec notre ami le Sportman Delalou, — nos Courlis Arqués, à dix, à vingt, à cent contre un — la barge... malgré les petites pierres que contient souvent son estomac!!

Genre Bécassine

—

Trois espèces.

Caractères généraux distinctifs : Bec droit deux fois plus long que la tête, doigts libres et le doigt médium à peu près de la longueur du tarse. La Double a la queue composée de 16 pennes, la Bécassine ordinaire de 14 pennes et la Sourde de 12 pennes.

La Bécassine ordinaire

—

Lat. : GLINAGO CŒLESTIS.

Flamand : DE WATERSNEP.

Taille : 0ᵐ25 ; *ailes* : 0ᵐ13 ; *tarses* : 0ᵐ04 ; *bec* : 0ᵐ06 à 0ᵐ07.

Un des oiseaux le moins stable des rives marécageuses du Bas-Escaut, malgré ses passages réguliers. Il n'est pas de chasseur qui ne connaisse ce fin gibier à la

calotte noire rayée de trois bandes longitudinales crême, au manteau roux moucheté de tâches brunes à reflets verts cuivreux en livrée de noces (vers la 3ᵐᵉ année seulement), à gorge et flancs gris rayés de blanc et de noir, au ventre et à l'abdomen d'un blanc pur. Les pieds sont d'un verdâtre pâle et grisâtre chez les jeunes. La femelle un peu plus grosse porte le même costume.

Cette espèce éminemment voyageuse, trouve encore le temps de changer de toilette deux fois l'an, elle renouvelle son manteau au printemps, par pure coquetterie, du croupion à la nuque, car les pennes de l'aile et de la queue ne muent pas à cette époque.

Dans ses courses vagabondes, le moindre fossé à fond humide lui procure de quoi se sustenter, c'est assez dire que ses habitats favoris sont les marais, les prairies humides inondées, les pâturages sillonnés de ruisseaux, les schorres herbacés, les polders entrecoupés de mares, ou l'eau ne dépasse pas sa cheville. Et comme il y a de par le monde, beaucoup plus d'eau et de terres humides que de montagnes et de plaines sèches, rien d'étonnant à ce que la Bécassine ne soit répandue à profusion sur les cinq parties du monde. C'est un oiseau du reste absolument cosmopolite, très prolifique, et malgré les hécatombes qu'en font annuellement les chasseurs, les tendeurs des deux continents, malgré le très large tribut qu'il paie aux Eperviers, aux Faucons, aux Milans et autres tyrans de l'air, sans compter les inondations et autres malheurs qui emportent les nids, personne n'oserait soutenir, et surtout ne pourrait prouver que l'espèce aille en diminuant depuis le siècle dernier, malgré le perfectionnement de nos armes à feu. Payne Gallway rapporte quelques belles journées de tir à la Bécassine. A Mayo, la meilleure partie du Royaume-Uni pour la Bécassine, Patrick Halloran, le plus fort (5 sur 7) a tué 45 couples en un jour.

Deux autres, 119 Bécassines et Bécasses en un jour, puis 400 par deux fusils à Kerry, renommé pour la Bécassine, d'autres en 9 jours 360, puis 209 en 5 jours, etc. Les marchés des principales villes de notre continent les vendent par milliers pendant presque toute l'année (1).

La plus grande partie de ces oiseaux, niche dans les contrées du Nord jusqu'au 70° L.-N., mais quelques couples se reproduisent cependant en Belgique, en France, en Hollande et jusqu'en Angleterre. Cet oiseau aristocratique passe la saison des pluies aux climats tropicaux, l'hiver aux marais Pontins près de Rome, aux

(1) Voir Statistique des Halles-Criées de Bruxelles, fin de ce volume.

rizières de l'Egypte et dans toute l'Asie. Il se prélasse
à Madagascar, au Nord et au Sud des deux Amériques,
abrite ses amours dans les marais séducteurs de la
Nouvelle-Écosse et du Nouveau Brunswick jusqu'à
l'Océan Arctique; car l'espèce Américaine ne diffère de
la nôtre que par des nuances plus claires. Aussi abondant à l'Ile de Ceylan qu'en Suède ou en Sibérie cet
étonnant et prodigieux volatile se rencontre partout.

Et cependant cet oiseau n'est pas sociable à la manière
de la plupart des Palmipèdes et Échassiers que nous
passons ici en revue. On dirait qu'il a pour devise :
chacun pour soi et Dieu pour tous. Nous les rencontrons
éparpillés dans une même prairie à distance respectable
les uns des autres, et ils ne leur coûtent guère de voyager seuls la nuit, et de préférence par la nuit la plus profonde, au moment des Migrations.

La Lune parait avoir beaucoup d'influence sur leurs
mouvements. Par la pleine lune, la Bécassine se nourrit
toute la nuit et le lendemain elle est peu farouche, c'est
le contraire par nuit noire. Comme elle n'a pu trouver sa
subsistance, elle se met en quête de nourriture le lendemain pendant le jour. Elles se dispersent par la pleine
lune vers les montagnes pour se sustenter, mais par
les nuits obscures elles se réfugient aux marais qu'elles
connaissent. Mais nous pensons que ce n'est ni la
paresse, ni la crainte des corsaires diurnes, qui poussent
la plupart des oiseaux Migrateurs à se mettre en route
la nuit ou à la brune.

Les oiseaux de grand vol, comme la Bécassine, les
Pluviers, les Étourneaux, les Chevaliers, les Bécasseaux,
et autres oiseaux de rivage à l'aile sub-aiguë, et qui choisissent précisément les nuits les plus noires pour opérer
leur migration, n'ont pas à redouter les oiseaux de proie
pendant le jour, si la fantaisie leur prenait de filer
quelques centaines de milles en pleine lumière, alors que
les Alouettes, les Pipits, les Pinsons, les Linottes et
une foule de petits granivores se complaisent à se lever

avec le soleil et à poursuivre leur course avec la sienne, au nez et à la barbe des Éperviers et Émérillons. Nous pensons que ces noctambules, aux pieds toujours humides, habitués à vader et à chercher leur nourriture pendant les nuits les plus claires et les plus calmes, digérant et se reposant surtout le matin et pendant une partie de la journée, profitent des nuits les plus sombres, alors que la quête de leur subsistance est rendue plus difficile, sinon impossible, pour se mettre en voyage. Et comme c'est surtout après le coucher du soleil que ces oiseaux se mettent en mouvement et déploient leur plus grande activité, l'empire de l'habitude joint à un besoin continuel de mouvements chez ces espèces essentiellement mobiles, les poussent à voyager de préférence la nuit. Au lieu de se promener et de se mouvoir à terre sous l'œil de la lune ou des étoiles, selon leur coutume habituel aux stations hivernales ou estivales, ils se meuvent en l'air, et voyagent dans l'obscurité quand l'heure du départ a sonné. Quant à ceux qui se nourrissent surtout pendant le jour, comme le Rossignol, la Fauvette, la Caille, la Grive, etc., et que nous ne voyons jamais émigrer après le lever du soleil, les uns choisissent au contraire les nuits claires, tandis que d'autres, (ainsi le Ramier, le Biset, la Fauvette, le Rossignol), attendent le déclin des ombres de la nuit pour s'élancer dans l'espace, dans un jour encore indistinct, avant les premières lueurs de l'aurore.

Nous pouvons invoquer encore pour expliquer ce curieux phénomène, l'état atmosphérique des nuits, peut être plus favorable aux voyages au long cours et aux vols fatigants, et surtout l'hérédité, force mystérieuse et atavique qui les sollicite à agir comme les espèces dont ils dérivent, et nous avons vu que le premier-né de la volatilie était l'oiseau d'eau migrateur nocturne par excellence. La puissance de l'hérédité incitant les oiseaux aux époques des migrations, est si impérieuse, que des oiseaux élevés en cage, et qui n'ont jamais

connu la liberté, deviennent alors inquiets, remuants et
agités, ils volètent dans leur prison et s'élancent avec
impétuosité contre les barreaux de leur cage.

Ceci ouvrira la voie à ceux qui cherchent une explication satisfaisante de cette préférence de locomotion
nocturne adoptée par des espèces dont le vol est si
rapide, et lorsque, comme pour la Bécassine, les mœurs
sont plutôt diurnes. Quoi qu'il en soit, en raison du vol
compliqué et déconcertant de cet oiseau, les chasseurs
ne sont pas d'accord sur le tir à la Bécassine.

Faut-il marcher dessus vent au nez ou vent au dos?

Les uns disent oui, les autres non. Il faut distinguer.
Puis il y a la question du chien. Faut-il un Pointer, un
Setter, un Braque, un Épagneul ou pas du tout de chien?
Il faut un chien, peu importe sa race ou son nom, mais
il faut un chien qui tienne ferme l'arrêt et soit vif et
rapporte sur terre et sur l'eau. Les effluves de la Bécassine sont très odorantes, et il faut qu'il sache résister et
attendre jusqu'à ce que son maître parfois embourbé
jusqu'aux mollets ait le temps d'arriver à portée. Ceci
soit dit pour ceux qui chassent au marais; sur l'Escaut
en bateau le chien est impossible.

La Bécassine arrive aux rives du fleuve fin août et
jusqu'en octobre, pour y repasser en mars-avril. On les
rencontre alors en amont de Lillo, puis aux schorres
qui s'étendent entre Doel et Liefkenshoek, ensuite près
du moulin de Doel jusqu'au Vieux Doel, à l'île de Saeftingen, à Santvliet, à Pael et aux schorres du Zandcreek.

La plupart de ces places sont affermées, mais à marée
haute en punt, on peut toujours y faire une petite
tournée. Le fruit défendu est toujours meilleur, et quel
fruit!!

Quoique d'un naturel peureux et méfiant, cet oiseau
n'est pas remuant de sa nature. S'il n'est pas dérangé, il
passe sa journée à manger et à dormir, exécutant tout
au plus quelques évolutions vers le soir et le matin.

Leurs habitudes par exemple sont fort irrégulières.

On n'est jamais certain de les retrouver là, où la veille on les avait vues ; c'est pourquoi quand on aura la chance de tomber dessus, il faut en tirer le plus possible car le lendemain elles seront disparues, évanouies, et l'occasion ne se représentera peut-être plus avant huit ou quinze jours.

Elles abondent aux schorres du duc d'Arenberg derrière le Vieux Doel après quelques jours de gelée, mais si le froid devient trop intense, les vases sont congelées et elles émigrent vers le midi, ou vont vermiller aux ruisseaux à eau courante. Elles *sondent* les vases de leur bec *tactile* pour y trouver leur nourriture. Après un dégel, les Bécassines et les Bécasses sont toujours bien en chair, parce que les vers réfugiés au sein du sol pendant la gelée en sortent au dégel, et elles s'en régalent avidement. Pendant les temps brumeux et venteux la Bécassine se laisse mieux approcher, et son vol est moins tortillé et plus droit que par les journées claires et de belle gelée.

Gardez votre sang froid si une Bécassine s'enlève soudain à quelques pas de votre arme, le défaut des débutants est de tirer trop tôt. Il ne faut pas perdre de vue, qu'en filant, elle s'élève de plus en plus dans les airs, et qu'il faut viser au-dessus et en avant de l'oiseau.

On lui fait la réputation d'exécuter généralement trois crochets traditionnels après quelques mètres de cul-levé, mais souvent elle n'en fait qu'un, parfois deux, d'autre fois cinq ou six ou pas du tout. Ces crochets démontent absolument le plus habile tireur; il faut donc faire feu au cul-levé, ou après qu'elle les a faits. La portée à laquelle l'oiseau s'enlève pourra seule guider le chasseur, s'il la manque au départ, il pourra la doubler soit à droite, soit à gauche, s'il a eu soin de se mettre le dos au vent au moment de l'arrêt du chien. Il place ainsi la victime entre son chien et son fusil, et celle-ci très perplexe s'élance en poussant son cri : quetsch, quetsch, mais éprouve bientôt le besoin de son *vol vent*

debout, et c'est alors qu'elle se présente en passe semi-
circulaire au chasseur.

Le plomb n° 6, 7, 8 est suffisant pour la Bécassine.
Mais il arrive, qu'on ne peut se placer ni vent au nez ni
vent au dos, on tire alors au cul-levé et c'est au plus
subtil, à celui qui jette le mieux le coup de feu qu'ira le
succès. Un bon tireur de Bécassine, dit Folkard est
généralement un homme de grande activité, plein
d'énergie et ne boudant pas à la peine et à la besogne, et
Craven ajoute que c'est le sport par excellence d'un
homme de marque! Toussenel dit aussi : La nature elle
même a marqué le parfait tireur de Bécassines d'un
signe particulier au visage, pour qu'on le reconnut, et
tous les jours on entend dire, dans le monde, de quelqu'un qui n'a pas le regard expressif, qu'il n'a pas une
figure à tuer des Bécassines (*Tristia*).

Il faudra bien noter la place où elle se sera remisée,
et la tenir à l'œil jusqu'à ce qu'elle soit dans le sac.
Quand on chasse, vent au dos, que pas une parole ne
soit prononcée, le silence est d'or ou l'oiseau se lèvera
hors portée jetant son cri : Saich, saich !

En passant le long des digues ou dans les schorres, le
chasseur cherchera à reconnaître la présence de Bécassines par les traces laissées. Elles séjournent plus longtemps aux marais d'eau douce qu'aux marais salants, et
elles ont, comme la Bécasse, toujours un endroit spécial
préféré, une flaque d'eau, une motte d'herbe où elles
reviennent. On peut ainsi si l'on est quelque peu observateur en tirer beaucoup à la même place.

On peut dire que la Nature fut prodigue envers cet
oiseau et qu'elle l'a doué, en outre, de quelques facultés
refusées à tous les autres Échassiers : *le perchement* et
le chant. A ces dons merveilleux, il faut ajouter *le vol
amoureux*, qu'il partage avec le Vanneau; le mâle seul
perche et il ne perche que pour chanter, et bien entendu
il ne chante que dans la saison d'amour.

Toussenel avoue avoir assassiné, de ses propres mains,

deux pauvres amoureux perchés sur la plus haute branche d'un chêne, au milieu d'une prairie marécageuse du Val-de-Loire, et il nous initie ainsi qui suit aux chants et aux vols amoureux de la Bécassine, choses que nous n'avons jamais eu l'occasion de voir ou d'ouïr personnellement, parce qu'elles vont généralement roucouler leurs complaintes plus au nord et parce que la chasse est fermée à l'époque où nous pourrions avoir la chance d'assister à ces tours de force :

« Le chant de la Bécassine est une série de légers
» bêlements de chèvre qui reviennent de minute en
» minute et dont les intervalles sont remplis par une
» chaîne sans fin de *taratatata* monotones que le vir-
» tuose récapitule avec une ardeur, une verve et une
» puissance d'haleine que je n'ai connues qu'à lui. J'ai
» entendu le mâle de la Bécassine chanter deux heures
» de suite sans faiblir une seconde, sans varier ses into-
» nations d'un demi-*bémol*, sans augmenter ni diminuer
» ses intervalles d'un *soupir*. Et si le dilettante exigeant
» est en droit de reprocher un peu de sécheresse et de
» pauvreté à la cantate, en revanche, l'amateur d'évolu-
» tions aériennes a sujet d'être satisfait, car le vol de la
» Bécassine en amour est un des plus curieux spectacles
» qui se puissent admirer. Ce vol est une alternance
» indéfinie d'ascensions verticales et de descentes en
» parachute, dont le nid de la femelle est le point d'ar-
» rivée et de départ. Vous venez de voir l'oiseau piquer
» droit dans la nue à la façon des Martinets et des fusées
» volantes, votre oreille le suit encore que votre œil l'a
» déjà perdu; mais attendez quelques secondes, qu'il ait
» eu le temps de courir une vingtaine de bordées dans
» l'espace et de bêler son amoureux délire aux quatre
» points cardinaux du ciel. Le revoilà, regardez, qui
» plonge et s'abat sur le sol; il va s'y enclouer, tant sa
» chute de plomb est rapide; heureusement que son
» parachute s'est déployé à temps et comme il allait
» toucher terre. Admirez avec quelle grâce et quelle

» légèreté il se balance sur ses ailes ; c'est pour faire le
» Saint-Esprit sur la tête de la couveuse, c'est pour
» l'endormir par une passe et pour la tenir charmée.

(1)

» Après quoi il remontera pour redescendre encore, et
» toujours, et toujours.....

» O heureux, par dessus tout, ceux qui aiment et qui
» jamais n'ont fini de le dire, le royaume du Ciel est
» à eux. »

Un autre observateur, M. Nauman attribue ce bêlement qu'il traduit par les syllabes : *Dou dou dou dou dou
dou*, prononcées aussi vite que possible, aux vibrations
de l'extrémité des ailes, et Brehm fait remarquer que
Meves, de Stockholm, a imité ce bruit en sa présence et
d'une façon parfaite en agitant rapidement un bâton à

___

(1) Bécassine chantante, en position exacte prise au moyen d'une
longue vue.

l'extrémité duquel il avait fixé des rectrices de Bécassine (1).

De sorte qu'il y a trois ou quatre versions parmi les observateurs et ornithologistes modernes pour expliquer ce bruit ou ce chant de la Bécassine. Les uns l'attribuent aux vibrations des ailes seulement, d'autres aux vibrations des ailes et des rectrices de la queue, d'autres, avec Meves, aux rectrices de la queue seulement, enfin Toussenel aux cordes vocales du larynx aussi bien pendant le vol qu'au repos, puisqu'il dit que le mâle ne perche que pour chanter et qu'il ne chante que pour charmer les longues heures du travail d'incubation de la femelle.

C'est un peu la question du *Garrot sonneur* dont le mâle adulte seul possède la sonnerie, qu'on n'entend qu'au printemps et que les auteurs aussi attribuent aux vibrations rapides des ailes de ce Canard.

Nous avons dit au chapitre Garrot toute notre pensée à ce sujet, et nous sommes certains que ces sons sont laryngés. Nous avons aussi tenté quelques expériences, avec la queue étalée en éventail de la Bécassine, pour reproduire le bruit de bêlement de la chèvre, mais ni sa chute du haut de la Colonne du Congrès de Bruxelles, ni l'express d'Ostende, ni l'emballage d'un sprinter cycliste, n'ont pu faire rendre de sons à ces rectrices dressées qui, au dire de certains auteurs, en rendaient lorsqu'elles étaient en vie et en vibration sur l'oiseau au vol.

On peut cependant se demander comment il se fait que ces pennes alaires ou caudales ne chantent qu'au printemps à l'époque des amours? La Bécassine traquée par le Faucon, ou la nuit en migration, s'élance dans l'espace avec plus de rapidité et de fugue que lorsqu'elle s'amuse à faire sa cour, et ses pennes qui devraient vibrer et servir de sirène, soit pour effrayer les rapaces, soit pour guider la famille en voyage, sont absolument muettes?!

1. Des rectrices d'autres espèces d'oiseaux, agitées de la même façon, produisent le même bruit que celles de la Bécassine. Un drapeau « claque » au vent, mais ne produit jamais de son véritable, des pennes non plus. (L'auteur)

Nous inclinons donc à penser avec Toussenel que le chant laryngé de la Bécassine existe, que les pennes d'un oiseau sont susceptibles d'entrer en vibration, mais absolument incapables de reproduire des sons, de véritables sons.

Nous souhaitons, pour clore le débat, à ceux qui nous suivront dans la carrière, d'avoir la bonne fortune de pouvoir trancher définitivement, avec preuves irréfutables à l'appui, cette *délicate* question d'ornithologie transcendante.

Qui sait, il ne faudrait peut-être que cela pour passer à la postérité, ou devenir immortel !

Le Jacquet

—

Lat. : GALLINAGO GALLINULA

Flamand : DE DOOVER OF KLEINE SNEPKE

Taille : 0^m20 ; *bec :* 0^m04 à 0^m05.

La petite Bécassine nous visite à peu près aux mêmes époques que la précédente, mais elle n'est pas aussi frileuse car nous en avons rencontrées en janvier à Saeftingen. Elle niche du reste plus au Nord de l'Europe et de l'Asie que la précédente. L'ensemble de son costume rappelle celui de la Bécassine ordinaire. Des bandes ocrées partent du bec à la nuque ou du bec à l'œil, au dos deux bandes jaunâtres s'étendent de la base de l'aile à son extrémité, gorge et ventre blancs .Les deux sexes et les jeunes sont semblables.

Si par sa structure générale, son habitat et ses goûts elle se rapproche de la Bécassine ordinaire, elle s'en éloigne du tout au tout par son vol indécis, silencieux et laxe. Elle ne sait vraiment si elle veut se mettre à l'essor ou si elle va se faire écraser par ses ennemis entre les jambes ou au nez desquels, elle se décide enfin à s'envoler. C'est l'oiseau le plus fainéant, le plus paresseux qui soit, du moins en apparence, car si nous ne la voyons jamais voler haut ni bien loin, nous ignorons l'activité qu'elle déploie pour arriver à couvrir ses épaules et à ceindre ses reins de jolies pelotes de graisse dont nous la trouvons presque toujours garnie.

On l'appelle encore la *Sourde,* parcequ'elle a l'air de ne pas entendre venir le chasseur, d'où nous concluons que c'est la moins farouche des Bécassines. C'est peut-être le contraire qui est vrai.

Est-ce prudence, surdité ou fainéantise?

Qui le dira?

Il faudrait l'interviewer à cet égard pour le savoir positivement. Comme la Caille, elle n'ignore pas sans doute, qu'elle coure plus de danger à se mettre à l'essor qu'à demeurer tapie, confondant les tons roux de son plumage avec les herbes fanées de son lieu de remise. C'est une feinte voilà tout, une ruse de l'oiseau, transmise par l'hérédité chez l'espèce Bécassine. Les contraires s'attirent et ont souvent des liens mystérieux de parenté. L'une croit trouver son salut en sa vélocité, l'autre en son immobilité. Avec nos armes d'aujourd'hui, il se pourrait fort bien, que la Bécassine fût plus décimée que le Jacquet et que cette dernière, jouât le pire sourd qui ne veut pas entendre, et s'entend au contraire fort bien, à conserver sa plume et son espèce. Chacun ici-bas se défend à sa manière et si le procédé de la Sourde, n'était pas bon, son espèce ne serait pas parvenue jusqu'à nous. Donc nous le tenons pour excellent, et elle aussi.

La Double Bécassine

—

Lat. : GALLINAGO MEDIA

Flamand : DE POELSNEP

Taille : 0ᵐ29 ; *ailes :* 0,065 à 0,070 ; *tarses :* 0,041.

Cet oiseau, de taille plus grande que la Bécassine lui ressemble absolument par le plumage, sauf qu'il a le ventre rayé de bandes tranversales brunes, tandis qu'il est tout à fait blanc chez la première. Ses goûts, mœurs et habitudes n'offrent rien de particulier. Nous la rencontrons très rarement aux rives du fleuve, elle fréquente peut être davantage l'intérieur des polders, car elle n'aime pas les schorres, garnis de joncs, d'Aster ou de roseaux, et préfère les prairies à bosses et à fosses pour s'y cacher le jour dans les touffes d'herbe.

Son vol est droit, sans crochet, assez bas, et ses habitudes solitaires, crépusculaires et paresseuses en font un oiseau presqu'invisible le jour ; sa réputation de timidité est bien connue.

La famille des Bécassines, comme celle des Pluviers et des Bécasses, a adopté le chiffre invariable de quatre œufs par couvée. Elle niche déjà en mai, et pour peu qu'il y ait quelques couvées, vous voyez d'ici la multiplication de ces gracieux, exquis et divins volatiles. Il y a de quoi réjouir les plus nébuleux pessimistes qui se lamentent sans cesse sur la pénurie et la disparition du gibier (1).

Mais apprenez, chasseurs mes frères, que le plus grand nombre de Bécassines exposées en vente dans toutes les capitales de l'Europe ne sont pas tirées au fusil, mais capturées au filet, comme le Pluvier doré ou l'Alouette. On les prend encore au traineau la nuit, au lacet, etc., et elles atteignent toujours un prix plus fort que celles tuées au fusil.

(1) Voir statistique à la fin de ce livre.

Le Genre Chevalier (Totanus)

—

Caractères généraux : Bec de longueur variable, mais n'atteignant pas deux fois la longueur de la tête, bec droit *dur*, comprimé, et parfois la mandibule supérieure légèrement recourbée sur l'inférieure à son extrémité.

Ce bec diffère donc essentiellement de celui des Bécasseaux, Barges et Bécassines qui l'ont *mou* à la pointe. Il nous indique tout de suite, qu'il est construit pour travailler de préférence en terrain variable et plutôt solide, entre les rocailles, les fissures des petits cailloux, les graviers, les coquillages, tandis que les espèces au bec flexible ne peuvent fouiller que dans les vases, les terres molles et fortement trempées. La tête est petite, le cou long ainsi que les pattes. La taille varie depuis celle de la Tourterelle jusqu'à celle du Moineau. Cette taille est parfois si élancée que ces oiseaux semblent être à cheval, suivant Belon : Chevaliers.

Les pieds minces, ont quatre doigts grêles dont les deux externes sont unis à la base par une mince membrane qui s'étend jusqu'à la première articulation. Ces oiseaux sont donc équitants et semi-palmés, ce qui leur permet de nager en cas de danger ou de force majeure. Le pouce court, frôle à peine le sol, et les ailes subaiguës ont la première rémige la plus longue.

Ces oiseaux subissent deux mues par an, à époque fixe. Le costume de noces, si on l'examine de près, ne diffère du costume de voyage que par la coordination différente des rayures et mouchetures. Néanmoins dans certains cas, ces variations peuvent rendre la détermination des espèces assez difficile, car il y a au moins dix espèces Européennes. On aura recours alors aux dimensions de la taille et du bec qui sont toujours prises exactement sur l'oiseau tué du vertex à l'extrémité de la queue. Parfois la nuance du bec et des pattes suffiront à faire reconnaître l'exemplaire qu'on aura sous les yeux, chez soi ou au Musée, quand on a le temps, cela va tout seul, mais les époques de la chasse coïncidant avec les époques de changements de livrée au printemps et à l'automne, on trouvera les Chevaliers, les Bécasseaux, les Barges et d'autres Échassiers porteurs d'une tenue mi-estivale en mars-avril, et mi-hivernale, en septembre-octobre. Ainsi au fur et à mesure que l'on s'approche de l'hiver, c'est le costume d'hiver qui prédomine et remplace peu à peu celui d'été. Avec un peu d'habitude, tout chasseur né malin et observateur, saura vite faire le compte et le triage des deux livrées.

Inutile donc de décrire ici ces modifications passagères qu'on trouvera dans les traités didactiques, les caractères les plus saillants suffisent à déterminer les espèces les plus voisines.

Le Chevalier Gambette

—

Lat. : TOTANUS CALIDRIS.

Flamand : DE ROOE POOTEN.

Taille : 0ᵐ29 ; *bec :* 0ᵐ042 à 0ᵐ044.

Bec noir à la pointe, rouge à la base. Pattes d'un rouge vermillon, semi-palmées.

En hiver les deux sexes adultes portent un joli paletot brun cendré presqu'uniforme, nuance boue du Bas-Escaut. Le Bécasseau variable a tout le dos teint également de cette modeste couleur grise terreuse qui se confond absolument avec les sables humides ou les vases des rives du fleuve, et l'on peut considérer cette teinte comme deux cas remarquables de Mimétisme.

Le dessous est blanc virguleté de taches brunes, nombreuses à la poitrine et aux flancs, et très clair-semées au ventre. Les jeunes ont les pieds et la base du bec jaune-orange.

En plumage de noces, un trait blanc (ainsi que chez les jeunes avant la première mue) part de la base du bec à l'œil ; le pardessus devient cendré-olivâtre, et les taches noirâtres des parties inférieures se multiplient et s'allongent. Les pattes, vermillon très vif, le rende tout à fait talon rouge. Queue rayée de blanc et de noir, qui lui a valu le surnom de *Chevalier rayé.*

Le jeune Chevalier lorsqu'il mue, prend la robe d'hiver, puisqu'il naît en mai ou juin, et qu'il émigre en automne en costume de voyage.

C'est le chevalier le plus gai, le plus beau, le plus commun du Bas-Escaut. C'est aussi un des moules le plus gracieux, le plus familier et des plus exquis de

cette famille. Il nous arrive fin mars-avril et passe tout
l'été aux rives et aux schorres du fleuve où il niche en
compagnie des Avocettes, des Pies de Mer et des

Sternes. Ce sont à peu près les seuls oiseaux de rivage,
avec les Hérons, les Cormorans et les Mouettes qui peuplent et égaient le Bas-Escaut en cette saison.

Ils nous quittent fin septembre-octobre.

On les rencontre un peu partout, mais principalement
autour de l'île de Saeftingen, au Nauw de Bath, à l'Ap-
pelzak, à Pael et au Schaar de Weerde. Ce sont des
oiseaux très sociables entre-eux et avec les autres petits
vadeurs. Ils marchent et courent aisément et suivent du
matin au soir, l'ourlet du flot dont ils aiment la montée,
et surtout la descente. Ils sont élégants à contempler
ainsi dans leurs allées et venues, dodelinant sans cesse
de la tête en manière de salutations, à la recherche de
vermisseaux, insectes, larves, mollusques et coquillages
dont ils font leur nourriture. Leur vol est très rapide,
la bande s'élève ou s'abaisse et fait des hourvaris d'un
ensemble surprenant, comme si elle obéissait au commandement d'un chef. Au repos ou au vol, cet oiseau fait
entendre un doux appel que le sifflet humain peut imiter

à la perfection : Fiû, Fiû (longues) suivies de fiu, fiu, fiu; fiu fiu fiu fiu (brèves).

Cachez-vous en Punt ou en barquette, sifflez exactement avec la bouche dans le timbre et le ton du Chevalier, et il viendra passer à portée de fusil.

Il n'est pas farouche, et se laisse aisément surprendre. Nuit et jour l'on entend son sifflet d'appel ou de ralliement. En août, septembre et jusque fin octobre, on peut faire quelques beaux coups de pieds-rouges au Bas-Escaut. Choisissez l'instant qui précède la marée haute à Bath, vers la chute du jour après le coucher du soleil, portez-vous en Punt ou en barquette vers le feu de Riland, derrière les mottes de gazons déchiquetées, bientôt les compagnies de Chevaliers vous arrivent du Schaar de Weerde déjà envahi par le flot, et vous aurez l'occasion de brûler une douzaine de cartouches, plomb n° 5 ou n° 6. Ne vous hâtez pas d'aller ramasser les victimes ou les blessés, car les bandes se succèdent de minutes en minutes, et le plaisir sera de courte durée. Après une bonne demi-heure le passage est fini, et les détonations successives des armes à feu, les font obliquer derrière la digue ou au large.

Les Pluviers suivent la même route, ainsi que les Bécasseaux, les Courlis et les Vanneaux, mais les Chevaliers ont la délicatesse d'annoncer leur approche aux chasseurs, par quelques coups de sifflets bien sentis. Tirez par le travers ou par derrière, mais soyez prompt, car ils passent avec une rapidité incroyable. Ils hivernent au Midi.

Très bons sur canapés, meilleurs encore en salmis.

Au filet on en prendrait des quantités avec des appelants ou des mues.

Le Chevalier sombre ou Arlequin

—

Lat. : TOTANUS FUSCUS

Flamand : DE ZWARTE RUITER

Taille : 0^m30 ; *bec* : 0^mo55 à 0^mo6o.

Nous ignorons si c'est à propos des teintes de son plumage, ou à cause de la mélancolie de son caractère qu'on l'a appelé *Sombre*, mais la teinte générale cendrée-noire de son *costume de noces* justifie pleinement ce titre, et servirait seule au besoin à le distinguer des espèces voisines. Il porte en outre, comme signe distinctif, les mandibules droites, noires, et la pointe de la mandibule supérieure courbée sur l'inférieure qui est rougeâtre à la base.

Les tarses sont bruns teintés de rougeâtre, et le fond de l'œil blanc. Tel est ce beau ténébreux, à la jambe élancée, et dont la femelle un peu plus petite, accuse des teintes moins nettes et revêt plus de blanc au ventre.

En Hiver, les deux sexes portent le manteau gris cendrée, la gorge, la poitrine, le ventre, l'abdomen, le croupion d'un blanc parfait, avec la queue rayée de blanc et de noir, et les pieds rouges vifs,

L'élégance suprême de ses formes sveltes et bien proportionnées, la grande élévation de ses tarses, en font un chevalier amateur de mares de tout premier ordre. C'est bien dommage qu'il dédaigne quelque peu les rives du Bas-Escaut, car nous ne le rencontrons que rarement et en petite bande de cinq ou six individus.

Il n'y fait que passer aux époques des migrations.

Autant les Chevaliers Guinette et Cul-blanc, aiment les eaux bordés de buissons, d'arbres et de roseaux, autant le Chevalier sombre se délecte aux eaux qui en sont dépourvues, et sont ouvertes à tous les vents.

Deux couples de ces oiseaux vermillaient près du schorre de Santvliet en septembre 1895, ils se laissèrent parfaitement approcher par le Punt, mais comme ils étaient disséminés et mal groupés, deux seulement furent atteints par les plombs, dont l'un resta inerte sur le sable, l'autre s'envola et vint tomber en pleine passe navigable; il nageait péniblement. On le recueillit avec l'épuisette, l'aileron seul paraissait atteint, et cet oiseau qui a la réputation d'être un bon nageur, et même un plongeur habile, flottait à la dérive, et se débattait des ailes, mais n'essayait guère de nager, encore moins de plonger. Les deux autres s'enlevèrent à tire d'ailes en poussant des tuits, tuits, tuits, tuits retentissants comme des coups de sifflets.

Le Chevalier à pieds verts ou Aboyeur

—

Lat. : TOTANUS GRISEUS

Flamand : DE GROONPOOTIGE RUITER

Taille : 0ᵐ34 ; *bec* : 0ᵐ47 à 0ᵐ53.

La forme spéciale de son bec noir, très comprimé, fort dur, *un peu recourbé en haut*, servira toujours à le distinguer du Chevalier Arlequin qu'il dépasse comme taille, et des jeunes Chevaliers Stagnatiles dont les couleurs du plumage sont distribuées de la même façon que chez les jeunes Chevaliers à pieds verts.

En été tout le plumage des parties supérieures depuis le front jusqu'à la queue est virguleté de longues taches noires sur fond blanc, de sorte que la teinte générale est d'un noir cendré. Tout le dessous est blanc. Pieds bruns-verdâtres.

En hiver il y a moins de mouchetures sur le dessus chez les deux sexes.

Voici encore un amateur d'eau douce et visitant de préférence les rivières, les lacs, les étangs, les marais, aux mers et aux estuaires. J'en ai cependant tué plusieurs fois sur les bords très vaseux du schorre de Pael au mois de septembre.

Il ne niche pas aux rives de notre fleuve, c'est pour nous un oiseau de passage, tout simplement comme la plupart de ses congénères ou propres parents les Bécasseaux.

Nous ne les avons jamais vus en grande bande, mais plutôt en famille de cinq ou six individus. Ils paraissent forts prudents ou peureux, ils sont sans cesse en éveil, et ne se mêlent pas volontiers aux autres échassiers. En somme, ils sont peu sociables entre-eux et avec les autres qui paraissent cependant vouloir se mêler à eux, parce qu'ils les savent bons voiliers, guides expérimentés et fort défiants. On peut rendre leurs cris d'appels par : Tick, tick, tick, d'autres fois par pia, pia pia.

Disons ici d'une façon générale, que tous ces Chevaliers sont des vadeurs, et des coureurs de grèves ou de marécages par excellence. Ils nous passent et repassent aux deux époques de migrations, ils nichent pour la plupart dans les contrées septentrionales et hivernent en celles du midi, ou ne se gênent guère d'aller excursionner aux côtes occidentales ou orientales les plus lointaines de l'Afrique, jusqu'au Cap de Bonne-Espérance, tandis que quelques couples pour faire autrement que les autres ou pour montrer que les latitudes les plus distantes leur sont indifférentes, nichent chez nous ou sont sédentaires chez nos voisins.

Toutes ces espèces voyagent de préférence la nuit, vent debout, en petites troupes de cinq ou six, ou à quelques familles réunies. Ils sont généralement sociables entre eux et avec les espèces voisines. Ils sont vifs, gais, s'appellent souvent d'une voix claire, perçante qui ressemble presque toujours à un sifflement. A propos de ces cris d'oiseaux nous dirons que chaque langue à sa manière de les entendre et de les rendre, et l'Allemand ou le Flamand ne rendra jamais un cri d'oiseau de la même façon, c'est-à-dire par les mêmes mots ou syllabes, que l'Italien ou le Français.

Pour ne citer qu'un exemple remarquable de ce qui se

passe chez nous pour un oiseau bien connu, le cri d'appel du Courlis pour le Français est bien le mot Courlis, alors que les Flamands de nos côtes prétendent qu'il dit : *Aulluth* à Nieuport, et *Spirlhut* au Zwyn. Il ne faut pas attacher trop d'importance à ces notations des auteurs, d'autant que l'oiseau, selon les circonstances dans lesquelles il se trouve ou, suivant ce qu'il veut dire aux siens, modifie sa voix et ses cris à l'infini.

La nourriture de ces preux chevaliers se compose surtout d'insectes, vers, coquillages, frai de poissons, etc., auxquels ils ajoutent souvent du sable, des petits graviers, sans doute pour faciliter le broyement de quelques-uns d'entre ces aliments qui résisteraient aux tuniques contractiles molles de l'estomac.

Ils sont cosmopolites, l'Europe, l'Asie, l'Afrique leur appartiennent, travaillés qu'ils sont sans cesse, par le besoin irrésistible de faire des voyages au long cours, histoire d'entretenir la souplesse de leurs articulations, la vigueur de leurs ailes, et de satisfaire leur curiosité en visitant quelques contrées encore inexplorées lors d'un précédent voyage. Il est de fait, que la plupart de ces espèces vagabondes, pourraient tout aussi bien hiverner sur les côtes maritimes des contrées du nord, qui ne se congèlent jamais, ou bien encore stationner en permanence aux rives du Tage ou de la mer Rouge, etc.

Nous emprunterons quelques descriptions de ces oiseaux à différents auteurs, afin de donner une idée de leur manière. Les Méthodistes et les Classiques sont très complets dans leur signalement, mais combien embêtants et fastidieux. Le lecteur en jugera.

Le Chevalier Sylvain

—

Lat. : TOTANUS GLAREOLA.

Flamand : DE BOSCHRUITER.

Taille 0ᵐ17; *ailes* 0ᵐ122; *bec* 0ᵐ028; *tarse* 0ᵐ38.

Description des deux sexes adultes en été. — Parties supérieures d'un brun noirâtre et marquées de stries blanches sur la tête et à la nuque et de taches marginales blanches sur le dos et sur les scapulaires; bas du dos noirâtre; raie sourcilière et côtés de la tête blancs, ces derniers tachetés de brun, housses bruns; parties inférieures blanches; devant et côtés du cou avec des taches allongées brunes; côtés de la poitrine variés de cendré et marqués de taches brunes; flancs avec des tâches transversales de même couleur, mais moins nombreuses, couvertures des ailes brunes, les plus rapprochées des scapulaires tachées de blanc; remiges brunes, la baguette de la première blanche; croupion et sus-caudales d'un blanc pur, les plus longues des dernières tachées de brun à leur extrémité; queue blanche barrée de brun noirâtre; sous-caudales blanches, les plus latérales avec une strie brune plus ou moins large. Bec noir; iris brun; pattes d'un vert olive tirant plus ou moins sur le cendré.

Les deux sexes en hiver. — Ressemblent beaucoup aux sujets en plumage d'été, mais les taches blanches des parties supérieures sont plus grandes et souvent lavées légèrement de roussâtre, surtout sur la tête et à la nuque; les parties latérales et antérieures du cou sont davantage lavées et ondulées de cendré fauve et moins tachées; les flancs sont également moins marqués de brun.

Jeune : Ressemble à l'adulte en hiver dont il diffère surtout par le dessus de la tête et a la nuque d'un brun noir avec les plumes finement bordées de blanchâtre; pour les autres parties supérieures d'un brun noir avec de légers reflets verts et pourpres, et de longues tâches triangulaires et allongées d'un roux jaunâtre passant par-ci par-là au blanc (Dubois).

Cet oiseau possède un air de dispersion fort considérable, il remonte en été jusqu'au delà du 70° L.-N., pour redescendre l'hiver dans toute l'Afrique et jusqu'au Cap, tandis que le groupe qui nichait dans toute l'Asie jusqu'au cercle polaire l'été, émigre l'hiver aux Indes, en Perse, en Chine et jusque Java et Bornéo.

Il recherche surtout les eaux dormantes, grands marais et lacs, il n'aime ni les forêts, ni les rivières aux bords plantés de bouquets d'arbres, quoique son qualificatif de *Sylvain* nous induise à penser qu'il perche volontiers.

Nous ne l'avons jamais vu en Hollande, qui possède cependant des marais bien découverts, et des rivières bien nues.

Il est très rare sur le Bas-Escaut, quoique Dubois déclare qu'au passage d'avril on le voit chaque année dans les marais des environs de Burght. Pour le reste il se conforme à l'allure et aux mœurs de ses congénères.

Le Chevalier Stagnatile

—

Lat. : TOTANUS STAGNATILIS

Flamand : DE POEL RUITER

Taille : 0^m24 ; *bec* : 0^mo34.

Bec très faible et très délié : sur *les deux pennes exté-rieures* de la queue une bande en zigzag disposée longi-tudinalement.

Le *mâle et la femelle en plumage d'hiver* : Sourcils, face, gorge, milieu du dos, devant du cou et de la poi-trine ainsi que toutes les autres parties inférieures d'un blanc pur, nuque rayée longitudinalement de brun et de blanc ; haut de la tête, haut du dos, scapulaires et grandes couvertures des ailes d'un cendré clair bordé de blanchâtre ; petites couvertures et poignet de l'aile d'un cendré noirâtre ; côtés du cou et de la poitrine blanchâtre avec de petites taches brunes ; queue blanche rayée dia-gonalement de bandes brunes, excepté sur les deux pennes extérieures, qui portent une bande longitudi-nale en zigzag ; bec d'un noir cendré, pieds d'un vert olivâtre ; iris brun.

Les jeunes avant la première mue, diffèrent seulement des *adultes* et des *jeunes en hiver,* en ce que les plumes du haut de la tête, celles du haut du dos, les scapulaires et les couvertures des ailes sont d'un brun noirâtre, toutes entourées par une large bordure jaunâtre, les plus grandes plumes qui s'étendent sur les rémiges ont de petites raies diagonales d'un brun très foncé, sur la face et sur les côtés de la tête de très petits points bruns, extrémité des rémiges blanches ; pieds d'un cendré verdâtre.

Plumage d'été ou de noces : Du blanc depuis le haut

du bec à l'œil ; gorge, devant de la poitrine, ventre et abdomen d'un blanc pur, espace entre l'œil et le bec, tempes, côtés et devant du cou blancs, côtés de la poitrine et couverture inférieure de la queue également d'un blanc pur, mais sur chaque plume est une petite tache longitudinale noire ; haut de la tête et nuque rayées de noir sur un fond d'un blanc cendré ; haut du dos, scapulaires et grandes couvertures d'un cendré teint de rougeâtre, varié sur chaque plume par des transversales noires, dont la plus large est vers le bout, des bandes noires sont diagonales sur les plus longues plumes des épaules ; les deux pennes du milieu de la queue cendrée rayées diagonalement, les autres rayées sur les barbes extérieures en zigzags longitudinaux ; pieds verdâtres, bec noir (Temminck).

C'est une espèce plutôt Asiatique qu'Européenne. Il paraît qu'on en vend beaucoup sur le marché d'Odessa et que sa chair est d'une délicatesse exquise. Il passe l'hiver en Afrique aux marais qui avoisinent le Nil bleu et le Nil blanc à l'est du Kordofan (De Heuglin). C'est donc encore un amateur d'eau douce, d'étangs et de mares. Il est signalé comme oiseau accidentel en Belgique. Nous n'avons jamais eu le plaisir de faire sa connaissance au Bas-Escaut. Ses mœurs n'offrent rien de particulier. C'est le suprême de l'élégance et de l'esculence.

Le Chevalier Cul-Blanc

—

Lat. : TOTANUS OCROPUS.

Flamand : DE WITGATJE.

Taille : 0^m21 ; *bec :* 0^m33 à 0^m35.

Dessus d'un brun uniforme, ayant seulement quelques taches plus claires sur les ailes, dessous de la gorge blanche, ainsi que le milieu du cou et de la poitrine, les côtés bruns avec des flammèches plus foncées, bec noir jaunâtre vers la base, pattes verdâtres ; iris brun. *En hiver*, les teintes sont plus rembrunies, les taches moins nettes.

Varie d'individu à individu, les uns ont le brun verdâtre plus clair, d'autres l'ont d'un brun noirâtre (Deyrolle).

Bien connu de tous les chasseurs, à condition de ne

LE CHEVALIER CUL-BLANC.   LE GUIGNETTE.

pas le confondre avec le Bécasseau variable qu'on appelle vulgairement aussi Cul-Blanc. Ce chevalier voyage par petites bandes le long des rivières et sur le bord des marais, où il se plaît à stationner lors de son passage au printemps. Il préfère les eaux douces bien garnies de joncs, de roseaux et de bouquets d'arbres, tandis que le Bécasseau variable fréquente surtout les eaux salées, les côtes maritimes, les fleuves à marée.

Surpris par le chasseur dans les hautes herbes, où il aime à se cacher, il s'élance comme un trait en lançant son *tuituitui* perçant et sonore.

Il niche à partir du centre de l'Europe jusqu'au 65° L. N., ainsi que dans les contrées du nord de l'Asie, et hiverne en Afrique et dans l'Inde. Il se distingue des autres chevaliers par la façon de nicher. Il dépose ses œufs sur des arbres ou des arbustes dans des nids abandonnés d'autres oiseaux, comme les nids de Tourterelles, de Grives, de Merles et même d'Écureuils. L'arbre choisit est à peu de distance de l'eau et le nid à hauteur de 2 ou 3 mètres.

Le Chevalier Guignette.

—

Lat. : TOTANUS HYPOLEUCOS.

Flamand : DE OVERLOOPER.

Taille : 0^m18; *bec :* 0^m023 à 0^m025.

Cette espèce a pour caractères distinctifs : un bec plus court que tous les autres chevaliers, il est noir et seulement un peu plus long que la tête, puis une queue très étagée dont les deux pennes centrales ont la couleur du dos rayées noir en travers, et les autres blanches et brunes terminées de blanc. Manteau brun olivâtre à reflets, raie blanche au-dessus des yeux, plumes des ailes vermiculées de roux clair et de noir. Dessous blanc uniforme; pieds cendrés verdâtres.

Un seul costume pour toute l'année.

Petit oiseau gros comme une alouette, très cosmopolite et très répandu dans les quatre parties du monde ; en Amérique, il est remplacé par la Guignette Grivelée qui s'aventure parfois jusqu'en Europe. On en connaît quelques captures en Angleterre, en Allemagne, et M. Dubois père dit en avoir trouvé trois, en 1847, chez un marchand de gibier de Bruxelles.

Notre Guignette affectionne les eaux ombragées par des arbustes en été, mais se répand à l'automne le long des plages maritimes. J'en ai tué quelques uns en août 1892, sur les rives du Krammer près du port de Dintel (Dintel-sas) en Zélande. Les rives de ce bras de mer en cet endroit sont couvertes de roseaux, et des pâturages à fossés remplis d'eau avoisinent les digues. Son vol est très rapide, il rase la surface des eaux en jetant son cri qui est un sifflement sonore, aigu : *tididi, tididi.*

Le mâle, à l'époque des amours, ferait entendre un crescendo de trilles assez agréables, composé de ces syllabes répétées rapidement, et un grand nombre de fois : *titidididididi, titidididididi !!*

Le Genre Bécasseau

—

Caractères généraux : Bec un peu plus long que la tête, droit, *Mou*, les deux mandibules cannelées.

Tête grosse, cou court, pattes relativement courtes. Pieds grêles, quatre doigts généralement libres et bordés, ailes aiguës, étroites, la première rémige la plus longue. Ils sont sujets à deux mues périodiques fixes, et souvent leur livrée d'été diffère beaucoup de leur tenue d'hiver. Les variations principales passent du blanc au roux et du cendré au noir. Ils font partie de cette nombreuse et gracieuse famille d'Echassiers mignons, qui apparaissent sur nos côtes et aux rives du Bas-Escaut en mars-avril et en août-septembre. Ils s'y balladent en compagnie, et exécutent des vols fous qui font l'admiration de tous ceux qui ont eu l'occasion d'assister à leurs grandes manœuvres. A terre, ils ont le verbe haut, la conversation bruyante, et décèlent ainsi facilement leur présence par leur caquetage. Ils ne fréquentent pas volontiers les bords à graviers de l'Océan, mais donnent la préférence aux rives couvertes de limon, de boue ou de sable. Ils se nourrissent de larves, insectes, petits coquillages et petits vers.

Famille très cosmopolite. Nichent en société aux rivages du septentrion. Très recommandables en salmis, rappelez-vous ce que nous avons dit des becs mous en général, et Bécasseau, est le diminutif de l'illustre famille des Bécasses et Bécassines.

Le Bécasseau variable

—

Lat. : TRINGA CINCLUS.

Flamand : DE WITGATJE-DE STEENJES

Le plus répandu, le plus fidèle, et le mieux connu de tous les petits Echassiers que les chasseurs rencontrent aux rives du Bas-Escaut. Il y séjourne les trois quarts de l'année, mais est surtout abondant en automne et en hiver, même en plein hiver, alors que le fleuve est couvert de glaçons. C'est le coureur de grèves et l'amateur d'eau salée par excellence.

L'hiver, il est facilement reconnaissable à son paletot uniformément gris, nuance sable mouillé ou vase de l'Escaut, avec lesquels on le confondrait absolument, s'il ne remuait pas sans cesse, laissant alors voir les parties inférieures qui sont toutes blanches.

C'est un exemple parfait de mimétisme.

En été, mâle et femelle changent de costume ; la calotte et le manteau se rouillent et se parsèment de taches noires, tandis que le plastron se virgulète de brun, et l'abdomen se couvre plus ou moins complètement de plumes noires, mais d'un noir profond pendant la ponte seulement. Le bec et les pattes sont noirâtres, et la femelle est toujours un peu plus forte. On peut les rencontrer avec des teintes intermédiaires au moment des mutations de la mue, et l'on en trouve aussi qui paraissent plus forts que d'autres.

C'est probablement à cause de cette variabilité grande de plumage et de taille, qu'on lui a donné, à juste titre, le surnom de *Variable*, sans songer à en faire inutilement une espèce à part.

La biographie de ces oiseaux, en dehors des habitudes

et des allures de tous ces petits vadeurs qu'on a appelés vulgairement *Alouettes de Mer*, se caractérise cependant par deux particularités remarquables : leur extrême

sociabilité, et leur vol en corps d'armée, évoluant en masse compacte comme un seul oiseau. Ces gracieux petits oisillons ne se contentent pas seulement de la société de leurs pareils, mais ils aiment à se mêler aux autres espèces, Vanneaux, Pluviers, Chevaliers, etc., et ce sont alors les plus grands qui paraissent diriger la bande. Ils volent avec une rapidité incroyable, par bandes de plusieurs centaines d'individus, en décrivant dans les airs des mouvements ondulés ou tournants, qu'ils changent brusquement pour s'abaisser et filer au ras de la surface de l'eau, ils se relèvent ensuite pour redescendre encore, et se jouer ainsi pendant longtemps avant de se décider à s'abattre sur la plage choisie. Aussi loin que la vue puisse porter, une bande de Bécasseaux se reconnait tout de suite à ces évolutions capricieuses, inattendues et vraiment surprenantes, qu'elle exécute à chaque instant au-dessus des plages et des eaux. Vous la croyez encore à l'horizon et déjà la voici qui charge sur vous à fond de train, en masse serrée la colonne.

Quelle grâce, quelle suprême élégance en ce tourbillon vivant ! On dirait que les ailes de chaque oiseau touchent celles de ses compagnons, tant ils sont tassés les uns contre les autres, et en réalité ils n'ont garde même de se frôler. C'est à croire que le nuage entier est enchaîné, apparaissant au spectateur comme en un jeu de lumière, tantôt blanc, tantôt noir, jusqu'à ce qu'enfin, la bande folâtre aille s'abattre le long de la rive, en large nappe, et en pleine volée avec un ensemble merveilleux, découvrant tous au même instant, comme dans une apothéose finale, le brillant argentin des parties inférieures de leur corps et de leurs ailes, qui prennent subitement l'aspect d'un nuage de pièces de cinq francs. Pour nous, le vol d'une armée de Bécasseaux, par une belle journée d'hiver ensoleillée, est le spectacle le plus intéressant, le plus beau que puissent nous offrir les évolutions aériennes disciplinées de tous les oiseaux de la création. C'est surtout en temps de forte gelée qu'ils exécutent leurs randonnées et leurs hourvaris, avec le plus de brio et d'imprévu. On dirait qu'ils font des répétitions, en perspective d'une grande revue d'ensemble qui doit bientôt avoir lieu. Le Royal fleuve, le bon viel Escaut, doit sourire dans sa barbe limoneuse, lorsqu'il voit ainsi ses plus faibles et ses plus petits enfants s'esbaudir sur ses rives hospitalières.

En temps doux, ils sont moins nombreux, et souvent s'égrènent les uns derrière les autres au moment de se poser sur le sol, en une seule ligne droite, à distance égale chacun l'un de l'autre, comme un peloton de soldats. Peu farouches en petit nombre, ils deviennent défiants en grande bande, mais les jeunes se laissent presque toujours approcher. Ils ne quittent les bords de l'eau qu'à regret à marée montante et lorsque déjà l'ourlet du flot baigne leurs tarses noirâtres jusqu'au dessus du genou. C'est le moment le plus propice, surtout s'il fait froid, pour leur envoyer en punt une cartouche de nº 6 ou nº 7. A marée basse, l'occasion est bonne aussi.

La marée n'est pas sitôt descendue qu'ils sont là, picorant avec les autres petits vadeurs, les Sanderlings ou les Pluviers à collier. Parfois encore un oiseau étranger se mêle à leurs vols kaléidoscopiques, mais il s'écarte vite des rangs pendant leurs évolutions et vient les rejoindre ensuite lorsqu'ils sont *rassis*. On peut aussi les tirer au fusil ordinaire au vol et, après en avoir démonté une dizaine du premier coup, le reste de la bande viendra faire une randonnée près des blessés et des morts, et l'on pourra en faire dégringoler autant du coup gauche.

Le tir au cul-levé à la canardière est le plus favorable, mais il faut être subtil. On cite des coups fameux exécutés par quelques puntsmen. Le père Saeys, près de Bath, en tua une fois trois cent trente-sept au cul-levé, dans une masse formidable réfugiée sur un immense glaçon flottant. Pour se réchauffer, ils grimpaient sur le dos les uns des autres, à la manière des petits Bengalis entassés dans les cages trop petites des marchands d'oiseaux. Il mit près de deux heures à les ramasser, car il y avait beaucoup de blessés, et les autres dérivant avec le courant, il fallait lutter contre les glaçons, la marée, et les efforts des oiseaux blessés pour s'échapper. Mon ami Senaud en tua un jour une cinquantaine d'un doublé de son calibre 12.

Ils jouent beaucoup entre eux pendant qu'ils sont en train de manger, et leurs cris qu'ils font entendre au repos comme au vol, peuvent se traduire par trui, trui.

Ils trottinent sur le sable, comme des souris, avec de petits arrêts après chaque coup de bec.

Ils sont très bons à manger, sur canapé s'ils ne sont pas trop gras, ou en salmis, ils sont meilleurs en automne, moins bons en hiver parce qu'ils se nourrissent alors de petits coquillages très amers qui donnent à leur chair un goût d'amertume assez prononcé. Avoir soin en tout temps, d'ôter avant la cuisson l'estomac souvent ensablé.

Le Bécasseau Canut

—

Lat. : TRINGA CANUTUS

Flamand : DE CANOET STRANDLOOPER

Taille : 0^m25 ; *bec :* 0^m033 à 0^m035.

Il doit son nom au roi Canut qui en faisait ses délices et le faisait préparer à toutes les sauces. Nous l'avons tué quelquefois aux schorres de Pael, à son passage en août, mais comme il était presque toujours en petite bande, et que son séjour aux rives du fleuve ne se prolonge guère, nous n'avons pas eu jusqu'ici le bonheur d'imiter Sa Majesté Canut, et d'en faire des études culinaires approfondies.

Qu'il vous suffise de savoir que sa taille, son embonpoint et l'exquise délicatesse de sa chair le recommande à toute votre attention.

Vous le reconnaîtrez aisément à son bec droit, noir verdâtre, un tantinet plus long que la tête, et à la teinte générale *ferrugineuse rousse* de son costume d'*été*. On peut dire qu'il est *rouillé* des pieds à la tête, les vieux portent un roux de cuivre, les jeunes à leur première mue de printemps un roux clair.

Toutes les pennes de la queue d'égale longueur, sont d'un cendré noirâtre liserées de blancs.

L'hiver, en favori bien stylé de la cour, il change notablement sa livrée, il conserve le noir de sa calotte et de son manteau, mais il remplace le roux par le gris cendré et porte la gorge et les parties inférieures d'un blanc pur.

Les jeunes sont à peu près comme les adultes en hiver.

Chez les adultes, enfin, les tons du costume sont

d'autant plus nets ou mélangés qu'on se rapproche ou s'éloigne du plein de la mue.

Il porte encore le nom de Bécasseau Maubêche.

Il nous visite aux deux époques des Migrations, habite l'été la zone polaire jusqu'au 81° L. N.; l'hiver, le midi de l'Europe et le nord de l'Afrique; peu abondant en Asie, mais habite le nord de l'Amérique.

Quoi qu'en dise M. Crocguart, d'Anvers (ouvrage de Dubois), le Canut n'hiverne certainement pas aux rives du Bas-Escaut et n'y est jamais abondant; il prolonge plutôt son séjour sur nos côtes en mai et juin.

Les sujets dont nous avons eu l'honneur de faire connaissance se sont toujours montrés en très petite bande, isolés des autres vadeurs, méfiants et farouches. Ils avaient l'air de travailler chacun pour leur compte personnel, et de veiller, en bons courtisans, chacun à la sécurité et à la prospérité de leur petite personne. Ils ont la marche, la course et le vol légers; ils suivent de préférence les côtes maritimes en leurs migrations et nous indiquent ainsi leur goût pour l'eau salée. Voix claire et sifflante pouvant s'imiter par : *Piwit, twit, twit.*

Le Bécasseau Cocorli.

—

Lat. : TRINGA SUB-ARQUATA.

Flamand : DE KROMBEK-STRANDLOOPER.

Taille : 0ᵐ21 ; *bec* : 0ᵐ02 à 0ᵐ030.

Bec un peu arqué, deux fois plus long que la tête, les deux pennes du milieu de la queue arrondies, tandis qu'elles sont pointues chez le Bécasseau variable.

En été, les deux sexes portent un manteau brunâtre mêlé de roux, et gris cendré. Tout le dessous roux de rouille, varié de brun et de blanc; pattes noirâtres. Les sexes diffèrent très peu de plumage.

L'hiver, la couleur rousse s'est évanouie et le manteau est d'un brun cendré, et le front, la gorge et tout le dessous sont d'un blanc pur. ·

Les jeunes, avant la mue, sont à peu près comme les adultes en hiver.

Cet oiseau se rapproche beaucoup, par ses allures, du Bécasseau variable, aux vols duquel il se trouve souvent mêlé.

Migrateur pour nous, comme ses congénères, il ne fait que passer, et son séjour sur le Bas-Escaut n'est pas de longue durée.

Il recherche les eaux troubles, vaseuses, ouvertes, qu'elles soient douces ou salées, et c'est un des moins peureux et des plus francs de toute la série. Quand une bande de Cocorlis n'est pas au milieu d'autres vadeurs, ce qui lui arrive souvent, elle se laisse presque toujours approcher et surprendre. Tirez dans le tas, la troupe s'enlève comme un tourbillon de feuilles mortes soulevé par le vent; elle file droit devant elle au ras de l'eau, exécute au large un hourvari et vient se poser à peu près à la même place. Le Cocorli a un air de dispersion fort considérable, depuis les régions arctiques de l'Europe et de l'Asie, où il va nicher, jusqu'au Cap de Bonne-Espérance, Madagascar, l'Indo-Chine, Java, etc., où il vient passer l'hiver.

Le Bécasseau de Temminck.

—

Lat. : TRINGA TEMMINCKII.

Flamand : KLEINSTE STRANDLOOPER.

Taille : 0ᵐ13 ; *ailes* : 0ᵐ094 ; *bec* : 0ᵐ016 à 0ᵐ017.

Avec son *alter ego*, le Bécasseau Minule, ils sont les plus petits du genre et ne sont dépassés en petitesse de taille, aux rives de l'Escaut, que par la Linotte de montagne et peut-être le Pipit aquatique dont nous parlerons plus loin.

Le Temminck et le Minule se ressemblent beaucoup et le caractère différentiel ne réside pour ainsi dire que dans la queue, comme pour les Thalassidrômes Tempête et de Leach.

Les pennes latérales sont cendrées et d'égale longueur chez le Bécasseau Minule, tandis que les rectrices médianes sont plus longues que les latérales chez le Temminck, qui porte la queue étagée, les trois extérieures d'un blanc pur.

Été : Dessus noir taché de roux, sus-caudales médianes bordées de roux, les latérales blanches maculées de brun ; côtés de la tête, devant du cou et poitrine brun roux avec des taches plus foncées au centre des plumes, surtout à la poitrine, gorge plus claire, abdomen et sous-caudales blanc pur, les rectrices médianes brun très foncé, les suivantes plus claires, les latérales blanches.

Hiver : Le roux disparaît en cette saison, les teintes noires deviennent enfumées, toutes les parties inférieures sont d'un blanc pur, les côtés de la tête et de la poitrine sont cendrés avec des taches plus foncées au centre des plumes (Deyrolle).

Rien de bien particulier à en dire : oiseaux de passage,

sociables, gracieux, agiles, préfèrent les eaux dormantes
des lacs, des étangs, des marais, aux eaux agitées de la
mer et des fleuves.

Le Bécasseau de Temminck n'est jamais de passage
le long des côtes de la Hollande, quoiqu'il porte le nom
du Naturaliste hollandais qui a surtout étudié les oiseaux
d'eau et de rivage, et dont l'habitation était *sise* près de
la mer.

Nous l'avons rencontré en face de Doel, aux vases du
Frédéricq, et deux exemplaires tués en ces parages
sont empaillés au petit Musée de Liefkenshoek.

En vos moments perdus, chasseurs de l'Escaut, quand
la bise nord-est vous forcera à vous réfugier à Lillo,
allez jeter un coup d'œil dans ce petit Musée, fruit d'un
travail obstiné et persévérant d'un naturel de l'endroit,
et vous y verrez peut être quelques pièces que vous
n'avez pas encore rencontrées en vos excursions cynégétiques; leur vue stimulera votre ardeur et jettera en
votre cœur de nouvelles espérances. (1)

---

(1) Le petit Musée de M. Roose (je crois), à Liefkenshoek, est fort
intéressant à visiter.

Le Bécasseau maritime ou violet

—

Lat. : TRINGA MARITIMA

Flamand : DE PAARSE STRANDLOOPER

Taille : 0ᵐ22 ; *bec* 0ᵐ03 à 0ᵐ033.

Espèce variable suivant la saison, mais facile à distinguer par son bec toujours jaune ou rougeâtre vers la base, le doigt médian plus long que le tarse, et les teintes noires brunes au-dessus.

Eté : Dessus d'un noir quelque peu violet avec les plumes bordées de roux ; dessous cendré clair, strié de noirâtre sur la poitrine et de taches plus claires sur les côtés du cou et des flancs.

Hiver : Dessus d'un noir brun avec les plumes bordées de gris, le tour du bec cendré, gorge blanchâtre, poitrine cendrée, les plumes liserées de blanc, ventre blanc avec les flancs et les sous-caudales marquées de taches longues cendrée.

Un des moins frileux de la famille des Bécasseaux, car il ne descend pas volontiers jusque sur nos côtes, et il faut que les hivers rigoureux de la zone boréale le forcent à émigrer le long des côtes occidentales de l'Europe.

Il habite donc l'été, l'extrême Nord, dédaigne les eaux douces, nous visite de temps en temps en novembre, remonte en mai, et se complait surtout aux endroits rocailleux, rochers, falaises, graviers. C'est assez dire qu'il est très rare au Bas-Escaut, et malgré les tentatives que nous ayons faites pour le rencontrer à Ostende ou à Knocke, ou sur notre territoire de chasse habituel, nous n'avons pu étudier ses allures sur nature.

Il paraît qu'elles n'offrent rien de particulier.

37

Le Bécasseau Platyrhingue

—

Lat. : TRINGA PLATYRHYNCHA.

Flamand : DE PLATBEK-STRANDLOOPER.

Taille : 0^m14; *bec* : 0^m031; *tarse* : 0^m021; *aile* : 0^m12; *queue* : 0^m4.

Bec faiblement courbé, plus long que la tête, très déprimé à la base, grise-rougeâtre et noir à la pointe. Le haut de la tête d'un brun noir, marqué de deux raies longitudinales d'un roux nuancé de blanchâtre; les plumes du manteau noires bordées de jaune roux, ailes gris cendré; bas du cou, jabot, les côtés de la poitrine d'un roux jaunâtre, tachetés de gris brun, ventre et poitrine blancs; une raie sous-oculaire blanche, une autre située en avant de l'œil, brune. Les tarses d'un gris verdâtre foncé.

En automne il a le dos d'un gris cendré obscur, avec les tiges de plumes foncées et marquées de sillons plus clairs (Brehm).

Ce Bécasseau pygmée est très très rare en Belgique, rare également en Europe et accidentel sur l'Escaut, quoiqu'il émigre des contrées Asiatiques en août-septembre pour aller hiverner en Afrique. Son histoire est peu connue. On ne le voit qu'en petit nombre, et il semble éviter de se mêler à d'autres oiseaux, il aime le marais et fait souvent le sourd comme le Jacquet pour ne s'envoler que dans les jambes du chien ou du chasseur. On ne confondra pas cette espèce avec les suivantes.

Phalaropes Platyrhinque et Boréal

—

Lat. : PHALAROPUS FULICARIUS.

Flamand : DE ROSSE FRANJEPOOT.

Taille : 0^m23 ; *bec* : 0^m022 à 0^m023.

Deux petits échassiers de l'extrême nord, dont l'organisation générale se rapproche de celle des Bécasseaux, tandis que la conformation de leurs pattes à membranes élargies, les assimile aux Foulques. Ces espèces demeurent confinées vers la zone polaire et ne daignent descendre sur nos côtes que tous les vingt ans, poussés par le hasard de leurs excursions, ou par des froids extrêmement rigoureux.

Le mâle, en été, porte un manteau noir frangé de roux tendre, cravate et plastron marron, queue brune liserée de roussâtre.

La femelle, un peu plus grosse, porte les franges de son manteau plus petites, et les couvertures des ailes frangées de gris blanc.

L'hiver, calotte grise, sourcils bruns, manteau cendré liseré de blanchâtre, gorge et tout le dessous d'un blanc pur.

Le Sanderling

—

Lat. : TRINGA ARÉNARIA

Flamand : DE DRIETEENIGE-STRANDLOOPER

Taille : 0^m13; *bec* 0^m26.

Unique en son genre, mais se rapprochant tellement par son organisation et ses allures du genre Bécasseau, que ce n'est guère que par l'absence de son pouce qu'il en diffère.

Il est *Tridactyle*, trois doigts en avant presque libres, et ce caractère doit suffire au chasseur-naturaliste pour le distinguer à première vue de tous les petits vadeurs à bec grêle et mou. Et c'est heureux qu'il soit tridactyle, car ce mignon Cosmopolite aime à varier ses costumes avec les saisons et les ans.

Nous en avons tué au Frédericq vers le milieu de septembre, dont la face, le cou, la poitrine et le croupion étaient du blanc le plus pur, tandis que la tête, le dos, les couvertures supérieures des ailes étaient tachetés de noir et de roux. Bec, iris et pieds noirs.

En hiver le manteau est gris varié de brun et de blanc, couvertures des ailes bordées de blanc.

En plumage de noces, le roux et le noir dominent, aussi bien sur la tête et au manteau qu'aux parties inférieures.

Enfin les *jeunes* avant la mue ont les parties supérieures noires avec les plumes tachetées de jaunâtre, une raie brun cendré entre le bec et l'œil et les parties inférieures blanches.

Son aire géographique est très étendue, et quoiqu'il ne niche que dans les régions boréales, il se répand aux époques de migrations le long des bords de la mer sur toute l'étendue de l'Europe, les côtes de l'Afrique jusqu'au Cap de Bonne-Espérance et même à Madagascar. Il opère encore ses migrations depuis la Sibérie jusqu'en Chine et au Japon, tandis qu'il parcourt les deux Amérique depuis le Cercle polaire jusqu'au Brésil et au Chili.

C'est un coureur de grève de premier ordre, d'une sociabilité et d'une naïveté à toute épreuve. On approche toujours des Sanderlings quand ils sont livrés à eux-mêmes. Quand vous avez tiré dans une bande de Bécasseaux variables, examinez bien votre gibier, et très souvent vous y trouverez mêlé le petit oiseau sans pouce qu'il ne faudra pas confondre avec le petit pluvier à collier, tridactyle également, mais porteur d'un bec caractéristique de cette espèce.

Exquis en canapé et en salmis.

Le Combattant

—

Lat. : MACHETES PUGNAX

Flamand : DE KEMPHAAN

Taille : o^m^3o mâle, o^m^2o femelle; *bec* : o^m^o35 à o^m^o4o.

Cet oiseau forme un type à part, tant par ses caractères anatomiques que par ses allures, ses parures et ses habitudes batailleuses.

Il se rapproche des chevaliers par les tarses élevés et les pieds dont le doigt du milieu est réuni par une membrane au doigt extérieur. Mais il porte ensuite tous les caractères extérieurs des Bécasseaux : bec mou, assez court, renflé vers la pointe, queue arrondie, les deux pennes du milieu rayées de brun, les trois latérales toujours unicolores. En somme le Chevalier Combattant comme on l'appelle vulgairement n'est qu'un Bécasseau, unique en son genre.

Le mâle en petite tenue porte un manteau brun piqueté de taches noires, et bordé de roussâtre; la cravate, le plastron et les dessous d'un blanc pur; les pieds jaunâtres ou verdâtres, le bec brunâtre sur une face emplumée. Rien de bien saillant, ni de particulier jusqu'ici.

La femelle est près d'un tiers plus petite, et sa tenue est plus grise.

Quant aux *jeunes de l'année*, ils ressemblent aux femelles avec plus de roux et de noirâtre dans l'ensemble du plumage.

Mais dès que le coquin de printemps fait circuler un sang nouveau dans les veines du mâle, son caractère et son plumage subissent les transformations les plus curieuses.

Il devient méconnaissable en habits de noces, et les

rages d'amour qui l'agitent, changent en provocations incessantes son naturel léger et enjoué. Son nom de combattant querelleur, titre caractériel de sa passion dominante, lui est fort bien appliqué, et il serait peut-être difficile de dire s'il est plus amoureux que batailleur. L'un entraîne l'autre, direz-vous, et marchent souvent de pair, chez les espèces polygames, mais comme cet oiseau lutine ses pareils et même les étrangers après la pariade, il en résulte clairement que son caractère d'escrimeur prédomine sur ses qualités galantes.

Les auteurs français frappés de l'amour excessif de ce bellâtre, pour les parures séduisantes, et les colifichets étincelants, joint à un esprit de combativité extraordinaire, l'ont comparé aux preux chevaliers du moyen-âge, ou aux paladins de la Cour de Louis XIII tout ruisselants de pierreries, de velours, de dentelles, toujours en quête d'un nouveau duel, et d'un nouvel amour, la main gauche fièrement appuyée sur la hanche, la droite en route vers la rapière (Toussenel) tandis que les auteurs allemands en font des duellistes à la façon de leurs étudiants. Cette dernière comparaison manque de justesse, car tandis que les combattants sortent presque toujours indemnes de leurs rencontres et en font plutôt des jeux de grâce et d'adresse, histoire de dépenser l'exubérance de vie qui les brûle, et de se mettre en appétit pour le festin du soir, les universitaires de la Germanie affectent d'avoir conservé les mœurs d'un autre âge, se taillent d'affreuses balafres de par la figure, et font même ostentation de ces hideurs à la fin du XIXᵉ siècle.

Notre combattant est plutôt l'emblème du journaliste français, qui brûle sans cesse du désir de croiser la lame avec un confrère, simplement pour faire parler de lui et attirer l'attention du public sur sa prose. Généralement aussi leurs passes se terminent par un copieux déjeuner entre témoins et adversaires. A l'instar du combattant, après quelques estafilades et reprises inoffensives, il rajuste son col, secoue sa cravate, endosse son habit, serre la patte à son complice et, dès le lendemain, cherche l'occasion de nouveaux combats pour rire. Ils n'ont rien inventé non plus ces messieurs, ils ne font que copier de gracieux et inoffensifs volatiles.

Dès le mois de mai donc, notre amoureux s'entoure le col d'une collerette chatoyante, dont les plissés débordent sur sa poitrine, s'étendent aux épaules et garnissent tout le devant du corps d'une sorte de cuirasse touffue qui se hérisse et s'ébouriffe au gré de l'oiseau. Sur ce plastron mobile s'étalent les couleurs les plus fantaisistes et les plus variées chez chaque individu, mais il paraît qu'une fois adoptée, la même cote de maille revient à chaque mue chez le même sujet.

Le fond de cette fraise varie du roux-blanc au roux-brun et au noir velouté bleu ou vert, et il contraste d'ordinaire avec les nuances des plumes des autres parties du corps.

Puis il se pare la tête de deux huppes en forme de cornes diaboliques pour faire peur à son adversaire et en imposer aux jeunes beautés, qui généralement ont un faible prononcé pour ces appendices cervicaux dans toutes les espèces de la création. Enfin, il se casque la figure de verrucosités jaunâtres où viendront s'amortir et s'émousser la pointe de la dague molle de son rival. Sur vingt, sur cinquante combattants ainsi armés, vous n'en trouverez pas deux qui portent le même accoutrement guerrier. On dirait que chacun tient à arborer les couleurs de son lieu d'origine ou de sa belle, afin d'être plus aisément remarqué, distingué au sein de la mêlée par les damoiseaux qui ne dédaignent pas d'assister à leurs joutes et d'exciter par de petits cris l'ardeur des guerriers.

Le plus souvent, cependant, ils se battent sans motifs apparents, pour le plaisir de se battre ; tout prétexte leur est bon, et si leurs assauts se répètent avec plus d'acharnement à l'époque des amours, il n'en est pas moins vrai qu'ils perdurent longtemps encore après que leur folie amoureuse est apaisée.

Les combattants, qui sont très abondants en Hollande, se réunissent aux rivages ou aux marais en quelques endroits favoris, ils font élection d'un champ de bataille sur le sable ou sur un petit monticule gazonné où ils viennent chaque jour s'escrimer, et cela avec d'autant plus de régularité qu'ils se sentent mieux en plume et en forme. Le premier arrivé au rendez-vous attend l'adversaire désireux de se mesurer avec lui. Dès qu'ils s'aper-

çoivent, ils se précipitent l'un sur l'autre, se fendent en tierce, en quarte et surtout se portent des coups droits qui viennent s'émousser sur leur casque verruqueux. D'autres, mis en belle humeur par l'exemple des premiers champions, se mettent aussi en ligne de bataille, et les couples frappent d'estoc et de taille jusqu'à extinction de force et d'haleine, mais jamais plus de deux ne se battent ensemble. Ces preux ne commettent jamais la lâcheté de se ruer à plusieurs sur un seul adversaire, et les Curiace qu'on nous cite comme modèles de bravoure de l'antiquité romaine, eussent bien fait d'imiter l'exemple de ces fiers oiseaux. Les mêmes tournois se renouvellent pendant la journée, jusqu'à ce qu'un beau matin,

vainqueurs et vaincus aient pris leur envolée vers le
pays natal, où se tirent la belle lorsque l'heure des épou-
sailles a sonné.

Les combattants se mettent en garde de la même
façon que nos coqs de combat : face à face, tête basse et
dodelinante, le corps allongé, bien campé, la housse
hérissée, frémissante, la pointe du bec dirigée droit vers
l'œil et le défaut de la cuirasse de son rival. Et leurs
dagues se croisent, les coups se multiplient et leurs
attaques se précipitent avec un acharnement incroyable,
les plumes jonchent parfois le sol, mais leur bec mou
fait rarement couler le sang. Enfin, le combat, va se
terminant par des hochements de tête et des poses
de bravades ; les deux Paladins essoufflés rajustent les
dentelles de leur fraise et retournent à leur place primitive prendre un repos bien mérité.

« Parfois, dit Brehm, une femelle arrive sur le champ
» de bataille, prend les mêmes poses que les mâles, court
» au milieu d'eux, mais ne participe pas à la lutte et s'en
» va bientôt. Il peut arriver alors qu'un mâle l'accom-
» pagne et demeure quelque temps avec elle. Bientôt
» cependant il revient à la place du combat sans plus
» s'inquiéter d'elle. Jamais deux mâles ne se poursuivent
» en volant, ils ne se battent que sur le lieu à ce destiné,
» hors de là ils vivent en paix. On remarque bien vite
» que ce n'est pas la jalousie qui les fait ainsi se battre.
» Quelle est donc la vraie raison ? C'est ce qui est
» encore pour nous une énigme. »

Ce qui est encore une énigme pour Brehm est cependant bien simple. L'ardeur guerrière des combattants
n'est qu'une application de la loi de la concurrence qui
régit tous les êtres. Elle est produite par son ardeur
amoureuse puisqu'elle s'exerce toujours contre ses
rivaux mâles, et il suffit de savoir que le nombre de
mâles de cette espèce soit plus considérable que celui
des femelles pour que ceux-ci se voient dans la nécessité
de se les disputer en combat singulier. Et si l'on réfléchit

que la polygamie est fort en honneur chez eux on aura
la clef du mystère qui, pour nous, n'en est pas un. Le
mâle, en effet, ne s'inquiète nullement de sa progéniture
et tant qu'il y a encore des femelles non accouplées il se
bat avec ses semblables, et cela dure jusque fin juin,
c'est-à-dire jusqu'à extinction de surcroit de vie et
clôture de la saison des amours. Comme ces phénomènes
se rattachent aux lois de la mue, lesquelles sont intime-
ment liées aux lois des migrations, nous allons en profiter
ici pour en dire un mot et compléter ainsi la démonstration de ce qui est encore énigme pour l'auteur allemand.

Chez toutes nos espèces d'oiseaux, vers les époques de
migration, les plumes tombent, et sont remplacées par
d'autres, plus aptes à remplir leurs fonctions. Les plumes
sont des organes éphémères, d'origine épidermique, au
même titre que les poils, les ongles, les cornes, les dents,
les écailles des poissons, etc. ; elles sont sujettes à des
chutes périodiques et les organes de remplacement
apportent des variations de couleurs aux différentes
époques et aux divers âges de l'oiseau. Ce phénomène
physiologique varie en conséquence avec les espèces, les
sujets et les milieux, mais il est surtout dominé par l'état
de santé, l'embonpoint, la sève en quelque sorte débor-
dante de l'oiseau. Un oiseau bien portant mue facilement
et rapidement ; si le renouvellement de son plumage
tarde ou s'arrête, l'oiseau s'étiole ou meurt. Mais c'est
précisément vers les époques des Migrations, alors
qu'ils jouissent de toutes leurs qualités physiques, et
cela en raison de l'abondance de nourriture que leur
offre ces saisons, qu'ont lieu ces changements de vesti-
ture. Ainsi, la fin de l'été par la maturation des graines
et des fruits, le printemps par l'éclosion des larves
d'insectes et le réveil de toute la nature favorisent ces
phénomènes, et donnent lieu à la simple ou à la double
mue partielle ou complète d'après les espèces, et surtout
d'après la richesse de nourriture mise à leur disposition.

C'est ainsi que la plupart de nos oiseaux de plaine et de bois ne muent qu'une fois l'an, tandis que la grande majorité des oiseaux de rivage et d'eau, subissent la double mue, l'une au printemps souvent partielle, l'autre complète vers l'automne. Cette différence s'explique non par un besoin plus grand qu'auraient les Échassiers, de renouveler les plumes de leurs ailes devenues impropres à remplir leurs fonctions, à cause de l'usure considérable qu'elles auraient subies en leurs courses vagabondes, mais par la variété étonnante de substances nutritives que la grande nourricière, la Mer, puis les cours d'eau, les marais, etc., offrent sur leurs rives, dès le réveil du printemps, alors que la terre est encore endormie, et ne peut offrir ni fruits, ni graines, ni insectes aux autres espèces. Et en effet, les oiseaux qui subissent la double mue, ne perdent pas les pennes de leurs ailes ni de leur queue poussées en automne, pour opérer leur repassage au printemps, mais se contentent les uns, de revêtir des habits de noces, de se garnir la tête, le cou, de parures, d'ornements fantaisistes de toutes espèces, les autres de faire complètement peau neuve ou de donner un nouveau lustre à leur costume d'hiver. En thèse générale, il semble que la couleur soit appropriée, chez les oiseaux, au milieu dans lequel ils doivent vivre, au climat du pays qu'ils habitent et pour ainsi dire à la période des temps dans laquelle ils se trouvent.

Chez la plupart des oiseaux adultes, le plumage ne change plus, sauf qu'il devient de plus en plus beau avec l'âge, mais chez ceux qui portent deux livrées annuelles, celle du printemps est toujours plus brillante et plus diversement colorée que celle d'automne, celle-ci étant plus terne et plus simple. Parfois le mâle seul échange son costume d'été et revêt en hiver celui de la femelle, toujours plus uniforme; ainsi agissent beaucoup d'oiseaux des pays étrangers et quelques espèces européennes comme les Bruants, les Gros-Becs. D'autres gagnent des couleurs accessoires ou plus brillantes pendant la période des amours seulement, tandis qu'un grand nombre d'oiseaux d'eau et de rivage ont un faible prononcé pour les cornes, les huppes, les plastrons bigarrés et les collerettes multicolores, tels les Cormorans, les Harles, les Grèbes, les Hérons, Outardes, Vanneaux, Pluviers, Chevaliers, Tétras, etc. Chez quelques espèces, comme le Pinson, les Merles, les Macareux, c'est le bec qui mue et change de coloration à l'époque des amours, et ce fait n'a rien d'étonnant puisque cet organe corné est de même nature que la plume. Enfin, ainsi que nous l'avons déjà vu, chez la grande majorité des espèces pélagiennes et riveraines, la double mue change complètement ou partiellement leur plumage de façon à les rendre parfois méconnaissables d'une saison à l'autre, ainsi les Mouettes, les Bécasseaux, etc.

Mais d'une façon générale, quel que soit l'éclat que prennent les couleurs naturelles d'un oiseau, quels que soient les changements de couleur même, qui surviennent sur les plumes anciennes sans mue aucune, on peut les rattacher, surtout chez les mâles qui se parent d'ornements extraordinaires, à l'activité plus grande des organes reproducteurs à l'époque des amours, jointe à un surcroît de nutrition qui augmente les fonctions de l'organisme. C'est comme un débordement de sève et de vie, qui circule dans tous les appareils, surtout dans les organes éphémères; ceux-ci disparaissent avec la cause qui a provoqué leur apparition temporaire.

Chez certains animaux, il y a une corrélation étroite entre l'activité ou l'augmentation des organes sexuels à l'époque du rut, et le développement de certaines parties du corps sujettes à des mues périodiques, tels les cornes des Corvidés, la crête des Gallinacés et surtout les ornements extravagants du Combattant, l'oiseau le plus galant et le plus amoureux des oiseaux des grèves.

« Aucun oiseau, dit Baillon, n'a les testicules aussi « forts par rapport à la taille; ceux du Combattant ont

« chacun près de six lignes de diamètre et un pouce ou
« plus de longueur, le reste de l'appareil génital du
« temps des amours est également dilaté. »

Et personne ne s'étonnera plus de cet étrange phénomène de corrélation entre des organes en apparence si
éloignés et en quelque sorte étrangers, lorsque nous
aurons dit qu'un *Epithélium spécial* joue le rôle principal dans le développement embryonnaire de l'ovaire et
du testicule, et nous savons que les plumes et les poils
sont de nature primitivement épithéliale.

Nous rapprocherons de ces analogies anatomiques et
physiologiques cette considération, que les faits cliniques mettent à l'abri de tout conteste, à savoir que les
testicules et les ovaires semblent être le siège de prédilection des kystes dermoïdes, ou tumeurs épithéliales
dans le sens exact du mot, contenant souvent des poils
ou des plumes, phénomènes qui trouve aujourd'hui leur
explication dans la structure primitivement épithéliale
de ces organes.

Ce sont là des faits de *corrélation de développement*,
parceque les divers systèmes qui concourent à la formation de l'organisme se trouvent dans une certaine
mesure entraînés par certains rapports mutuels de connexion. Dans le même ordre d'idées, nous citerons ces
faits bien connus, qu'après la castration la barbe cesse
de pousser chez l'eunuque, les dents cessent de croître
chez le sanglier, et la femme après la ménopause, voit
souvent sa lèvre supérieure ornée d'une moustache
indiscrète, en vertu des *Lois de variabilité corrélative*. Nous pourrions multiplier ces exemples, chez
beaucoup d'animaux, pour les organes homologues, et
rattacher ces faits à la Loi d'Isidore Geoffroy sur la
variabilité des parties multiples, loi en vertu de laquelle
lorsqu'un organe se répète souvent dans un même animal, comme la plume chez l'oiseau, il tend tout particulièrement à varier, soit par le nombre, soit par la couleur
ou la conformation. C'est ce qui explique cette variété

grande de plumage chez un même oiseau ou chez des oiseaux de même espèce. Il suffit de signaler ce fait qui dépend peut-être de ce que les parties multiples, ayant une importance physiologique moindre que celles qui sont uniques, elles peuvent varier ou manquer de type parfait de conformation sans préjudice appréciable pour l'organisation.

L'Albinisme, le Mélanisme, ou l'Isabellisme, ne rentrent pas dans les faits de mutabilité de la couleur des oiseaux sous l'influence de la mue, ou des agents extérieurs, mais sont du domaine de la Tératologie ou de la Pathologie. Ce sont des aberrations de couleur sans cause apparente, ou sous la dépendance de certains états maladifs, transmissibles par voie de croisements, mais en thèse générale, les Albinos virent à l'état sauvage vers la domesticité, et leur coloration tend à se transmettre et à se perpétuer tant que dure cet état d'esclavage, pour faire retour vers la coloration naturelle à l'état sauvage.

Quant à toutes ces belles nuances métalliques qui diaprent les plumes des oiseaux et les ailes des papillons, ce serait une erreur de croire, dit M. Pouchet, qu'elles sont dues à des pigments. Elles ont pour cause unique des feux de lumière fugitifs, comme les feux du diamant. Une plume à reflet métallique, examinée au microscope, présente un agencement spécial : la barbe au lieu d'une tige effilée, offre une série de petits carrés de *sublance cornée* bout à bout. Ces plaques, larges de quelques centièmes de millimètres, sont extrêmement minces, brunes, et toutes d'apparence semblable, quel que soit le reflet qu'elles donnent. Cet état de surface est dû à des élévations et des dépressions insaisissables pour nos meilleurs instruments et encore inconnu.

Mais revenons à notre Combattant, dont l'histoire en dehors de la période des amours, se confond avec celle des autres Bécasseaux. Les vieux mâles émigrent les premiers et la nuit, les femelles suivent avec la famille quelques jours après. Leurs préférences aux étapes sont aux marais, aux prairies humides, quoiqu'ils suivent le littoral et qu'on les trouvent souvent aux plages de la mer. En voyage ils s'appellent par de petits cris : tack, tack, tack. Nous les rencontrons rarement en automne au Bas-Escaut, mais ils abondent vers le Frédericq et à Weerde, fin Avril-mai. Malheureusement alors, la clôture de la chasse, nous oblige à nous borner à les contempler.

L'aire de dispersion de cet oiseau, s'étend depuis le nord de l'Europe et de l'Asie où il niche, jusque dans toute l'Afrique et le Cap de Bonne-Espérance, en certains points du noir continent, il y est même sédentaire toute l'année. Très commun en Hollande, en Egypte où il niche, ainsi qu'en Angleterre où quelques couples nichent également. Quelques téméraires égarés vont même visiter l'Amérique. Avis à M. H. de la Blanchère (v. *Les Oiseaux-Gibier*), qui semble très inquiet de savoir d'où viennent et où vont les Combattants.

Cet oiseau s'apprivoise facilement.

Sur canapé ou en salmis, il n'est ni moins bon, ni meilleur que les autres Bécasseaux; pour l'éprouvette gastronomique, choisissez la migration d'automne.

Genre Pluvier (Charadrius)

—

Ce qui caractérise le genre Pluvier, ce sont le bec et
les pieds. Il est tridactyle avant tout, et le doigt externe
est uni à celui du milieu par une petite membrane. Le
bec est droit, moins long que la tête, cannelé, arrondi
à la base, effilé vers la pointe, quoique renflé en dessus
seulement.

Mis en présence d'un Vanneau ordinaire et d'un Pluvier doré, troussés tous deux de belle manière, l'ache-
teur ne saurait se tromper s'il examine la couleur des
pattes et le nombre des doigts de la victuaille qu'on lui
présente. Ici les caractères du bec sont identiquement
les mêmes, mais la couleur noire et les trois doigts du
Pluvier le distinguent à première vue des jambes rou-
geâtres plus fortes, et des quatre doigts que porte le
Vanneau huppé.

Il ne manque pas de marchands de gibiers en la capitale du Brabant qui exposent et vendent des Vanneaux
bien dorlotés d'une tranche de lard pour de véritables
Pluviers. Presque toutes les cuisinières s'y laissent

 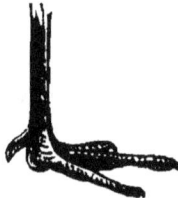 

PLUVIER.   VANNEAU.   VANNEAU PLUVIER.

prendre, et l'indélicatesse lucrative des traiteurs n'a
d'égale que l'ignorance des gourmets.

Même en casserole, le diagnostic est facile à faire, à
moins qu'un certain petit bossu bruxellois de mes connaissances, plus rusé que ses complices, n'ait proprement

sectionné le pouce du Vanneau tétradactyle pour en faire un Pluvier tridactyle.

Malgré cette amputation posthume, un habitué de ces gibiers fera la distinction à la grosseur et à la couleur rougeâtre des pattes, en général la chair des Pluviers est plus fine que celles des Vanneaux et le prix diffère de moitié. Il est clair qu'en plumes, il n'y a pas moyen de s'y tromper.

Le genre Pluvier, bien doué au point de vue des moyens de locomotion porte l'aile bien aiguë, la jambe svelte et élancée, mais il est surtout éclectique et a su se choisir des habitats selon les aptitudes variées des diverses espèces qui le composent.

Nous avons vu que la Nature avait multiplié ou répété les moules des petits vadeurs de rivage, dont les uns s'attachent aux sables de la mer, tandis que d'autres préfèrent les vases, le lit des rivières, d'autres les marais, les prairies inondées. Le même plan de distribution harmonique a été suivi dirait-on pour le genre Alouette et le sous-genre des Pipits. Ils ont des espèces pour les champs, les prairies, les bois, les montagnes, les marais, etc. Ainsi encore le genre Pluvier a des amateurs de rivage, de terres labourés et de terres en friche.

Leur nom leur vient, de ce qu'ils sont de passage chez nous à l'époque des pluies de l'automne et du printemps, et comme le sol détrempé facilite la sortie des vers de terre dont ils sont particulièrement friands, ils le piétinent de leurs pieds plats pour faire sortir les vers de leur demeure. Les pauvres lombrics croient à un travail de taupe, leur mortel ennemi, et ils sont prestement cueillis à leur sortie de terre.

Ils se nourrissent encore d'insectes, de mollusques et autres petits crustacés et végétaux. Et leur appétit est aussi insatiable que leur mobilité est excessive. Ils vadent presque toute la nuit, surtout par le clair de lune, ils courent, volent, jouent, et vont aux ablutions

plusieurs fois par jour, en sorte qu'il leur reste fort peu
de temps à consacrer au sommeil. Ils portent un costume
variable suivant les saisons et paraissent entichés de
bandeaux, colliers et plastrons, rehaussés d'un manteau
uni ou tacheté.

Leur voix est un sifflement doux en automne et en
hiver, et se hausse jusqu'au chant en été par des trilles
assez agréables.

Leurs grands yeux, et leur tête en boule de loto, leur
donnent un faux air d'imbécillité, alors qu'ils sont en
réalité fort bien doués du côté du cœur et de l'esprit.

Les sentiments de la famille et de la confraternité,
sont très développés chez les Pluviers, et c'est peut-être
à cause de l'exagération de ces beaux sentiments qui
leur fait oublier leur propre sécurité, que les chasseurs
les croient stupides.

Si quelque espèce comme le Guignard, par exemple,
à l'instar des Sternes, revient tournoyer avec acharnement pour porter secours à un frère abattu ou démonté,
si la mère encore de cette famille, à l'imitation du Canard
Tadorne, fait semblant d'être estropiée ou blessée, pour
couvrir la retraite de ses poussins, ce n'est point par pure
naïveté ou inconscience du danger, mais c'est la solida-
rité et l'amour de la famille très développés chez cette
espèce qui les poussent à en agir ainsi.

Les chasseurs et les tendeurs en profitent pour les
capturer aux filets et autres pièges, parce qu'ils
répondent aux appeaux et aux mues vivantes, corselées
et placées entre les deux nappes des filets.

Ils émigrent en grandes bandes des régions septentrionales, les uns la nuit, les autres la nuit et le jour, et
dès le mois d'août on rencontre les Pluviers avec leurs
parents les Vanneaux aux rives du Bas-Escaut, mais
surtout aux vases des Schorres et aux criques herbeuses
de Pael. C'est en cette saison qu'ils sont le plus abondant.
C'est une variété de chasse très amusante en attendant
la grande ouverture aux canards. La saison est moins

rude qu'au cœur de l'hiver et c'est un moyen fort pratique de s'entraîner pour plus tard. On peut les tirer aussi au petit fusil en punt ou en barquette.

C'est surtout le Vanneau Suisse et les Pluviers à collier qu'on rencontrera sur le Bas-Escaut. Le Pluvier doré se tient le plus souvent à l'intérieur des terres marécageuses.

Dès qu'une bande de Pluviers bien au vol est effrayée par une cause quelconque, un coup de feu, par exemple, elle plonge subitement vers le sol, puis se désagrège d'elle-même dans toutes les directions en se relevant exécutant des évolutions incohérentes qui mettent en désarroi le plus habile chasseur.

Un Pluvier solitaire crie et appelle les autres, il lui faut une société, si vous pouvez imiter son cri il passera à portée.

Il n'aime pas le temps brumeux, et plutôt que de rester seul, il recherchera la société des Barges, des Bécasseaux et autres vadeurs de sable et de grève.

Le matin, la sentinelle sonne le reveil, dès le lever de l'aurore, ce sera le moment le plus favorable pour les approcher à portée. Le pluvier a l'habitude de prendre ses repas à marée montante. Il attend ainsi le flot qui monte graduellement, et l'on dirait qu'il se tient au ras de l'eau, qui lave ses tarses élégants et délicats et le fait bondir et gambader comme une petite folle. Rien ne semble lui causer autant de plaisir que le moment des ablutions; et toute la bande se met alors à crier, siffler, jouer comme une troupe d'enfants en récréation. C'est le moment d'approcher *recubans sul legmine Pauli,* surtout si un Dieu, ou des mottes de terre, protègent ou couvrent votre approche.

Ces oiseaux courent parfois à terre avec une grande vélocité et malgré la mélancolie de leurs appels, ils paraissent les plus heureux du monde.

Un mouvement intéressant qu'ont les pluviers, quand ils courent sur les bords, est d'ouvrir les ailes comme s'ils avaient l'intention de s'envoler, mais tout se borne à l'intention seulement. Ce mouvement, qui met ainsi à nu le blanc de l'aile étendue droite en l'air est fort gracieux, les Bécasseaux et le Vanneau en usent aussi.

Avant de s'abattre, une volée de Pluviers a l'habitude de tournoyer en cercles de plus en plus concentriques vers la place choisie pour atterrir ; puis elle y stationne longtemps, dans l'immobilité la plus absolue, bec au vent, s'étirant l'aile de temps en temps.

Les grands coups de canardière sont rares sur les Pluviers, soit que ces oiseaux ne soient pas souvent bien massés, soit que le tir au vol ne réussissent presque jamais en raison de sa grande difficulté, mais le hasard fait parfois bien les choses... quand il les fait.

Le genre Pluvier, dont il n'existe que quelques espèces, a des représentants en Europe, en Asie, en Amérique et jusqu'en Australie.

Le Pluvier doré

Lat. : CHARADRIUS AUREUS.

Flamand : DE GOUD-PLEVIER.

Taille : 0ᵐ23.

Cet oiseau quoiqu'assez répandu en certaines parties de la Belgique aux époques des migrations est très rare aux rives du Bas-Escaut. C'est le plus commun et le plus apprécié des Pluviers sur nos marchés. Par une anomalie assez bizarre, cet oiseau qui habite l'été les immenses marais des pays du nord, donne la préférence aux champs cultivés aux temps des migrations. C'est ce qui explique sa rareté sur notre territoire de chasse.

Parfois cependant de grandes bandes de ces oiseaux se réunissent sur nos côtes, y demeurent quelques jours, puis se dispersent à l'intérieur des terres. Crépusculaires, ils voyagent la nuit et le jour en grandes volées de plusieurs centaines d'individus. La colonne passe en masse serrée, compacte, exécutant tantôt des évolutions aériennes, comme les Bécasseaux, tantôt simulant un vol d'alouette, rasant le sol et jetant des cris perçants, et elle roule ainsi foudroyante à travers tout et donne

tête baissée dans les filets des tendeurs qui les raflent par centaines.

C'est un fort bel oiseau, alerte, gracieux et gai compagnon. Il trottine rapidement quelques pas, fait une pause de quelques secondes, avant de reprendre ces allures de souris ou de Merle en quête d'insectes. Il adore l'eau, dont il ne peut se passer non seulement pour boire, mais pour s'y baigner et décrotter ses pattes. Il hiverne dans le midi de l'Europe.

Son nom dit son plumage, formé d'un manteau brun noirâtre émaillé de mouchetures d'un jaune doré, avec le dessous blanc. Il ceint une écharpe noire sur la poitrine et le ventre à l'époque des amours.

Excellent gibier en salmis, sauce Bécasse, avec fine champagne, jus de citron et croûtons de pain. Servir chaud et arroser d'un bourgogne sérieux.

Le Pluvier guignard

—

Lat. : CHARADRIUS MORINELLUS.

Flamand : DE MORINELPLEVIER.

Taille : 0^m20.

Quoique que nous n'ayions jamais rencontré le Pluvier guignard sur l'Escaut, sa grande réputation culinaire, nous oblige à en dire un mot. Il est cependant de passage régulier en Belgique en septembre, sur nos côtes en Flandre, mais il dédaigne les rives vaseuses de notre fleuve. Il ne fréquente que les plaines découvertes, les montagnes et les steppes, jamais il ne va au marais. Il fut très commun autrefois dans la Beauce en France, et fut l'élément primitif du fameux pâté de Chartres. C'est sa gloire, dit Toussenel, qui l'a perdu, le succès du pâté ayant naturellement poussé à la consommation, et celle-ci à la destruction de l'espèce. Tous les pâtissiers étaient devenus chasseurs. Il a dû alors, ajoute Figuier, chercher son salut dans la fuite et abandonner un pays où décidément on l'aimait trop. Mais le Français né malin, s'il faut le croire, l'a remplacé par la Perdrix, et les Parisiens qui ne sont pas forts en ornithologie continuent à trouver ces pâtés exquis.

Et le Guignard, qui avait eu le guignon d'être guigné par tout le monde, au point de se trouver dans la « guigne » rit maintenant de l'espèce qui l'a remplacé au petit four! L'oiseleur le prend au filet, et le chasseur le fusille le plus aisément du monde, parce qu'il à l'habitude de vouloir porter secours à ses frères mis à mal, il brave le danger et est victime de ses beaux sentiments.

La tradition veut que cet oiseau imite les mouvements de l'homme, étendant le bras ou l'aile, quand le chasseur l'étend et jouant des jambes à l'unisson avec lui. Gerner dit, qu'il se moque de l'oiseleur par esprit de moquerie la nuit. C'est peut-être lui supposer beaucoup d'esprit; la vérité c'est que ces oiseaux sont paresseux, et quand ils sont dérangés à l'improviste, la nuit, en ces chasses au réverbère, inconscients du danger, ils s'étirent les ailes et les pattes, sans se soucier d'imiter les mouvements de l'oiseleur. D'autres donnent une autre version des allures de ce pluvier, et prétendent qu'il imite l'homme pris de vin, et qu'on peut l'approcher en simulant les mouvements de l'ivresse.

Le Pluvier à Collier

—

Lat. : CHARADRIUS HIATICULA

Flamand : DE BONTBEK PLEVIER.

Taille : 0ᵐ17.

Cet oiseau porte un manteau gris terreux, un bandeau blanc traverse le front; les yeux sont noirs, le bec jaune à la base et noir au bout. Un large collier blanc fait tout le tour du col, suivi d'une bordure noire plus large sur le devant. Les deux sexes sont semblables et en hiver la couleur brune remplace les teintes noires; pattes d'un jaune orange.

Cette espèce, n'est pas bien fixe, il existe des variétés un peu plus petites, au bec noir et aux pattes cendrées.

Son aire géographique s'étend depuis le 79° L. N. jusqu'au fin fond de l'Afrique, elle est aussi commune à l'Asie qu'à l'Europe, mais pour nous, c'est un simple migrateur qui prend ses quartiers d'hiver dans le Midi,

et niche l'été jusqu'au Spitzberg. Il est presque sédentaire sur toutes les côtes d'Angleterre.

Son histoire ne nous offre rien de particulier et se confond avec celle de tous les individus du genre. Il paraît
affectionner les rivages
sablonneux de nos côtes,
et les dunes de notre littoral. Sur le Bas-Escaut,
vous le trouverez déjà fin
Septembre entre le Doel
et le Vieux Doel, jusqu'au
Saeftingen, en petites
compagnies d'une quin-
zaine d'individus, sans
doute deux familles réu-
nies pour le voyage. Ils
font des incursions aux mares et fossés des polders
avoisinants, ne s'envolant jamais bien loin, et en les
faisant tourner par un gamin, on aura l'occasion d'en
tirer quelques uns, si l'on prend la précaution de se
dissimuler derrière la digue du fleuve. Nous l'avons
souvent tué aussi mêlé aux Becasseaux. D'un naturel
vif et gai, cet oiseau est sans cesse en mouvement, la
bande exécute surtout des randonnées à la brune, en
poussant de grands cris : puit, puit, puit.

Ils disparaissent fin Octobre.

Le petit Pluvier à Collier

—

Lat. : CHARADRIUS MINOR.

Flamand : DE KLEINE PLEVIER.

Taille : 0^m14.

Doublure du précédent, mais de taille plus petite, le bec est tout à fait noir et le bord des paupières, jaune d'or, le distingueront aisément de ses voisins à collier.

Mêmes mœurs et habitudes que le premier ; habitat plus méridional, sédentaire aux rives de la Méditerranée et le nord de l'Afrique ; commun également dans toute la Chine. Voyage dans l'Inde, au Japon et se ballade jusqu'à la Nouvelle-Guinée. Rare en Belgique, ainsi que sur l'Escaut. Niche aux dunes de sable fin des rives de la Loire, très accidentel en Angleterre, et on ne l'a jamais vu en Irlande et en Écosse.

L'histoire est muette sur les qualités culinaires du Pluvier à collier, mais la thérapeutique d'autrefois a cité son nom avec éloge, dit l'auteur du *Monde des Oiseaux*. Il fut une époque où ce petit oiseau guérissait la jaunisse, et où il suffisait au malade de le regarder fixement dans ses prunelles d'or et avec une forte volonté de lui repasser son mal, pour que la guérison radicale s'accomplit instantanément. La malheureuse bête comprenait si bien d'avance le sort qui l'attendait qu'elle tremblait de tous ses membres à l'approche de l'*ictérique* et ne pouvait supporter son regard.

Heureusement pour l'oiseau que la jaunisse, inconstante comme toutes les affections de l'homme, a cédé à l'empire de la mode et ne veut plus aujourd'hui être guérie que par la carotte.

Le Pluvier à collier interrompu.

—

Lat. : CHARADRIUS CANTIANUS.

Flamand : DE STRAND PLEVIER.

Taille : 0^m15.

Taille du précédent, à peu près même costume, sauf que le collier est brisé par les côtés noirs de la poitrine, un trait noir du bec à l'oreille, bandeau blanc au front, avec une tache noire séparant le blanc du roux de la tête. Tout le dessous blanc pur; bec, iris, pieds noirs. Arrive en mai en Angleterre, y passe l'été aux rives de Kent et de Sussex, et quitte ce pays en septembre pour émigrer vers le sud. Espèce très répandue sur les grèves des bords de la mer, plus rare le long des fleuves, plus rare encore à l'intérieur des terres. Elle ne remonte guère au-delà du Danemark et de la Baltique, mais descend en Afrique jusqu'au Cap Sédentaire, en Asie-Mineure, en Turquie, commun en Chine et au Japon. Plus rare aux rives du Bas-Escaut que le grand Pluvier à collier.

Noctambule comme les autres, paresseux le jour, plus actif à l'aurore et au crépuscule, parce que les Lombries marins dont se nourrit surtout le genre Pluvier, ainsi que les petis Scarabées font leur sortie à ces moments-là.

Le Vanneau Suisse.

—

Lat. : SQUATAROLA HELVETICA.

Flamand: DE ZILVERPLEVIER.

Taille : 0ᵐ26.

La transition des Pluviers aux Vanneaux est faite par une forme intermédiaire remarquable : le Vanneau-Pluvier, appelé encore Pluvier argenté ou Vanneau suisse. Son lien de parenté réside moins dans son intelligence, son habit, son facies, ses mœurs que dans ses pieds. Il porte un pouce presqu'invisible à sa chaussure, et tandis qu'il s'affuble du plastron noir du Pluvier doré en habits de noces, il va jusqu'à s'habiller de toute sa livrée hivernale, au point d'être confondu avec lui l'hiver, si son pouce lilliputien ne le trahissait. Il dédaigne l'aigrette du Vanneau Huppé, mais partage ses goûts et sa manière de voir. Il est un peu plus fort que le Pluvier doré. Ce sont donc deux genres étroitement liés ensemble, dont les mœurs, l'histoire de chasse et culinaire se confondent depuis toujours.

L'*été*, les deux sexes du Vanneau suisse portent un manteau cendré varié de noir ; le front, la raie sourcilière d'un blanc pur descendant sur les côtés du cou et de la poitrine, et limitant le noir intense du plastron.

L'hiver le dessous est d'un blanc sale avec des lignes brunes; iris et pattes noirs.

Espèce indolente le jour, pétulante ia nuit, et marécageuse toujours. C'est elle que le chasseur rencontrera en plus grand nombre et le plus souvent au Bas-Escaut aux époques des migrations.

Allez aux Schorres d'Arenberg et de Pael, en avril et en septembre, et vous êtes presque certain de rencontrer ces oiseaux. En tirerez-vous? Cela dépend, cherchez bien dans les plantes grasses et les plaques herbacées, si l'oiseau est seul ou novice, vous l'approcherez; s'ils sont une vingtaine ils s'enlèveront avec les allures d'un vol secoué de pigeons lancés à fond de train, en jettant leur cri d'alarme : toup, toup.

Il est plus facile à aborder en plein jour qu'au crépuscule du soir et du matin. Les bandes ne sont jamais aussi nombreuses que celles du Vanneau Huppé ou du Pluvier doré. Nous l'avons souvent capturé aussi à Bath, aux alentours de l'Ile de Saeftingen, mêlé à d'autres petits vadeurs.

Habitudes piétineuses de l'espèce. Il nous quitte déjà en octobre, s'en va vagabonder dans le Midi de l'Europe, dans toute l'Afrique et tout le Sud de l'Asie. Commun également dans l'Amérique du Nord et du Centre.

La délicatesse et le fumet de sa chair sont supérieurs à celles du Vanneau Huppé, mais inférieurs à celles du Guignard ou du Pluvier doré qui paient un large tribut à l'approvisionnement de nos marchés, tant à cause de leur renommée culinaire que parce qu'ils se laissent aisément tirer au fusil et capturer au filet.

Le Vanneau Huppé

—

Lat. : VANNELLUS CRISTATUS.

Flamand : DE KIWIT.

Taille : o^m34.

Charmant oiseau, au manteau vert bronzé, à l'aigrette bifide, au plastron noir, au ventre blanc; aussi bien connu du profane vulgaire que du chasseur.

Son nom français tiré du bruit de Van que son vol imiterait n'est pas des plus heureux, les noms flamand *Kiwit* et anglais *Pecwit*, onomatopées de son cri d'appel valent infiniment mieux.

Les Français auraient pu l'appeler *Dix-huit*.

L'aire de dispersion de cette espèce n'est pas aussi étendue que celle de son congénère, il ne dépasse guère

le 64° L. N. l'été, et prend ses villégiatures jusqu'au 3o° L. N. de l'Europe, de l'Asie et de l'Afrique.

Mais la vraie patrie du Vanneau Huppé est certainement la Hollande, et depuis la Zélande jusqu'aux provinces septentrionales des Pays-Bas, les immenses prairies toujours humides de cette contrée sont peuplées de ce bel oiseau, dont la pétulance, les cris, les rires, les jeux, les exercices, les congrès et les vols abracadabrants, jettent une note gaie au milieu des bestiaux silencieux, ruminant leur placide mélancolie en la morne uniformité des paysages hollandais, tandis que les Hollandais eux-mêmes se promènent moroses en fumant de longs cigares.

Il fréquente volontiers encore les Schorres et les rives vaseuses du Bas-Escaut, et depuis le Doel jusque Flessingue, le chasseur ou le touriste pourra admirer, observer ou chasser ces intelligents et électriques volatiles. Car cet oiseau est encore amoureux des terres basses ou fraîchement travaillées, comme il sait se complaire aux bords vaseux de la mer, ou se contenter et se reproduire aux steppes de la Russie, dans les plaines arides et les terrains sablonneux à peine semés de quelques touffes de verdure. Il niche déjà chez nous en Flandre et dans la province d'Anvers et même en France, comme il niche en Islande ou en Algérie, et nul oiseau ne démontre mieux que lui que les animaux savent varier et adapter leurs habitudes aux milieux les plus différents, pourvu qu'ils y trouvent les conditions indispensables à leur existence et à la propagation de l'espèce. Il prouve encore que toute migration est une *invasion* ou une villégiature forcée, par la Loi inéluctable de la Lutte pour l'existence; et si quelques espèces cosmopolites ou vagabondes, plus amoureuses et curieuses de voyages que les autres, vaguent d'un Pôle à l'autre, il n'en est pas moins vrai que l'émigration est avant tout une question de subsistance, que le froid, l'atavisme ou les habitudes, n'en sont que les causes secondaires, n'entrant en jeu que dans certaines circonstances particulières.

Cet oiseau passe donc l'été sur une partie de la Belgique, tandis qu'il est migrateur pour le reste du pays.

Il ne nous quitte qu'à regret, et si l'hiver est doux vous trouverez des Vanneaux au Bas-Escaut fort tard en la rude saison. Messager du printemps, il réapparait déjà fin février, et son empressement à revenir aux Pays-Bas lui coûte parfois fort cher, lorsque l'hiver opère quelque retour offensif inattendu par des chutes de neiges abondantes ou de gelées tardives, voilant ses ressources alimentaires et faisant rentrer les lombrics, dont il se nourrit beaucoup, dans les profondeurs d'Erda. Mais le jeu des marées du grand fleuve les sauve en leur fournissant alors quelques bestioles pour subsister.

Gais enfants de la lumière, les Vanneaux Huppés voyagent le jour en bandes innombrables, tantôt en vol confus, tantôt en vol géométrique, selon leur bon plaisir. Car ils sont munis d'ailes énormes, étranges, spéciales, qui leur donnent un vol particulier auquel ils impriment les cabrioles les plus imprévues, selon les circonstances. Ils s'amusent ainsi parfois à défier au vol les oiseaux de proie les plus vites, d'autres fois ils se réunissent pour harceler, chasser et conspuer de leurs clameurs miaulantes un ignoble intrus en quête d'aventure et de carnage. La Corneille gris-manteau et les Goëlands du Bas-Escaut en savent quelque chose ; et quoique très sociables entre eux, ces oiseaux, aux allures aristocratiques affectent le plus grand dédain pour ces lourdes espèces. Mais c'est surtout à l'époque des amours, que les évolutions aériennes du Vanneau transi sont les plus curieuses à observer. Pendant que la femelle, installée au parterre, suit de ses grands yeux, brillants de surprise et de bonheur, les évolutions fantastiques du prétendant, lui, multiplie les sauts périlleux et les culbutes les plus hardies, comme s'il voulait mettre le comble à l'orgueil et à l'enthousiasme de son amie émerveillée.

Il exécute, à 10 mètres au-dessus de l'aigrette frémissante de sa compagne, des crochets, des festons, des chutes à pic, des rebondissements, des hourvaris déconcertants, avec une grâce et une agilité merveilleuses. Puis, comme fatigué de tant de cabrioles et de jeux, il ploie l'aile, retombe comme un caillou et vient se poser près de la belle enamourée qui n'a rien perdu de la brillante représentation de l'artiste. Elle s'approche de l'acrobate aimé, lui dit quelques douces paroles à l'oreille, le gratifie de quelques coups de bec affectueux, et l'oiseau, ravi, repart comme une fusée et recommence ses pirouettes périlleuses.

Une fois agréé, le gracieux Vanneau, palpitant de bonheur et de volupté, signe son contrat par quelques pirouettes ineffables, plus extraordinaires que les autres, et chaque couple se retire aux herbages à proximité d'une pièce d'eau pour travailler en commun à la perpétuation de l'espèce. Le couple se partage le soin et les soucis de l'éducation de leur progéniture, et il n'y a pas de ruses et de feintes qu'il n'emploie pour égarer ou déconcerter ses ennemis, déployant souvent le courage le plus héroïque pour mener l'œuvre à bien.

Le Vanneau ne nous semble pas fuir l'homme et les lieux habités autant que certains auteurs le prétendent. Allez faire une promenade aux polders du vieux Doel et vous verrez quantité de ces oiseaux, pâturer et vermiller près des fermes et des chevaux.

Mais autant le chasseur éprouve de difficultés à les approcher aux guérets, autant le puntsman les joint facilement aux rives du fleuve, où ils viennent plusieurs fois par jour, nettoyer leur bec et leurs pieds ou faire une petite sieste de digestion. On a inventé toutes sortes de trucs pour déjouer leur vigilance, mais la même ruse ne réussit qu'une fois, si tant est qu'elle réussisse. C'est contre leur prudence extrême, leur caractère en apparence farouche, qu'on a imaginé autrefois les vaches et les chevaux artificiels, les huttes, les chariots déguisés ambulants, les mouchoirs blancs posés par terre, les simulacres et titubations de l'homme ivre.

Après quelques coups de feu, ils ne s'y laissent plus prendre.

Leur capture aux filets avec mues et appelants est plus fructueuse, mais il faut opérer avant l'aurore, ou vers la chute du jour. Si le chasseur et le tendeur s'acharnent ainsi après cet oiseau, c'est sans doute, autant en vertu du plaisir de la difficulté vaincue, qu'en vertu du dicton populaire :

> Qui n'a goûté ni Pluvier, ni Vanneau,
> Ne sais pas ce que gibier vaut

Mais il y a deux façons d'interpréter le vieux proverbe.

Les uns disent qu'il signifie, que ce sont deux gibiers fort recommandables, les autres prétendent que la différence énorme qu'il y a entre la chair du Pluvier et celle du Vanneau, sert d'éprouvette gastronomique entre les deux espèces voisines. *Adhuc sub judice lis est.* Pour nous, nos préférences vont droit au Pluvier, mais de jeunes Vanneaux pris en automne et préparés en salmis, sauce Bécasse ou fine champagne, ont droit à la réputation qu'ils ont conquises, et sont dignes des honneurs d'une casserole sérieuse, à condition qu'ils soient arrosés d'un bourgogne de certain crû.

Mais le Vanneau, n'est pas seulement un oiseau remarquable par sa gentillesse, son intelligence, sa tenue, son vol, sa fidélité, ses ruses et la délicatesse de sa chair, il nous fournit encore des œufs renommés pour leur délicatesse et leur haut goût. De plus, il rend des services immenses à l'agriculture et surtout à la Hollande, sa patrie d'élection. Tout le monde sait, qu'il se fait en Europe, au printemps, une très grande consommation d'œufs de Vanneaux, et la loi Hollandaise qui défend de tirer cet oiseau en tout temps, autorise cependant chez elle, le pillage de leurs nids au premier mois du printemps. Nous n'avons jamais compris ce genre de protection que depuis que nous savons par expérience, à quel point nos voisins professent l'amour exagéré du florin des Pays-Bas, et le peu de philosophie qu'ils ont quant au mépris des richesses. Cet oiseau avait cependant droit à plus d'égard encore de leur part, car non seulement il concourt à l'embellissement des paysages de leur pays monotone, mais il purge leurs prairies et leurs polders des limaces, mollusques, vers, insectes de toutes sortes qui menacent de les infester et de les ruiner. Il a de plus la réputation de défendre leurs digues et leurs pilotis contre les ravages des *Tarets* qui minent leurs constructions, rongent et perforent les pieux, les contreforts des écluses et des ponts si nombreux en ce pays noyé.

Le Taret (Toredo Navalis) est originaire des mers Equatoriales de l'Inde, d'où il a été transporté en Europe, où il cause tant de dégâts aux vaisseaux et aux pilotis de nos ports. Il a mis plusieurs fois les digues de la Hollande en danger. C'est un exemple curieux de migration accidentel par l'intermédiaire de l'homme. Ces mollusques sont constamment véhiculés d'une région à l'autre par les navires à la coque desquels ils s'attachent.

Ils font partie des enfermés (famille des Acéphales testacés), mollusques vivant enfermés dans le sable, la vase, la pierre ou le bois. Ceux-ci sont remarquables par leurs corps fort allongé et presque vermiforme, et célèbres par les ravages qu'ils produisent en perçant les bois plongés sous l'eau. Il est probable, si tant est qu'il soit bien établi que les Vanneaux leur fassent la guerre, qu'ils ne peuvent suffire à la besogne, car les pilotis de la Hollande sont cuirassés de clous de fer, à tête plate énorme, imbriqués les uns sur les autres, formant à ces bois une carapace impénétrable au Toredo. La plupart de ces clous sont même fournis par les cloutiers de Gosselies (Belgique).

Quoiqu'il en soit, c'est un oiseau dont l'utilité n'est plus contestable, et comme il se plaisait depuis toujours à imiter le bruit du blé retombant sur le *van* du

moissonneur, qu'il s'est adjoint plus récemment l'industrie des cloutiers de mon pays pour l'aider à arrêter les
ravages d'un fléau étranger, il est clair qu'il ne demande
pas mieux que de se rallier à l'homme, et de venir embellir nos parcs et nos jardins par la beauté de son plumage, la grâce et la gaieté de toute sa petite personne.

Le Tourne-pierre à collier

—

Lat. : STREPSILAS INTERPRES

Flamand : DE STEENDRAIER

Taille : o^{m}23.

Ce charmant petit oiseau aux pieds oranges, au bec
noir, dont la disposition du plumage au repos lui donne
l'air d'un Pluvier à collier, et au vol l'apparence pie, est
encore un de ces petits vagabonds des rivages de l'Océan
qui perlustre le monde en Bohémien.

Je laisse à la plume étincelante de Fulbert Dumonteil
le soin de vous faire connaître ce dépaveur infatigable
d'un nouveau genre :

« Il en est des bêtes comme des hommes : les unes n'ont
qu'à se laisser vivre, tandis que les autres se trouvent
condamnées aux fatigues incessantes d'une vie précaire.
Celles-ci n'ont qu'à se baisser pour gâcher le superflu,
qu'à ouvrir la gueule ou le bec pour se gaver; celles-là
accomplissent de véritables tours de force pour conquérir la graine ou l'insecte qui constitue le plat du jour.

De ce nombre est un pauvre et charmant oiseau des
bords de la mer, dont les baigneurs de nos plages peuvent
étudier les mœurs bizarres et les curieux efforts. C'est
le Tourne-pierre. S'il lui arrive de faire un bon repas,
soyez sûr qu'il l'a bien gagné. Comme son nom expressif
l'indique, ce singulier oiseau s'en va, le long des rivages,
retourner péniblement les pierres qui cachent les insectes
dont il se nourrit.

En le voyant gratter le sol, on dirait qu'il cherche un
trésor. C'est son existence même qu'il déterre, c'est sa
table qu'il déblaye, c'est son couvert qu'il prépare.

Pour ce rude labeur, la nature l'a doté d'un corps
robuste et trapu, de jambes nerveuses et courtes, de
longs doigts crochus, d'une poitrine solide et large qui
se présente comme un bouclier. Son allure est franche
et décidée comme celle d'un vaillant travailleur. Son plumage est terne. Pourquoi serait-il bien mis, ce pauvre
terrassier, perpétuellement en contact avec la poussière
et la boue?

Si le bec de l'oiseau, malgré sa vigueur étonnante, est
impuissant à retourner la pierre, il s'aide de ses pattes,
il pousse de sa poitrine comme on donne hardiment un
coup d'épaule.

Si la pierre résiste à ses efforts, le Tourne-pierre jette
un cri et, aussitôt, des roches voisines accourent cinq ou
six Tourne-pierre qui lui prêtent assistance, rivalisant
d'énergie et d'adresse, comme des portefaix s'entendent
pour soulever un fardeau.

Et, combinant leurs efforts avec une entente merveilleuse, ils donnent, comme un seul ouvrier, une poussée
vigoureuse. On dirait l'élan d'un seul corps, d'un seul bec.
Si la pierre résiste encore, les oiseaux l'entourent, la
regardent, l'auscultent pour ainsi dire de l'œil, de la patte,
de l'aile, et se mettent avec une ardeur comique à gratter
tout autour. Sous leurs ongles crochus, le sable vole, le
sol se creuse, l'obstacle diminue, la résistance cède, la
pierre penche...

Alors, d'un commun accord, alignés, pressés, hale-
tants, ils poussent la pierre avec une énergie nouvelle.
La pierre.s'incline, mais tient bon. Elle vacille, mais ne
se rend pas. Elle est donc ensorcelée? Il faudra donc
rester à jeun, se priver du festin que sa masse dérobe?
Les vaillants terrassiers sont las, peut-être, mais non
découragés. Ils reprennent leur tranchée avec un surcroît d'ardeur, comme si l'inertie de la résistance triplait
l'acharnement de l'attaque. Ils appellent de nouveaux
auxiliaires qui, guidés par leurs cris, arrivent à tire-
d'aile comme de bons camarades, comme de braves « compagnons du devoir ».

Les voici tous à l'œuvre, admirables vraiment d'entente et d'union, d'efforts ingénieux, d'adresse calculée:
tous se baissent à fa fois jusqu'à toucher le sable de leurs
cous, passent leurs becs sous la pierre qu'ils soulèvent;
puis, écartant vivement la tête, ils appuient leur poitrine
contre le moëllon, le poussent avec rage, l'ébranlent, le
renversent et la pierre, vaincue, roule à plusieurs mètres
sur la pente du sol.

Entraînés eux-mêmes par la violence de l'impulsion
commune et réglée avec une précision géométrique, les
Tourne-pierre chancellent comme des oiseaux ivres et
tombent les uns sur les autres, à la manière de capucins
de cartes.

Ne riez pas! Les voilà debout, triomphants, superbes,
gazouillant, murmurant en chœur une sorte de « bene-
dicite » joyeux et courant se mettre à table. Les limaces
sont servies.

Parfois, le gibier est abondant. Quel régal et quel bonheur! Les braves Tourne-pierre oublient leurs fatigues,
s'en donnent à bec que veux-tu et tous ceux qui furent à la
peine sont à la fête. Souvent, au contraire, une douzaine
d'insectes constituent la maigre récompense de tant
d'intelligence, d'entente, de persévérance et d'énergie.

Comme tous les travailleurs de ce monde, le Tourne-
pierre a ses jours de déception, de misère et de jeûne.

Ce n'est pas dans son bec déshérité que les sauterelles, les chenilles et les vers dodus tomberont tout rôtis. Nouveau Sisyphe, il s'en va éternellement, le long des rivages, rouler son petit rocher et, si la chance le favorise, enlever le plat du jour à la vigueur de son bec ! »

L'Huitrier

—

Lat. : HŒMATOPUS OSTRALEGUS.

Flamand : DE ZEE-EKSTER.

Taille 0^m38.

Le nom flamand Zee-ekster ou Pie de Mer, vaut infiniment mieux que le terme Huitrier, tiré de sa prétendue industrie, tandis que son plumage se rapproche en ses grandes lignes de celui de la Pie terrestre. Cet oiseau n'a jamais pu gruger l'Huitre qu'au restaurant de sa captivité, quand on la lui servait à écailles ouvertes.

L'huitre, toute huitre qu'elle soit, n'a pas pour principe de venir bailler sur les bancs de sable que le jusant met à découvert, c'est déjà bien assez qu'elle ait pour ennemie redoutable, l'horrible étoile de mer qui profite d'un moment d'ouverture de son opercule pour s'insinuer, s'installer en sa demeure et la digérer à petit feu de ses suçoirs immondes. Semblable au lierre, elle vit et meurt où on l'attache ; (sauf pendant la période embryonnaire) c'est-à-dire sur le fond de l'eau salée, jamais mise à nu, et comme la Pie de mer ne plonge guère, la vérité est qu'elle n'a jamais vu d'huitre de sa vie.

On devrait l'arrêter pour port de faux-nom, si son costume emprunté à la voleuse de couverts d'argent,

n'était déjà pas suffisant pour vous mettre en défiance
sur ses qualités morales et culinaires.

Mais en revanche, l'Huitrier se rattrape sur les moules,
et autres bivalves vivants demeurés à nu sur les vases et
les galets, et il rendrait des points au plus adroit pêcheur
de moules Zélandais en l'art de les ouvrir et de les
avaler. Nous avons tenu en captivité quelques uns de
ces oiseaux, auxquels nous offrions dans un plat fort
appétissant, un mélange de ces deux mollusques. Les
moules disparaissaient comme par enchantement ouvertes en un clin d'œil par leur long bec rouge éburné.

L'oiseau insinue sa pioche près de l'articulation des
coquilles qui prend point d'appui sur le sol, et d'un coup
de levier brusque l'opération est faite, la bête extraite
et engloutie. Il en faisait une grande consommation
chaque jour, et quand nous le laissions avoir faim, il
n'essayait même pas de s'attaquer aux huitres qu'il
repoussait de la patte et du bec, mais plantait le bec en
terre, le secouait vigoureusement et circulairement, se

reculait, l'œil au guet,
attendant l'apparition
des vers que cette ma-
nœuvre, copiée depuis
par le pêcheur à la li-
gne, ne manquait pas
de faire sortir... flupp...
faisait le fodirostre, et
le jovial glouton de re-
commencer plus loin.

Avec ses pieds try-
dactiles violacés, son
œil cerise, son manteau
et son plastron noirs, il fait un fort bel oiseau qu'on
ne saurait confondre avec aucun autre échassier de
rivage. C'est un fervent adorateur des rives du grand
fleuve, et de Doel à Flessingue et surtout de Wemeldingen à Veere, il est très commun et sédentaire en ces

parages. Il est surtout très abondant aux bancs de moules de l'Escaut oriental et du Zandcreek, où il niche dès le mois de mai. Il nichait autrefois aussi à l'île de Saeftingen, mais depuis que les pirates de l'Escaut volent ses œufs, les nids y sont très rares. Les Pies de mer se réunissent là, en bandes innombrables, et font retentir les airs de leurs cris étourdissants, huip, huip, huip, qu'ils profèrent surtout au vol. Celui-ci est aisé et rapide, peu élevé, sans ordre ou en file indienne, et leurs noirs bataillons viennent s'abattre sur les sables et les plages où ils se reposent, se jouent et se querellent.

Au repos, en ligne de bataille, les uns sur une jambe, les autres sur deux en des attitudes variées, ils font toujours face au vent. Ils sont plus diurnes que nocturnes, sauf peut-être par un beau clair de lune; très sociables entre eux, mais leurs ébats se corsent souvent de petites querelles personnelles, sans rancune d'ailleurs et sans mort d'oiseau.

Ils veillent fort bien à leur sécurité, et avertissent de leur voix sonore, en temps voulu, les autres espèces de l'approche de leurs ennemis. Leurs allures guerrières mettent en fuite, les oiseaux qui leur déplaisent ou veulent les attaquer, et les femelles qui portent la même robe que les mâles sont vivement disputées par ceux-ci à l'époque des amours.

La Pie de mer se répand aussi sur les côtes de l'Océan, et toute son organisation robuste et rustique, indique qu'elle choisira de préférence les rivages à gravier et caillouteux, où elle se nourrit surtout de anomies et de vénus.

Cet oiseau est également sédentaire en France, en Angleterre, en Irlande, et on le rencontre aussi bien en Europe qu'en Asie et en Afrique.

C'est une cible admirable pour les jeunes chasseurs en punt, qu'une bande de ces oiseaux réunis au schaar de Weerde, où ils se tiennent beaucoup. Ils se laissent souvent surprendre, surtout si le vent est un peu fort, et si l'on n'oublie pas le grand principe de tenter l'approche vent debout. Doués d'une grande résistance vitale, le plomb n° 4 et n° 3 qui leur convient, ne les tuent cependant pas sur place. Dépêchez-vous de les achever, sans quoi ils s'encourront en voletant et vous en perdrez la moitié.

La Pie de mer, ne se chasse pas, ce n'est pas un gibier, et elle occupe le dernier échelon de l'échelle des oiseaux « palatables ».

Leur nourriture exclusivement animale, donne à leur chair un singulier goût de *marâche*.

Les pêcheurs prétendent cependant que les chasseurs leur ont fait une mauvaise réputation, et ils les cuisent à l'étouffée dans la casserole avec des petits oignons, comme un canard.

Bon appétit, Messeigneurs! Après tout, le vieux proverbe reste debout : *De gustibus non est disputandum.*

NOS OISEAUX D'EAU ET DE RIVAGE A L'EXPOSITION DE TERVUEREN (1897).

Les Râles

—

Nous pourrions placer ici, l'histoire détaillée des
Râles, des doux Râles, aux formes sveltes et élégantes,
aux allures vives quoique timides, amants des solitudes
et du crépuscule, se contentant en général d'entreprendre de petits voyages à pied, en famille, plutôt qu'à
tire-d'aile, et dont l'existence se passe « sur les humides
bords du Royaume des eaux ».

Comme ces oiseaux sont rares aux rives du Bas-
Escaut, que leurs mœurs et habitudes se ressemblent
beaucoup, que leur chasse spéciale se pratique avec des

MAROUETTE TACHETÉE.   POULE D'EAU.

chiens et non en bateaux, nous nous bornerons aux
caractères généraux du groupe et à la nomenclature des
espèces qu'il renferme.

Ils appartiennent au sous-ordre des Longidactyles, qui renferme peut-être une centaine d'espèces de par l'univers, dont une demi-douzaine seulement ont été observées en Belgique. Ce sont : le Râle d'eau, Râle de genet, Râle Marouette, Râle Baillon et la Poule d'eau.

Ces oiseaux sont caractérisés par la longueur démesurée de leurs doigts festonnés, qui leur permettent de marcher et de courir dans les joncs, les roseaux, les hautes herbes, les marais herbus, les guerets, les forêts humides, grâce à l'insertion du pouce au niveau des doigts d'avant qui portent sur toute leur longueur. Ils sont de taille moyenne, plutôt petite, ils portent l'aile courte, le corps mince et effilé, les tarses verdâtres, solides et hauts ; le bec variable.

Ils sont monogames et tetradactyles. Leur nourriture se compose de vers, insectes, mollusques, herbes et graines. Leur chasse est fort amusante parce qu'ils ne se lèvent que sous le souffle du chien, et quelques espèces préfèrent chercher leur salut dans la nage et le plongeon, que dans le vol qui est lourd et bas. Les ruses des Râles, qui donnent beaucoup de fil à retordre aux meilleurs chiens, sont connues des chasseurs.

La valeur de leur chair varie beaucoup, et si le Râle de Genet faisait les délices de Charles X, roi de France et de Navarre, la Poule d'eau et la Marouette ne valent pas le diable.

Les Hérodiens

Les Hérodiens sont avec les Cigognes les prototypes
des Echassiers.

La Fontaine les a parfaitement caractérisés d'un trait
de plume :

> Un jour, sur ses longs pieds, allait, je ne sais où
> Le Héron au long bec, emmanché d'un long cou.

Nous ajouterons que ce bec est un dard formidable,
le cou une mécanique à ressort et les pieds des raquettes.
Par un reste de fierté et de noblesse de leur ancienne
splendeur, car ils furent de *haute Volerie* dans les
chasses au noble Faucon et même *mets Royal* avant
l'invention de la casserole, ils portent encore timidement
sur l'arrière du col, une huppe de plumes souples et
effilées, sur le devant un jabot de fines dentelles, et des
filaments effilochés à leur manteau.

Au repos, ils prennent des poses hiérogliphyques, leur
cou s'engaine entre les épaules comme une épée en son
fourreau, leur tête paraît clouée à la poitrine et leur bec
poignarde le ciel. Ils ont ainsi quantité d'attitudes les
unes plus grotesques que les autres.

Ils se complaisent surtout aux eaux douces, marais,
ajoncs, rivières et fleuves, quelques-uns préfèrent le
voisinage de la mer. Leur industrie principale est la
pêche, ils entrent dans l'eau avec leurs grandes béquilles
dénudées jusqu'au genou, s'immobilisent sur une patte,
ouvrent l'œil en ne faisant semblant de rien, car la vue
est le plus parfait de leurs sens, et saisissent la proie au
passage. Avec sa patte repliée sur son ventre, dit Fulbert-Dumonteil, il a l'air d'un amputé demandant la
charité à la porte des étangs. A pêcheurs tout est bon;
aussi à défaut de poissons, de batraciens, d'insectes et

de reptiles de tout genre qui composent leur menu ordinaire, s'attaquent-ils aux mulots et aux petits oiseaux. La plupart sont dégingandés, disgracieux et d'humeur plutôt morose et mélancolique. Quoique grognards et querelleurs ils sont sociables au fond, fidèles en amours, bons époux et bons pères.

Ainsi ils nichent souvent de compagnie en haut des arbres, et forment ces Héronnières ou colonies de Hérons, composée de centaines de nids, échelonnés du pied de l'arbre à la cime des plus hautes branches. Ils passent l'été en nos pays et l'hiver au Midi.

Immangeables, hormis peut-être le petit Plongios, la plupart n'ont du reste pas de corps, ils sont toutes ailes. Un Héron se drape dans une ficelle !

« Sans doute, dit Fulbert-Dumonteil, le Héron est
» très décoratif. Il faisait merveille entre une outarde
» gigantesque et la hure monstrueuse du sanglier. C'était
» là un rôti vraiment féodal. Mais la Bécasse est plus
» moderne, la caille plus séduisante et l'Ortolan, une
» bouchée, vaut dix Hérons. Je ne parle pas du perdreau
» qui est si bien dans le mouvement, surtout quand il
» valse autour de la « broche avec de jolies truffes du
» Périgord (1). Au Héron de la chevalerie qu'arrosait
» l'hydromel combien je préfère une Dinde bourgeoise
» escortée d'Alouettes, ou bien une Oie prolétaire artis-
» tement farcie de marrons dorés ! Le Héron n'est guère
» estimable que comme sujet de pendule Sa place n'est
» pas chez Bignon, elle est chez Barbedienne. Je l'aime
» moins en chair qu'en bronze ».

Blessés, ils sont souvent dangereux par l'instinct héréditaire qui leur a été légué à tous, par le viel Héron de Saeftingen, depuis la création des chiens de chasse et l'apparition des Chinois qui tuent leurs jeunes à coups de bâtons. Ces bêtes à poils — les chiens, le Chinois est glabre — avaient pris la mauvaise habitude de vouloir

---

(1) Ce n'est pas un vrai gourmet, car truffer le perdreau est une hérésie. Fulbert Dumonteil : cages et volières.

s'emparer de ces nobles contemplateurs des marais blessés, comme d'un vulgaire faisan, mal leur en prit, ces oiseaux visent les yeux de celui qui ne les aborde pas avec tout le respect dû à leur race déchue, et plus d'un Médor irrévérencieux y perdit un œil. Avis à vos chiens, chasseurs !

Nous abrégeons ici ces généralités, auxquelles nous n'attachons qu'une importance relative. Nos classifications, divisions et sous-divisions ne sont, au fond, que des moyens mnémotechniques.

Les généralités ne suffisent jamais à donner la biographie exacte, complète d'une espèce particulière, c'est donc à recommencer pour chaque type qui se présente. De même que pour bien connaître un homme, et surtout une femme, il faut avoir longtemps vécu en son intimité, de même, il faut avoir vu, revu et avoir été en relation dans la vie privée et sauvage d'un animal, pour connaître son *individualité*, qui constitue précisément ce qui le distingue et le différencie d'un autre animal voisin. Et cette œuvre-là, à notre humble avis, est plus patiente, plus profonde, plus grandiose, plus difficile et plus fertile en ses résultats que les « œuvres forcées de l'art généralisateur ».

Le Héron Cendré.

—

Lat. : ARDEA CINEREA.

Flamand : DE REIGER.

Taille : 1 mètre.

Cet oiseau cendré, comme l'indique son nom, au chignon noir, au jabot tombant en touffe blanche lamé de noir, au bec effilé comme un poignard, est le plus connu et le plus commun du genre, en Belgique, et surtout sur le Bas-Escaut. On l'y rencontre dès le printemps jusque bien tard à la fin de l'automne, et l'on dirait que c'est forcé et contraint par l'âpre vent du nord, qu'il quitte ces grandes solitudes tutélaires qui semblent si bien se marier et se confondre avec ses allures discrètes et sa pensée monotone.

«Haut monté sur ces » deux pattes aussi lon- » gues et non moins » grêles qu'une paire de » pincettes, le Héron, » dit Boussenard (1), à l'affût au bord d'une rivière, a un » singulier aspect de patience inaltérable, d'impassibilité » résignée, rappelant celui d'un pêcheur à la ligne » malheureux.

---

(1) Boussenard : La chasse à Tir.

» En le voyant immobile, par un prodige d'équilibre,
» sur l'une ou l'autre de ses échasses, le cou replié sur le
« jabot, la tête enfoncée entre les deux épaules, son long
» bec jaunâtre sur lequel on cherche toujours une paire
» de lunettes absentes, ne dirait-on pas un oiseau em-
» paillé et abandonné près de l'eau par une fumisterie de
« naturaliste facétieux?

» Ne vous y trompez pas. Ce grand corps dégingandé
» possède, en temps opportun, une agilité surprenante,
» et ce col qu'on dirait soudé aux omoplates se détend
» avec la vitesse d'un ressort d'acier et se projette avec
» une précision qu'envierait un maître d'armes.

» Qu'une grenouille, faisant sa pleine eau, vienne
» imprudemment tirer sa coupe à portée, qu'un gardon
» en quête de mouches approche de la rive, qu'une sang-
» sue évolue en circonvolutions bizarres, qu'une anguille,
» ce reptile des poissons, s'en aille ramper près des
» berges et, pssit! le ressort se détend, le cou jaillit pour
» ainsi dire, la tête disparaît dans l'eau ou dans la vase,
» puis apparaît, au bout du bec, et cueille avec une dex-
» térité inouïe, la proie que le Héron ingurgite dans ce
» long tube avec ces mouvements de déglutition si carac-
» téristiques.

» On s'imaginerait volontiers, en voyant cette préoc-
» cupation, que le Héron tout entier, à la recherche de
» son repas, va se laisser approcher. Erreur! Au moment
» où vous le croyez pour ainsi dire hypnotisé par la con-
» templation des facettes miroitantes de l'eau réfléchis-
» sant le soleil, il déploie tout à coup ses ailes énormes,
» ramène ses pattes sous son ventre et s'envole en pous-
» sant son cri : Huinck!... On dirait une note poussive,
» arrachée d'un trombone par un virtuose à bout de
» souffle. Le voilà parti, vous ne le reverrez plus.

» Pourtant, on le surprend quelquefois. »

J'ai eu récemment la chance de faire la connaissance
du Héron de Saeftingen, vénérable vieillard, respecté de
tous les pêcheurs du Bas-Escaut qui le connaissent depuis

de longues années, et l'aident de leur menu fretin à prolonger ses vieux jours, parce qu'il leur annonce le mauvais temps vingt-quatre heures avant tous les baromètres
et les Observatoires.

C'est un vieux savant, blanchi sous le harnais du tra-

BATEAU DE PÊCHE DU BAS-ESCAUT.

vail, qui a beaucoup étudié les bêtes et les gens, mais il
est tellement vieux que je crois qu'il est trop vieux pour
mourir. C'est l'oiseau des anciens jours.

Par une belle matinée de printemps de l'an 1897, après
la fermeture de la chasse, je m'en fus herboriser à l'île
de Saeftingen, et j'allais passer le grand goulet, lorsque
tout-à-coup je me trouvai en face d'un Héron de forte
taille, accroupi sur ses tarses, la paume des pieds
enfouie dans la vase.

Chose étrange, mon apparition ne lui causa pas la
moindre émotion, on eut dit qu'il m'attendait, son corps
amaigri ne bougea point d'un iota, sa plume ne remua
pas d'une ligne, même il me salua gravement, majestueusement, esquissa un pâle sourire plein de tristesse
et de mélancolie qui m'induisit à penser qu'il m'autorisait à m'asseoir près de lui. J'étais ahuri de tant de

sang-froid, mêlé à une aussi exquise politesse de la part d'un oiseau dont quelques cousins ont la réputation et le nom de Butors.

Mais ma stupéfaction fut à son comble, lorsque d'une voix rauque comme un glas funèbre, il m'adressa la parole en ces termes.

— Vous arrivez à point, Docteur, je souffre d'un rhumatisme articulaire aigu, je suis cloué ici, mon pénible métier de pêcheur qui m'oblige depuis toujours, oui depuis toujours, à entrer jusque mi-jambe dans l'eau, a fini par ankyloser mes articulations séculaires et je suis sujet à des attaques périodiques, qui tôt ou tard mettront mes jours en péril si j'ai le malheur d'être pincé en temps de chasse... Je suis allé autrefois aux boues de Saint-Amand, puis à la Bourboule où j'ai beaucoup connu M. Michelet, l'illustre historien français, un bien brave homme celui-là, qui après être parvenu à faire revivre la vie nationale de son pays, dans son *Histoire de France* et de la *Révolution* (1798-1874) n'a pas dédaigné de retracer l'histoire lamentable de notre race, plus héroïque encore que celle de la sienne.

— Peste, Seigneur, lui dis-je, vous avez eu de jolies connaissances.

— Ecoutez-donc, j'en ai eu bien d'autres, en tous pays, mais depuis quelques années, j'ai trouvé que les boues de Saeftingen guérissaient plus vite et mieux mes fluxions articulaires, et je fais ici régulièrement une villégiature qui me fait le plus grand bien.

Franck, Franck fit-il douloureusement.

— Oh! Docteur comme je souffre cette année, c'est signe de guerre entre les hommes, je vous le prédis!

Et il enfonça davantage ses noirs piquets dans la vase.

Je me précipitai à ses pieds pour les examiner, et voyant que je compatissais à ses malheurs, il reprit :

— Je vous connais, mon ami, et Pieter de Doel, m'a dit que vous avaliez de petits pois de sucre rose pour

faire passer vos attaques de goutte, si vous étiez assez
aimable de...

— Mais comment donc, m'écriai-je, vous me connaissez tant que cela, et Pieter aussi, et tous les amis sans
doute — oh! mais c'est merveilleux, c'est renversant,
tenez, mon pauvre hère, ouvrez votre bec, voici d'abord
quelques granules de *colchicine*, c'est souverain contre
les douleurs de la goutte aiguë, puis j'y glisse aussi
quelques pastilles de *salycilate de soude*, remède
moderne contre le rhumatisme articulaire dont vous
êtes atteint, dites-vous, car vous me paraissez Docteur
en les deux éléments, *in utroque*.

— C'est-à-dire que je fréquente d'ordinaire les deux
éléments, l'eau et le rivage, voulez-vous dire, n'est-ce
pas?...

Et levant son long bec vers le ciel comme pour le
prendre à témoin et en même temps pour mieux déglutir
ma médecine, il ajouta !

— Notre royaume en effet, aux âges primitifs, s'éten-
dait aux deux éléments — hélas! hélas? hélas! soupira-t-il.

Puis il baissa la tête, la rentra entre les épaules
et tomba en une profonde rêverie.

Je respectai son silence et sa douleur. Sa noble
aigrette noir, son manteau gris perle, ce deuil quasi
royal contrastait avec son corps chétif et sa transpa-
rente maigreur.

Il avait réellement l'air, comme dit son historien, d'un
grand seigneur ruiné, un roi dépossédé.

— Mais qui êtes-vous en réalité, lui dis-je?

Il releva lentement le chef et répondit :

— J'étais autrefois sédentaire non loin de la Biblio-
thèque d'Alexandrie. Mais j'ai dû abandonner ce poste
depuis que les Anglais ont trouvé spirituel de la bom-
barder, et depuis lors, j'erre à travers le monde, triste et
solitaire comme tous ceux qui restent de notre tribu.
On dirait qu'ils en veulent à notre race, ces fils d'Albion;

ils nous ont voué une haine mortelle. Ainsi, ils ont fait
croire autrefois, aux temps de la chevalerie, que nous
étions dignes de figurer sur la table Royale, afin d'arriver plus rapidement à notre extermination. Cette aberration de goût n'a guère perfectionné l'art culinaire chez
eux, ils en sont toujours au Bifteck et à l'impur Plum-
pudding. Ils ignorent encore le culte du rôti, du coulis
et de la fondue.

Plus tard ce sont les mêmes Anglais qui ont inventé
de nous faire la chasse à cheval. Ils savent, les traîtres,
que par forte brise, les Hérons se mettent difficilement
à l'essort, qu'il leur est impossible de prendre un ris et
de maîtriser leur immense voilure, ils fondent alors sur
nous à l'improviste et nous mitraillent à petite distance.
Mais, l'on dirait que la main de Dieu s'est appesantie
sur eux, et pour les punir de leur parfait égoïsme, par
un juste retour des choses d'ici-bas, à force de nous
harceler et de nous traquer, notre race a déteint sur la
leur, et ils sont marqués du spleen, de la raideur, de
l'excentricité et du cosmopolitisme des Hérodiens.

Voilà plus de dix ans que je vous connais, je sais que
vous n'en voulez nullement à ceux de ma tribu, l'équipe
de la *Sarcelle* apprécie trop les services que nous ren-
dons à l'humanité en la débarrassant des animaux
immondes qui peuplent ses rivières, ses marais, ses
prairies, et hormis votre ami M. D... l'agent de change
Bruxellois, qui l'autre jour du haut de votre petit yacht,
tua proprement, je dois le reconnaître, un des nôtres
qui n'avait pas voulu suivre mes conseils, je n'ai rien à
vous reprocher et je sais que vous êtes l'ami des bêtes
utiles.

— Acceptez les excuses de M. D., Seigneur Héron,
lui fis-je, mais c'est sa femme qui voulait en faire un
paravent pour son cabinet chinois, et vous savez ce que
femme veut...

En ce moment il retira ses pieds de la vase et s'écria
ravi : Tiens, mais on dirait que votre remède agit tout

de même, voilà que je remue mes pattes presque sans douleur, ça va mieux.

Il poussa quelque chose du pied qui brillait dans la boue et me dit :

— Tenez, voici une paire de lunettes à la place où les Oies sauvages viennent passer la nuit, elle doit appartenir à un de ceux qui viennent à l'affût du soir ou du matin sur le Wulp. Je vous prierai de la leur restituer, je suis presbyte, et ce sont des verres de myope. Et ce qu'il y a de plus curieux, c'est que ces Messieurs ont la manie de venir chasser ici dans l'obscurité alors qu'ils ont déjà peine à voir pendant le jour...

Et il ajouta en clignant son œil torve : C'est peut-être que le vieux pêcheur aux yeux de Lynx, vise pour eux, et que les chasseurs ne visent qu'à emporter le gibier...

— Décidément, répliquai-je, vos articulations vont mieux, vous me paraissez en belle humeur ce matin.

— Mais vous qui connaissez tant de choses, savez-vous pourquoi il y a si peu de chasseurs de la Métropole sur le Bas-Escaut?

— Parfaitement, d'abord parce que les Anversois sont bien plus des Businessmen que des Sportsmen, et en somme tous ces spéculateurs prennent plus d'intérêt qu'ils n'en inspirent, comme l'a dit Arnal.

Mais en thèse générale, cela tient surtout au genre d'éducation que les hommes donnent à leurs enfants. L'auteur du *Monde des Oiseaux*, a raison quand il dit, que vous avez peur de tout, peur de Croquemitaine, peur du Diable, peur de Dieu, peur du bien, peur du mal, peur du feu, *peur de l'eau surtout*, peur de jouir, peur de l'amour. Les oiseaux suivent un système d'éducation tout opposé à celui des hommes, nous n'avons peur de rien, dès notre plus tendre enfance, nous allons à l'eau, au marais perfide, au champ, tandis que d'autres s'élancent dans l'espace des hauteurs des rochers, de la cime des arbres, du haut des tours, au risque de se briser les os. Nous voyageons la nuit, nous défions les ténèbres, nous luttons contre des ennemis dix fois plus puissants que nous, nous exposons notre vie à chaque heure du jour et de la nuit dans la lutte pour l'existence, et la peur et la lâcheté n'ont jamais souillé nos âmes.

Et ce disant le vieil Héron de Saeftingen se redressa tout-à-coup sur ses échasses, comme s'il avait oublié ses douleurs, il se tourna vers moi et dit encore :

— Et maintenant Docteur, il ne me reste plus qu'à vous remercier de vos merveilleux globules, la marée est presque basse, j'irai pêcher quelques *sproks* et *spi-rings* à la pêcherie des frères Daems (1), puis je m'ache-minerai vers Rotterdam, et j'irai digérer mon repas à la Héronnière du jardin des plantes, où j'ai donné rendez-vous au Cormoran du Duc d'Albe de Pael cet après-midi. Nous sommes là une trentaine de couples, bien heureux, bien tranquilles, les nôtres ont installé leurs nids de brindilles à la cîme la plus haute des arbres, et nos ménages sont l'objet perpétuel de l'ahurissement et des

commentaires des bonnes d'enfants et des soldats. Tandis que vos savants, ne comprennent pas que nous voulons leur enseigner le vrai bonheur en vivant en République comme nous, que nous sommes prêts à nous

(1) Deux braves célibataires et pêcheurs endurcis de Doel, courageux chasseurs professionnels l'hiver sur le Bas-Escaut. Ce cliché représente leur pêcherie au Flet (Both en Flamand) sur le Bas-Escaut, ce sont des fascines en V fichées en terre et retenant le poisson à marée descendante.

rallier aux hommes s'ils voulaient utiliser nos services et nos facultés, en respectant et en protégeant notre pénible existence, comme ils ont fait en Hollande pour la Cigogne et le Vanneau que nous valons bien.

— C'est vrai cependant tout cela, répliquai-je, et l'humanité qui est venue bien après vous autres, est bien ingrate envers ceux de votre classe.

— Oui, les hommes sont blasés de tout, et ils ne cherchent qu'à s'amuser aux dépens des pauvres bêtes. Ils ont inventé le tir au pigeons, les courses aux chevaux — encore les Anglais — qui n'ont jamais servi qu'à éreinter et fourbir ces nobles coursiers, à briser les os à quelques jockeys raccourcis, et à développer la passion effrénée du jeu qui sème tant de ruines parmi les vôtres.

Et j'ai entendu dire, que des Allemands pour digérer leur choucroute et leur bière, voulaient faire revivre la chasse aux Faucons, afin de nous chasser au vol et de se payer le spectacle des péripéties de la lutte à mort, que les nôtres soutiendraient dans les airs contre nos plus mortels ennemis. Nous étions les plus graves augures de l'antiquité, et les pêcheurs seuls nous consultent encore sur le beau temps et l'orage, et si François Ier créa des Héronnières à Fontainebleau, c'était qu'il voyait en nous une chasse de Roi et le but du noble Faucon, comme vous dites, et qui pour nous n'est qu'un oiseau lâche qui s'attaque toujours à plus faible que lui. J'en ai empalé un, en relevant le bec, au moment où il fondait sur mon dos, nous tombâmes à terre en tourbillonnant, il était mort et je m'en tirai avec une cuisse cassée.

Enfin pour en finir, car je sens qu'une colère sourde mêlée de tristesse m'envahit, voici ce que je répondis un jour à Michelet qui m'avait demandé à quoi je rêvais toujours :

« La terre, lui dis-je, fut notre empire, le royaume des oiseaux aquatiques dans l'âge intermédiaire où, jeune, elle émergeait des eaux. Temps de combats, de lutte, mais d'abondante subsistance. Pas un Héron, alors, qui

ne gagnât sa vie. Besoin n'était d'attendre ni de poursuivre; la proie poursuivait le chasseur; elle sifflait,
coassait de tous côtés. Des millions d'êtres de nature
indécise, oiseaux, crapauds, poissons ailés, infestaient
les limites mal tracées des deux éléments. Qu'auriez-
vous fait, vous autres, faibles et derniers nés du monde?
L'oiseau vous prépara la terre. Des combats gigantesques
eurent lieu contre les monstres énormes, fils du limon;
le fils de l'air, l'oiseau prit taille de géant. Si vos histoires ingrates n'ont pas trace de tout cela, la grande
histoire de Dieu le raconte au fond de la terre où elle a
déposé les vaincus, les vainqueurs, les monstres exter-
minés par nous et celui qui les détruisit.

» Vos fictions mensongères nous bercent d'un Hercule
humain. Que lui eût servi sa massue contre le plésio-
saure? Qui eût attendu face à face cet horrible léviathan?
Il y fallait le vol, l'aile forte, intrépide, qui du plus haut
lançait, relevait, relançait l'Hercule oiseau, l'Épiornis,
un aigle de 20 pieds de haut et de 50 d'envergure, implacable chasseur qui, maître des trois éléments, dans l'air,
dans l'eau, dans la vase profonde, suivait le dragon sans
repos.

» L'homme eut péri cent fois. Par nous, l'homme devint
possible sur une terre pacifiée. Mais qui s'étonnera que
ces terribles guerres, qui durèrent des milliers d'années,
aient usé les vainqueurs, lassé l'Hercule ailé, fait de lui
un faible Persée, souvenir effacé, pâli de nos temps
héroïques?

» Baissés de taille, de force, sinon de cœur, affamés par
la victoire même, par la disparition des mauvaises races,
par la division des éléments qui nous cacha la proie au
fond des eaux, nous fûmes sur la terre, dans nos forêts
et nos marais, poursuivis à notre tour par les nouveaux
venus qui, sans nous, ne seraient pas nés.

» La malice de l'homme des bois, sa dextérité furent
fatales à nos nids. Lâchement, dans l'épaisseur des branches qui gênent le vol, entravent le combat, il mettait

la main sur les nôtres. Nouvelle guerre, celle-ci moins
heureuse, qu'Homère appelle la guerre des Pygmées
et des Grues. La haute intelligence des Grues, leur tactique vraiment militaire n'ont pas empêché l'ennemi,
l'homme, par mille arts maudits, de prendre l'avantage.
Le temps était pour lui, la terre et la nature; il va,
desséchant le globe, tarissant les marais, supprimant la
région indécise où nous régnâmes. Il en sera de nous, à
la longue, comme du Castor. Plusieurs espèces périront;
peut-être un siècle encore et le Héron aura vécu..... » (I)

— Adieu, Docteur, je compte hiverner à Stamboul,
près du Sultan, qui lui au moins, pour se consoler de sa
décadence, nous venge et se revenge en faisant massacrer les chrétiens qui poursuivent notre extermination.
On rira longtemps de l'impuissance des puissances...

— « Huinck, huinck, huinck », ricana le vieil Héron
de Saeftingen...

Il ouvrit brusquement son parasol gris lamé de noir,
et s'éleva lentement, majestueusement, dans la direction de Rotterdam. . . . .

. . . .

---

(1) Michelet : L'Oiseau.

Le Blongios

—

Lat. : ARDETTA MINUTA

Flamand : DE KLEINE PUITOOR

Taille : 0^m27.

Après le plus grand des Hérons, nous plaçons ici le plus petit, et le plus gentil de l'espèce en Belgique, où il vient passer l'été et nicher pour nous quitter aux premiers jours de l'arrière saison. Ami des étangs à roseaux, des marais herbacés, des rivages à joncs et à buissons, il a conscience de sa faiblesse et se dissimule des journées entières afin de mieux vaquer à ses petites affaires la nuit. Vous le rencontrerez en quittant Austruweel, dans les hauts roseaux qui bordent la rive droite du fleuve jusqu'au Boomke, et dans ceux qui longent la même rive sur une partie du Willemsrecht. Mais il est fort difficile à surprendre en punt; le meilleur moyen est d'opérer avec un chien qui bat la place tandis que vous suivez les manœuvres à pied du haut de la digue. L'oiseau rusera selon les circonstances. Si les couverts sont très hauts, ou bien il se rase, fait le mort, et c'est en vain que vous ferez du tapage pour le faire partir, ou bien il se sauve à la course et grimpe le long de la tige des roseaux pour mieux observer les mouvements de l'ennemi. D'autres fois il se contrefait, s'assied sur ses tarses, diminue sa hauteur et son volume, allonge le corps, le cou, et demeure figé dans l'immobilité la plus absolue afin de se faire passer pour une tige de plante aquatique. Son costume s'y prête admirablement car il porte sur les parties supérieures un capuchon et un manteau noirs, tandis que tous le reste du corps est d'un brun fauve assez clair, avec jabot de plumes rousses effilées. Sa robe se complète d'un bec jaune brunâtre, et de pieds verts.

La femelle est plus brune et les jeunes plus roux tachetés de brunâtre. Cet oiseau court, grimpe et vole avec la plus grande aisance, et on le dit aussi querelleur et aussi courageux en liberté que les grandes espèces.

Il s'apprivoise aussi bien et mieux que l'Aigrette Garsette, reconnaît son maître, lui témoigne de l'attachement, ainsi qu'à d'autres animaux avec lesquels il a été élevé.

Naumann dit que le chant d'amour qu'il fait entendre pendant la nuit est un chant rauque ressemblant assez bien à celui du crapaud sonneur, et peut se traduire par *poumb* répété trois fois de suite.

Nourriture : insectes, crustacés, menu fretin.

Aire de dispersion : les contrées chaudes et tempérées du monde entier. Sédentaire dans le nord de l'Afrique.

Le Butor étoilé

—

Lat. : BOTAURUS STELLARIS

Flamand : DE ROERDOMP of DE ROEMMELDOES

Taille : 0ᵐ61.

Nous avons vu l'Oie siffler comme les serpents, le Garrot mâle drelindinder comme une sonnette, le Chevalier Gambette siffloter comme l'homme, le Vanneau miauler comme le chat, le Goéland aboyer comme un chien, le Courlis imiter le cris d'un cochon qu'on égorge, la Bécassine bêler comme la chèvre, le Blongios croasser à l'instar du crapaud, le Râle crex jouer de la crécelle, mais voici plus original et plus fort que tout cela : le Butor qui beugle comme un taureau.

Cet oiseau porte fort bien son nom de Butor étoilé, au physique, au moral et au figuré. C'est un noctambule, un rôdeur de grands roseaux, au manteau couleur muraille, à la housse hérissante, prête aux coups de Jarnac, parsemés d'*étoiles* ou taches rousses à quatre pointes qui caractérisent son signalement, complété d'une calotte noire, d'espadrilles verdâtres, et d'un œil jaune d'or.

Plus trapu et moins élégant que les autres, il pousse le ridicule jusqu'à affecter de prendre les poses les plus grotesques et les plus impossibles. C'est un maniaque qui vise à l'excentricité, non seulement par son costume sombre, sa tenue relâchée, incohérente, son caractère tour à tour indolent, rusé, méchant, j' m'en foutiste, sournois, égoïste, Butor en un mot, mais encore par ses beuglements insensés qui ont beaucoup fait parler de lui. Le monde des fourrés lui appartient, il ne vit que pour lui, poignarde sans souci et sans remords tous les petits animaux qui ne peuvent lui résister. Devant un ennemi plus fort, il est cauteleux, bat en retraite avec prudence, et s'il est acculé, se rue à bec perdu et vend chèrement sa vie. Ce mauvais coucheur, démonté, connaît le coup de la flèche du Parthe, à l'œil droit du chien ou de l'homme, s'ils ne sont sur leurs gardes. Et autant le Blongios — dont il emprunte le truc de se confondre avec les roseaux secs, en s'étirant tout droit comme un fil à plomb pour se dissimuler — est aimable et doux en captivité, autant le Butor est grincheux, hargneux et incapable de se faire des amis.

Gourmand et vorace, il s'attable toute la nuit, et les poissons, les reptiles, les oisillons, les ratons, les lézards prennent le chemin de son insatiable estomac. Les habitudes nocturnes de ce triste personnage feraient parfaitement ignorer sa présence aux marais et aux étangs, s'il n'éprouvait le besoin de faire parler de lui tout en voulant se faire passer pour un autre. Ainsi la nuit au vol, pour appeler ses complices, il imite le croassement du Corbeau, malheureusement, le Maître dort à ces heures indues, et cette méprise sur les mœurs d'un volatile dont il emprunte la voix pour se faire passer pour lui, ne trompe personne, que le fourbe lui-même.

Plus tard, à l'époque des amours, mais lorsqu'il fait sa cour seulement, et pour se faire agréer, il pousse des mugissements qui ressemblent à ceux d'un bœuf, et trahit ainsi encore une fois sa présence. La question de savoir si sa femelle est sensible et énamourée à cet épouvantable chant d'amour du Troubadour Beugleur n'est pas encore bien élucidée.

Est-ce de l'amour? Est-ce de l'effroi? C'est peut-être la terreur qui l'a fait passer sous la loi du vainqueur. Dans les sociétés primitives, la femme cède plus souvent à la peur qu'à l'amour.

Naumann s'est donné beaucoup de peine, paraît-il, mais en vain, pour observer le butor mâle pendant ses beuglements, afin d'en découvrir la cause, dit Brehm, et il ajoute qu'il était réservé au comte Wodzicki de nous éclairer à ce sujet. Mais Gesner, trois cents ans avant que le noble comte « ne reste des heures entières dans l'eau, immobile comme une statue », avait déjà décrit le procédé de l'oiseau qui consiste à enfoncer le cou et le bec dans l'eau qui jaillit de tous côtés lorsque les mugissements commencent. J'estime que Naumann n'avait pas à se donner tant de peine, et que point n'était besoin de demeurer des heures entières dans l'eau pour découvrir la cause de ces beuglements.

L'époque de l'année et l'analogie suffisent à expliquer le prétendu mystère. Les ébats nocturnes des chats amoureux accompagnés de miaulements effroyables et de mélopées tragiques, le raire des cerfs qui font trembler les forêts, les ians, ians en hoquets de l'âne en délire, le hennissement du cheval, le chant des oiseaux en général au moment qui précède l'accouplement sont autant de manifestations érotiques propres à expliquer l'énigme qui n'en est pas une.

Toutefois il y a lieu de féliciter l'observateur du rare bonheur et de la patience courageuse qu'il a eus, d'assister de tout près à une audition musicale du Butor en mal d'amour.

Cet oiseau a pour aire géographique l'Europe et l'Asie jusqu'au 60° L. N., il hiverne dans toute l'Afrique jusqu'au Cap, ainsi que dans la Péninsule ibérique et les provinces méridionales de la France. Assez commun dans les marais et les polders de la province d'Anvers vers la Hollande — rare aux rives de l'Escaut.

M. de la Blanchère dit que le petit Butor a une chair très estimable, car j'ai oublié de vous dire qu'il y en a des grands et des petits en cette famille.

Le Bihoreau

Lat. : NYCTICORAX GRISEUS.

Flamand : DE NACHT-REIGER.

Taille : 0^m53.

Calotte et capuchon noirs bronzés à reflets, chignon formé de quatre longues plumes blanches, manteau gris cendré ; tout le dessous d'un blanc pur, bec court, noir ; pattes jaunes verdâtres ; iris rouge. Femelle semblable au mâle ; les jeunes sont bruns foncés sans aigrette.

Amant des ténèbres comme le Butor, dont il a les tarses raccourcis, le corps ramassé, les habitudes solitaires et les goûts paresseux, il porte cependant la livrée cendrée du Héron commun et partage avec celui-ci l'amour du perchement sur les arbres.

Il s'installe donc de préférence aux marais à roseaux situés à quelques distances de bouquets d'arbres. Il pionce toute la journée sur une branche, s'étire vers le crépuscule et s'en va pêcher la nuit le menu fretin, les batraciens, larves, insectes et tout ce qui grouille en nos toundras.

Plus vif dans ses mouvements que le Butor, il a le vol silencieux des Hiboux et l'activité vorace et dévorante — c'est le cas de le dire — de ceux de sa famille. Sociable avec ses congénères, il niche en société avec ses pareils ou aux Héronnières constituées par les diverses espèces du genre.

Quand ces oiseaux sont repus et tranquilles, ils passent le temps à se taquiner, à se poursuivre, à se battre, sans cependant se faire de mal. Ils font beaucoup de tapage pour rien, à la manière des enfants ou des paysans qui répètent sans cesse qu'ils vont tout casser, sans oser attaquer sérieusement l'adversaire.

Cette espèce, rare et accidentelle en Belgique, niche souvent en Hollande. Le marquis de Wavrin a informé M. Dubois qu'un couple a niché chez nous, plusieurs fois, près de Thisselt, en 1885 et en 1886.

Le Bihoreau est répandu dans l'Europe centrale et méridionale, où il arrive au printemps pour s'en aller en septembre; commun en Asie, en Afrique et en Amérique.

Nous n'avons rien à dire des autres espèces de Hérons qui nous visitent accidentellement. Leur histoire n'offre rien de particulier pour le chasseur, et se confond avec celle des autres Hérodiens pour le naturaliste. Les Crabiers, les Garde-bœufs, les Aigrettes, en Afrique, ne sont pas farouches parce qu'on les épargne et les protège. Ces espèces vivent en parasites sur le dos des bœufs, des moutons, des éléphants et des cochons (en Hongrie) qu'ils débarrassent de leur vermine. Nos jardins zoologiques ont fort bien acclimaté les Aigrettes

41

et la domestication et l'exploitation des Aigrettes
Garzettes en volière, ou elles se reproduisent et fournissent la plume aigrette, si recherchée des fils de Mars

(1)

et des filles d'Ève, est un fait accompli en Tunisie. Cet
exemple pourrait être suivi en bien d'autres pays. Cette
espèce fut tuée en 1874 sur un banc de sable de l'Escaut.
M. X. Raspail a tué l'Aigrette Garzette le 4 avril 1878,
le long du chenal de Nieuport (Dubois).

Posséder un parc de gentilles Aigrettes au bord d'un
vaste étang et en faire l'élevage, quel rêve !

(1) Exemplaire de grande Aigrette blanche tirée à St-Denis près
Mons (de la collection de M. Warocqué de Mariemont). Très-très-
très rare en Belgique.

La Spatule Blanche.

—

Lat. : PLATALEA LEUCORODIA.

Flamand : DE LEPELAAR.

Taille : 0ᵐ70.

Voici un grand oiseau blanc qui se rapproche des Hérons par le catogan touffu de l'occiput, des Cigognes par la taille et l'allure générale, des Ibis par la consistance du bec qui a déjà une tendance à se ramollir comme chez ces dernières espèces.

Lé bec seul est tout un poème et le rend inoubliable, il le porte long, très large et plat à ses deux extrémités, en forme de spatule chirurgicale. Bec tricolore, noir à la base, bleuâtre dans les sillons et jaune d'ocre à l'extrémité.

L'adulte couvre sa poitrine d'un plastron jaune pâle, tandis que le jeune de l'année est blanc pur, sans huppe ni plastron; femelle plus petite, pieds noirs, iris rouge.

C'est pour la Belgique un oiseau de passage, principalement dans nos provinces du Nord, tandis qu'il niche régulièrement en Hollande où il arrive en mai pour repartir en septembre vers le Nord de l'Afrique, son quartier d'hivernage.

Autant cette espèce est rare aux rives de l'Escaut-Occidental, autant elle est commune à l'Escaut-Oriental, le

Zandcreeck vers Vecre, le Roompot, puis vers Brunissen, sur les rives du Crammer, etc. Allez par les Escaut à Dordrecht l'été, et vous pourrez admirer ces beaux oiseaux graves et réfléchis, aux endroits bien ouverts et les plus vaseux de ces estuaires. Ils indiquent ainsi leur préférence pour l'eau salée. Ils sont en petites bandes de cinq à six individus, vaquant à leurs petites occupations gastronomiques, dans l'eau jusqu'aux aisselles s'il le faut, et recherchant surtout les petits poissons. Mais quand la pêche ne donne pas, ils se rattrapent sur ce qu'ils trouvent, insectes, crustacés, mollusques, tout fait nombre, ils sont omnivores.

Doux et pacifiques entre eux et avec les autres espèces, ils se retirent souvent aussi aux prairies qui bordent les bras de mer, mais toujours sur les parties les plus culminantes afin de pouvoir surveiller un vaste horizon. Ils paraissent plutôt timides et prudents que farouches et inabordables. Ils se laissent surprendre en Punt, et je me rappelle que nous en tuâmes trois à l'estuaire de Veere, il y a quelque six ans, un adulte mâle et deux jeunes, dont ci-joint un spécimen. (Voir gravure.)

Au repos ils prennent les poses hiéroglyphiques, plutôt gracieuses de la Cigogne, que du Héron, soit sur une patte, le bec enfoncé dans les plumes du manteau, ou rentré entre les épaules, soit le bec au vent et le cou tendu en avant.

La Spatule se lève et se couche tôt, passe la nuit de préférence sur des arbres ou des bosses de sable inaccessibles au chasseur.

Elle déambule toute la journée. Son vol est léger, assez vif, et l'oiseau se complaît à décrire en l'air des ondulations et des spirales élégantes. La voix est nulle ou bien faible, mais la Spatule possède tout un vocabulaire de sonorités étranges dans les claquements de son bec dont elle joue comme d'un instrument en bois. C'est son langage à elle, et ses pareils le comprennent parfaitement. La blancheur de leur robe indique la pureté et l'innocence de leurs mœurs, et nulle colère ou vengeance ne trouble jamais la sérénité de leurs réunions et de leurs agapes.

Nos Jardins Zoologiques entretiennent aisément ces beaux Echassiers qui ne demandent qu'à vivre en paix avec tout le monde. Vous les verrez là, saisir avec une délicatesse extrême, les petits poissons mis à leur disposition, ils les impliquent en leur bec par le travers ou autrement, et les avalent le plus souvent la tête la première, leur faisant faire demi-tour vers le sac jaune de leur gorge dénudée.

Le Pipit Aquatique

—

Lat. : ANTHUS AQUATICUS

Flamand : DE WATERPIEPER

Taille : 0ᵐ16.

Nous ne pouvons clore la série des oiseaux d'eau et de rivage qu'on rencontre le plus souvent au Bas-Escaut, sans dire un mot de deux très petites espèces, appartenant à la section Granivore et Baccivore. Ces deux oiseaux ont fait élection de domicile automnale et hivernale aux Schorres de Santvliet (Belgique) et surtout à l'Ile de Saeftingen, aux Schorres d'Arenberg et jusqu'aux marais de Pael.

Ils ont noms : le Pipit aquatique ou Spioncelle et la Linotte de Montagne.

Leur histoire, pour le chasseur naturaliste, est fort intéressante en ces parages. Ils présentent d'abord deux types remarquables de *mimétisme*, ou adaptation de couleur de plumage aux milieux qu'ils fréquentent. Ainsi le Pipit aquatique a couvert le manteau olivâtre de la Béguinette *(Anthus pratensis)* qui convenait à cette amante des prairies, de la teinte brun-grisâtre des goulets de Saeftingen, et les grivolures de la gorge et de la

poitrine se sont disséminées sur un fond gris terne. Il porte la queue cendrée-olivâtre foncée, les pieds noirs ainsi que le bec, de façon à se confondre avec le terrain qu'il arpente. Cette doublure de la Béguinette, adaptée aux marais herbacés à fond brun-grisâtre, est un des beaux cas de *mimétisme* qu'on rencontrera aux rives du grand fleuve. Cet oiseau nous arrive là fin septembre, toujours avec la Béguinette, sa cousine-germaine, mais tandis que celle-ci continue son voyage vers le Midi et se fait prendre par milliers de douzaines dans les filets de nos tendeurs (voir statistique); le Pipit aquatique stationne à l'île de Saeftingen et y passe l'hiver en nombreuse et joyeuse compagnie.

A peine êtes-vous débarqué à l'île, que de tous côtés, des criques et des ajoncs, surgissent à vos pieds, ces petits oisillons qui s'en viennent voltiger au-dessus de vous, comme pour vous dévisager, vous souhaiter la bienvenue et vous interroger sur vos intentions. Car l'île est absolument déserte, surtout de fin octobre à fin avril, et les apparitions de la forme humaine y sont rares. Ils suivent donc le visiteur et lui jettent leur cri d'appel : *Zgwit, zgwit, zgwit.* Mais ils n'insistent pas, ne sont pas importuns et, après quelques salutations de bienvenue, tous se sont remisés aux mares, aux rebords des fossés. Ce cri du Pipit aquatique a quelque chose d'argentin et tient le juste milieu entre le cri de voyage de la Béguinette : *twit, twit, twit*, et celui du Pipit des arbres, autre cousin-germain arboricole, de la famille, qui crie : *bzie, bzie*. On imite parfaitement bien ces trois différents cris avec l'appeau métallique des tendeurs, et les trois espèces se prennent aisément au filet avec une mue quelconque d'un de ces trois Pipits.

Quel drôle de nom !

Quand le mauvais temps obligera le chasseur à se réfugier à l'île, qu'il prenne quelques cartouches de nᵒˢ 8 et 9, et tire une douzaine de ces oiseaux, il ne regrettera pas sa poudre, s'il a soin de les faire sauter vivement avec un peu trop de beurre et quelques croutons dorés. La délicatesse de leur chair ne le cède en rien à celle de la Béguinette, et ils ont l'avantage d'être un peu plus gros et souvent mieux lestés en pelotes de graisse.

La famille des Pipits occupe un rang plus élevé en la hiérarchie culinaire que celle de l'Alouette, parce que fins-becs et insectivores, tandis que l'Alouette, tout en étant omnivore, est principalement granivore. Il n'en manque pas non plus des Alouettes à l'île, et au moment des passages d'octobre, même fort tard l'hiver, quelques bandes y passent la mauvaise saison, et font la navette entre les deux rives du fleuve, des schorres et prairies de Santvliet à l'île de Saeftingen.

Mais, chose singulière, autant le Pipit aquatique semble se complaire, l'automne et l'hiver, aux marais, aux flaques d'eau couvertes de jonchaies, aux bords des lacs et des rivières, autant il aime les montagnes en la saison d'été. Il adore les contrastes sans doute, car c'est un des oiseaux les plus communs des Alpes, où il remonte l'été jusqu'aux pics des glaces et des neiges éternelles.

Il y niche et passe cette saison dans les lieux les plus incultes et les plus rocailleux, aux ravins les plus arides comme aux rochers les plus dénudés.

De sorte que cet oiseau a les pieds humides pendant six mois de l'année et, s'il va les mouiller l'été en famille aux clairs ruisseaux, c'est pour mieux les sécher ensuite aux rayons du soleil les plus ardents.

Ces oiseaux sont très sociables entre eux, les familles se réunissent et se dispersent ensuite selon les besoins de l'existence. Ils chantent l'été à la façon de l'Alouette, en s'élevant dans les airs où ils planent quelque temps pour se laisser descendre en parachute sur le sol. Les notes de son chant se composent de celles de son cri d'appel, qu'il égrène rapidement, comme la première phrase du chant du pinson.

Le plus grand nombre émigre dans le midi de l'Europe et de l'Asie.

La variété obscura qui ne porte que la trace de la raie sourcillière, fréquente exclusivement les bords de la mer du Nord et de l'océan Atlantique, depuis la Suède jusque près de l'Espagne. Elle y vit isolée sur les roches dont elle utilise les crevasses pour faire son nid. Cet oiseau aime à suivre sur la grève le mouvement des flots et s'empare avec avidité des insectes marins que la mer abandonne en se retirant.

La Linotte de montagne

—

Lat. : LINARIA MONTANA.

Flamand : DE STEENKNEUTER.

Taille : 0^m14.

Mâles : Manteau brun-roux terminé par un croupion rouge cramoisi, col et plastron roux vif, flancs d'un brun-roussâtre, ventre blanc sale ; bec jaune-cire, plus foncé à la pointe, iris brun, pattes noirâtres.

Femelles : Sans rouge au croupion, les teintes rousses plus claires. *Les jeunes* comme la femelle avec plus de brun dans les couleurs.

Cet oiseau peu frileux niche surtout dans les contrées boréales de l'Europe jusqu'au 70° L. N. Puis il émigre à travers l'Europe centrale jusqu'au nord de la France, et visite chaque année la Hollande et la Belgique où l'on peut dire qu'il hiverne, comme nous allons le prouver. C'est le plus petit oiseau des rives du Bas-Escaut, et c'est par ce moule exigu, extrêmement intéressant qu'il nous a plu de terminer ce livre.

Il offre comme le Pipit Aquatique, le contraste assez étrange d'un oiseau qui en son pays natal, s'abrite l'été sur les montagnes, recherche les rochers, les collines abruptes, les lieux peuplés d'arbres rabougris, tandis qu'en voyage ou en ses stations d'hiver, il fréquente les plaines basses et s'installe aux marais.

Après la reproduction donc, les familles émigrent de l'extrême nord, et les premières volées prennent possession de l'île de Saeftingen vers le premier octobre. Mais tandis que les Spioncelles se nourrissent de petits animaux, les Linottes ont un régime exclusivement végétal et s'abattent sur les *salicornes* qui sont précisément en graine à cette époque aux rives du fleuve.

La salicorne (salicornea herbacea) est une plante sauvage de la famille des Chénopodées, qui se complait dans les terres incultes et surtout aux marais salins. Elle porte des épis avec les semences logées dans les échancrures de l'axe, dont nos petites Linottes sont très friandes. Elle est très répandue sur l'île, ainsi qu'aux schorres de Santvliet juste en face de l'île sur l'autre rive.

Et voyez comme la nature a bien fait les choses, cette plante sauvage dessale les terrains bas cultivables, elle en absorbe la soude et leur rend la fertilité que l'eau salée leur avait fait perdre, de plus elle donne par l'incinération et le lavage des cendres, une quantité de soude excellente qui est employée dans les verreries, teintureries, etc.

Ses graines nourrissent donc les Linottes de montagne, ses racines préparent le terrain des schorres pour en faire de riches polders, et ses cendres rendent à l'industrie les sels que la mer était venue lui confier à chaque marée. C'est bien là, un joli petit exemple des transformations incessantes et curieuses des éléments répandus sur ce globe... Passons, car les convois des migrateurs nous amènent chaque jour de nouveaux hôtes, et en novembre d'immenses bandes de Linottes, de cinq cents à mille individus, prennent leurs ébats d'un coin de l'île à l'autre.

Qu'un coup de feu retentisse à l'île, et on voit s'élever du marais un nuage de petits oisillons, qui roule en zézeiant en un vol saccadé, tourbillonnant, et qui après quelques randonnées, va s'abattre à l'unisson au milieu des *Aster*.

Un tendeur au filet qui coucherait les tiges de cette plante par terre, aurait quelques Linottes chantantes de l'espèce ou même la Linotte ordinaire, dans des cages posées sur le sol, quelques mues et une *cahutte*, pourrait avec un rabatteur, en capturer des centaines d'un seul coup de filet.

Le mâle chante fort bien, se familiarise vite en cage et fait un fort joli petit oiseau d'appartement, dont le gazouillis discret et les roulades en sourdine, égaieraient le salon le plus aristocratiquement morose. Si le chasseur naturaliste désire s'en procurer quelques spécimens, qu'il tire une cartouche de fine cendrée n° 10 dans le nuage volant, et il en ramassera.

Ils sont trop petits pour la brochette, et ce serait un crime de s'attarder à tuer dans ce but ces gracieux petits oisillons, qui sont venus de si loin pour soutenir leur pauvre existence, en un coin si petit, si perdu, si solitaire, qui ne contient que deux plantes pour les nourrir l'hiver.

L'*Aster trifolium*, est donc cette deuxième plante qui fait leur bonheur; c'est une Composée, plante grasse que les riverains et les pêcheurs appellent *Lam's'ooren* (oreilles d'agneau) parce que les première folioles au printemps ont la forme d'une oreille d'agneau.

C'est la plante par excellence des schorres, et depuis le vieux Doel jusqu'à Pael, — une bande marécageuse de dix kilomètres — les Aster règnent en maître. On peut manger ces petites folioles, elles remplacent les épinards, et y ressemblent beaucoup.

Nos linottes ont donc un menu varié et abondant, et lorsque les tourmentes de l'hiver ont secoué et noyé les semences des Salicornes, les Aster, plus vigoureux, courbent leur tête altière sous l'effort des aquilons, mais conservent leurs graines minuscules pour subvenir à l'hivernage du plus petit des oiseaux du grand fleuve. Et ni les glaces, ni les neiges, ne chassent de ces parages nos intrépides oisillons, tant que les graines restent abondantes.

Nous les avons vus par dix degrés sous zéro s'acharner sur les tiges noircies des Aster, se cramponner au calice de la fleur chevelue, blanchie par le givre, pour en extraire les petites graines, et leur plumage se confondait à ce point avec la tige et les sommités de cette plante, qu'il fallait les avoir vus se poser dessus pour les distinguer à cinq pas.

Et ce fait n'est pas seulement un cas remarquable de *mimétisme* avec la plante nourricière, et non plus avec le sol comme celui de la Spioncelle, mais c'est une preuve irréfutable que le froid et autres intempéries ne sont que des causes secondaires de la migration des oiseaux.

La subsistance ou la lutte pour l'existence, voilà la Loi unique des migrations. *Ubi bene, ibi patria*, l'oiseau n'entreprend pas ces longs et périlleux voyages sans motifs graves, et si son expérience ne lui avait pas appris que sa vie est en danger, s'il s'obstinait à vouloir hiverner au pays natal, il est certain qu'il y demeurerait toute l'année, et ne se dérangerait pas.

Ces frêles petites bêtes fuient devant la nuit et les rudes climats de l'extrême Nord, qui détruisent les moyens de subsistance, et ils viennent tous les ans hiverner chez nous et remplacer ceux qui nous ont quitté, bien à regret sans doute, pour aller eux aussi à la recherche d'une nourriture qui va leur faire défaut, en des pays, des localités, de simples quartiers peut-être qui leur procureront le nécessaire jusqu'à ce qu'ils puissent revenir au pays des amours pour élever une nouvelle famille qui perpétuera l'espèce.

Les migrations sont donc des échanges en tous pays, mais aussi des *invasions*, dans la véritable acception du mot.

C'est-à-dire que, de même qu'autrefois toutes les invasions barbares eurent pour cause unique la misère, le manque de subsistance, ainsi le règne des oiseaux qui est encore à la phase barbare, se voit forcé d'émigrer, d'envahir les contrées plus riches qui pourvoiront à leurs besoins et à la conservation de leur espèce. Et nous avons vu par l'exemple de la Linotte de montagne et de la Spioncelle qu'un faible espace de terrain peut suffire à fixer les espèces en des milieux absolument opposés à leur habitat d'été, preuve de la souplesse et de la facilité d'accomodation aux milieux les plus disparates, pourvu que la nourriture s'y trouve en abondance. S'il est vrai de dire que chaque espèce a ses endroits de prédilection, qu'elle se fixe et se propage là, où la configuration du milieu lui convient, l'histoire de la Linotte de montagne — espèce percheuse par excellence — prouve aussi et surtout que le sol lui-même n'est qu'un attrait secondaire, mais que la présence de certains végétaux suffit à fixer le séjour des oiseaux parmi nous et à modifier ainsi la Faune d'un pays, d'une province, d'une localité, d'un endroit de cette localité, pourvu qu'ils entraînent avec eux le *pabalum vitæ* ou les moyens d'existence.

Mais rien ne dure sur terre, et en mars les précieuses graines de Saeftingen et de Santvliet se font rares, le conseil de discipline des Linottes a déjà renvoyé dans ses foyers les plus braves, les plus gras et les mieux aguerris de la bande, les rangs vont s'éclaircir de jour en jour, au fur et à mesure que diminue le grenier d'abondance, et bientôt l'État-major quitte enfin la place avec le fourgon de bagages, les malades et les blessés, et l'île se voit investie en mars-avril par les bataillons ailés des oiseaux aquatiques et de rivage, dont le gros de l'armée ne fera que passer, tandis que quelques espèces, comme les Chevaliers gambette, les Hérons, les Avocettes, les Sternes y planteront leur tente et y passeront la belle saison. Et, ainsi que nous l'avons dit, au début de ce livre, le Royal fleuve n'est jamais veuf de ses hôtes, il voit s'y succéder tour à tour les visiteurs réguliers, les touristes fantaisistes et les sédentaires qui se renouvellent et se remplacent au cours de chaque année, obéissant ainsi aux lois immuables du mouvement universel qui régit l'univers.

Ici finit l'histoire des Oiseaux du Bas-Escaut.

Gibier-plume vendu à quelques criées belges en 1896

PROVENANCE BELGE

GIBIER	Quantité vendue	Prix obtenu à la pièce de	à	PROVINCES
Canards sauvages	11961	1 75	2 50	Les 2 Flandres et Anvers
» pilets	4500	1 50	1 80	» » »
» siffleurs	1671	1 00	1 20	» » »
Morillons	218			» » »
Sarcelles	6700	1 40	2 25	» » »
Oies sauvages	1540	3 00	3 80	» » »
Bécasses	16766	5 00	6 50	Les 9 provinces.
Bécassines	10000	2 00	2 60	» »
Jacquets	3122	0 65	0 90	» »
Bécasseaux (culs blancs)	2345	0 36	0 40	» »
Pluviers	4270	1 20	1 70	Les 2 Flandres et Anvers
Vanneaux	1440	0 75	1 00	» » »
Chevaliers	160			
Barges				
Râles	382	1 70	2 00	Lux. Nam. Hain. Brab. Limb. Liège.
Grives	176800	0 40	0 50	» Anv. »
Alouettes	95000	0 14	0 20	» » »
Béguinettes	132000	0 08	0 12	» » »
Pinsons et	335292	0 04	0 06	» » »
Petits Oiseaux		0 03	0 04	» » »
Perdrix	57650	1 60	2 40	Les 9 provinces.
Cailles	1400	1 00	1 30	Lux. Nam. Hain. Br. Limb. Liège, Anv.
Faisans	15725			
Coqs de bruyère	475	2 75	3 25	et 625 prov. d'Angleterre

PROVENANCE FRANÇAISE

GIBIER	Quantité vendue	Prix obtenu à la pièce de	à	PROVINCES
Canards sauvages				
» pilets				
» siffleurs				
Morillons				
Sarcelles				
Oies sauvages				
Bécasses	6400	5 50	6 25	Landes, Basses-Pyrénées
Bécassines	4600	1 30	1 75	Landes, Basses-Pyrénées, Vendée
Jacquets	3800	0 70	0 90	» » »
Bécasseaux (culs blancs)				
Pluviers	1550	1 25	1 50	» » »
Vanneaux	1320	0 70	1 00	» » »
Chevaliers				
Barges				
Râles				
Grives	4000	0 40	0 46	» Ardennes franç.
Alouettes	7360	0 16	0 20	Gironde, Landes, Vendée
Béguinettes				
Pinsons et				
Petits Oiseaux				
Perdrix				
Cailles	8500	0 70	0 85	Landes
Faisans				
Coqs de bruyère				

PROVENANCE TURQUE

GIBIER	Quantité vendue	Prix obtenu à la pièce		PROVINCES
		de	à	
Bécasses	2500	3 00	4 00	Constantinople et
Cailles	60000	0 55	0 65	Salonique.

PROVENANCE GRECQUE

GIBIER	Quantité vendue	Prix obtenu à la pièce		PROVINCES
		de	à	
Bécasses	350	3 00	4 00	Corfou, Volo et Pirée.

PROVENANCE ESPAGNOLE

GIBIER	Quantité vendue	Prix obtenu à la pièce		PROVINCES
		de	à	
Canards Pilets	1760	0 90	1 30	
Vanneaux	8350	0 45	0 70	
Perdrix rouge	50000			
Bécassines	8000	0 70	1 15	

J'ai dressé la statistique ci-dessus d'après les chiffres qui m'ont été fournis par la direction de quelques Halles et Criées, trois de Bruxelles, une d'Anvers et une de Verviers. J'adresse tous mes remerciements à MM. Dubois, Maes et Wygaerts, de Bruxelles, à M. Waegemans, d'Anvers, et à M. Piers, de Verviers, directeurs respectifs de ces Halles et Criées, pour le travail qu'ils ont bien voulu me remettre. Les autres Criées, moins importantes d'ailleurs, n'ont pas répondu à mon appel.

Dʳ QUINET.

FIN

TABLE DES MATIÈRES

Ordre des Echassiers (ou oiseaux de rivage)

Chapitre II.

LISTE DES ILLUSTRATIONS

———

FIN

F. JOYCE & Cᶜ LIMITED
7, Suffolk Lane, 7, LONDRES

MAISON FONDÉE EN 1820

MUNITIONS DE CHASSE ET DE GUERRE

Les Cartouches de Chasse à poudres noire et sans fumée chargées par la Maison **F. JOYCE & Cᵒ Limited**, sont réputées pour la régularité du chargement, la grande pénétration, l'exellence des matières employées et la modicité des prix de vente.

M. GAUTIER

AGENT GÉNÉRAL DÉPOSITAIRE

35, Rue Saint-Lazare, 35, BRUXELLES

TÉLÉPHONE 3415.